高等院校土木工程专业规划教材

土力学与基础工程

都焱　主编

王劲松　罗红　赵振华　钟庆平　副主编

U03341514

清华大学出版社

北京

内 容 简 介

土力学与基础工程是高等学校土建类专业重要的课程。本书以最新专业规范为依据,结合了编者的教学和工程经验进行编写。全书包括 11 章:绪论、土的物理性质及工程分类、土中应力计算、土的压缩性及地基沉降计算、土的抗剪强度、土压力与土坡稳定、天然地基上浅基础、桩基础及其他深基础、基坑支护、软弱地基及其处理、特殊土地基。本书图文并茂,注重工程实际应用,基础工程部分每章均设置了实际工程案例。

本书可作为应用型本科院校土木工程专业教材,也可用作交通、地质、冶金、石油、农业、林业等相关专业的教学参考书,还可供其他相关专业和工程技术人员参考、使用。

图书在版编目(CIP)数据

土力学与基础工程/都焱主编. —北京:清华大学出版社,2016(2019.1 重印)
(高等院校土木工程专业规划教材)
ISBN 978-7-302-42609-7

Ⅰ. ①土… Ⅱ. ①都… Ⅲ. ①土力学—高等学校—教材 ②基础(工程)—高等学校—教材
Ⅳ. ①TU4

中国版本图书馆 CIP 数据核字(2016)第 005265 号

责任编辑:赵益鹏
封面设计:陈国熙
责任校对:刘玉霞
责任印制:杨　艳

出版发行:清华大学出版社
　　　　网　　　址:http://www.tup.com.cn,http://www.wqbook.com
　　　　地　　　址:北京清华大学学研大厦 A 座　　　　　邮　　编:100084
　　　　社 总 机:010-62770175　　　　　　　　　　　　邮　　购:010-62786544
　　　　投稿与读者服务:010-62776969,c-service@tup.tsinghua.edu.cn
　　　　质量反馈:010-62772015,zhiliang@tup.tsinghua.edu.cn
印 装 者:三河市金元印装有限公司
经　　销:全国新华书店
开　　本:185mm×260mm　　　　印　　张:21.5　　　　字　　数:523 千字
版　　次:2016 年 8 月第 1 版　　　　　　　　　　　印　　次:2019 年 1 月第 2 次印刷
定　　价:49.80 元

产品编号:058206-02

前　言

　　土力学与基础工程是土建类专业十分重要的课程。本书是应用型本科院校土木工程专业的教材，较系统地介绍了土力学和基础工程的基本理论知识、分析计算方法及其在工程实践中的应用。土力学部分包括绪论、土的物理性质及工程分类、土中应力计算、土的压缩性及地基沉降计算、土的抗剪强度、土压力与土坡稳定、天然地基上浅基础、桩基础及其他深基础、基坑支护、软弱地基及处理、特殊土地基。本书主要依据《建筑地基基础设计规范》(GB 50007—2011)、《建筑桩基技术规范》(JGJ 94—2008)、《建筑基坑支护技术规程》(JGJ 120—2012)、《建筑地基处理技术规范》(JGJ 79—2012)、《混凝土结构设计规范》(GB 50010—2010)、《建筑结构荷载规范》(GB 50009—2012)、《砌体结构设计规范》(GB 50003—2011)等规范进行编写。本书可作为应用型本科院校土木工程专业的教材，也可用作交通、地质、冶金、石油、农业、林业等相关专业的教学参考书，亦可供其他相关专业和工程技术人员参考、使用。

　　在内容上，本书只要求理论够用，不追求过多理论知识的铺陈；对同类教材中常见的一些内容，根据应用型本科教学需要，进行了相应调整：注重理论分析在工程实际中的应用，在基础工程部分，每章均附有实际工程案例，让读者增加对实际工程应用的真实体会，提高学生解决工程实际问题的能力。

　　为了加强学生对土力学与基础工程内容的理解和应用，提高分析和解决问题的能力，除绪论外，每章均附有一定量的内容小结、例题、思考题和习题。

　　全书共分11章，都焱担任主编，具体编写分工如下：第1、2章由罗红编写，第3章由王劲松编写，第4～9章由都焱编写，第10章由赵振华编写，第11章由钟庆平编写。

　　本书编写过程中借鉴了很多前辈的成果和智慧，也融入了编者多年的教学和工程经验。在此，对书中所引用文献的作者表示诚挚的谢意！

　　限于时间和作者水平，书中难免存在错误和不当之处，敬请各位读者批评、指正。

编　者

2015 年 12 月

目　录

绪　论

　　土力学与地基基础是土建及相关专业的一门重要的专业基础课,通过本章的学习,要让学生对本门课程所要讲述的内容有所了解,并激发学生的学习兴趣。

1.1　土力学、地基与基础的概念

　　在建筑工程中,地球表面的大块岩体经自然界风化、搬运、沉积等地质作用形成的松散堆积物或沉淀物称为土。土是自然界的产物,是各种矿物颗粒的集合体。与其他建筑材料相比,它在质地、强度等诸多方面存在着较大差异。特别是某些土在含水量很高的情况下,其压缩性很大,承受荷载的能力很低。

　　由于土的形成年代、生成环境及矿物成分不同,所以其性质也是复杂多样的。例如,沿海及内陆地区的软土,华北、东北及西北地区的黄土,分布在全国各地区的黏土、膨胀土和杂填土等,都具有不同的性质。因此,在进行建筑物设计之前,必须对建筑场地进行勘察,提出工程地质勘察报告,然后根据上部荷载、桥梁涵洞或房屋使用及构造上的要求,采取一些必要的措施,使地基变形不超过其允许值,并保证建筑物和构筑物的稳定性。

　　任何建筑物都支承于地层上,受建筑物荷载影响的那部分地层称为地基。建筑物的下部通常要埋入地下一定深度,使之坐落在较好的地层上。建筑物向地基传递荷载的下部结构称为基础。建筑物的地基、基础如图 1-1 所示。

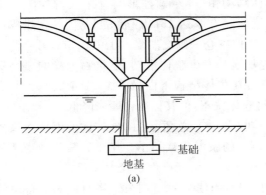
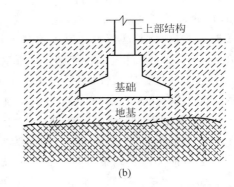

图 1-1　地基与基础

(a) 桥梁墩台；(b) 房屋结构

　　未经过人工处理的地基,称为天然地基。如果地基软弱,其承载力及变形不能满足设计要求,则要对地基进行加固处理,这种地基称为人工地基,如采用机械压实、强力夯实、换土垫层、排水固结等方法处理过的地基。

基础根据埋深不同可分为浅基础和深基础。一般房屋的基础,如土质较好,埋深不大(1~5m)时,可用简便的方法开挖基坑和排水,这类基础称为浅基础。如果建筑物荷载较大,或下部地层较软弱,须把基础深埋到土质较好的地层,要采用特殊的基础类型或施工方法,这种基础称为深基础,如桩基础、沉井、地下连续墙等。

土力学与基础工程包括土力学及基础工程两部分。土力学是以土为研究对象,利用力学的一般原理,研究土的特性及其受力后应力、变形、渗透、强度和稳定性的学科。它是力学的一个分支,是为解决建筑物的地基基础、土工建筑物和地下结构物的工程问题服务的。基础工程主要研究常见的房屋、桥梁、涵洞等地基基础的类型、设计计算和施工方法。

虽然建筑物的地基、基础和上部结构三部分各自功能及研究方法不同,但对一个建筑物来说,在荷载作用下,三者是相互联系、相互制约的整体。目前,由于受人们对建筑物的研究程度及计算方法的限制,要把三者完全统一起来进行设计计算还不现实。但在解决地基基础问题时,从地基—基础—上部结构相互作用的整体概念出发,全面考虑问题,是建筑物设计工作的发展方向。

1.2   本课程在建筑工程中的重要性

地基和基础是建筑物的重要组成部分,又属于地下隐蔽工程,因此,它的质量好坏关系到建筑物能否安全、经济和正常使用。由于基础工程在地下或水下进行,施工难度较大,造价、工期和劳动消耗量在整个工程中占的比例均较大。根据建筑物复杂程度和设计施工合理性的不同,基础工程费用在建筑物总造价中所占的比例很大,其工期可占总工期的四分之一以上。如果采用人工地基或深基础,则工期和造价所占的比例将更大。实践证明,很多建筑物事故的原因与地基基础有关,并且地基基础一旦发生事故就不易补救。随着高层建筑物的兴起,深基础工程增多,这对地基基础的设计和施工提出了更高的要求。

建于 1941 年的加拿大特朗斯康谷仓,主体结构由 65 个圆柱形筒仓组成,高 31m,宽 23m,其下为片筏基础。由于事先不了解基础下埋藏有厚达 16m 的软黏土层,谷仓建成后初次储存谷物时,基底压力超过了地基承载力,致使谷仓一侧突然陷入土中 8.8m,另一侧则抬高 1.5m,仓身倾斜达 27°,如图 1-2 所示。这是地基发生整体滑动、建筑物失稳的典型例子。由于该谷仓整体性较强,谷仓完好无损,事后在主体结构下面做了 70 多个支承于基岩上的混凝土墩,用 388 个 500kN 的千斤顶,才将仓体扶正,但其标高比原来降低了 4m。

建于 1954 年的上海工业展览馆中央大厅(见图 1-3),总质量约 10000t,采用平面尺寸为 45m×45m 的两层箱形基础。地基为厚约 14m 的淤泥质软黏土。建成后其基础当年下沉 0.6m,目前大厅平均下沉量达 1.6m,墙面由于不均匀沉降产生了较大裂缝。

又如 1173 年兴建的意大利比萨斜塔(见图 1-4),当建至 24m 时发现塔身倾斜而被迫停工。100 年后续建至塔顶(高约 55m)。至今塔身一侧下沉了 1m 以上,另一侧下沉了约 3m,倾斜达 5.8°。1932 年曾灌注了 1000t 水泥,效果仍然不明显。在以后的数十年里该塔仍以每年 1mm 的速度下沉。意大利当局被迫于 1990 年关闭斜塔,斜塔因此而成为世界著名的问题基础工程。在经历了十多年的应力解除并辅以配重的矫正工程后,工程专家组于 2001

图 1-2　加拿大特朗斯康谷仓的地基事故

年 6 月 16 日将该塔正式交给比萨市政当局。专家组声称比萨斜塔目前的状态至少还能良好地保持 300 年。

图 1-3　上海工业展览馆

图 1-4　意大利比萨斜塔

以上工程实例说明，在建筑物地基基础设计中，建筑物安全方面必须遵守两条规则：①应满足地基强度要求；②地基变形应在允许范围之内。这就要求工程技术人员熟练掌握土力学与地基基础的基本原理和主要概念，结合建筑场地及建筑物的结构特点，因地制宜地进行设计和必要的验算。

1.3   本课程的特点与学习要求

本课程内容包括土的物理性质与工程分类、土中水的运动规律、土中应力计算、土的压缩性及变形计算、土的抗剪强度、土压力与土坡稳定、天然地基上浅基础、桩基础、基坑支护和地基处理等。

想学好这门课程,不仅要重视理论知识的学习,还要重视土工试验和工程实例的分析研究。只有通过对土工试验和工程实例的分析,才能逐步加深对土力学理论的认识,不断提高处理地基基础问题的能力。土的种类很多,工程性质很复杂,重点不是一些具体的知识,而是要搞清土力学中的一些概念,不要死记硬背某些条文和数字。土力学是一门技术学科,重要的是学会如何应用基本理论去解决具体工程问题。例如,学习一种分析土坡稳定分析的方法,不仅要掌握计算方法,而且要搞清分析方法所应用的参数以及参数的测定方法,以及它的适用范围。应用土力学解决工程问题时,要将理论、室内外测试和工程师经验三者相结合,在学习土力学基本理论时就要牢固树立这一思想。

1.4   本学科的发展概况

本学科既是一门古老的工程技术,又是一门新兴的理论。它伴随着生产实践的发展而发展。其发展也总是与社会各历史阶段的生产力和科学水平相适应。

就土力学学科而言,它与其他学科一样,经历过感性认识、理性认识、形成独立学科和新的发展四个阶段。

土力学学科最早为感性认识阶段,中国劳动人民远在春秋战国时期开始兴建的万里长城以及隋唐时期修建的南北大运河,穿越各种复杂地质条件,历经千百年风雨沧桑而不毁,被誉为亘古奇观;宏伟壮丽的宫殿寺院,要依靠精心设计的地基基础,才能逾千百年而留存至今;遍布各地的高塔,正是由于有牢固的基础,才能遇多次强震而无恙。隋朝工匠李春在河北省修建的赵州石拱桥,不仅因其建筑和结构设计而闻名于世,其对地基基础的处理也是非常合理的。他将桥台砌置于密实粗砂层上,1300 多年来石拱桥的沉降量仅几厘米,与用现代土力学理论方法给出的该土层的承载力、沉降量非常接近。

18 世纪中叶,随着欧洲工业革命的兴起,大规模的城市建设和水利、铁路的兴建,发生了许多与土有关的力学问题,积累了许多成功的经验,也总结了不少失败的教训,这促使人们对积累的经验作出理论上的解释,由此,土力学的理论才开始产生和发展。1773 年,法国学者库仑(Coulomb)根据实验提出了砂土的抗剪强度公式和挡土墙土压力的滑动楔体理论(统称为库仑理论);1857 年,英国学者朗肯(Rankine)从另一途径建立了土压力理论,这一土压力理论与库仑土压力理论统称为古典土压力理论,对后来土体强度理论的建立具有推动作用;1885 年布辛涅斯克(Boussinesq)求得弹性半无限空间体表面在集中力作用下的应力、应变理论解答;弗伦纽斯(Follenius)为解决铁路塌方问题提出了土坡稳定分析方法。这些理论和方法至今仍作为土力学的基本理论而被广泛应用。

1925 年奥裔美籍土力学专家太沙基(Terzaghi)的著作——《理论土力学》的出版,被公认为是近代土力学开始的标志。他在总结实践经验和大量试验的基础上提出了很多独特的见解,其中,著名的土的有效应力原理和固结理论是对土力学学科的突出贡献。至此,土力学才成为一门独立学科,并在以后的工程实践中不断丰富、提高。

从 20 世纪 50 年代开始,现代科技成就特别是电子技术进入土力学与地基基础的研究领域。实验技术实现了自动化和现代化,人们对地层的性质有了更深的了解,土力学理论和基础工程技术出现了令人瞩目的进展。

长期以来,在计算地基变形时,假定土体是弹性体;在进行挡土墙土压力计算和边坡稳定分析时,又将土看作理想的刚性体。而实际土体的应力应变关系是非线弹性的。因此,确切地讲,土力学的理论对于那些高层建筑物的设计,其相符性和精度远远不能满足要求。许多学者已借助电子技术及试验技术开展了土的弹塑性应力应变关系的研究,建立了多种本构关系的模型,有些已用于工程计算和分析。中国不少学者也对土力学理论的发展做出了卓越的贡献,如陈宗基教授于 1957 年提出的土流变学和黏土结构模式,目前已被电子显微镜观测证实;黄文熙教授则于 1957 年提出非均质地基考虑侧向变形影响的沉降计算方法和砂土液化理论。中国已成功地建造了一大批高层建筑,解决了大量的复杂基础工程问题,为土力学与地基基础理论和实践积累了丰富的经验。

时至今日,在土建、水利、桥梁、隧道、道路、港口、海洋等有关工程中,以岩土体的利用、改造与整治问题为研究对象的科技领域,因其区别于结构工程的特殊性和各专业岩土问题的共同性,已融合为一个自成体系的新专业——岩土工程(Geotechnical Engineering)。它的工作方法是调查勘察、试验测定、分析计算、方案论证、监测控制、反演分析、修改方案;它的研究方法由三种相辅相成的基本手段,即数学模拟(建立岩土力学模型,进行数值分析)、物理模拟(定性的模型试验,以离心机中的模型进行定量测试和其他物理模拟试验)和原体观测(对工程实体或建筑物的性状进行短期或长期观测)综合而成的。中国的地基及基础理论技术作为岩土工程的一个重要组成部分,已经遵循现代岩土工程的工作方法和研究方法阔步进入 21 世纪,并已取得更多、更高的成就,为中国的现代化建设做出了更大的贡献。当然,由于土体性质的复杂性,到目前为止,虽然土力学与地基基础的理论已有了很大发展,但与其他成熟学科相比较尚不完善,在假定条件下得出的理论应用于实践时多带有近似性,这有待于人们不断实践、研究,以获得更完善、更符合实际情况的理论突破。

第 2 章

土的物理性质及工程分类

>>>

本章主要讨论土的物质组成以及定性、定量描述其物质组成的方法,包括土的三相组成、土的三相指标、土的结构构造、黏性土的界限含水量、砂土的密实度和土的工程分类等。这些内容是学习土力学原理以及基础工程设计和施工技术所必需的基本知识,也是评价土的工程性质、分析和解决土的工程技术问题时须讨论的最基本内容。

2.1 土的三相组成

自然界的土是由岩石经风化、搬运、堆积而形成的。因此,母岩成分、风化性质、搬运过程和堆积的环境是影响土的组成的主要因素,而土的组成又是决定地基土工程性质的基础。土是由固体颗粒、水和气体三部分组成的。这三部分通常称为土的三相组成,随着三相物质的质量和体积的比例不同,土的性质也就不同。因此,应先了解土的组成成分。

2.1.1 土的固相

土中固体颗粒(简称土粒)的大小和形状、矿物成分及其组成情况是决定土的物理、力学性质的重要因素。粗大土粒往往是岩石经物理风化作用形成的碎屑,或是岩石中未产生化学变化的矿物颗粒,如石英和长石等;而细小土粒主要是化学风化作用形成的次生矿物和生成过程中混入的有机物质。粗大土粒都呈块状或粒状,而细小土粒主要呈片状。土粒的组合情况就是各种粒径的土粒含量的相对数量关系,后面将进行详细介绍。

土中固体颗粒的矿物成分如下所示,绝大部分是矿物质,或多或少含有机质。

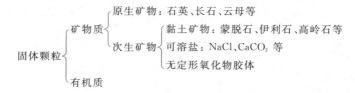

颗粒的矿物质成分分为两大类,一类是原生矿物,常见的如石英、长石、云母等,是岩石经物理风化形成的,其物理化学性质较稳定;另一类是次生矿物,是由原生矿物经化学风化后形成的新矿物,其成分与母岩完全不同,土中的次生矿物主要是黏土矿物。此外,还有一些无定形的氧化物胶体(Al_2O_3、Fe_2O_3)和可溶盐类($CaCO_3$、$CaSO_4$、NaCl 等),后者对土工程性质的影响往往表现为在浸水后削弱土粒之间的联结及增大孔隙。黏土矿物的种类和含量对黏性土工程性质的影响很大,对一些特殊土类(如膨胀土)往往起决定作用。黏土矿物

的主要类型和特点如下。

1. 常见黏土矿物

黏土矿物基本上是由两种晶片构成的。一种是硅氧晶片，它的基本单元是 Si-O 四面体；另一种是铝氢氧晶片，它的基本单元是 Al-OH 八面体（见图 2-1）。晶片结合的不同情况，可形成具有不同性质的各种黏土矿物，主要有蒙脱石、伊利石和高岭石三类。

蒙脱石是化学风化的初期产物，其结构单元（晶胞）是由两层硅氧晶片之间夹一层铝氢氧晶片所组成的。由于晶胞的两个面都是氧原子，其间没有氢键，因此联结力很弱（见图 2-2(a)），水分子可以进入晶胞之间，从而改变晶胞之间的距离，甚至完全分散到单晶胞为止。因此，当土中蒙脱石含量较大时，则具有较大的吸水膨胀和脱水收缩的特性。

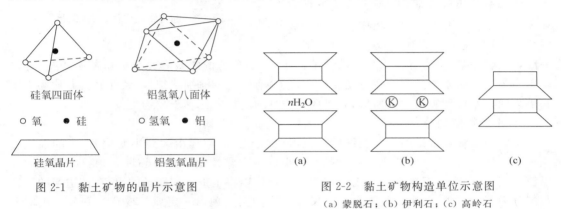

图 2-1 黏土矿物的晶片示意图　　　图 2-2 黏土矿物构造单位示意图
（a）蒙脱石；（b）伊利石；（c）高岭石

伊利石的结构单元类似于蒙脱石，所不同的是 Si-O 四面体中的 Si^{4+} 可以被 Al^{3+}、Fe^{3+} 所取代，因而相邻晶胞间将出现若干一价正离子（K^+）以补偿晶胞中正电荷的不足（见图 2-2(b)）。所以，伊利石的亲水性不如蒙脱石。

高岭石的结构单元是由一层铝氢氧晶片和一层硅氧晶片组成的晶胞。高岭石的矿物就是由若干重叠的晶胞构成的（见图 2-2(c)）。这种晶胞一面露出氢氧基，另一面则露出氧原子。晶胞之间的联结是氧原子与氢氧基之间的氢键，它具有较强的联结力，因此晶胞之间的距离不易改变，水分子不能进入，它的亲水性比伊利石还弱。

由于黏土矿物是很细小的扁平颗粒，颗粒表面具有很强的与水相互作用的能力，表面积越大，这种能力就越强。黏土矿物表面积的相对大小可以用单位体积（或单位质量）的颗粒总表面积（称为比表面积）来表示。例如，一个棱边长为 1cm 的立方体颗粒，其体积为 $1cm^3$，总表面积为 $6cm^2$，比表面积为 $6cm^2/cm^3=6cm^{-1}$。若将 $1cm^3$ 立方体颗粒分割为棱边长为 0.001mm 的多个立方体颗粒，则其总表面积可达 $6\times10^4 cm^2$，比表面积可达 $6\times10^4 cm^{-1}$。由此可见，土粒大小的不同可造成比表面积数值的巨大变化，必然导致土性质的突变。因此，对于黏性土，比表面积是反映其土特征的一个重要指标。

2. 黏土矿物的带电性

黏土颗粒的带电现象早在 1809 年被莫斯科大学列依斯发现。他把黏土块放在一个玻璃器皿内，将两个无底的玻璃筒插入黏土块中，向筒中注入相同深度的清水，并将两个电极分别放入两个筒的清水中，然后将直流电源与电极连接。通电后即可发现放阳极的筒中水位下降，水逐渐变浑；放阴极的筒中水位逐渐上升，如图 2-3 所示。这说明黏土颗粒本身带有一定量的负电荷,这些负电荷在电场作用下向阳极移动,这种现象称为电泳;而水分子在电场作用下向负极移动,且水中含有一定量的阳离子(K^+、Na^+ 等),水的移动实际上是水分子随着这些水化了的阳离子一起移动,这种现象称为电渗。电泳、电渗是同时发生的,统称为电动现象。

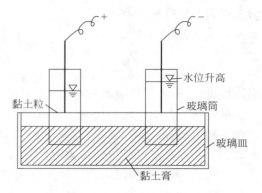

图 2-3　黏土膏的电渗、电泳试验

由于黏土矿物具有带电性,黏土颗粒四周形成一个电场,使颗粒四周的水发生定向排列,直接影响土中水的性质,从而使黏性土具有许多无黏性土所没有的性质。土中有机质一般是混合物,与组成土粒的其他成分稳固地结合在一起,按其分解程度可分为未分解的动植物残体、半分解的泥炭和完全分解的腐殖质,并以腐殖质为主。腐殖质的主要成分是腐殖酸,它具有多孔的海绵状结构,致使其具有比黏土矿物更强的亲水性和吸附性。所以,有机质对土性质的影响比黏土矿物更剧烈。

3. 土的粒组划分

土的固体颗粒都是由大小不同的土粒组成。土粒的粒径由大到小变化时,土的性质相应地发生变化,例如土的性质随着粒径的变小可由无黏性变化为有黏性。颗粒的大小通常以粒径表示,介于一定范围内的土粒称为粒组。可以将土中不同粒径的土粒,按适当的粒径范围分为若干粒组,各个粒组随着分界尺寸的不同而呈现出一定质的变化。划分粒组的分界尺寸称为界限粒径。目前土的粒组划分方法并不完全一致,表 2-1 提供的是一种常用的土粒粒组的划分方法,表中根据界限粒径 200mm、60mm、2mm、0.075mm 和 0.005mm 把土粒分为六大粒组:石(块石)颗粒、卵石(碎石)颗粒、圆砾(角砾)颗粒、砂粒、粉粒及黏粒。

表 2-1　土粒粒组的划分

粒 组 名 称		粒径范围/mm	一 般 特 征
漂石或块石颗粒		>200	透水性很大,无黏性,无毛细水
卵石或碎石颗粒		60～200	
圆砾或角砾颗粒	粗	20～60	透水性大,无黏性,毛细水上升高度不超过粒径大小
	中	5～20	
	细	2～5	
砂粒	粗	0.5～2.0	易透水,当混入云母等杂质时透水性减小,而压缩性增加,无黏性,遇水不膨胀,干燥时松散,毛细水上升高度不大,随粒径变小而增大
	中	0.25～0.50	
	细	0.10～0.25	
	极细	0.075～0.100	
粉粒	粗	0.010～0.075	透水性小,湿时稍有黏性,遇水膨胀小,干时稍有收缩,毛细水上升高度较大较快,极易出现冻胀现象
	细	0.005～0.010	
黏粒		<0.005	透水性很小,湿时有黏性和可塑性,遇水膨胀大,干时收缩显著,毛细水上升高度大,但速度较慢

注:(1)漂石、卵石和圆砾颗粒均呈一定的磨圆形状(圆形或亚圆形);块石、碎石和角砾颗粒都带有棱角。

　　(2)黏粒或称为黏土粒;粉粒或称为粉土粒。

　　(3)黏粒的粒径上限也有采用 0.002mm 的。

　　(4)粉粒的粒径上限也可直接以 200 号筛的孔径 0.074mm 为准。

土粒的大小及其组成情况,通常以土中各个粒组的相对含量(各粒组占土粒总量的百分数)来表示,称为土的颗粒级配。

4. 土的颗粒级配

土的颗粒级配是通过土的颗粒大小分析试验测定的。对于粒径大于 0.075mm 的粗粒组,可用筛分法测定。试验时,将风干、分散的代表性土样通过一套孔径不同的标准筛(如20mm、2mm、0.5mm、0.25mm、0.1mm、0.075mm),称出留在各个筛子上的土重,即可求得各个粒组的相对含量。粒径小于 0.075mm 的粉粒和黏粒难以筛分,一般可以根据土粒在水中匀速下沉时的速度与粒径的理论关系,用比重计法或移液管法测得颗粒级配。实际上,土粒并不是球体颗粒,因此用理论公式求得的粒径并不是实际的土粒尺寸,而是与实际土粒在液体中有相同沉降速度的理想球体的直径(称为水力当量直径)。

根据颗粒大小分析试验结果,可以绘制如图 2-4 所示的颗粒级配累积曲线,其横坐标表示粒径,因为土粒粒径相差常在百倍、千倍以上,所以宜采用对数坐标表示;纵坐标则表示小于(或大于)某粒径的土重含量(或称为累计百分含量)。由曲线的坡度可以大致判断土的均匀程度。如曲线较陡,则表示粒径大小相差不多,土粒较均匀;反之,曲线平缓,则表示粒径大小相差悬殊,土粒不均匀,即级配良好。

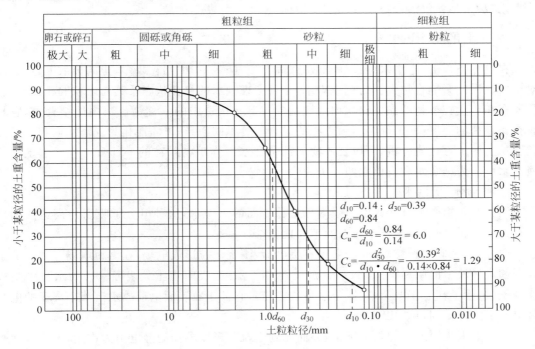

图 2-4　颗粒级配累积曲线

小于某粒径的土粒质量累计百分数为 10% 时,相应的粒径称为有效粒径 d_{10}。小于某粒径的土粒质量累计百分数为 30% 时的粒径用 d_{30} 表示。当小于某粒径的土粒质量累计百分数为 60% 时,该粒径称为限定粒径 d_{60}。

利用颗粒级配累积曲线可以确定土粒的级配指标,如 d_{60} 与 d_{10} 的比值 C_u 称为不均匀系数:

$$C_u = \frac{d_{60}}{d_{10}} \tag{2-1}$$

又如曲率系数 C_c 用下式表示：

$$C_c = \frac{d_{30}^2}{d_{10} \cdot d_{60}} \tag{2-2}$$

不均匀系数 C_u 反映不同大小粒组的分布情况。C_u 越大，表示土粒大小的分布范围越大，其级配越良好，作为填方工程的土料时，则比较容易获得较大的密实度。曲率系数 C_c 表示累积曲线的分布范围，反映曲线的整体形状。

一般情况下，工程中把 $C_u < 5$ 的土看作均粒土，属于级配不良；$C_u > 10$ 的土，属于级配良好。实际上，只用一个指标 C_u 来确定土的级配情况是不够的，要同时考虑累积曲线的整体形状，所以须参考曲率系数 C_c。一般认为，砾类土或砂类土同时满足 $C_u \geq 5$ 和 $C_c = 1 \sim 3$ 两个条件时，则定名为良好级配砾或良好级配砂。

颗粒级配可以在一定程度上反映土的某些性质。对于级配良好的土，较粗颗粒间的孔隙被较细的颗粒所填充，因而土的密实度较好，相应的地基土的强度和稳定性也较好，透水性和压缩性较小，可用作堤坝或其他土建工程的填方土料。对于粗粒土，不均匀系数 C_u 和曲率系数 C_c 是评价渗透稳定性的重要指标。

2.1.2   土的液相

在自然条件下，土中水可以处于液态、固态或气态。土中细粒越多，土的分散度越大，水对土的性质的影响也越大。研究土中水，必须考虑到水的存在状态及其与土粒的相互作用。

存在于土粒矿物的晶体格架内部或是参与矿物构造中的水称为矿物内部结合水，它只有在比较高的温度（$80 \sim 680℃$，随土粒的矿物成分不同而异）下才能化为气态水而与土粒分离。从土的工程性质分析，可以把矿物内部结合水当作矿物颗粒的一部分。存在于土中的液态水可分为结合水和自由水两大类。

1. 结合水（吸附水）

结合水是指受电分子吸引力吸附于土粒表面的土中水，这种电分子吸引力高达几千到几万个大气压，使水分子与土粒表面牢固地黏结在一起。

由于土粒（矿物颗粒）表面一般带有负电荷，围绕土粒形成电场，在土粒电场范围内的水分子和水溶液中的阳离子（如 Na^+、Ca^{2+}、Al^{3+} 等）一起吸附在土粒表面。因为水分子是极性分子（氢原子端显正电荷，氧原子端显负电荷），它被土粒表面电荷或水溶液中离子的电荷吸引而呈定向排列（见图 2-5）。

土粒周围水溶液中的阳离子，一方面受到土粒所形成电场的静电引力作用，另一方面受到布朗运动（热运动）的扩散力作用。在最靠近土粒表面处，静电引力最强，可把水化离子和极性水分子牢固地吸附在颗粒表面上形成固定层。在固定层外围，静电引力比较小，因此水化离子和极性水分子的活动性比在固定层中大些，从而形成扩散层。固定层和扩散层中所含的阳离子（反离子）与土粒表面负电荷一起构成双电层（见图 2-5）。

从上述双电层的概念可知，反离子层中的结合水分子和交换离子越靠近土粒表面，则排列得越紧密和整齐，活动性也越小。因而，结合水又可以分为强结合水和弱结合水两种。强结合水是相当于反离子层的内层（固定层）中的水，而弱结合水则相当于扩散层中的水。

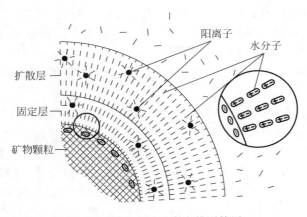

图 2-5   结合水分子定向排列简图

1) 强结合水

强结合水是指紧靠土粒表面的结合水。它的特征如下：没有溶解盐类的能力，不能传递静水压力，只有吸热变成蒸汽时才能移动。这种水极其牢固地结合在土粒表面，其性质接近于固体，密度为 $1.2\sim2.4\text{g/cm}^3$，冰点为 $-78℃$，具有极大的黏滞度、弹性和抗剪强度。如果将干燥的土暴露在天然湿度的空气中，则土的质量将增加，直到土中吸着的强结合水达到最大吸着度为止。土粒越细，土的比表面积越大，则最大吸着度越大。砂土的最大吸着度约占土粒质量的 1%，而黏土则可达 17%。黏土中只含有强结合水时，呈固体状态，磨碎后则呈粉末状态。

2) 弱结合水

弱结合水紧靠于强结合水的外围形成一层结合水膜，它仍然不能传递静水压力，但水膜较厚的弱结合水能向邻近较薄的水膜缓慢转移。当土中含有较多的弱结合水时，土则具有一定的可塑性。砂土比表面积较小，几乎不具有可塑性，而黏性土的比表面积越大，其可塑性范围较大。

弱结合水离土粒表面越远，受到的电分子吸引力越小，并逐渐过渡为自由水。

2. 自由水

自由水是存在于土粒表面电场影响范围以外的水。它的性质和普通水一样，能传递静水压力，冰点为 0℃，有溶解能力。

自由水按其移动所受作用力的不同，可以分为重力水和毛细水。

1) 重力水

重力水是存在于地下水位以下的透水土层中的地下水，它是在重力或压力差作用下运动的自由水，对土粒有浮力作用。重力水对土中的应力状态和开挖基槽、基坑以及修筑地下构筑物时所应采取的排水、防水措施有重要的影响。

2) 毛细水

毛细水是受到水与空气交界面处表面张力作用的自由水，毛细水存在于地下水位以上的透水土层中。

土中存在着许多大小不同的相互连通的弯曲孔道，由于水分子与土粒分子之间的附着力和水、气界面上的表面张力，地下水将沿着这些孔道被吸引上来，而在地下水位以上形成一定高度的毛细水带,这一高度称为毛细水上升高度。它与土中孔隙的大小和形状,土粒矿物组成以及水的性质有关。在毛细水带内,只有靠近地下水位的一部分土才被认为是饱和的,这一部分土称为毛细水饱和带,如图 2-6 所示。

在毛细水带内,由于水、气界面上弯液面和表面张力的存在,水内的压力小于大气压力,即水压力为负值。

在潮湿的粉、细砂中,孔隙水仅存在于土粒接触点周围,彼此是不连续的。这时,由于孔隙中的气体与大气相连通,因此,孔隙水中的压力亦将小于大气压力。于是,将引起迫使相邻土粒挤紧的压力,这类压力称为毛细压力,如图 2-7 所示。毛细压力的存在,增加了土粒间错动的摩擦阻力。这种由毛细压力引起的摩擦阻力犹如给予砂土以某些"黏聚力",以至在潮湿的砂土中能开挖一定高度的直立坑壁。一旦砂土被水浸没,则弯液面消失,毛细压力变为零,这种"黏聚力"也就不再存在。因而,把这种"黏聚力"称为假黏聚力。

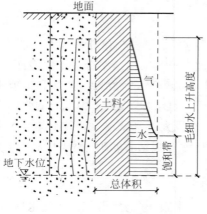

图 2-6 土层内的毛细水带

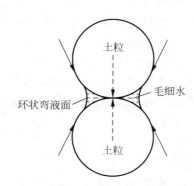

图 2-7 毛细压力示意图

在工程中,要注意毛细上升水的上升高度和速度,因为毛细水的上升对于建筑物地下部分的防潮措施和地基土的浸湿和冻胀等有重要影响。此外,在干旱地区,地下水中的可溶盐随毛细水上升后不断蒸发,盐分便积聚于靠近地表处而形成盐渍土。土中毛细水的上升高度可用试验方法进行确定。

2.1.3 土的气相

土中的气体存在于土孔隙中未被水所占据的部位。在粗粒的沉积物中,常见与大气相连通的空气,它对土的力学性质影响不大。在细粒土中,则常存在与大气隔绝的封闭气泡,使土在外力作用下的弹性变形增加,透水性减小。

对于淤泥和泥炭等有机质土,由于微生物(厌氧细菌)的分解作用,土中积蓄了某种可燃气体(如硫化氢、甲烷等),使土层在自重作用下长期得不到压密,而形成高压缩性土层。

2.2 土的结构与构造

2.2.1 土的结构

土的结构是指土颗粒的大小、形状、表面特征、相互排列及其联结关系的综合特征,一般分为单粒结构、蜂窝结构和絮状结构。

1. 单粒结构

单粒结构是无黏性土的基本组成形式,由较粗的砾石颗粒、砂粒在自重作用下沉积而成。因颗粒较大,颗粒间没有联结力,有时仅有微弱的假黏聚力,土的密实程度受到沉积条件的影响。如土粒受波浪的反复冲击推动作用,其结构紧密,强度大,压缩性小,是良好的天然地基。而洪水冲积形成的砂层和砾石层,一般较疏松(见图2-8)。由于孔隙大,土的骨架不稳定,当受到动力荷载或其他外力作用时,土粒易于移动,以趋于更加稳定的状态,同时产生较大变形,这种土不宜用作天然地基。如果细砂或粉砂处于饱和疏松状态,在强烈振动作用下,土的结构趋于紧密,在瞬间变成了流动状态(即液化),土体强度丧失,在地震区将产生震害。1976年唐山大地震后,当地许多地方出现了喷砂冒水现象,这就是砂土液化的结果。

2. 蜂窝结构

组成蜂窝结构的颗粒主要是粉粒。研究发现,粒径为 0.005～0.05mm 的颗粒在水中沉积时,仍然是以单个颗粒下沉。当遇到已沉积的颗粒时,由于它们之间的吸引力大于自重力,因此土粒停留在最初的接触点上不能再下沉,形成的结构像蜂窝一样,具有很大的孔隙(见图2-9)。

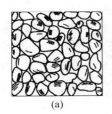 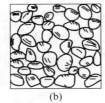

图 2-8　单粒结构

(a) 紧密结构;(b) 疏松结构

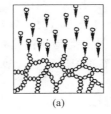 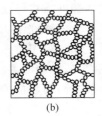

图 2-9　蜂窝结构

(a) 颗粒正在沉积;(b) 沉积完毕

3. 絮状结构

粒径小于 0.005mm 的黏粒在水中处于悬浮状态,不能靠自重下沉。当这些悬浮在水中的颗粒被带到电解质浓度较大的环境中(如海水),黏粒间的排斥力因电荷中和而破坏,聚集成絮状的黏粒集合体,因自重增大而下沉,与已下沉的絮状集合体相接触,形成孔隙很大的絮状结构(见图2-10)。

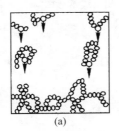 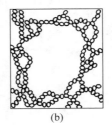

图 2-10　絮状结构

(a) 絮状集合体正在沉积;(b) 沉积完毕

具有蜂窝结构和絮状结构的土,由于存在大量的细微孔隙,所以渗透性小,压缩性大,强度低,土粒间联结力较弱,受扰动时,土粒接触点可能脱离,导致结构强度迅速下降或损失;

而后随时间增长,强度还会逐渐恢复。这类土颗粒间的联结力往往由于长期的压密作用和胶结作用而得到加强。

2.2.2   土的构造

土的构造是指同一土层中颗粒或颗粒集合体相互间的分布特征,通常分为层状构造、分散构造和裂隙构造。

层状构造是土粒在沉积过程中,由于不同阶段沉积的物质成分、颗粒大小不同,沿铅直方向呈层状分布。分散构造是土层颗粒间无大的差别,分布均匀,性质相近,常见于厚度较大的粗粒土。裂隙构造是土体被许多不连续的小裂隙所分割。裂隙的存在大大降低了土体的强度和稳定性,增大了透水性,对工程不利。

2.3   土的物理性质指标

由于土是三相体系,不能用单一指标来说明三相间的比例。三相间的比例关系不仅可以描述土的物理性质及其所处的状态,在一定程度上还可用来反映土的力学性质。所谓土的物理性质指标就是表示土中三相比例关系的一些物理量。

土的物理性质指标可分为两类:一类是直接指标,必须通过试验进行测定,如含水量、密度和土粒相对密度;另一类是间接指标,可以根据试验测定的指标进行换算,如孔隙比、孔隙率、饱和度等。为了便于说明和计算,用图 2-11 所示的土的三相组成示意图来表示各部分之间的数量关系。

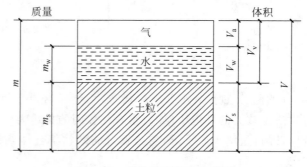

图 2-11   土的三相组成示意图

图 2-11 中符号的意义如下:

m_s——土粒质量;

m_w——土中水质量;

m——土的总质量,$m = m_s + m_w$;

V_s——土粒体积;

V_w——土中水体积;

V_a——土中气体积;

V_v——土中孔隙体积,$V_v = V_w + V_a$;

V——土的总体积,$V = V_s + V_w + V_a$。

2.3.1　土的直接指标

1. 土粒相对密度 d_s

土粒质量与同体积的 4℃时纯水的质量之比称为土粒相对密度(无量纲),即

$$d_s = \frac{m_s}{V_s} \cdot \frac{1}{\rho_{w1}} = \frac{\rho_s}{\rho_{w1}} \tag{2-3}$$

式中　ρ_s——土粒密度,g/cm³;

　　　ρ_{w1}——纯水在 4℃时的密度(单位体积的质量),等于 1g/cm³ 或 1t/m³。

实际上,土粒相对密度在数值上就等于土粒密度,但前者无因次。土粒相对密度取决于土的矿物成分,它的数值一般为 2.6～2.8;有机质土为 2.4～2.5;泥炭土为 1.5～1.8。同一种类的土的相对密度变化幅度很小。

土粒相对密度可在实验室内用比重瓶法测定。由于相对密度变化的幅度不大,通常可按经验数值选用,一般土粒相对密度参考值见表 2-2。

表 2-2　土粒相对密度参考值

土的名称	砂土	粉土	黏 性 土	
			粉质黏土	黏土
土粒相对密度	2.65～2.69	2.70～2.71	2.72～2.73	2.74～2.76

2. 土的含水量 w

土中水的质量与土粒质量之比称为土的含水量,以百分数表示,即

$$w = \frac{m_w}{m_s} \times 100\% \tag{2-4}$$

含水量 w 是表明土的湿度的一个重要物理指标。天然土层的含水量变化范围很大,它与土的种类、埋藏条件及其所处的自然地理环境等有关。一般干的粗砂土,其值接近于零,而饱和砂土的含水量可达 40%;坚硬黏性土的含水量约小于 30%,而饱和状态的软黏性土(如淤泥)的含水量则可达 60% 或更大。一般来说,对于同一类土,当其含水量增大时,则其强度就降低。

土的含水量一般用烘干法测定,即先称小块原状土样的湿土质量,然后置于烘箱内维持100～105℃烘至恒重,再称干土质量,湿、干土质量之差与干土质量的比值,就是土的含水量。

3. 土的密度 ρ

单位体积土的质量称为土的密度(单位为 g/cm³),即

$$\rho = \frac{m}{V} \tag{2-5}$$

天然状态下土的密度变化范围较大,一般黏性土的密度为 1.8～2.0g/cm³;砂土的密度为 1.6～2.0g/cm³;腐殖土的密度为 1.5～1.7g/cm³。

土的密度一般用环刀法测定,即用一个圆环刀(刀刃向下)放在削平的原状土样面上,徐徐削去环刀外围的土,边削边压,使保持天然状态的土样压满环刀内,称得环刀内土样质量,它与环刀容积之比值即为土样的密度。

2.3.2　土的间接指标

1. 土的干密度 ρ_d、饱和密度 ρ_{sat} 和有效密度 ρ'

土单位体积中固体颗粒部分的质量称为土的干密度 ρ_d，即

$$\rho_d = \frac{m_s}{V} \tag{2-6}$$

工程中常把干密度作为评定土体紧密程度的标准，以控制填土工程的施工质量。

土孔隙中充满水时的单位体积质量称为土的饱和密度 ρ_{sat}，即

$$\rho_{sat} = \frac{m_s + V_v \rho_w}{V} \tag{2-7}$$

式中　　ρ_w——水的密度，近似等于 1。

在地下水位以下，单位体积土中土粒的质量扣除同体积水的质量后，即为单位体积土中土粒的有效质量，称为土的有效密度（亦称为浮密度）ρ'，即

$$\rho' = \frac{m_s - V_s \rho_w}{V} \tag{2-8}$$

在计算自重应力时，须采用土的重力密度，简称重度。土的天然重度 γ、干重度 γ_d、饱和重度 γ_{sat}、有效重度 γ' 分别按下列公式计算：$\gamma_d = \rho_d g$，$\gamma_{sat} = \rho_{sat} g$，$\gamma' = \rho' g$。其中，$g$ 为重力加速度，各指标的单位为 kN/m^3。各指标在数值上有如下关系：$\gamma_{sat} > \gamma > \gamma_d > \gamma'$。

2. 土的孔隙比 e 和孔隙率 n

土的孔隙比是土中孔隙体积与土粒体积之比，即

$$e = \frac{V_v}{V_s} \tag{2-9}$$

孔隙比用小数表示，它是一个重要的物理性指标，可以用来评价天然土层的密实程度。一般来说，$e < 0.6$ 的土是密实的低压缩性土，$e > 1.0$ 的土是疏松的高压缩性土。土的孔隙率是土中孔隙所占体积与总体积之比，以百分数表示，即

$$n = \frac{V_v}{V} \times 100\% \tag{2-10}$$

3. 土的饱和度 S_r

土中被水充满的孔隙体积与孔隙总体积之比称为土的饱和度，以百分数表示，即

$$S_r = \frac{V_w}{V_v} \times 100\% \tag{2-11}$$

2.3.3　土的指标的换算

上述土的三相比例指标中，土粒相对密度 d_s、含水量 w 和密度 ρ 三个指标是通过试验测定的。在测定出这三个基本指标后，可以推导得其余各个指标。

常用图 2-12 所示三相图进行各指标间关系的推导，令 $\rho_{w1} = \rho_w$，并令 $V_s = 1$，则

$$V_v = e, \quad V = 1 + e, \quad m_s = V_s d_s, \quad \rho_w = d_s \rho_w, \quad m_w = w, \quad m_s = w d_s \rho_w$$

$m = d_s(1 + w)\rho_w$，于是由图 2-12 可得

$$\rho = \frac{m}{V} = \frac{d_s(1 + w)\rho_w}{1 + e} \tag{2-12}$$

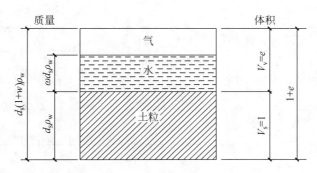

图 2-12 土的三相物理指标换算图

$$\rho_{\mathrm{d}} = \frac{m_{\mathrm{s}}}{V} = \frac{d_{\mathrm{s}}\rho_{\mathrm{w}}}{1+e} = \frac{\rho}{1+w} \tag{2-13}$$

由式(2-12)可得

$$e = \frac{d_{\mathrm{s}}\rho_{\mathrm{w}}}{\rho_{\mathrm{d}}} - 1 = \frac{d_{\mathrm{s}}(1+w)\rho_{\mathrm{w}}}{\rho} - 1 \tag{2-14}$$

由图 2-12 可得

$$\rho_{\mathrm{sat}} = \frac{m_{\mathrm{s}} + V_{\mathrm{v}}\rho_{\mathrm{w}}}{V} = \frac{(d_{\mathrm{s}}+e)\rho_{\mathrm{w}}}{1+e} \tag{2-15}$$

$$\rho' = \frac{m_{\mathrm{s}} - V_{\mathrm{s}}\rho_{\mathrm{w}}}{V} = \frac{m_{\mathrm{s}} - (V - V_{\mathrm{v}})\rho_{\mathrm{w}}}{V} = \frac{m_{\mathrm{s}} + V_{\mathrm{v}}\rho_{\mathrm{w}} - V\rho_{\mathrm{w}}}{V}$$

$$= \rho_{\mathrm{sat}} - \rho_{\mathrm{w}} = \frac{(d_{\mathrm{s}}-1)\rho_{\mathrm{w}}}{1+e} \tag{2-16}$$

$$n = \frac{V_{\mathrm{v}}}{V} = \frac{e}{1+e} \tag{2-17}$$

$$S_{\mathrm{r}} = \frac{V_{\mathrm{w}}}{V_{\mathrm{v}}} = \frac{m_{\mathrm{w}}}{V_{\mathrm{v}}\rho_{\mathrm{w}}} = \frac{wd_{\mathrm{s}}}{e} \tag{2-18}$$

土的三相比例指标换算公式一并列于表 2-3。

表 2-3　土的三相比例指标换算公式

名称	符号	三相比例表达式	常用换算公式	单位	常见的数值范围
土粒相对密度	d_{s}	$d_{\mathrm{s}} = \dfrac{m_{\mathrm{s}}}{V_{\mathrm{s}}\rho_{\mathrm{w1}}}$	$d_{\mathrm{s}} = \dfrac{S_{\mathrm{r}}e}{w}$	—	黏性土:2.72~2.76; 粉土:2.70~2.71; 砂类土:2.65~2.69
含水量	w	$w = \dfrac{m_{\mathrm{w}}}{m_{\mathrm{s}}} \times 100\%$	$w = \dfrac{S_{\mathrm{r}}e}{d_{\mathrm{s}}}$ $w = \dfrac{\rho}{\rho_{\mathrm{d}}} - 1$	—	20%~60%
密度	ρ	$\rho = \dfrac{m}{V}$	$\rho = \rho_{\mathrm{d}}(1+w)$ $\rho = \dfrac{d_{\mathrm{s}}(1+w)}{1+e}\rho_{\mathrm{w}}$	g/cm³	1.6~2.0

续表

名称	符号	三相比例表达式	常用换算公式	单位	常见的数值范围
干密度	ρ_d	$\rho_d = \dfrac{m_s}{V}$	$\rho_d = \dfrac{\rho}{1+w}$ $\rho_d = \dfrac{d_s}{1+e}\rho_w$	g/cm³	1.3～1.8
饱和密度	ρ_{sat}	$\rho_{sat} = \dfrac{m_s + V_v\rho_w}{V}$	$\rho_{sat} = \dfrac{d_s + e}{1+e}\rho_w$	g/cm³	1.8～2.3
有效密度	ρ'	$\rho' = \dfrac{m_s - V_s\rho_w}{V}$	$\rho' = \rho_{sat} - \rho_w$ $\rho' = \dfrac{d_s - 1}{1+e}\rho_w$	g/cm³	0.8～1.3
重度	γ	$\gamma = \dfrac{m}{V}g = \rho g$	$\gamma = \dfrac{d_s(1+w)}{1+e}\gamma_w$	kN/m³	16～20
干重度	γ_d	$\gamma_d = \dfrac{m_s}{V}g = \rho_d g$	$\gamma_d = \dfrac{d_s}{1+e}\gamma_w$	kN/m³	13～18
饱和重度	γ_{sat}	$\gamma_{sat} = \dfrac{m_s + V_s\rho_w}{V}g = \rho_{sat}g$	$\gamma_{sat} = \dfrac{d_s + e}{1+e}\gamma_w$	kN/m³	18～23
有效重度	γ'	$\gamma' = \dfrac{m_s - V_s\rho_w}{V}g = \rho'g$	$\gamma' = \dfrac{d_s - 1}{1+e}\gamma_w$	kN/m³	8～13
孔隙比	e	$e = \dfrac{V_v}{V_s}$	$e = \dfrac{d_s\rho_w}{\rho_d} - 1$ $e = \dfrac{d_s(1+w)\rho_w}{\rho} - 1$	—	黏性土和粉土： 0.40～1.2； 砂类土：0.3～0.9
孔隙率	n	$n = \dfrac{V_v}{V} \times 100\%$	$n = \dfrac{e}{1+e}$ $n = 1 - \dfrac{\rho_d}{d_s\rho_w}$	—	黏性土和粉土： 30%～60%； 砂类土：25%～45%
饱和度	S_r	$S_r = \dfrac{V_w}{V_v} \times 100\%$	$S_r = \dfrac{wd_s}{e}$ $S_r = \dfrac{w\rho_d}{n\rho_w}$	—	0～100%

注：水的重度 $\gamma_w = \rho_w g = 1\text{t/m}^3 \times 9.807\text{m/s}^2 = 9.807 \times 10^3 (\text{kg} \cdot \text{m/s}^2)/\text{m}^3 \approx 10\text{kN/m}^3$。

2.4 土的物理状态指标

对于粗粒土，土的物理状态指标主要指土的密实度；对于细粒土，则是指土的软硬程度，或称为黏性土的稠度。

2.4.1 无黏性土的密实状态

无黏性土主要是指砂土和碎石类土。这类土中缺乏黏土矿物，不具有可塑性，呈单粒结构，其性质主要取决于颗粒粒径及其级配，所以土的密实度是反映这类土工程性质的主要指标。无黏性土呈密实状态时，强度较大，是良好的天然地基；呈松散状态时，则是一种软弱地基,尤其是饱和的粉细砂,稳定性很差,容易产生流沙,在振动荷载作用下,可能发生液化。

1. 砂土的密实度

砂土的密实度可用天然孔隙比衡量,当 $e < 0.6$ 时,属于密实砂土,强度高,压缩性小。当 $e > 0.95$ 时,为松散状态,强度低,压缩性大。这种测定方法较简单,但没有考虑土颗粒级配的影响。例如,同样孔隙比的砂土,当颗粒均匀时较密实,当颗粒不均时较疏松。考虑土粒级配的影响,砂土的密实度通常采用砂土的相对密度 D_r 来表示,用式(2-19)计算:

$$D_r = \frac{e_{max} - e}{e_{max} - e_{min}} \tag{2-19}$$

式中　e_{max}——砂土的最大孔隙比,即最疏松状态的孔隙比,测定方法是将疏松的风干土样通过长颈漏斗轻轻地倒入容器,求其最小于密度,计算孔隙比,即为 e_{max};

e_{min}——砂土的最小孔隙比,即最密实状态的孔隙比,测定方法是将疏松风干土样分三次装入金属容器,并加以振动和锤击,至体积不变为止,测出最大干密度,算出其孔隙比,即为 e_{min};

e——砂土在天然状态下的孔隙比。

从式(2-19)可知,若砂土的天然孔隙比 e 接近于 e_{min},D_r 趋于 1,土呈密实状态;当 e 接近 e_{max},D_r 趋于 0,土呈疏松状态。按 D_r 的大小可将砂土分成下列三种密实度状态:

$0.67 < D_r \leqslant 1$,密实的;

$0.33 < D_r \leqslant 0.67$,中密的;

$0 < D_r \leqslant 0.33$,松散的。

从理论上看,相对密度 D_r 能反映土粒级配、形状等因素。但是由于对砂土很难取得原状土样,故不易测准天然孔隙比,也就无法保证其相对密度的精度。《建筑地基基础设计规范》(GB 50007—2011)(以下均简称《规范》)用标准贯入试验锤击数 N 来划分砂土的密实度,如表 2-4 所示。N 是在标准贯入时,用质量为 63.5kg 的重锤,从落距 76cm 处自由落下,将贯入器竖直击入土中 30cm 所需要的锤击数。

表 2-4　砂土的密实度

密实度	松散	稍密	中密	密实
标准贯入试验锤击数 N	$N \leqslant 10$	$10 < N \leqslant 15$	$15 < N \leqslant 30$	$N > 30$

2. 碎石土的密实度

碎石土既不易获得原状土样,也难以将贯入器击入土中。对这类土,可根据《规范》要求,用重型圆锥动力触探锤击数来划分密实度,见表 2-5。

表 2-5　碎石土的密实度

密实度	松散	稍密	中密	密实
重型圆锥动力触探锤击数 $N_{63.5}$	$N_{63.5} \leqslant 5$	$5 < N_{63.5} \leqslant 10$	$10 < N_{63.5} \leqslant 20$	$N_{63.5} > 20$

注:(1) 本表适用于平均粒径小于等于 50mm 且最大粒径不超过 100mm 的卵石、碎石、圆砾、角砾。对于平均粒径大于 50mm 或最大粒径超过 100mm 的碎石土,可按野外鉴别的方法划分其密实度。

(2) 表内 $N_{63.5}$ 为经综合修正后的平均值。

对于碎石土,也可根据《规范》要求,按野外鉴别的方法划分为密实、中密、稍密、松散四种,见表 2-6。

表 2-6   碎石土密实度野外鉴别方法

密实度	骨架颗粒含量和排列	可 挖 性	可 钻 性
密实	骨架颗粒含量大于总重的70%,呈交错排列,连续接触	锹镐挖掘困难,用撬棍方能松动;井壁一般较稳定	钻进极困难;冲击钻探时,钻杆、吊锤跳动剧烈;孔壁较稳定
中密	骨架颗粒含量等于总重的60%～70%,呈交错排列,大部分接触	锹、镐可挖掘;井壁有掉块现象;从井壁取出大颗粒处,能保持颗粒凹面形状	钻进较困难,冲击钻探时,钻杆、吊锤跳动不剧烈;孔壁有坍塌现象
稍密	骨架颗粒含量等于总重的55%～60%,排列混乱,大部分不接触	锹可以挖掘,井壁易坍塌,从井壁取出大颗粒后,砂土立即坍落	钻进较容易,冲击钻探时,钻杆稍有跳动;孔壁易坍塌
松散	骨架颗粒含量小于总重的55%,排列十分混乱,绝大部分不接触	锹易挖掘;井壁极易坍塌	钻进很容易,冲击钻探时,钻杆无跳动;孔壁极易坍塌

注:(1) 骨架颗粒指与表 2-15 碎石土分类名称相对应粒径的颗粒。
　　(2) 碎石土密实度应按表列各项要求综合确定。

2.4.2　黏性土的状态及指标

黏性土颗粒细小,比表面积大,受水的影响较大。当土中含水量较小时,土体比较坚硬,处于固体或半固体状态。当含水量逐渐增大时,土体具有可塑状态的性质,即在外力作用下,土可以被塑造成一定形状而不开裂,也不改变其体积,外力去除后,仍能保持其形状不变。含水量继续增大,土体即开始流动。把黏性土在某一含水量下对外力引起的变形或破坏所表现出的抵抗能力称为黏性土的稠度。

1. 黏性土的界限含水量

黏性土由一种状态过渡到另一种状态的分界含水量称为界限含水量,主要有缩限含水量、塑限含水量、液(流)限含水量、黏限含水量、浮限含水量五种,建筑工程中常用前三种含水量。固态与半固态间的界限含水量称为缩限含水量,简称为缩限,用 w_s 表示。半固态与可塑状态间的含水量称为塑限含水量,简称为塑限,用 w_P 表示。可塑状态与流动状态间的含水量称为液(流)限含水量,简称为液限,用 w_L 表示(见图 2-13)。界限含水量用百分数表示。从图 2-13 可知,天然含水量大于液限时,土体处于流动状态;天然含水量小于缩限时,土体处于固态;天然含水量大于缩限小于塑限时,土体处于半固态;天然含水量大于塑限小于液限时,土体处于可塑状态。

图 2-13   黏性土的界限含水量

下面介绍工程中最常用的液限与塑限的测定方法。

塑限 w_P 一般用搓条法测定:取如枣核大小代表性试样(若土中含有大于 0.5mm 的颗

粒时,先过 0.5mm 的筛,将大颗粒去掉,再加入少量水调匀),放在毛玻璃板上,用手掌较平的部位均匀加压,同时搓滚小土条,当土条搓至直径为 3mm 左右时,土条表面出现大量裂纹并开始断开(见图 2-14),此时土条的含水量即为塑限 w_P 值。如果土条搓至直径 3mm 尚未断裂,说明此时土的含水量超过塑限,应另取土样,在空气中稍加风干,使水分蒸发一些后再搓。如果土条搓不到直径 3mm 就已断裂,说明土的含水量小于塑限,应加少量的水调匀后再搓条。

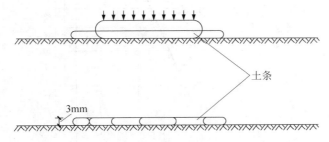

图 2-14　塑限试验图

　　液限 w_L 可采用锥式液限仪测定。土样要求同塑限,加少许纯净水将其调成土膏,装入液限仪的试杯内,用修土刀刮平表面,将液限仪的 76g 圆锥体锥尖对准土样中心缓缓下降,当锥尖与土面接触时,放开锥体,让其在自重作用下下沉(见图 2-15),如果锥体经 5s 恰好下沉 10mm 深度,这时杯中土样的含水量就是液限 w_L。若经 5s 锥体下沉超过 10mm,说明土样含水量大于液限 w_L;反之,土样含水量小于液限 w_L,此时均应重新试验至满足要求为止。

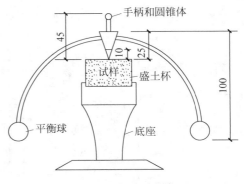

图 2-15　锥式液限仪

　　上述测定液限、塑限的方法,特别是测定塑限的方法,存在的主要缺点是采用手工操作,受人为因素的影响较大,结果不稳定。许多机构都在探索一些新方法,以减少人为因素的影响,如《土工试验方法标准》(GB/T 50123—1999)(以下均简称《标准》)介绍的液限、塑限联合测定法。

　　联合测定法求液限、塑限是采用锥式液限仪,以电磁放锥法对黏性土样不同的含水量进行若干次试验,并按测定结果在双对数坐标纸上作出 76g 圆锥体入土深度与含水量的关系曲线。根据大量试验资料证明,它接近一条直线(见图 2-16),并且,圆锥仪法及搓条法得到的液限、塑限分别对应该直线上圆锥入土深度为 10mm 及 2mm 的含水量值。因此,《标准》规定,使用液限、塑限联合测定仪对土样不同含水量做几次(3 次以上)试验,即可在双对数坐标纸上,以相应的几个点近似地定出直线,然后在直线上求出土样的液限和塑限。

　　美国、日本等国家通常使用碟式液限仪测定黏性土的液限含水量。它是将调成浓糊状的试样装在碟内,刮平表面,用切槽器在土中成槽,槽底宽度为 2mm,如图 2-17 所示,然后将碟子抬高 10mm,使碟下落,连续下落 25 次后,如土槽合拢长度为 13mm,这时试样的含水量就是液限。

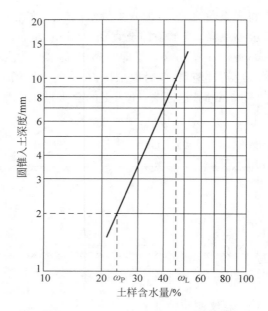

图 2-16　圆锥入土深度与含水量

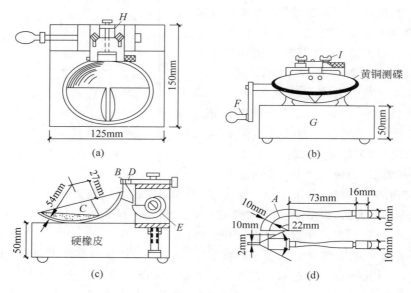

图 2-17　碟式液限仪

2. 黏性土的塑性指数

液限与塑限的差值称为塑性指数,即

$$I_P = w_L - w_P \tag{2-20}$$

式(2-20)中 w_L 和 w_P 用百分数表示,计算所得的塑性指数 I_P 也应用百分数表示,但是习惯上 I_P 不带百分号,如 $w_L = 36\%$,$w_P = 21\%$,$I_P = 15$。液限与塑限之差越大,说明土体处于可塑状态时含水量变化范围越大。也就是说,塑性指数的大小与土中结合水的含量有直接关系。从土的颗粒讲,土粒越细、黏粒含量越高,其比表面积越大,则结合水越多,塑性

指数 I_P 也越大。从土的矿物成分讲,土中含蒙脱石越多,塑性指数 I_P 也越大。此外,塑性指数 I_P 还与水中离子浓度和成分有关。

由于 I_P 反映了土的塑性大小和影响黏性土特征的各种重要因素,因此,《规范》把 I_P 作为黏性土的分类标准,见表 2-7。

表 2-7　黏性土按塑性指数分类

土的名称	塑性指数
黏土	$I_P>17$
粉质黏土	$10<I_P\leqslant17$

3. 黏性土的液性指数

土的天然含水量与塑限的差值与其塑性指数之比称为土的液性指数,即

$$I_L = \frac{w-w_P}{I_P} = \frac{w-w_P}{w_L-w_P} \tag{2-21}$$

由式(2-21)可知,当天然含水量 w 小于 w_P 时,$I_L<0$,土体处于固体或半固体状态;当 w 大于 w_L 时,$I_L>1$,天然土体处于流动状态;当 w 在 w_P 与 w_L 之间时,I_L 为 0~1,天然土体处于可塑状态。因此,可以利用液性指数 I_L 表示黏性土所处的天然状态。I_L 值越大,土体越软;I_L 值越小,土体越坚硬。

《规范》按 I_L 的大小将黏性土划分为坚硬、硬塑、可塑、软塑和流塑五种软硬状态(见表 2-8)。

表 2-8　黏性土软硬状态的划分

液性指数	$I_L\leqslant0$	$0<I_L\leqslant0.25$	$0.25<I_L\leqslant0.75$	$0.75<I_L\leqslant1$	$I_L>1$
状态	坚硬	硬塑	可塑	软塑	流塑

4. 黏性土的灵敏度

处于天然状态的黏性土,一般都具有一定的结构性,当受到外界扰动时,其强度降低,压缩性增大。土体的这种受扰动而强度降低的性质,通常用灵敏度来衡量。原状土的强度与同一种土经重塑后(含水量保持不变)的强度之比称为土的灵敏度,用符号 S_t 表示,即

$$S_t = \frac{q_u}{q_u'} \tag{2-22}$$

式中　q_u——原状试样的无侧限抗压强度,kPa;

　　　q_u'——重塑试样的无侧限抗压强度,kPa。

根据灵敏度 S_t 的大小,可将黏性土分为不灵敏、低灵敏、中等灵敏、灵敏、很灵敏和流动六类。土体灵敏度越高,结构性越强,受扰动后强度降低越多,所以在这类地基上进行施工时,应特别注意保护基槽,尽量减少对土体的扰动。工程中经常发生因土体受扰动而引发的事故。

2.5　土的击实性

人类在很早以前就将土用作工程材料来修筑道路、堤坝和某些建筑物。通过实践,人们认识到使土变密可以显著改善土的力学特性。公元前 200 多年,秦朝修建行车大道时就已

懂得用铁锤夯土使之坚实的道理。以后的工程实践证明,对填土或软土进行地基处理,设法使土变密,常常是一种经济合理的改善土的工程性质的措施。

2.5.1 土的击实性及击实试验

在路基、堤坝的填筑过程中,土体都要经过夯实或压实。软弱地基也可以用重锤夯实或机械碾压的方法进行一定程度的改善。挡土墙和地下室周围的填土、房心回填土也要经过夯实。所以,有必要研究在击(压)实功作用下土的密度变化的特性,这就是土的击实。研究击实的目的在于如何用最小的击实功,把土击实到所要求的密度。通常可在室内用击实仪进行击实试验,也可在现场用碾压机械进行填筑碾压试验。限于篇幅,本书仅介绍室内击实试验。

实践证明,对过湿的土进行夯实或碾压会出现软弹现象(俗称橡皮土),此时土的密度不会增大;对很干的土进行夯实或碾压,也不能将土充分压实。所以,要使土的压实效果达到最好,一定要达到适宜的含水量。在一定的击实能量作用下最容易使土压实,并能达到最大密实度时的含水量,称为土的最优含水量(或称为最佳含水量),用 w_{op} 表示。相对应的干密度称为最大干密度,用 ρ_{dmax} 表示。

室内击实试验(详见《标准》)是把某一含水量的试样分三层放入击实筒内,每放一层用击实锤击打至一定击数,对每一层土所做的击实功为锤体重力、锤体落距和击打次数三者的乘积,将土层分层击实至满筒后(试验时,使击实土稍超出筒高,然后将多余部分削去),测定击实后土的含水量和湿密度,算出干密度。用同样的方法将5个以上具有不同含水量的土样击实,每一土样均可得到击实后的含水量和干密度,以含水量为横坐标、干密度为纵坐标绘出这些数据对应的点,连接各点后绘出的曲线即为能反映土体击实特性的曲线,称为击实曲线。

2.5.2 影响击实的因素

用黏性土的击实数据绘出的击实曲线如图2-18所示。由图可知,当含水量较低时,随着含水量的增加,土的干密度逐渐增大,表明压实效果逐步提高;当含水量超过某一限量 w_{op} 时,干密度则随着含水量的增大而减小,即压密效果下降。这说明土的压实效果随着含水量而变化,并在击实曲线上出现一个峰值,这个峰值相应的含水量就是最优含水量。

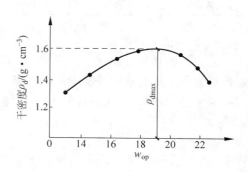

图2-18 黏性土的击实曲线

黏性土的击实机理如下:当含水量较低时,土中水主要是强结合水,土粒周围的水膜很薄,颗粒间具有很大的分子引力,阻止颗粒移动,受到外力作用时不易改变原来的位置,因此压实就比较困难;当含水量适当增大时,土中结合水膜变厚,土粒间的连接力减弱而使土粒易于移动,压实效果就变好;当含水量继续增大时,土中水膜变厚,以致土中出现了自由水,击实时由于土样受力时间较短,孔隙中过多的水分不易立即排出,势必阻止土粒的靠拢,所以击实效果反而下降。

通过大量试验,人们发现黏性土的最优含水量 w_{op} 与土的塑限很接近,大约是 $w_{op}=w_P+2$。因此,当土中所含黏土矿物越多、颗粒越细时,最优含水量越大。最优含水量还与击实功的大小有关。对于同一种土,如用人力夯实或用轻量级的机械压实,由于能量较小,要求土粒间有更多的水分使其润滑,因此,最优含水量较大,而得到的最大干密度较小。当用重量级的机械压实时,压实能量大,得出的击实曲线如图 2-19 中的曲线 1 和 2 所示。所以,当土体压实程度不足时,可以加大击实功,以达到所要求的密度。

图 2-19 还给出了理论饱和曲线,它表示当土处于饱和状态时,含水量与干密度的关系。击实试验不可能将土击实到完全饱和状态,击实过程只能将与大气相通的气体排出去,而无法排出封闭气体,仅能使其产生部分压缩。试验证明,黏性土在最优含水量时,压实到最大干密度,其饱和度一般为 0.8 左右。因此,击实曲线位于饱和曲线的左下方,而不会相交。

相对于黏性土来说,无黏性土具有下列特性:颗粒较粗,颗粒之间没有或只有很小的黏聚力,不具有可塑性,多为单粒结构,压缩性小,透水性高,抗剪强度较大,且含水量的变化对其性质的影响不显著。因此,无黏性土的击实特性与黏性土相比具有显著差异。

用无黏性土的击实试验数据绘出的击实曲线如图 2-20 所示。由图可以看出,在风干和饱和状态下,击实都能得出较好的效果。其机理是在这两种状态时不存在假黏聚力。在这两种状态之间时,受假黏聚力的影响,击实效果最差。

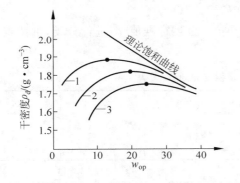

图 2-19 击实功对击实曲线的影响

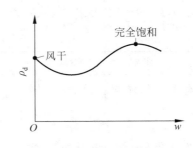

图 2-20 无黏性土的击实曲线

工程实践证明,对于无黏性土的压实,应该由一定静荷载与动荷载联合作用,才能达到较好的压实度。所以,对于不同性质的无黏性土,振动碾是最为理想的压实工具。

2.5.3 填土压实的质量控制

如前所述,影响填土压实效果的因素非常多,有土质因素、颗粒级配因素、含水量因素、施工机械的类型及型号因素等。在实际工程中,为了保证工程质量,采用压实系数与含水量来控制填土压实的效果(见表 2-9)。

表 2-9 压实填土地基质量控制值

结构类型	填土部位	压实系数 λ_c	控制含水量/%
砌体承重结构和框架结构	在地基主要受力层范围内	<0.96	$w_{op} = w_P + 2$
	在地基主要受力层范围以下	0.93~0.96	
简支结构和排架结构	在地基主要受力层范围内	0.94~0.97	
	在地基主要受力层范围以下	0.91~0.93	

注:(1) 压实系数 λ_c 为压实填土的控制干密度与最大干密度的比值,w_{op} 为最优含水量。

(2) 地坪垫层以下及基础地面标高以上的压实填土,压实系数不应小于 0.9。

2.6   土（岩）的工程分类

对地基土（岩）进行工程分类的目的是判别土的工程特性以及评价土作为建筑材料的适宜性。把工程性质接近的土划为一类，这样既便于选择正确的研究方法，也便于对土作出合理的评价，又能使工程人员对土有共同的概念，便于交流经验。因此，必须选择对土的工程性质最有影响、最能反映土的基本属性和便于测定的指标作为分类的依据。

地基土（岩）的分类方法很多，中国不同行业根据其用途对土采用各自的分类方法。作为建筑物地基的岩、土，依据它们的工程性质和力学性能，可将其分为岩石、碎石土、砂土、粉土、黏性土和人工填土等。

2.6.1   岩石的工程分类

岩石应为颗粒间牢固联结、呈整体或具有节理裂隙的岩体。作为建筑场地和建筑物地基，除应确定岩石的地质名称外，还应划分其坚硬程度、完整程度和质量等级。

（1）岩石按其成因分为岩浆岩、沉积岩和变质岩。

（2）岩石的坚硬程度应根据岩块的单轴饱和抗压强度标准值 f_{rk} 进行分类，可按表 2-10 分为坚硬岩、较硬岩、较软岩、软岩和极软岩。

表 2-10   岩石坚硬程度的划分

坚硬程度类别	坚硬岩	较硬岩	较软岩	软岩	极软岩
单轴饱和抗压强度标准值 f_{rk}/MPa	$f_{rk}>60$	$30<f_{rk}\leqslant60$	$15<f_{rk}\leqslant30$	$5<f_{rk}\leqslant15$	$f_{rk}\leqslant5$

当缺乏单轴饱和抗压强度资料或不能进行该项试验时，可在现场通过观察定性划分，划分标准可按表 2-11 执行。岩石的风化程度可分为未风化、微风化、中风化、强风化和全风化。

表 2-11   岩石坚硬程度的定性划分

名 称		定 性 鉴 定	代表性岩石
硬质岩	坚硬岩	锤击声清脆，有回弹，震手，难击碎；基本无吸水反应	未风化或微风化的花岗岩、闪长岩、辉绿岩、玄武岩、安山岩、片麻岩、石英岩、硅质砾岩、石英砂岩、硅质石灰岩等
	较硬岩	锤击声较清脆，有轻微回弹，稍震手，较难击碎；有轻微吸水反应	微风化的坚硬岩；未风化或微风化的大理岩、板岩、石灰岩、钙质砂岩等
软质岩	较软岩	锤击声不清脆，无回弹，较易击碎；指甲可划出印痕	中风化的坚硬岩和较硬岩；未风化或微风化的凝灰岩、千枚岩、砂质泥岩、泥灰岩等
	软岩	锤击声哑，无回弹，有凹痕，易击碎；浸水后，可捏成团	强风化的坚硬岩和较硬岩；中风化的较软岩；未风化或微风化的泥质砂岩、泥岩等
极软岩		锤击声哑，无回弹，有较深凹痕，手可捏碎；浸水后，可捏成团	风化的软岩；全风化的各种岩石；各种半成岩

（3）岩体的完整程度可按表 2-12 划分为完整、较完整、较破碎、破碎和极破碎。

表 2-12　岩体完整程度划分

完整程度等级	完整	较完整	较破碎	破碎	极破碎
完整性指数	>0.75	0.55～0.75	0.35～0.55	0.15～0.35	<0.15

注：完整性指数为岩体纵波波速与岩块纵波波速之比的平方，测定波速时选定的岩体、岩块应有代表性。

当缺乏试验数据时，岩体的完整程度按表 2-13 执行。

表 2-13　岩体完整程度的近似划分

名　称	结构面组数	控制性结构面平均间距/m	相应结构类型
完整	1～2	>1.0	整体状结构
较完整	2～3	0.4～1.0	块状结构
较破碎	>3	0.2～0.4	镶嵌状结构
破碎	>3	<0.2	破裂状结构
极破碎	无序	无序	散体状结构

（4）岩石的质量等级应按表 2-14 进行划分。

表 2-14　岩石质量等级划分

坚硬程度＼完整程度	完整	较完整	较破碎	破碎	极破碎
坚硬岩	I	II	III	IV	V
较硬岩	II	II	III	IV	V
较软岩	III	III	III	V	V
软岩	IV	IV	V	V	V
极软岩	V	V	V	V	V

2.6.2　碎石土的工程分类

碎石土应为粒径大于 2mm 的颗粒含量超过全重 50% 的土。根据粒组含量和颗粒形状，可将碎石土划分为漂石、块石、卵石、碎石、圆砾和角砾（见表 2-15）。碎石土的密实度可按表 2-5 进行划分。

表 2-15　碎石土的分类

土的名称	颗粒形状	粒　组　含　量
漂石	以圆形及亚圆形为主	粒径大于 200mm 的颗粒含量超过全重 50%
块石	以棱角形为主	
卵石	以圆形及亚圆形为主	粒径大于 20mm 的颗粒含量超过全重 50%
碎石	以棱角形为主	
圆砾	以圆形及亚圆形为主	粒径大于 2mm 的颗粒含量超过全重 50%
角砾	以棱角形为主	

注：分类时应根据粒组含量栏从上到下以最先符合者确定。

2.6.3　砂土的工程分类

砂土应为粒径大于 2mm 的颗粒含量不超过全重 50%,而粒径大于 0.075mm 的颗粒含量超过全重 50% 的土。根据各粒组含量,砂土分为砾砂、粗砂、中砂、细砂和粉砂(见表 2-16)。

表 2-16　砂土的分类

土的名称	粒 组 含 量
砾砂	粒径大于 2mm 的颗粒含量占全重 25%~50%
粗砂	粒径大于 0.5mm 的颗粒含量超过全重 50%
中砂	粒径大于 0.25mm 的颗粒含量超过全重 50%
细砂	粒径大于 0.075mm 的颗粒含量超过全重 85%
粉砂	粒径大于 0.075mm 的颗粒含量超过全重 50%

注:分类时应根据粒组含量栏从上到下以最先符合者确定。

砂土的密实度按标准贯入锤击数 N 可分为密实、中密、稍密和松散四种(见表 2-4)。砂土的湿度按饱和度 S_r 可分为饱和、很湿和稍湿三种(见表 2-17)。

表 2-17　砂土湿度按饱和度 S_r 划分

饱和度	$S_r \leqslant 50\%$	$50\% < S_r \leqslant 80\%$	$S_r > 80\%$
湿度	稍湿	很湿	饱和

2.6.4　黏性土的工程分类

黏性土应为塑性指数 $I_P > 10$ 的土,可按表 2-7 分为黏土和粉质黏土。

由于黏性土的工程性质与土的成因、生成年代的关系很密切,对于不同成因或不同生成年代的黏性土,即使某些物理性质指标很接近,但其工程性质可能相差悬殊。因此,某些行业标准与规范又将黏性土按生成年代进行分类,此处不赘述。

黏性土的状态可按表 2-8 分为坚硬、硬塑、可塑、软塑和流塑。

2.6.5　粉土的工程分类

粉土为介于砂土与黏性土之间,塑性指数 $I_P \leqslant 10$ 且粒径大于 0.075mm 的颗粒含量不超过全重 50% 的土。其中,黏质粉土、砂质粉土按表 2-18 划分。

表 2-18　粉土的分类

土的名称	粒 组 含 量
黏质粉土	粒径小于 0.005mm 的颗粒含量超过全重 10%
砂质粉土	粒径大于 0.075mm 的颗粒含量超过全重 30%

2.6.6　常遇到的几种特殊土

1. 人工填土

人工填土是指由于人类活动而堆填的土。这类土物质成分复杂,均匀性差。根据其组成和成因,人工填土可分为素填土、杂填土、冲填土和压实填土。

素填土是由碎石土、砂土、粉土、黏性土等组成的填土,不含杂质或含很少杂质。杂填土为含有建筑垃圾、工业废料、生活垃圾等杂物的填土。冲填土是由水力冲填泥沙形成的填土。经分层压实或夯实的素填土称为压实填土。

工程中遇到的人工填土,各地的情况均不相同。在古城区遇到的人工填土,一般都保留着人类活动的遗物或古建筑的碎砖、瓦砾、灰渣等(俗称房渣土)。山区建设和新城区、新开发区建设中遇到的人工填土,一般填土的时间较短。城市市区遇到的人工填土常会发现不少炉渣、生活垃圾及建筑垃圾等杂填土。

2. 软土

软土是指在沿海的滨海相、溺谷相、内陆或山区的河流相、湖泊相、沼泽相等主要由细粒土组成的高压缩性、高含水量、大孔隙比、低强度的土层,包括淤泥和淤泥质土。这类土大多具有高灵敏度的特性。

淤泥是在静水或缓慢流水环境中沉积,并经过生物化学作用形成,是天然含水量大于液限、天然孔隙比大于或等于1.5的黏性土。天然含水量大于液限而天然孔隙比为$1.0\sim1.5$的黏性土或粉土为淤泥质土。当土的有机质含量大于5%时,称为有机质土;有机质含量大于60%时称为泥炭。

对于沿海地区的淤泥和淤泥质土,由于海浪的作用,常见有极薄的粉土夹层,俗称"千层饼"土。这类土的强度很低,压缩性很高,作为建筑地基时往往须进行人工处理。

3. 湿陷性土

湿陷性土应为土体在一定压力下受水浸湿后产生的湿陷变形达到一定数值的土,可进一步划分为自重湿陷性土和非自重湿陷性土。湿陷性土的湿陷性可由湿陷系数衡量,自重湿陷系数δ_{zs}大于0.015的土为湿陷性土,即

$$\delta_{zs} = \frac{h_z - h_z'}{h_0} \tag{2-23}$$

式中　h_0——试样原始高度;

　　　h_z——在饱和自重压力作用下试样变形稳定后的高度;

　　　h_z'——在饱和自重压力作用下试样浸水湿陷变形稳定后的高度。

土的这种特性,在工程设计中应给予高度重视,以避免出现重大工程事故。

4. 膨胀土

膨胀土一般是指黏粒成分主要由亲水性黏土矿物所组成的黏性土,受温度、湿度的变化影响时可产生强烈的胀缩变形,同时具有吸水膨胀和失水收缩的特性。在这类地基上修建建筑物,当土体吸水膨胀时,可能由于强烈的膨胀力使建筑物发生破坏。而当土体失水收缩时,可能产生大量裂隙,使土体自身强度下降或消失。

5. 红黏土

红黏土应为碳酸盐岩系的岩石经红土化作用形成的高塑性黏土,其液限一般大于50%。红黏土经再搬运后仍保留其基本特性,液限大于45%的土称为次生红黏土。

除上述几种特殊土之外,还有多年冻土、混合土、盐渍土、污染土(如油浸土)等,它们都具有显著的工程特性,可参阅相关文献进行了解。

【例 2-1】　某饱和土体,测定得到土粒相对密度 $d_s=2.65$,天然密度 $\rho=1.8\text{t/m}^3$,含水量 $w=32.45\%$,液限含水量 $w_L=36.4\%$,塑限含水量 $w_P=18.9\%$,试确定:(1)土的干密度;(2)土的名称及稠度。

【解】　(1)土的干密度

$$\rho_d = \frac{\rho}{1+w} = \frac{1.8}{1+0.3245} = 1.36(\text{t/m}^3)$$

(2)土的塑性指数

$I_P = w_L - w_P = 36.4 - 18.9 = 17.5 > 17.0$,该土体为黏土。

(3)土的液性指数

$$I_L = \frac{w-w_P}{w_L-w_P} = \frac{32.45-18.9}{36.4-18.9} = 0.77,0.75 < I_L \leqslant 1.0$$

该土体处于软塑状态。

【例 2-2】　某无黏性土样,筛分结果如表 2-19 所示,试确定土的名称。

表 2-19　某土样的颗粒级配

粒径/mm	<0.075	0.075~0.25	0.25~0.5	0.5~1.0	>1.0
粒组含量/%	6.0	34.0	45.0	12.0	3.0

【解】　按照定名时以粒径分组由大到小以最先符合者为准的原则进行确定。

(1)粒径大于 0.5mm 的颗粒,其含量占全部质量的百分数为

$$12\% + 3\% = 15\% < 50\%$$

故不能定为粗砂。

(2)粒径大于 0.25mm 的颗粒,其含量占全部重量的百分数为

$$15\% + 45\% = 60\% > 50\%$$

故该土可定名为中砂。

2.7　土的渗透性

在工程地质中,土能让水等流体通过的性质定义为土的渗透性。而在水头差作用下,土体中的自由水通过土体孔隙通道流动的特性,则定义为土中水的渗流。在房屋建筑、桥梁和道路工程中,很多工程措施的采用都建立在对土的渗透性的认识之上。例如,房屋建筑和桥梁墩台等基坑开挖时,为防止坑外水向坑内渗流,须了解土的渗透性,以配置排水设备;在河滩上修筑渗水路堤时,须考虑路堤填料的渗透性;在计算饱和黏性土上建筑物的沉降与时间的关系时,须掌握土的渗透性。

2.7.1　渗流模型

水在土中的渗流是在土颗粒间的孔隙中发生的。土体孔隙的形状、大小及分布极为复杂,导致渗流水质点的运动轨迹很不规则,如图 2-21(a)所示。如果只着眼于这种真实渗流情况的研究,不仅会使理论分析复杂化,也会使试验观察变得异常困难。考虑到实际工程中并不需要了解孔隙中具体的渗流情况,因而可以对渗流做如下的简化:一是不考虑渗流路

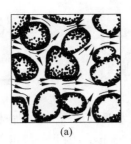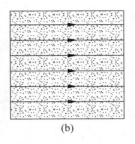

图 2-21　渗流模型

（a）水在土孔隙中的运动轨迹；（b）理想化的渗流模型

径的迂回曲折，只分析它的主要流向；二是不考虑土体中颗粒的影响，认为孔隙和土粒所占的空间之总和均充满渗流。简化后的渗流其实只是一种假想的土体渗流，称为渗流模型，如图 2-21(b)所示。为使渗流模型的渗流特性与真实的渗流相一致，它还应该符合以下要求：

（1）在同一过水断面上，渗流模型的流量等于真实渗流的流量；

（2）在任一界面上，渗流模型的压力与真实渗流的压力相等；

（3）在相同体积内，渗流模型所受到的阻力与真实渗流所受到的阻力相等。

有了渗流模型，就可以采用液体运动的有关概念和理论对土体渗流问题进行分析计算。

下面分析渗流模型中的流速与真实渗流中的流速 v 之间的关系。流速 v 是指单位时间内流过单位土截面的水量，单位为 m/s。在渗流模型中，设过水断面面积为 $F(\mathrm{m}^2)$，单位时间内通过截面积 F 的渗流流量为 $q(\mathrm{m}^3/\mathrm{s})$，则渗流模型的平均流速 v 为

$$v = \frac{q}{F} \tag{2-24}$$

真实渗流仅发生在相应于断面 F 中所包含的孔隙面积 ΔF 内，因此真实流速 v_0 为

$$v_0 = \frac{q}{\Delta F} \tag{2-25}$$

于是

$$\frac{v}{v_0} = \frac{\Delta F}{F} = n \tag{2-26}$$

式中　n——土的孔隙率。

因为土的孔隙率 $n<1$，所以 $v<v_0$，即模型的平均流速小于真实流速。由于很难测定真实流速，因此工程中常采用模型的平均流速 v，在本章及以后的内容中，如果没有特别说明，提到的流速均指模型的平均流速。

2.7.2　土的层流渗透定律

1. 伯努利方程

饱和土体中的渗流，一般为层流运动（即水流流线互相平行的流动），服从伯努利（Bernoulli）方程，即饱和土体中的渗流总是从能量高处向能量低处流动。伯努利方程可用下式表示：

$$\frac{v^2}{2g} + z + \frac{u}{\gamma_{\mathrm{w}}} = h(\text{常数}) \tag{2-27}$$

式中 z——位置水头,m;

u——孔隙水压力,kN/m^2;

γ_w——水的重度,kN/m^3;

v——孔隙中水的流速,m/s;

g——重力加速度,m/s^2。

式(2-27)中的第三项表示饱和土体中孔隙水受到的压力(如加荷引起),称为压力水头,第一项称为流速水头。通常情况下土中水的流速很小,因此一般可忽略不计流速水头,此时式(2-27)可简化为

$$z + \frac{u}{\gamma_w} = h(\text{常数}) \tag{2-28}$$

2. 达西定律

若土中孔隙水在压力梯度下发生渗流,如图 2-22 所示。对于土中 a、b 两点,已测得 a 点的水头为 H_1,b 点的水头为 H_2,其位置水头分别为 z_1 和 z_2,压力水头分别为 h_1 和 h_2,则有

$$\Delta H = H_1 - H_2 = (z_1 + h_1) - (z_2 + h_2) \tag{2-29}$$

式中 ΔH——水头损失,是土中水从 a 点流向 b 点的结果,也是水与土颗粒之间的黏滞阻力产生的能量损失。

水自高水头的 a 点流向低水头的 b 点,水流流经长度为 l。由于土的孔隙较小,在大多数情况下水在孔隙中的流速较小,可以认为其渗流状态属于层流。那么可以认为土中水的渗流规律符合层流渗透定律,这个定律是法国学者达西(H. Darcy)根据砂土的试验结果得到的,也称为达西定律。它是指水在土中的渗透速度与水头梯度成正比,即

$$v = kI \tag{2-30}$$

或

$$q = kIF \tag{2-31}$$

式中 v——渗透速度,m/s;

I——水头梯度,即沿着水流方向单位长度上的水头差,如图 2-22 中,a、b 两点的水头梯度 $I = \dfrac{\Delta H}{\Delta l} = \dfrac{H_1 - H_2}{l}$;

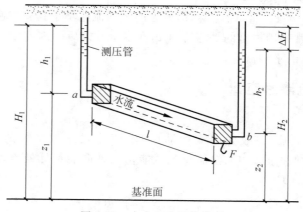

图 2-22   水在土中的渗流型

k——渗透系数,m/s,各类土的渗透系数参考值可见表 2-20;

q——渗透流量,m^3/s,即单位时间内流过土截面积 F 的流量。

表 2-20　土的渗透系数参考值

土的类别	渗透系数/(m/s)	土的类别	渗透系数/(m/s)
黏土	$<5\times10^{-8}$	细砂	$1\times10^{-5}\sim5\times10^{-5}$
粉质黏土	$5\times10^{-8}\sim1\times10^{-6}$	中砂	$5\times10^{-5}\sim2\times10^{-4}$
粉土	$1\times10^{-6}\sim5\times10^{-6}$	粗砂	$2\times10^{-4}\sim5\times10^{-4}$
黄土	$2.5\times10^{-6}\sim5\times10^{-6}$	圆砾	$5\times10^{-4}\sim1\times10^{-3}$
粉砂	$5\times10^{-6}\sim1\times10^{-5}$	卵石	$1\times10^{-3}\sim5\times10^{-3}$

　　由于达西定律只适用于层流的情况,故一般只适用于中砂、细砂、粉砂等。对于粗砂、砾石、卵石等粗颗粒土,达西定律就不再适用了,因为这时水的渗流速度较大,已不再是层流而是紊流。黏土中的渗流规律不完全符合达西定律,因此须进行修正。

　　在黏土中,土颗粒周围存在着结合水,结合水因受到分子引力作用而呈现黏滞性。因此,黏土中自由水的渗流因受到结合水的黏滞作用而产生很大阻力,只有克服结合水的抗剪强度后才能开始渗流。克服此抗剪强度所需要的水头梯度,称为黏土的起始水头梯度 I_0。这样,在黏土中,应按下述修正后的达西定律计算渗流速度:

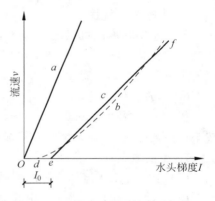

$$v = k(I - I_0) \tag{2-32}$$

　　图 2-23 中绘出了砂土与黏土的渗透规律。直线 a 表示砂土的 v-I 关系,它是通过原点的一条直线。曲线 b 是黏土的 v-I 关系(图中虚线所示),d 点是黏土的起始水头梯度,当土中水头梯度超过此值后水才开始渗流。一般折线 c(图中 Oef 线)代替曲线 b,即认为 e 点是黏土的起始水头梯度 I_0,其渗流规律用式(2-32)表示。

图 2-23　砂土和黏土的渗透规律

本章小结

1. 土的定义
土是地球表面岩石经风化、搬运、沉积而形成的松散集合物。

2. 土的组成
(1) 固体颗粒——土体骨架部分。土由大小不同的颗粒组成,土颗粒的形状、大小、矿物成分及组成情况是决定土的物理、力学性质的主要因素。土的颗粒级配可以在一定程度上反映土的某些性质。

(2) 液体——主要是水,对细粒土的性质影响很大。根据其存在形式,可将水分为存在于土粒晶格之间的结晶水,在电分子引力下吸附于土粒表面的结合水,以及存在于土颗粒表面电场影响范围以外的自由水。

（3）气体——根据存在形式分为与大气连通的气体和封闭的气体。

3. 土的物理性质指标（三相量比例指标）

（1）直接测定的指标——ρ、d_s、w；

（2）间接换算的指标——ρ_d、ρ'、ρ_{sat}、e、n、S_r。

4. 土的物理状态指标

1）砂土的密实度

通常用砂土的相对密度 $D_r = \dfrac{e_{max} - e}{e_{max} - e_{min}}$ 来衡量砂土的密实度状态。相对密度 D_r 能从理论上反映土粒级配、形状等因素，但无法保证其精度。

2）黏性土的稠度

（1）黏性土的界限含水量——缩限 w_s、塑限 w_P、液限 w_L 及 w_P、w_L 的测定方法。

（2）塑性指数 $I_P = w_L - w_P$。

（3）液性指数 $I_L = \dfrac{w - w_P}{I_P} = \dfrac{w - w_P}{w_L - w_P}$。

5. 土的击实特性

土的密实程度是可以改变的。在一定的击实功下，其密实程度（压实效果）随着含水量的变化而变化，并在击实曲线上出现一个峰值，该峰值对应的含水量为最优含水量 w_{op}，对应的干密度为最大干密度 ρ_{dmax}。

6. 土的工程分类

粗粒土（粒径大于 0.075mm）按颗粒形状与粒径大小分类，细粒土（粒径小于 0.075mm）按塑性指数分类（有时须考虑其形成年代）。

7. 土的渗透性

（1）土能让水等流体通过的性质称为土的渗透性。

（2）达西定律是指水在土中的渗透速度与水头梯度成正比。

思 考 题

2-1　什么是地基？什么是基础？它们各自的作用是什么？

2-2　土是由哪几部分组成的？各相变化对土的性质有什么影响？

2-3　什么叫土粒的级配曲线？如何绘制？如何由级配曲线的陡缓判断土的工程性质？

2-4　土中水具有几种存在形式？各种形式的水有什么特征？

2-5　土具有几种密度？对于同一种土，各种密度有什么数量间的关系？

2-6　什么是土的结构？什么是土的构造？不同的结构对土的性质有什么影响？

2-7　土的物理性质指标有几个？哪些是直接测定的？如何测定？

2-8　土的物理状态指标有几个？如何判定土的工程性质？

2-9　什么是土的塑性指数？其大小与土粒组成有什么关系？

2-10　在推导物理性质指标时，为何可以设 $V_s = 1$？

2-11　黏性土在压实过程中，含水量与干密度存在什么关系？

2-12　为什么无黏性土的压实曲线与黏性土的压实曲线不同？

2-13　地基土如何按其工程性质进行分类?

2-14　用相对密度判定砂土的密实程度有什么优缺点?

习题

2-1　某土体试样体积为 $60cm^3$、质量为 $114g$,烘干后质量为 $92g$,土粒相对密度 $d_s = 2.67$。确定该土样的密度、干密度、饱和密度、有效密度、含水量、孔隙比、孔隙率和饱和度。

2-2　一体积为 $100cm^3$ 的原状土试样,湿土质量为 $190g$,干土质量为 $151g$,土粒相对密度为 2.70,试确定该土的含水量、孔隙率和饱和度。

2-3　某饱和土样,土粒相对密度为 2.73,天然密度为 $1.82g/cm^3$,求土的饱和密度、孔隙比和有效重度。

2-4　某无黏性土的筛分结果如表 2-21 所示,试绘级配曲线,确定级配和土名。

表　2-21

粒径/mm	2~20	0.5~2	0.25~0.5	0.075~0.25	0.075~0.05	<0.05
粒组含量/%	11.3	18.5	26.4	20.1	19.6	4.1

2-5　某地基为砂土,湿密度为 $1.80g/cm^3$,含水量为 21%,土粒相对密度为 2.66,最小干密度为 $1.28g/cm^3$,最大干密度为 $1.72g/cm^3$,判断土的密实程度。

2-6　某地基土的含水量为 19.5%,土粒相对密度为 2.70,土的干密度为 $1.56g/cm^3$,确定其孔隙比和饱和度。又知该土的液限为 28.9%、塑限为 14.7%,求其液性指数、塑性指数,确定土名,判定土的状态。

2-7　已知甲、乙两土样的物理性质指标如表 2-22 所示。

表　2-22

土样	w_L/%	w_P/%	w	d_s	S_r
甲	32	20	37	2.72	1.0
乙	23	16	27	2.66	1.0

判断下列结论的正误:

(1) 甲比乙具有更多的黏粒;

(2) 甲比乙具有更大的密度;

(3) 甲比乙具有更大的干密度;

(4) 甲比乙具有更大的孔隙比。

第3章

>>>

土中应力计算

　　土中应力指土体在自身重力、建筑物和构筑物荷载以及其他因素(如土中水的渗流、地震等)作用下,土中产生的应力。土中应力过大时,会使土体因强度不够而发生破坏,甚至使土体发生滑动而失去稳定。此外,土中应力的增加会引起土体变形,使建筑物发生沉降、倾斜以及水平位移。土的变形过大,往往会影响建筑物的正常使用或安全。因此,在研究土的变形、强度及稳定性问题时,必须先掌握土中应力的计算。研究土中应力分布是土力学的重要内容之一。

　　土中某点的应力按产生的原因分为自重应力与附加应力两种。由土体重力引起的应力称为自重应力。自重应力一般是自土体形成之日起就在土中产生。附加应力是在外荷载(如建筑物荷载、车辆荷载、土中水的渗流力、地震荷载等)作用下,在土中产生的应力增量。

3.1　土中自重应力

3.1.1　均质土层中的自重应力

　　若土体是均匀的半无限体,且假定天然地面是一个无限大的水平面。土体在自身重力作用下任一竖直切面均是对称面,切面上都不存在剪应力。因此,在深度 z 处平面上,土体因自身重力产生的竖向应力 σ_{cz}(称竖向自重应力)等于单位面积上土柱体的重力 W,如图 3-1 所示。在深度 z 处土的自重应力为

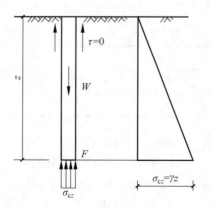

$$\sigma_{cz} = \frac{W}{A} = \frac{\gamma z A}{A} = \gamma z \qquad (3\text{-}1)$$

式中　γ——土的重度,kN/m^3;

　　　　A——土柱体的截面积,m^2。

　　从式(3-1)可知,自重应力随深度 z 线性增加,呈三角形分布(见图 3-1)。

图 3-1　均匀土体中的自重应力分布

3.1.2　成层土中的自重应力

　　地基土通常为成层土。当地基为成层土体时,各土层的厚度为 h_i,重度为 γ_i,则在深度 z 处土的自重应力计算公式如下:

$$\sigma_{cz} = \gamma_1 h_1 + \gamma_2 h_2 + \cdots + \gamma_n h_n = \sum_{i=1}^{n} \gamma_i h_i \qquad (3\text{-}2)$$

式中　n——从天然地面到深度 z 处的土层数。

3.1.3　地下水和不透水层对土中自重应力的影响

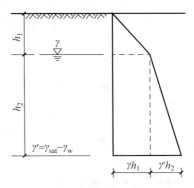

当计算地下水位以下土的自重应力时,应根据土的性质确定是否须考虑水的浮力作用。
通常认为水下的砂性土是应该考虑浮力作用的,黏性土则视其物理状态而定。一般认为,若水下黏性土的液性指数 $I_L \geqslant 1$,则土处于流动状态,土颗粒之间存在着大量自由水,可认为土体受到水的浮力作用;若 $I_L \leqslant 0$,则土处于固体状态,土中自由水受到土颗粒间结合水膜的阻碍而不能传递静水压力,故认为土体不受水的浮力作用;若 $0 < I_L < 1$,土处于固体状态,较难确定土颗粒是否受到水的浮力作用,在工程实践中一般均按不利状态来考虑。

若地下水位以下的土受到水的浮力作用,则水下部分的重度应按有效重度 γ' 计算,其计算方法同成层土体情况,见图 3-2。γ_w 为水的重度,通常取 10kN/m^3。

图 3-2　水下土的自重应力

如在地下水位以下埋藏有不透水层(如岩层或只含结合水的坚硬黏土层),由于不透水层中不存在水的浮力,故层面及层面以下的自重应力应按上覆土层的水土总重进行计算。这样,紧靠上覆层与不透水层界面上、下的自重应力有突变,层面处具有两个自重应力值。

3.1.4　水平向自重应力

土的水平向自重应力 σ_{cx}、σ_{cy} 可用下式计算:

$$\sigma_{cx} = \sigma_{cy} = K_0 \sigma_{cz} \qquad (3\text{-}3)$$

式中　K_0——侧压力系数,也称为静止土压力系数,可通过室内试验测定。

【例 3-1】　某土层及其物理性质指标如图 3-3 所示。计算下列情况下土中自重应力。

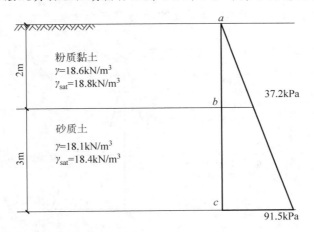

图 3-3　例 3-1 图(没有地下水)

情况 1：没有地下水；

情况 2：地下水在天然地面下 1m 位置，如图 3-4 所示。

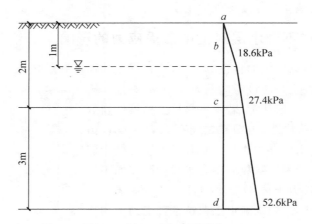

图 3-4 例 3-1 图(有地下水)

【解】 (1)情况 1：没有地下水

第 1 层：a 点：$z=0\text{m}$，$\sigma_{cz}=\gamma z=0$

b 点：$z=2\text{m}$，$\sigma_{cz}=18.6\times 2=37.2\text{(kPa)}$

第 2 层：c 点：$z=5\text{m}$，$\sigma_{cz}=18.6\times 2+18.1\times 3=37.2+54.3=91.5\text{(kPa)}$

土层中的自重应力分布图如图 3-3 所示。

(2)情况 2：有地下水

第 1 层：a 点：$z=0\text{m}$，$\sigma_{cz}=\gamma z=0$

b 点：$z=1\text{m}$，$\sigma_{cz}=18.6\times 1=18.6\text{(kPa)}$

c 点：$z=2\text{m}$，$\sigma_{cz}=18.6\times 1+(18.8-10)\times 1=18.6+8.8=27.4\text{(kPa)}$

第 2 层：d 点：$z=5\text{m}$，$\sigma_{cz}=18.6\times 1+(18.8-10)\times 1+(18.4-10)\times 3=18.6+8.8+25.2=52.6\text{(kPa)}$

土层中的自重应力 σ_{cz} 分布如图 3-4 所示。

【例 3-2】 计算图 3-5 所示水下地基土中的自重应力分布。

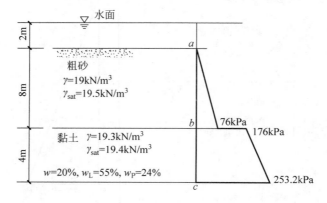

图 3-5 例 3-2 图

【解】 水下的粗砂层受到水的浮力作用,其有效重度 $\gamma' = \gamma_{sat} - \gamma_w = 19.5 - 10 = 9.5(kN/m^3)$。

因为黏土层 $w < w_P$,$I_L < 0$,故认为土层不受水的浮力作用,土层面上还受到上面静水压力的作用。土中各点的自重应力计算如下:

a 点:$z = 0m$,$\sigma_{cz} = \gamma z = 0$

b 点:$z = 8m$,该点位于粗砂层中,

$$\sigma_{cz} = \gamma' z = 9.5 \times 8 = 76(kPa)$$

b' 点:$z = 8m$,但该点位于黏土层中,

$$\sigma_{cz} = \gamma' z + \gamma_w h_w = 76 + 10 \times 10 = 176(kPa)$$

c 点:$z = 12m$,$\sigma_{cz} = 176 + 19.3 \times 4 = 253.2(kPa)$

土中自重应力分布如图 3-5 所示。

从以上两个例题可以看出以下几点:

(1) 地下水位以上土的自重应力可用天然重度计算。地下水位以下的土受到水的浮力作用,减轻了土的有效重力,计算时应取土的有效重度 γ' 代替天然重度,有效重度等于饱和重度减去水的重度。用有效重度计算的自重应力实际上反映了作用在土骨架上的应力,称为有效自重应力。有效自重应力与水压力的合力称为总自重应力。

(2) 当某土层为不透水层时,分层面处的自重应力有突变。

(3) 因为自重应力沿深度线性增加,故只要计算分层土分层处各特征点的自重应力,连接这些特征点就可获得自重应力沿深度的分布图。

3.2 基底压力与基底附加压力

前面指出土中的附加应力是由建筑物荷载所引起的应力增量,建筑物荷载通过基础传递给地基的压力称为基底压力,其反力称为地基反力。对地基而言,基底压力是局部压力。基底地基反力的分布规律对于计算土中附加应力及对基础的结构计算都是非常重要的。

3.2.1 基底压力的分布

基底压力的分布规律主要取决于基础的刚度和地基的变形条件。假设基础是由许多小块组成,如图 3-6(a)所示,各小块之间光滑而无摩擦力,则这种基础相当于绝对柔性基础(即基础的抗弯刚度趋于零),基础上的荷载通过小块直接传递在土上,基底压力与上面荷载的分布图形相同。例如,由土筑成的路堤,可以近似地认为路堤本身不传递剪力,相当于一种柔性基础,路堤自重引起的地基反力分布与路堤断面形状相同,即为梯形分布,如图 3-6(b)所示。柔性基础底面的沉降是中央大而边缘小,如图 3-6(a)所示。

图 3-6 柔性基础下的压力分布

(a) 理想柔性基础;(b) 路堤下地基反力分布

　　当基础具有刚性或为绝对刚性时,如箱形基础或高炉基础,在外荷载作用下,基础底面保持平面,即基础各点的沉降几乎是相同的。基础底面的地基反力分布不同于上部荷载的分布情况,见图 3-7。绝对刚性基础的分布情况与基础的刚度、地基土的性质、荷载的作用情况、相邻建筑的位置以及基础的大小、形状、埋置深度等因素有关。刚性基础在中心荷载作用下,地基反力呈马鞍形分布,如图 3-7(a)所示;当荷载较大时,基础边缘地基反力很大,使边缘地基土产生塑性变形,边缘地基反力不能超过地基的承载力,使地基反力重新分布而呈抛物线分布,如图 3-7(b)所示。若外荷载继续增大,则地基反力会继续发展而呈钟形分布,如图 3-7(c)所示。

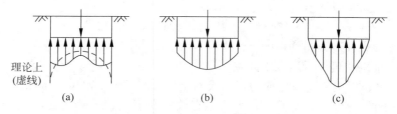

图 3-7　刚性基础下压力分布
(a) 马鞍形；(b) 抛物线性；(c) 钟形

3.2.2　基底压力的简化计算

　　由上述可知,基底压力的分布比较复杂,但是根据弹性理论的圣维南原理以及土中实测应力结果可知,当作用在基础上的总荷载为定值时,地基反力分布的形状对土中应力分布的影响只限定在一定深度范围内。当基底的深度超过基础宽度的 1.5～2 倍时,它的影响已不显著。因此,实际运算中,可采用材料力学方法,即将地基反力分布认为线性分布的简化计算方法。

　　1. 作用中心荷载时(见图 3-8(a))

　　作用中心荷载时,基底压力 p 可按中心受压公式进行计算:

$$p = \frac{N}{A} \tag{3-4a}$$

式中　A——基础底面积,m²;

　　　　N——作用在基础底面形心的竖向荷载,kN,

$$N = F + G \tag{3-4b}$$

式中　F——作用在基础顶面且通过基底形心的竖向荷载,kN;

　　　　G——基础及其台阶上填土的总重,$G = \gamma_G A d$,kN;其中,γ_G 为基础和填土的平均重度,一般取 $\gamma_G = 20 \text{kN/m}^3$,在地下水位以下时取有效重度,$d$ 为基础埋置深度。

　　2. 作用偏心荷载时

　　当作用偏心荷载,且荷载为单向偏心时,基础设计中通常将基底长边方向取与偏心方向一致,而地基边缘反力可按材料力学短柱偏心受压公式进行计算,如图 3-8(b)所示。

$$p_{\substack{\max \\ \min}} = \frac{N}{lb} \pm \frac{M}{W} \tag{3-5a}$$

式中　$p_{\max}$、$p_{\min}$——基础底面最大和最小边缘地基反力,kN/m²;

　　　　l、b——基础底平面的长度和宽度,m;

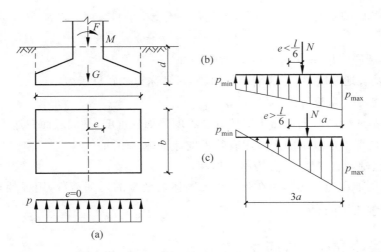

图 3-8　基底地基反力分布的简化计算

(a) 中心荷载；(b) 偏心荷载 $e<l/6$；(c) 偏心荷载

M——作用在基础底面的力矩，

$$M = Ne \qquad (3\text{-}5b)$$

W——基础底面的抗弯截面模量，$W = \dfrac{bl^2}{6}$，m^3。

将偏心距 $e=\dfrac{M}{N}$ 代入式(3-5a)，得

$$p_{\substack{\max \\ \min}} = \frac{N}{lb}\left(1 \pm \frac{6e}{l}\right) \qquad (3\text{-}6)$$

由式(3-6)可知：

(1) 当 $e<\dfrac{l}{6}$ 时，基底地基反力呈梯形分布，$p_{\max}>0$，如图 3-8(b)所示；

(2) 当 $e=\dfrac{l}{6}$ 时，基底地基反力呈三角形分布，$p_{\min}=0$；

(3) 当 $e>\dfrac{l}{6}$ 时，即荷载作用点在截面核心外，$p_{\min}<0$，如图 3-8(c)所示，基底地基反力出现拉力。由于地基土不可能承受拉力，此时基底与地基土局部脱开，使基底地基反力重新分布。根据偏心荷载与基底地基反力的平衡条件，地基反力的合力作用线应与偏心荷载作用线重合，得基底边缘最大地基反力 $p'_{\max}$ 为

$$p'_{\max} = \frac{2N}{3\left(\dfrac{l}{2} - e\right)b} \qquad (3\text{-}7)$$

3.2.3　基底附加压力

自重应力在建造建筑物前早已存在于土层中，若基础砌置在天然地面上，则基底压力就是新增加于地基表面的基底附加压力。一般来说，天然土层在自重作用下的变形早已结束，故只有基底附加压力才使地基产生附加变形。

基础通常埋置在天然地面下一定深度。因此，建筑物建造完成后，基底附加压力是上部结

构和基础传到基底的基底压力与基底处原先存在于土中的自重应力之差,按下式进行计算:

$$p_0 = p - \sigma_z = p - \gamma_d d \tag{3-8}$$

式中　　p_0——基底附加压力,kN/m²;

　　　　p——基底地基反力,为区别于附加压力,又称为基底总压力,kN/m²;

　　　　σ_z——基底处自重应力,kN/m²;

　　　　γ_d——基底标高以上天然土层按分层厚度的加权重度,基础底面在地下水位以下时,
　　　　　　　地下水位以下的土层用有效重度计算,kN/m³;

　　　　d——基础埋置深度,简称为基础埋深,m。

可把基底附加压力作为作用在弹性半无限体表面上的局部荷载,用弹性理论方法求得土中的应力即为土中的附加应力。

3.3　地基中的附加应力

荷载作用下地基中附加应力是将地基视为半无限各向同性弹性体进行计算的,下面分空间问题和平面问题来介绍地基中附加应力的计算。

3.3.1　空间问题附加应力计算

在讨论空间问题之前,先讨论在竖向集中力作用下地基附加应力的计算,然后应用竖向集中力的解答,通过叠加原理或者积分的方法可以得到各种分布荷载作用下地基中附加应力的计算公式。

1. 地面作用一集中力时地基中附加应力的计算

假设地基为半无限弹性体,在地面上作用一竖向集中力 P,如图 3-9 所示。根据弹性理论布辛涅斯克解,地基中任一点 $M(x,y,z)$ 处的应力分量表达式如下:

$$\sigma_x = \frac{3P}{2\pi}\left\{\frac{x^2 z}{R^5} + \frac{1-2\mu}{3}\left[\frac{R^2 - z(R+z)}{R^3(R+z)} - \frac{x^2(2R+z)}{R^3(R+z)^2}\right]\right\} \tag{3-9}$$

$$\sigma_y = \frac{3P}{2\pi}\left\{\frac{y^2 z}{R^5} + \frac{1-2\mu}{3}\left[\frac{R^2 - z(R+z)}{R^3(R+z)} - \frac{y^2(2R+z)}{R^3(R+z)^2}\right]\right\} \tag{3-10}$$

$$\sigma_z = \frac{3P}{2\pi}\frac{z^3}{R^5} \tag{3-11}$$

$$\tau_{xy} = \tau_{yx} = -\frac{3P}{2\pi}\left[\frac{xyz}{R^5} - \frac{1-2\mu}{3}\frac{xy(2R+z)}{R^3(R+z)^2}\right] \tag{3-12}$$

$$\tau_{yz} = \tau_{zy} = -\frac{3Pyz^2}{2\pi R^5} \tag{3-13}$$

$$\tau_{zx} = \tau_{xz} = -\frac{3Pxz^2}{2\pi R^5} \tag{3-14}$$

顺便给出 M 点在 x、y、z 方向位移分量的表达式如下:

$$\delta_x = \frac{P}{4\pi G}\left[\frac{xz}{R^3} - (1-2\mu)\frac{x}{R(R+z)}\right] \tag{3-15}$$

$$\delta_y = \frac{P}{4\pi G}\left[\frac{yz}{R^3} - (1-2\mu)\frac{y}{R(R+z)}\right] \tag{3-16}$$

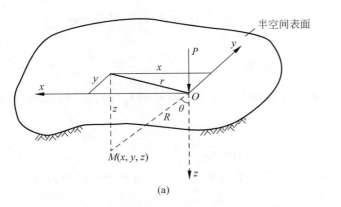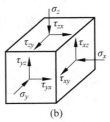

(a)   (b)

图 3-9 集中力作用下地基中应力

$$\delta_z = \frac{P}{4\pi G}\left[\frac{z^2}{R^3} + \frac{2(1-\mu)}{R}\right] \tag{3-17}$$

式中 G——土体剪变模量，$G=\dfrac{E}{2(1+\mu)}$；

　　E——土体弹性模量；

　　μ——土体泊松比；

　　R——M 点距荷载作用点（坐标原点）的距离，$R=\sqrt{x^2+y^2+z^2}$。

　　地面上一集中力作用下地基中附加应力的解答是求解地面上其他形式荷载作用下地基中附加应力分布的基础。

2. 矩形均布荷载作用下地基中附加应力的计算

　　地基为半无限弹性体，面上作用有矩形均布荷载时，地基中应力可通过对集中荷载作用下应力解（布辛涅斯克解）的积分得到。荷载作用范围为 $b\times l\times(2b\times 2l)$，荷载密度为 p，坐标设置如图 3-10 所示，O 点为矩形荷载作用面中心点。地基中竖向应力分量 σ_z 表达式为

$$\sigma_z = \frac{3pz^3}{2\pi}\int_{-l}^{l}\int_{-b}^{b}\frac{1}{\left[(x-\xi)^2+(y-\eta)^2+z^2\right]^{\frac{5}{2}}}\mathrm{d}\xi\mathrm{d}\eta \tag{3-18}$$

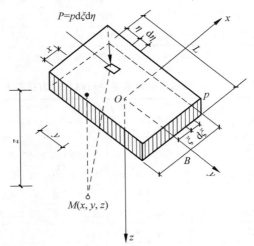

图 3-10 均布矩形荷载作用下地基中附加应力

在矩形荷载作用面中心点以下任意深度处,坐标为 $(0,0,z)$ 时竖向应力分量 σ_{z0} 的表达式可通过式(3-19)得到,即

$$\sigma_{z0} = \frac{2p}{\pi}\left[\arctan \frac{bl}{z\,(l^2+b^2+z^2)^{\frac{1}{2}}} + \frac{blz(l^2+b^2+2z^2)}{(l^2+z^2)(b^2+z^2)\,(l^2+b^2+z^2)^{\frac{1}{2}}}\right] \quad (3\text{-}19)$$

类似可得矩形荷载作用面角点以下任意深度处,坐标为 (b,l,z) 时竖向应力分量 σ_z 的表达式:

$$\sigma_z = \frac{p}{2\pi}\left[\arctan \frac{4lb}{z\,(4l^2+4b^2+z^2)^{\frac{1}{2}}} + \frac{8lbz(2l^2+2b^2+z^2)}{(4l^2+z^2)(4b^2+z^2)\,(4l^2+4b^2+z^2)^{\frac{1}{2}}}\right] \quad (3\text{-}20)$$

在矩形荷载作用下,矩形荷载作用面中心点和角点以下地基中竖向应力分量可分别采用应力系数 K_{z0} 和 K_{z1} 与 p 的乘积表示,应力系数 K_{z0} 和 K_{z1} 分别由表 3-1 和表 3-2 给出。

表 3-1　矩形均布荷载中心点下竖向附加应力系数 K_{z0}

z/b	l/b										条形基础 $l/b \geqslant 10$
	1.0	1.2	1.4	1.6	1.8	2.0	2.8	3.2	4.0	5.0	
0.0	1.000	1.000	1.000	1.000	1.000	1.000	1.000	1.000	1.000	1.000	1.000
0.2	0.960	0.968	0.972	0.974	0.975	0.976	0.977	0.977	0.977	0.977	0.977
0.4	0.800	0.830	0.848	0.859	0.866	0.870	0.878	0.879	0.880	0.881	0.881
0.6	0.606	0.652	0.682	0.703	0.717	0.727	0.746	0.749	0.753	0.754	0.755
0.8	0.449	0.496	0.532	0.558	0.578	0.593	0.623	0.630	0.636	0.639	0.642
1.0	0.334	0.379	0.414	0.441	0.463	0.481	0.520	0.529	0.540	0.545	0.550
1.2	0.257	0.294	0.325	0.352	0.374	0.392	0.437	0.449	0.462	0.470	0.477
1.4	0.201	0.232	0.260	0.284	0.304	0.321	0.369	0.383	0.400	0.410	0.420
1.6	0.160	0.187	0.210	0.232	0.251	0.267	0.314	0.329	0.348	0.360	0.374
1.8	0.130	0.153	0.173	0.192	0.209	0.224	0.270	0.285	0.305	0.320	0.337
2.0	0.108	0.127	0.145	0.161	0.176	0.190	0.233	0.248	0.270	0.285	0.304
2.6	0.066	0.079	0.091	0.102	0.112	0.123	0.157	0.170	0.191	0.208	0.239
3.0	0.051	0.060	0.070	0.078	0.087	0.095	0.124	0.136	0.155	0.172	0.208
4.0	0.029	0.035	0.040	0.046	0.051	0.056	0.075	0.084	0.098	0.113	0.158
5.0	0.019	0.022	0.026	0.030	0.033	0.037	0.050	0.056	0.067	0.079	0.128

注: l——基础长度,m; b——基础宽度,m; z——计算点离基础底面垂直距离,m。

表 3-2　矩形均布荷载角点下竖向附加应力系数 K_{z1}

z/b	l/b											条形
	1.0	1.2	1.4	1.6	1.8	2.0	3.0	4.0	5.0	6.0	10.0	
0.0	0.250	0.250	0.250	0.250	0.250	0.250	0.250	0.250	0.250	0.250	0.250	0.250
0.2	0.249	0.249	0.249	0.249	0.249	0.249	0.249	0.249	0.249	0.249	0.249	0.249
0.4	0.240	0.242	0.243	0.243	0.244	0.244	0.244	0.244	0.244	0.244	0.244	0.244
0.6	0.223	0.228	0.230	0.232	0.232	0.233	0.234	0.234	0.234	0.234	0.234	0.234
0.8	0.200	0.207	0.212	0.215	0.216	0.218	0.220	0.220	0.220	0.220	0.220	0.220
1.0	0.175	0.185	0.191	0.195	0.198	0.200	0.203	0.204	0.204	0.204	0.205	0.205

z/b	l/b											
	1.0	1.2	1.4	1.6	1.8	2.0	3.0	4.0	5.0	6.0	10.0	条形
1.2	0.152	0.163	0.171	0.176	0.179	0.182	0.187	0.188	0.189	0.189	0.189	0.189
1.4	0.131	0.142	0.151	0.157	0.161	0.164	0.171	0.173	0.174	0.174	0.174	0.174
1.6	0.112	0.124	0.133	0.140	0.145	0.148	0.157	0.159	0.160	0.160	0.160	0.160
1.8	0.097	0.108	0.117	0.124	0.129	0.133	0.143	0.146	0.147	0.148	0.148	0.148
2.0	0.084	0.095	0.103	0.110	0.116	0.120	0.131	0.135	0.136	0.137	0.137	0.137
2.2	0.073	0.083	0.092	0.098	0.104	0.108	0.121	0.125	0.126	0.127	0.128	0.128
2.4	0.064	0.073	0.081	0.088	0.093	0.098	0.111	0.116	0.118	0.118	0.119	0.119
2.6	0.057	0.065	0.072	0.079	0.084	0.089	0.102	0.107	0.110	0.111	0.112	0.112
2.8	0.050	0.058	0.065	0.071	0.076	0.080	0.094	0.100	0.102	0.104	0.105	0.105
3.0	0.045	0.052	0.058	0.064	0.069	0.073	0.087	0.093	0.096	0.097	0.099	0.099
3.2	0.040	0.047	0.053	0.058	0.063	0.067	0.081	0.087	0.090	0.092	0.093	0.094
3.4	0.036	0.042	0.048	0.053	0.057	0.061	0.075	0.081	0.085	0.086	0.088	0.089
3.6	0.033	0.038	0.043	0.048	0.052	0.056	0.069	0.076	0.080	0.082	0.084	0.084
3.8	0.030	0.035	0.040	0.044	0.048	0.052	0.065	0.072	0.075	0.077	0.080	0.080
4.0	0.027	0.032	0.036	0.040	0.044	0.048	0.060	0.067	0.071	0.073	0.076	0.076
4.2	0.025	0.029	0.033	0.037	0.041	0.044	0.056	0.063	0.067	0.070	0.072	0.073
4.4	0.023	0.027	0.031	0.034	0.038	0.041	0.053	0.060	0.064	0.066	0.069	0.070
4.6	0.021	0.025	0.028	0.032	0.035	0.038	0.049	0.056	0.061	0.063	0.066	0.067
4.8	0.019	0.023	0.026	0.029	0.032	0.035	0.046	0.053	0.058	0.060	0.064	0.064
5.0	0.018	0.021	0.024	0.027	0.030	0.033	0.043	0.050	0.055	0.057	0.061	0.062
6.0	0.013	0.015	0.017	0.020	0.022	0.024	0.033	0.039	0.043	0.046	0.051	0.052
7.0	0.009	0.011	0.013	0.015	0.016	0.018	0.025	0.031	0.035	0.038	0.043	0.045
8.0	0.007	0.009	0.010	0.011	0.013	0.014	0.020	0.025	0.028	0.031	0.037	0.039
9.0	0.006	0.007	0.008	0.009	0.010	0.011	0.016	0.020	0.024	0.026	0.032	0.035
10.0	0.005	0.006	0.007	0.007	0.008	0.009	0.013	0.017	0.020	0.022	0.028	0.032
12.0	0.003	0.004	0.005	0.005	0.006	0.006	0.009	0.012	0.014	0.017	0.022	0.026
14.0	0.002	0.003	0.003	0.004	0.004	0.005	0.007	0.009	0.011	0.013	0.018	0.023
16.0	0.002	0.002	0.003	0.003	0.003	0.004	0.005	0.007	0.009	0.010	0.014	0.020
18.0	0.001	0.002	0.002	0.002	0.003	0.003	0.004	0.006	0.007	0.008	0.012	0.018
20.0	0.001	0.001	0.002	0.002	0.002	0.002	0.004	0.005	0.006	0.007	0.010	0.016
25.0	0.001	0.001	0.001	0.001	0.001	0.002	0.002	0.003	0.004	0.004	0.007	0.013
30.0	0.001	0.001	0.001	0.001	0.001	0.001	0.002	0.002	0.003	0.003	0.005	0.011
35.0	0.000	0.000	0.001	0.001	0.001	0.001	0.001	0.002	0.002	0.002	0.004	0.009
40.0	0.000	0.000	0.000	0.000	0.001	0.001	0.001	0.001	0.001	0.002	0.003	0.008

根据叠加原理,可以应用式(3-20)计算矩形荷载作用下地基中任一点 M 处的竖向附加应力分量。若 M 点在荷载作用面以下,平面位置如图 3-11(a)所示。可将矩形 $abcd$ 分成四部分,M 处的竖向附加应力由矩形 $abcd$ 荷载产生的竖向应力分量叠加得到,即

$$\sigma_{z,M} = (\sigma_{z,M})_{\text{I}} + (\sigma_{z,M})_{\text{II}} + (\sigma_{z,M})_{\text{III}} + (\sigma_{z,M})_{\text{IV}} \tag{3-21}$$

若 M 点在矩形荷载作用面以外,如图 3-11(b)所示,可将荷载作用面扩大至 $beM'h$,荷载密度不变,在矩形 $abcd$ 荷载作用下,M 点竖向应力分量 $\sigma_{z,M}$ 可通过下式得到:

$$\sigma_{z,M} = (\sigma_{z,M})_{M'ebh} - (\sigma_{z,M})_{M'eag} - (\sigma_{z,M})_{M'fch} + (\sigma_{z,M})_{M'fdg} \tag{3-22}$$

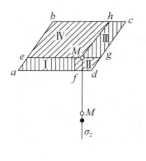
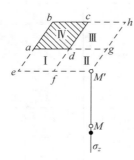
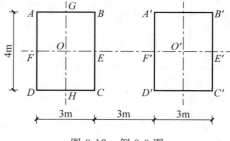

图 3-11 角点法　　　　　　　　　　　图 3-12 例 3-3 图

【例 3-3】 如图 3-12 所示,两个矩形分布荷载作用于地基表面,两个矩形尺寸均为 $3\text{m} \times 4\text{m}$,相互位置如图 3-12 所示,两者距离为 3m,荷载密度为 200kPa,求矩形荷载中心 O 点下深度为 3m 处的竖向附加应力。

【解】 采用角点法求解,如图 3-12 所示划分成若干个矩形。矩形 $ABCD$ 的中点 O 点可视为矩形 $AGOF$、矩形 $GB'E'O$ 等的角点。根据角点法可得到

$$\sigma_{z,O} = (\sigma_{z,O})_{AGOF} + (\sigma_{z,O})_{DFOH} + (\sigma_{z,O})_{GB'E'O} + (\sigma_{z,O})_{E'C'HO} - (\sigma_{z,O})_{GA'F'O}$$
$$- (\sigma_{z,O})_{F'D'HO} + (\sigma_{z,O})_{GBEO} + (\sigma_{z,O})_{ECHO}$$

上式可合并整理成下述形式:

$$\sigma_{z,O} = 4(\sigma_{z,O})_{AGOF} + 2(\sigma_{z,O})_{GB'E'O} - 2(\sigma_{z,O})_{GA'F'O}$$

下面查表先求应力系数:

对 $(\sigma_{z,O})_{AGOF}$,$\dfrac{L}{B} = \dfrac{2.0}{1.5} = 1.33$,$\dfrac{z}{B} = \dfrac{3.0}{1.5} = 2.0$,查表 3-2,采用内插法,得

$$K_z = 0.095 + (0.103 - 0.095) \times \frac{0.13}{0.2} = 0.1004$$

对 $(\sigma_{z,O})_{GB'E'O}$,$\dfrac{L}{B} = \dfrac{7.5}{2.0} = 3.75$,$\dfrac{z}{B} = \dfrac{3.0}{2} = 1.5$,查表 3-2,采用内插法,可得

$$K_z = 0.1655$$

对 $(\sigma_{z,O})_{GA'F'O}$,$\dfrac{L}{B} = \dfrac{4.5}{2.0} = 2.25$,$\dfrac{z}{B} = \dfrac{3.0}{2} = 1.5$,查表 3-2,采用内插法,可得 $K_z = 0.1582$。

于是可得所求附加应力

$$\sigma_{z,O} = (4 \times 0.1004 + 2 \times 0.1655 - 2 \times 0.1582) \times 200$$
$$= 0.4162 \times 200 = 83.24 (\text{kPa})$$

3. 圆形均布荷载作用下地基中附加应力的计算

地基为半无限弹性体,面上作用有圆形均布荷载,荷载作用面半径为 R,荷载密度为 p,采用圆柱坐标,如图 3-13 所示。地基中任意点 $M(\theta, r, z)$ 处的应力分量表达式如下:

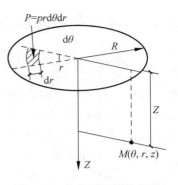

图 3-13 均布圆形荷载作用下地基中应力

$$\sigma_z = \frac{3pz^3}{2\pi} \int_0^{2\pi} \int_0^R \frac{r\mathrm{d}\theta\mathrm{d}r}{(r^2 + z^2 + R^2 - 2Rr\cos\theta)^{\frac{5}{2}}} = K_z p$$

$$(3-23)$$

式中 K_z——应力系数。

圆形均布荷载作用下地基中 $M(r, z)$ 点竖向应力分量应力系数见表 3-3。圆形荷载作用面中心点以下地基中竖向应力分量表达式为

$$\sigma_z = p\left[1 - \left[\frac{1}{1 + \dfrac{R^2}{z^2}} \right]^{\frac{3}{2}} \right]$$

$$(3-24)$$

表 3-3 圆形均布荷载作用下的应力系数

z/R	r/R										
	0	0.2	0.4	0.6	0.8	1.0	1.2	1.4	1.6	1.8	2.0
0.0	1.000	1.000	1.000	1.000	1.000	0.500	0.000	0.000	0.000	0.000	0.000
0.2	0.992	0.991	0.987	0.970	0.890	0.468	0.077	0.015	0.005	0.002	0.001
0.4	0.949	0.943	0.922	0.860	0.712	0.435	0.181	0.065	0.026	0.012	0.006
0.6	0.864	0.852	0.813	0.733	0.591	0.400	0.224	0.113	0.056	0.029	0.016
0.8	0.756	0.742	0.699	0.619	0.504	0.366	0.237	0.142	0.083	0.048	0.029
1.0	0.646	0.633	0.593	0.525	0.434	0.332	0.235	0.157	0.102	0.065	0.042
1.2	0.547	0.535	0.502	0.447	0.337	0.300	0.226	0.162	0.113	0.078	0.053
1.4	0.461	0.452	0.452	0.383	0.329	0.270	0.212	0.161	0.118	0.086	0.062
1.6	0.390	0.383	0.362	0.330	0.288	0.243	0.197	0.156	0.120	0.090	0.068
1.8	0.332	0.327	0.311	0.285	0.254	0.218	0.182	0.148	0.118	0.092	0.072
2.0	0.285	0.280	0.268	0.248	0.224	0.196	0.167	0.140	0.114	0.092	0.074
2.2	0.245	0.242	0.233	0.218	0.198	0.176	0.153	0.131	0.109	0.090	0.074
2.4	0.210	0.211	0.203	0.192	0.176	0.159	0.140	0.122	0.104	0.087	0.073
2.6	0.187	0.185	0.179	0.170	0.158	0.144	0.129	0.113	0.098	0.084	0.071
2.8	0.165	0.163	0.159	0.150	0.141	0.130	0.118	0.105	0.092	0.080	0.069
3.0	0.146	0.145	0.141	0.135	0.127	0.118	0.108	0.097	0.087	0.077	0.067
3.4	0.117	0.116	0.114	0.110	0.105	0.098	0.091	0.084	0.076	0.068	0.061
3.8	0.096	0.095	0.093	0.091	0.087	0.083	0.078	0.073	0.067	0.061	0.055
4.2	0.079	0.079	0.078	0.076	0.073	0.070	0.067	0.063	0.059	0.054	0.050
4.6	0.067	0.067	0.066	0.064	0.063	0.060	0.058	0.055	0.052	0.048	0.045
5.0	0.057	0.057	0.056	0.055	0.054	0.052	0.050	0.048	0.046	0.043	0.041
5.5	0.048	0.048	0.047	0.045	0.045	0.044	0.043	0.041	0.039	0.038	0.036
6.0	0.040	0.040	0.040	0.039	0.039	0.038	0.037	0.036	0.034	0.033	0.031

3.3.2　平面问题附加应力计算

若在无限弹性体表面作用无限长条形的分布荷载,荷载在宽度方向的分布是任意的,但在长度方向的分布规律相同。在计算土中任意点的应力时,只与该点的平面坐标有关,而与荷载长度方向坐标无关,这种情况属于平面应变问题。在实际工程中,条形荷载不可能无限长,但当荷载面积的长宽比不小于 10 时,计算的附加应力与无限长时的值已非常接近。因此,实践中常把墙基、坝基、路基、挡土墙基础等视为平面问题进行计算。

1. 线形均布荷载作用下地基中附加应力的计算

在半无限弹性体表面上作用一均布线荷载,如图 3-14 所示。荷载密度为 p,沿 y 轴方向均匀分布,且无限延长。地基中应力和应变沿 y 轴方向是不变化的,且应变分量为零,属于平面应变问题。在均布线荷载作用下,地基中应力可通过集中荷载作用下地基中应力解答、积分得到。以竖向应力为例,根据式(3-11),可得

$$\sigma_z = \int_{-\infty}^{+\infty} \frac{3z^3}{2\pi(x^2+y^2+z^2)^{\frac{5}{2}}} p\,\mathrm{d}y = \frac{2pz^3}{\pi(x^2+z^2)^2} \tag{3-25}$$

上式也可写成

$$\sigma_z = \frac{2p}{\pi z}\cos^4\beta$$

式中 $\beta=\arccos\dfrac{z}{\sqrt{x^2+z^2}}$,几何意义如图 3-14 所示。

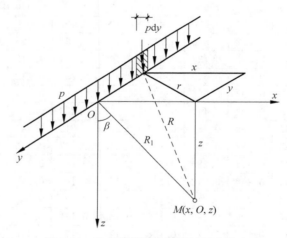

图 3-14　均布线荷载作用下地基中应力

类似可得其他应力分量表达式:

$$\sigma_x = \frac{2p}{\pi}\frac{x^2 z}{(x^2+z^2)^2} = \frac{2p}{\pi z}\cos^2\beta\sin^2\beta \tag{3-26}$$

$$\tau_{xz} = \frac{2p}{\pi}\frac{xz^2}{(x^2+z^2)^2} = \frac{2p}{\pi z}\cos^3\beta\sin\beta \tag{3-27}$$

在弹性理论中,把半无限弹性体表面上作用一线均布荷载时地基中应力的解答称为弗拉曼(Flamant)解。

2. 条形均布荷载作用下地基中附加应力的计算

地基为半无限弹性体,地面上作用有条形均布荷载时,应力分布可通过均布线荷载作用下地基中应力求解得到。荷载分布宽度为 $B=2b$,坐标设置如图 3-15 所示。通过积分可得地基中应力分量的表达式:

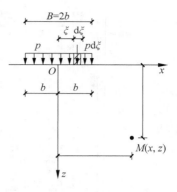

图 3-15　均布线荷载作用下地基中应力

$$\sigma_z = \frac{2p}{\pi} \int_{-b}^{b} \frac{z^3}{\left[(x-\xi)^2 + z^2\right]^2} \mathrm{d}\xi$$

$$= \frac{p}{\pi} \left(\arctan \frac{b-x}{z} + \arctan \frac{b+x}{z} \right)$$

$$- \frac{2pb(x^2 - z^2 - b^2)z}{\pi \left[(x^2 + z^2 - b^2)^2 + 4b^2 z^2 \right]} \qquad (3\text{-}28)$$

类似可得

$$\sigma_x = \frac{p}{\pi} \left(\arctan \frac{b-x}{z} + \arctan \frac{b+x}{z} \right)$$

$$+ \frac{2pb(x^2 - z^2 - b^2)z}{\pi \left[(x^2 + z^2 - b^2)^2 + 4b^2 z^2 \right]} \qquad (3\text{-}29)$$

$$\tau_{xz} = \frac{4pbxz^2}{\pi \left[(x^2 + z^2 - b^2)^2 + 4b^2 z^2 \right]} \qquad (3\text{-}30)$$

为了便于工程设计时应用,常将地基中附加应力分量 σ_z、σ_x、τ_{xz} 用应力系数与 p 的乘积来表示,即

$$\sigma_z = K_z p \qquad (3\text{-}31)$$

$$\sigma_x = K_x p \qquad (3\text{-}32)$$

$$\tau_{xz} = K_{xz} p \qquad (3\text{-}33)$$

式中　K_z、K_x、K_{xz}——应力系数,与 $\dfrac{x}{B}$ 和 $\dfrac{z}{B}$ 值有关。

均布条形荷载作用下地基中应力分量 σ_z、σ_x 和 τ_{xz} 的应力系数值 K_z、K_x、K_{xz} 如表 3-4 所示,表中 B 为基础宽度,$B=2b$。

【例 3-4】　如图 3-16 所示,地基上作用有宽度为 1m 的条形均布荷载,荷载密度为 200kPa,求:(1)条形荷载中心下竖向附加应力深度分布;(2)深度为 1m 和 2m 处土层中竖向附加应力分布;(3)距条形荷载中心线 1.5m 处土层中竖向附加应力分布。

【解】　先求图 3-16 中 0～17 点的 x/B 和 z/B 值,然后查表 3-4 可得应力系数值,再由式(3-31)计算附加应力值,计算结果如表 3-5 所示,并在图 3-16 中给出应力分布情况。

从例 3-4 的计算结果可以看出条形荷载作用下地基中竖向附加应力的分布情况。荷载中心线下附加应力沿深度逐步减小。当深度为荷载作用面宽度 2 倍时,附加应力值减至靠近地表面处的 0.31。在水平方向,中心线上附加应力最大,向外逐步减小。图中距中心线 1.5m 处附加应力($x/B=1.5$),随深度分布而增大。从表 3-5 可知,在该位置,$z/B>3.0$ 时,即例题中深度大于 3m 后,地基中竖向附加应力才开始减小。地基中附加应力呈扩散分布。图 3-17 为条形荷载作用下竖向附加应力等应力线图。从图中可以看出,等应力线形如气泡,有人称为"应力泡"。可以用"应力泡"来描述荷载作用下地基中高附加应力区的形状。

表 3-4　条形均布荷载作用下地基中附加应力系数

z/B \ x/B	0			0.25			0.50			1.00			1.50			2.0		
	K_z	K_x	K_{xz}	K_z	K_x	K_{xz}	K_z	K_x	K_{xz}	K_z	K_x	K_{xz}	K_z	K_x	K_{xz}	K_z	K_x	K_{xz}
0	1.00	1.00	0	1.00	1.00	0	0.50	0.50	0.32	0	0	0	0	0	0	0	0	0
0.25	0.96	0.45	0	0.90	0.39	0.13	0.50	0.35	0.30	0.02	0.17	0.05	0	0.07	0.01	0	0.04	0
0.50	0.82	0.18	0	0.74	0.19	0.16	0.48	0.23	0.26	0.08	0.21	0.13	0.02	0.12	0.04	0	0.07	0.02
0.75	0.67	0.08	0	0.61	0.10	0.13	0.45	0.14	0.20	0.15	0.22	0.16	0.04	0.14	0.07	0.02	0.10	0.04
1.00	0.55	0.04	0	0.51	0.05	0.10	0.41	0.09	0.16	0.19	0.15	0.16	0.07	0.14	0.10	0.03	0.13	0.05
1.25	0.46	0.02	0	0.44	0.03	0.07	0.37	0.06	0.12	0.20	0.11	0.14	0.10	0.12	0.10	0.04	0.11	0.07
1.50	0.40	0.01	0	0.38	0.02	0.06	0.33	0.04	0.10	0.21	0.08	0.13	0.11	0.10	0.10	0.06	0.10	0.07
1.75	0.35	—	0	0.34	0.01	0.04	0.30	0.03	0.08	0.21	0.06	0.11	0.13	0.09	0.10	0.07	0.09	0.08
2.00	0.31	—	0	0.31	—	0.03	0.28	0.02	0.06	0.20	0.05	0.10	0.13	0.07	0.10	0.08	0.08	0.08
3.00	0.21	—	0	0.21	—	0.02	0.20	0.01	0.03	0.17	0.02	0.06	0.14	0.03	0.07	0.10	0.04	0.07
4.00	0.16	—	0	0.16	—	0.01	0.15	—	0.02	0.14	0.01	0.03	0.12	0.02	0.05	0.10	0.03	0.05
5.00	0.13	—	0	0.13	—	—	0.12	—	—	0.12	—	—	0.11	—	—	0.09	—	—
6.00	0.11	—	0	0.10	—	—	0.10	—	—	0.10	—	—	0.10	—	—	—	—	—

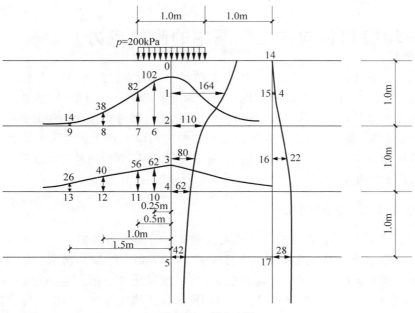

图 3-16　例 3-4 图

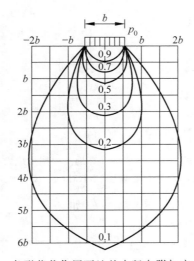

图 3-17　条形荷载作用下地基中竖向附加应力等值线

表 3-5　例 3-4 附表

计算项	点　　号																	
	0	1	2	3	4	5	6	7	8	9	10	11	12	13	14	15	16	17
x	0	0	0	0	0	0	0.25	0.5	1	1.5	0.25	0.5	1	1.5	1.5	1.5	1.5	1.5
z	0	0.5	1	1.5	2	3	1	1	1	1	2	2	2	2	0	0.5	1.5	3
x/B	0	0	0	0	0	0	0.25	0.5	1	1.5	0.25	0.5	1	1.5	1.5	1.5	1.5	1.5
z/B	0	0.5	1	1.5	2	3	1	1	1	1	2	2	2	2	0	0.5	1.5	3
K_z	1	0.82	0.55	0.4	0.31	0.21	0.51	0.41	0.19	0.07	0.31	0.28	0.2	0.13	0	0.02	0.11	0.14
σ_z	200	164	110	80	62	42	102	82	38	14	62	56	40	26	0	4	22	28

3.4   非均值和各向异性地基中的附加应力

在前面几节中计算地基中附加应力时,均将地基视为半无限各向弹性体,但地基往往是分层的,各向同性的,同一土层的土体模量随着深度而增加。严格来讲,地基土体也不是弹性体。采用半无限各向弹性体假设后得到的计算结果可能带来多大的误差是工程师们关心的问题。经验表明,采用半无限弹性体计算地基中附加应力对大多数天然地基来说基本可以满足工程应用的要求。下面对双层地基、薄交互层地基、变形模量随深度增大等情况对附加应力分布的影响作简要讨论。

3.4.1   双层地基中的附加应力

一般地基都是分层的,现以双层地基来说明其对附加应力的影响。第 1 层土的弹性参数为 E_1 和 μ_1,厚度为 h,第二层土弹性参数为 E_2 和 μ_2,如图 3-18(a)所示。双层地基中应力可根据克洛夫斯基当层法计算。根据当层法,可将双层地基中第一层土用一厚度为 h_1、模量为 E_2 的当层来代替。采用当层替代后,双层地基成为均质地基。当层土体厚度为

$$h_1 = h \sqrt{\frac{E_1}{E_2}} \tag{3-34}$$

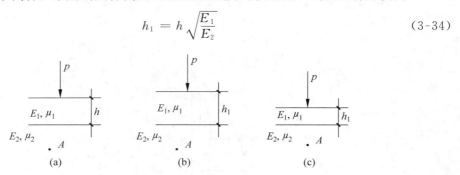

图 3-18   当层法计算地基中附加应力

(a) 双层地基;(b) 双层地基上硬下软时;(c) 双层地基上软下硬时

当双层地基上硬下软时,$E_1 > E_2$,$h_1 > h$,如图 3-18(b)所示;当双层地基上软下硬时,$E_1 < E_2$,$h_1 < h$,如图 3-18(c)所示。双层地基中 A 点附加应力计算转换为均质地基中 A 点附加应力计算,可采用布辛涅斯克解求解。从图 3-18 可以看出,当 $E_1 > E_2$ 时,荷载作用中心线下地基中的附加应力比均质地基中小;当 $E_1 < E_2$ 时,荷载作用中心线下地基中的附加应力比均质地基中大,如图 3-19 所示。图中曲线 1 为均质地基中竖向附加应力分布图,曲线 2 为上硬下软时竖向附加应力分布图,曲线 3 为上软下硬时竖向附加应力分布图。或者说,地基上硬下软时,荷载作用下会发生应力扩散

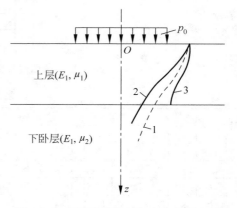

图 3-19   双层地基竖向应力分布的比较

现象;上软下硬时,发生应力集中现象,沿水平方向附加应力分布如图 3-20 中所示,图 3-20(a)

为应力扩散现象示意图,图 3-20(b)为应力集中现象示意图。

3.4.2 薄交互层地基(各向异性地基)附加应力

在天然沉积过程中,地基土体水平向模量 E_h 与竖直向模量 E_v 不相等,天然土体往往是各向异性体。一般情况下 E_v 大于 E_h,有时 E_v 也可能小于 E_h。对 $E_v > E_h$ 的情况,地基竖向附加应力产生应力集中现象,如图 3-20(b)所示;对 $E_v < E_h$ 的情况,地基中竖向附加应力将产生应力扩散现象,如图 3-20(a)所示。

图 3-20 应力扩散和应力集中现象
(a) 应力扩散现象;(b) 应力集中现象

3.4.3 变形模量随深度增大的地基附加应力

一般天然地基土体的变形模量都随深度变化,同一土层土体的变形模量随深度增大。与均质地基相比,沿荷载作用线地基中竖向附加应力变大,或者说产生应力集中现象,如图 3-20(b)所示。

3.5 有效应力原理

在土中某点截取一水平截面,其截面为 A,截面上作用应力 σ(见图 3-21)。该应力是由上覆土体的重力、静水压力及外荷载 p 所产生的应力,称为总应力。这一应力一部分由土颗粒间的接触面承担,称为有效应力;另一部分由土体孔隙内的水及气体承受,称为孔隙应力(也称为孔隙压力)。

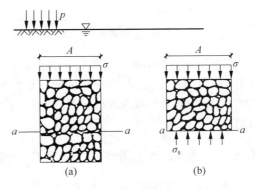

图 3-21 有效应力

考虑图 3-21 所示的土体平衡条件,沿 a—a 截面取脱离体,a—a 截面是沿着土颗粒间接触面截取的曲线状截面,此截面上土颗粒接触面间作用的法向应力为 σ_s,各土颗粒间接触面积之和为 A_s,孔隙内的水压力为 u_w,气体压力为 u_a,其相应的面积为 A_w 及 A_a。由此可建立平衡条件:

$$\sigma A = \sigma_s A_s + u_w A_w + u_a A_a$$

对于饱和土,上式中的 u_a、A_a 均等于零,则此式可写成

$$\sigma A = \sigma_s A_s + u_w A_w = \sigma_s A_s + u_w (A - A_s)$$

故

$$\sigma = \frac{\sigma_s A_s}{A} + u_w \left(1 - \frac{A_s}{A}\right)$$

由于颗粒间的接触面积 A_s 很小，毕肖普及伊尔定（Bishopand and Eldin，1950）根据粒状土的试验工作认为 A_s/A 一般小于 0.03。因此，上式中第二项内的 A_s/A 可略去不计，但第一项中因为土颗粒间的接触应力 σ_s 很大，故不能略去。此时上式可写为

$$\sigma = \frac{\sigma_s A_s}{A} + u_w$$

式中第一项实际上是土颗粒间的接触应力在截面积上的平均应力，称为有效应力，通常用 σ' 表示，并把孔隙水压力 u_w 用 μ 表示。于是上式变为

$$\sigma = \sigma' + \mu \tag{3-35}$$

上式说明，饱和土中的应力（总应力）为有效应力和孔隙水压力之和，或者说有效应力 σ' 等于总应力 σ 减去孔隙水压力 μ。在工程实践中，直接测定有效应力 σ' 很困难，通常是在已知总应力 σ 和测定了孔隙水压力 σ 后，利用下式反求 σ'：

$$\sigma' = \sigma - \mu \tag{3-36}$$

式（3-36）称为饱和土的有效应力原理。

该式首先是由太沙基提出来的。他从试验中观察到土的变形及强度性状与有效应力密切相关，只有通过颗粒接触点传递的应力，才能引起土的变形，并影响土的强度，而土中任意点的孔隙水压力对各个方向的作用相等，因此它只能使土颗粒产生压缩（由于土颗粒本身的压缩量很微小，在土力学中可不进行考虑），而不能使土颗粒产生位移。土颗粒间的有效应力作用，则会引起土颗粒的位移，使孔隙体积改变，土体发生压缩变形，同时有效应力的大小也影响土的抗剪强度，这是土力学有别于其他力学（如固体力学）的重要原理之一。对于部分饱和土，同理可推导出有效应力公式如下：

$$\sigma' = \sigma - u_a + \chi(u_a - u_w) \tag{3-37}$$

这个公式是毕肖普等（1961）提出的，式中 $\chi = \dfrac{A_w}{A}$ 是由试验确定的参数，一般认为有效应力原理能正确地用于饱和土。对于部分饱和土，由于水、气界面上的表面张力和弯液面的存在，问题较复杂，尚存在一些问题，有待于深入研究，具体内容参见有关专著。

作为有效应力原理的应用实例，以下介绍毛细水上升时以及土中水渗流时有效应力的计算。

3.5.1   毛细水上升时土中有效自重应力的计算

设地基土层如图 3-22 所示，在深度 h_1 的 B 线下的土已完全饱和，但地下水的自由表面（潜水面）却在其下 C 线处，这是由于 C 线下的地下水在空气水界面表面张力的作用下，沿着彼此连通的土孔隙形成的复杂毛细网络上升所致。毛细水上升高度 h_c 与土的类别有关。

为了求有效自重应力，按照有效应力原理，应先计算总应力 σ（这里就是自重应力）。此处，对 B 线以下的土，应按饱和重度计算，其分布如图 3-22 所示。竖向有效自重应力为总应力与孔隙水压力之差，具体计算见表 3-6。

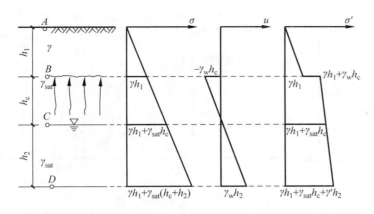

图 3-22　毛细水上升时土中总应力、孔隙水压力及有效应力计算

表 3-6　毛细水上升时土中总应力、孔隙水压力及有效应力计算

计算点		总应力 σ	孔隙水压力 u	有效应力 σ'
A		0	0	0
B	B 点上	γh_1	0	γh_1
	B 点下		$-\gamma_w h_c$	$\gamma h_1 + \gamma_w h_c$
C		$\gamma h_1 + \gamma_{sat} h_c$	0	$\gamma h_1 + \gamma_{sat} h_c$
D		$\gamma h_1 + \gamma_{sat}(h_c + h_2)$	$\gamma_w h_2$	$\gamma h_1 + \gamma_{sat} h_c + \gamma' h_2$

在毛细水上升区，表面张力的作用使孔隙水压力为负值，即 $\mu = -\gamma_w h_c$（因为静水压力值以大气压力为基准，所以紧靠 B 线下的孔隙水压力为负值），而使有效应力增加。在地下水位以下，水对土颗粒的浮力作用，使土的有效应力减少。

3.5.2　土中水渗流时（一维渗流）有效应力的计算

第 2 章已经讨论过，当土中水渗流时，土中水将对土颗粒作用，这必然影响土中有效应力的分布。现通过图 3-23 所示的三种情况来说明土中水渗流时对有效应力分布的影响。

在图 3-23（a）中，水静止不动，即土中 a、b 两点的水头相等；图 3-23（b）表示土中 a、b 两点有水头差 h，水自上向下渗流；图 3-23（c）表示土中 a、b 两点的水头差也是 h，但水自下向上渗流。现按上述三种情况计算土中总应力 σ、孔隙水压力 μ 及有效应力 σ' 值，列于表 3-7 中，并绘出分布图示于图 3-23。

表 3-7　土中水渗流时总应力 σ、孔隙水压力 μ 及有效应力 σ' 的计算

渗流情况	计算点	总应力 σ	孔隙水压力 u	有效应力 σ'
水静止时	a	γh_1	0	γh_1
	b	$\gamma h_1 + \gamma_{sat} h_2$	$\gamma_w h_2$	$\gamma h_1 + (\gamma_{sat} - \gamma_w) h_2$
水自上向下渗流	a	γh_1	0	γh_1
	b	$\gamma h_1 + \gamma_{sat} h_2$	$\gamma_w(h_2 - h)$	$\gamma h_1 + (\gamma_{sat} - \gamma_w) h_2 + \gamma_w h$
水自下向上渗流	a	γh_1	0	γh_1
	b	$\gamma h_1 + \gamma_{sat} h_2$	$\gamma_w(h_2 + h)$	$\gamma h_1 + (\gamma_{sat} - \gamma_w) h_2 - \gamma_w h$

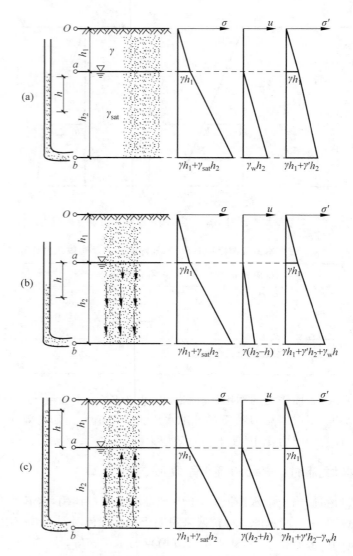

图 3-23 土中水渗流时的总应力、孔隙水压力及有效应力分布
(a) 静水时；(b) 水自上向下渗流；(c) 水自下向上渗流

从表 3-7 及图 3-23 的计算结果可见，三种不同情况水渗流时土中的总应力 σ 的分布相同，土中水的渗流不影响总应力值。水渗流时土中产生动水力，致使土中有效应力及孔隙水压力发生变化。当土中水自上向下渗流时，动水力方向与土的重力方向一致，于是有效应力增加，而孔隙水压力相应减少。反之，当土中水自下向上渗流时，土中有效应力减少，孔隙水压力相应增加。

【例 3-5】 有一 10m 厚饱和黏土层，其下为砂土，如图 3-24 所示。砂土层中有承压水，已知其水头高出 A 点 6m。现要在黏土层中开挖基坑，试求基坑开挖的最大深度 H。

【解】 若基坑开挖深度达到 H，坑底土将隆起失稳，故须考虑此时 A 点的稳定条件。A 点的总应力

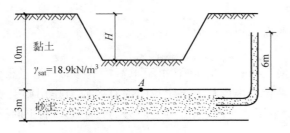

图 3-24　例 3-5 图

$$\sigma_A = \gamma_{sat}(10 - H) = 18.9 \times (10 - H)$$

A 点的总孔隙水压力

$$\mu_A = \gamma_w h = 9.81 \times 6 = 58.86 (\text{kPa})$$

若 A 点隆起，则其有效应力 $\sigma_A' = 0$，即

$$\sigma_A' = \sigma_A - \mu_A = 18.9 \times (10 - H) - 58.86 = 0$$

解得

$$H = 6.89\text{m}$$

故当基坑开挖深度超过 6.89m 后，坑底土将隆起破坏。

本章小结

1. 土的自重应力
土中在深度 z 处平面上，土体因自身重力产生的竖向应力称为土的自重应力 σ_{cz}，

$$\sigma_{cz} = \gamma_1 h_1 + \gamma_2 h_2 + \cdots + \gamma_n h_n = \sum_{i=1}^{n} \gamma_i h_i$$

2. 基底压力
建筑物荷载通过基础传递给地基的压力称为基底压力，又称为地基反力，可采用线性分布的简化计算方法。

（1）中心荷载时：地基反力 p 按中心受压公式计算

$$p = \frac{N}{A}$$

（2）偏心荷载时

$$p_{\substack{max \\ min}} = \frac{N}{lb}\left(1 \pm \frac{6e}{l}\right)$$

（3）基底附加压力

$$p_0 = p - \sigma_z = p - \gamma_d d$$

3. 附加应力的计算
地基中某点在外荷载（如建筑物荷载、车辆荷载、土中水的渗流力、地震荷载等）作用下，在土中产生的应力增量称为附加应力 σ_z。

在荷载作用下，地基中附加应力是将地基视为半无限各向同性弹性体进行计算的，具体计算公式要视外荷载的作用形式而定。

4. 有效应力原理

由土颗粒间的接触面承担的应力称为有效应力；有效应力 σ' 等于总应力 σ 减去孔隙水压力 μ。

孔隙水压力只能使土颗粒产生压缩(由于土颗粒本身的压缩量很微小,在土力学中可不作考虑),而不能使土颗粒产生位移。土颗粒间的有效应力作用则会引起土颗粒的位移,使孔隙体积改变,土体发生压缩变形,同时有效应力的大小也影响土的抗剪强度的大小。

思考题

3-1　在计算地基中自重应力和荷载作用下的附加应力时,做了哪些假设？请谈谈这些假设可能带来的影响。

3-2　计算基底附加压力的意义是什么？

3-3　地基中附加应力的传播、扩散有什么规律？各种荷载、不同形状基础下地基中各点附加应力的计算有何异同？

习题

3-1　计算并画出图 3-25 所示土层中的竖向自重总应力和自重有效应力沿深度的分布图。

3-2　题 3-1 中地下水位为 $-2.5\mathrm{m}$,现上升至 $-2.0\mathrm{m}$,请给出竖向自重总应力和自重有效应力沿深度的分布图。

3-3　地面上作用有矩形($2\mathrm{m}\times3\mathrm{m}$)均布荷载,荷载为 $200\mathrm{kPa}$,请计算:(1)荷载作用中心和角点下竖向附加应力沿深度的分布(深度可算至 $9\mathrm{m}$);(2)在荷载作用面对称轴下深度为 $2\mathrm{m}$ 土层中附加应力沿水平方向的分布。

3-4　如图 3-26 所示,作用梯形条形荷载,底宽为 $8\mathrm{m}$,上宽为 $6\mathrm{m}$,荷载密度 $p=100\mathrm{kPa}$,求地基中 A、B、C 三点处的竖向附加应力。A、B、C 三点分别位于中心轴线下、坡角下深度为 $6\mathrm{m}$ 处。

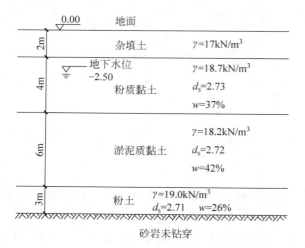

图 3-25　题 3-1 图

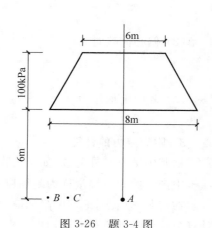

图 3-26　题 3-4 图

3-5 某工程地基为细砂层,地下水位层为 1.5m,地下水位以上至地表面以下 0.5m 的范围内细砂土呈毛细管饱和状态。细砂的重度为 19.2kN/m³,饱和重度为 21.4kN/m³,求地面以下 4m 深度处的垂直有效自重应力。

3-6 已知长条形基础宽 6m,集中荷载 1200kN,偏心距 $e = 0.25m$。求 A 点的附加应力,如图 3-27 所示。

3-7 图 3-28 中,两矩形分布荷载作用于地基表面,A 矩形尺寸为 4m×4m,B 矩形尺寸为 2m×4m,相互位置如图所示。荷载密度 200kPa,求 A 矩形中心点 O 下深度为 4m 处的竖向附加应力。

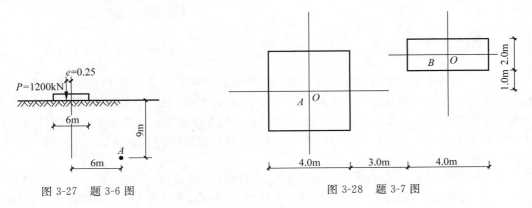

图 3-27 题 3-6 图　　　　　　　　　图 3-28 题 3-7 图

土的压缩性与地基沉降计算

4.1 概述

地基土主要由于压缩而引起的基础竖向位移称为沉降。沉降一般包括瞬时沉降、固结沉降和次固结沉降。瞬时沉降是指加荷瞬时仅由土体的形状变化产生的沉降；固结沉降是指由于土体排水压缩产生的沉降；次固结沉降是指由土体骨架蠕变产生的沉降。计算沉降量的目的在于判断其是否超出容许的范围，以便为设计建筑物时采取相应的措施提供依据，保证建筑物的安全。

土在压力作用下体积缩小的特性称为土的压缩性。试验研究表明，在一般压力（100～600kPa）作用下，固体颗粒和水的压缩量与土体的压缩总量相比是微不足道的，可以忽略不计。所以，土的压缩过程是指土中水和气体从孔隙中排出，土颗粒相应调整位置，重新排列，从而使土孔隙体积减小的过程。

土的压缩变形的快慢与土的渗透性有关。在荷载作用下，透水性大的饱和无黏性土，孔隙水排出较快，压缩过程短，建筑物施工完毕时，可认为其压缩变形已基本完成；而透水性小的饱和黏性土，因为土中水沿着孔隙排出的速度很慢，其压缩过程所需时间较长，需几年十几年甚至几十年其压缩变形才能达到稳定。土体在外力作用下压缩随时间增长的过程称为土的固结。

地基土的沉降与其压缩性有很大关系。本章将从土的压缩试验开始，介绍土的压缩特性和压缩指标，学习计算最终沉降量的实用方法和太沙基一维固结理论等内容。

4.2 研究土体压缩的方法及压缩性指标

4.2.1 室内压缩试验及压缩指标

1. 压缩试验

室内侧限压缩试验（也称为固结试验）是研究土的压缩性的最基本方法，该试验简单方便，费用较低，故被广泛采用。

试验装置为压缩仪（也称为固结仪），其主要部分构造如图 4-1 所示。试验时，用金属环刀切取土样（常用的环刀内径为 6.18cm 和 8cm 两种，对应的截面积为 30cm² 和 50cm²，高 2cm），将土样连同环刀一起放入压缩仪内；为使土样受压后能够自由排水，在土样上下各垫一块透水石；土样侧面是金属环刀和刚性护环，这使得土样在压力作用下将只发生竖向压缩变形。试验时，分级施加竖向压力，每级荷载作用下使土样变形至稳定，用百分表测出土

样稳定后的变形量 ΔH。常规压缩试验的加荷等级 p 为 50kPa、100kPa、200kPa、300kPa、400kPa,最后一级荷载视土样情况和实际工程而定,原则上略大于预估的土自重应力与附加应力之和,但不小于 200kPa。根据上述压缩试验得到的 ΔH-p 关系,可以得到土样相应的孔隙比与加荷等级之间的 e-p 关系。

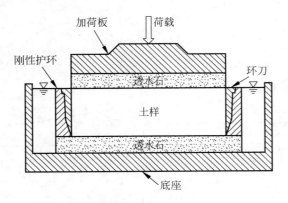

图 4-1 压缩试验仪(固结仪)示意图

设土样的初始高度为 H_0,受荷载 p 作用后土样的高度为 H,在荷载 p 作用下土样稳定后的总压缩量为 ΔH,又假设土粒受压前后保持体积 $V_s = 1$(不变),根据土的孔隙比的定义 $\left(V = \dfrac{V_v}{V_s}\right)$,受压前后土孔隙体积 V_v 分别为 e_0 和 e,受压前后土样体积分别为 V_0 和 V,如图 4-2 所示,可知

$$V_0 = 1 + e_0 = AH_0, \quad H_0 = \frac{V}{A} = \frac{1 + e_0}{A},$$

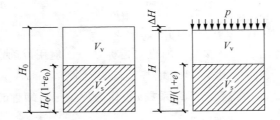

图 4-2 压缩试验中土样孔隙比的变化

压缩后体积减小量 $V_0 - V = e_0 - e = A \cdot \Delta H$,$\Delta H = \dfrac{V_0 - V}{A} = \dfrac{e_0 - e}{A}$,则其压应变为

$$\varepsilon = \frac{\Delta H}{H_0} = \frac{(V_0 - V)/A}{V_0/A} = \frac{e_0 - e}{1 + e_0} \tag{4-1}$$

得到

$$e = e_0 - \frac{\Delta H}{H_0}(1 + e_0) \tag{4-2}$$

式中 e_0——土的初始孔隙比,可由土的三个基本试验指标按式(2-14)求得。

只要测定了土样在各级压力 p 作用下的稳定变形量 ΔH,就可按式(4-2)算出相应的孔

隙比 e,绘制出 e-p 曲线,如图 4-3(a)所示。如用半对数直角坐标绘图,则得到 e-$\lg p$ 曲线,如图 4-3(b)所示。

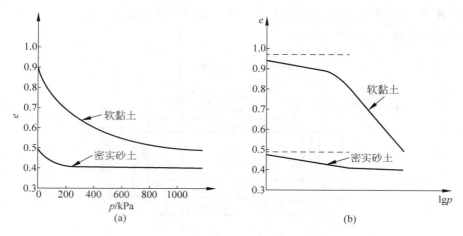

图 4-3　土的压缩曲线

(a) e-p 曲线;(b) e-$\lg p$ 曲线

2. 土的压缩性指标

1)压缩系数 a

在图 4-4 中,软黏土的压缩性较大,当发生压力变化 Δp 时,其孔隙比的变化 Δe 也相应较大,于是曲线将显得比较陡;而密实砂土的压缩性较小,当发生相同压力变化 Δp 时,其孔隙比的变化 Δe 也相应较小,因而曲线将显得比较平缓。曲线的斜率反映了土压缩性的大小。因此,可用曲线上任一点的切线斜率 a 来表示相应于压力 p 作用下的压缩性:

$$a = -\frac{\mathrm{d}e}{\mathrm{d}p} \tag{4-3}$$

式中,负号表示孔隙比 e 随压力 p 增加而逐渐减少。

压缩系数是评价地基土压缩性高低的重要指标之一。但用以确定压缩系数的 e-p 曲线并不是一条直线。为了统一标准,《建筑地基基础设计规范》(GB 50007—2011)规定采用 $p_1 = 100\text{kPa}$,$p_2 = 200\text{kPa}$,所得到的压缩系数 $a_{1\text{-}2}$ 作为评定土压缩性高低的指标:

$a_{1\text{-}2} < 0.1\text{MPa}^{-1}$ 时,为低压缩性土;

$0.1\text{MPa}^{-1} \leqslant a_{1\text{-}2} < 0.5\text{MPa}^{-1}$ 时,为中压缩性土;

$a_{1\text{-}2} \geqslant 0.5\text{MPa}^{-1}$ 时,为高压缩性土。

2)压缩指数 C_c

对侧限压缩试验结果的分析也可以采用 e-$\lg p$ 曲线来进行,如图 4-3(b)所示。这种曲线的特点是,在应力到达一定值时,e-$\lg p$ 曲线接近直线。该直线的斜率 C_c 称为压缩指数(见图 4-5),即

$$C_c = -\frac{\Delta e}{\Delta \lg p} = \frac{e_1 - e_2}{\lg p_2 - \lg p_1} = \frac{e_1 - e_2}{\lg\left(\dfrac{p_2}{p_1}\right)} \tag{4-4}$$

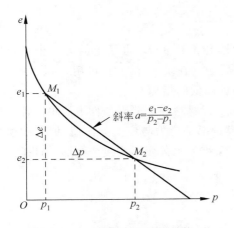

图 4-4 e-p 曲线确定压缩系数 a

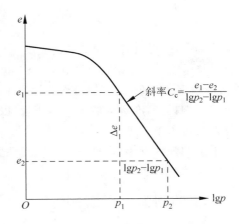

图 4-5 e-$\lg p$ 曲线确定压缩指数 C_c

类似于压缩系数,压缩指数 C_c 值可以用来判别土的压缩性的大小,C_c 值越大,表示在一定压力变化的 Δp 范围内,孔隙比的变化量 Δe 越大,说明土的压缩性越高。一般认为,当 $C_c < 0.2$ 时,为低压缩性土;$C_c = 0.2 \sim 0.4$ 时,属于中压缩性土,$C_c > 0.4$ 时,属于高压缩性土。国外广泛采用 e-$\lg p$ 曲线来分析研究应力历史对土压缩性的影响。

3) 压缩模量 E_s

压缩模量 E_s 为土在完全侧限的条件下竖向附加应力 $\sigma_z = \Delta p$ 与相应的应变增量 $\Delta \varepsilon$ 的比值,即

$$E_s = \frac{\sigma_z}{\Delta \varepsilon} = \frac{\Delta p}{\Delta H / H_1} \tag{4-5}$$

式中　E_s——侧限压缩模量,MPa。

在 e-p 曲线上,当压力施加到某相邻两级(压力分别用 p_1 和 p_2 表示,孔隙体积和孔隙比分别为 V_{v1}、e_1 及 V_{v2}、e_2)时,跟式(4-1)的推导过程相仿,可得下式:

$$\Delta H = \frac{e_1 - e_2}{1 + e_1} H_1 = \frac{\Delta e}{1 + e_1} H_1 \tag{4-6}$$

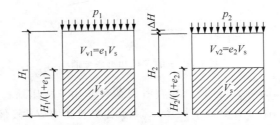

图 4-6 侧限条件下土样高度变化与孔隙比变化的关系

将 $\Delta e = a \Delta p$(参考式(4-3))代入式(4-6)得

$$\Delta H = \frac{a \Delta p}{1 + e_1} H_1 \tag{4-7}$$

式(4-5)即为

$$E_s = \frac{\Delta p}{\Delta H / H_1} = \frac{1 + e_1}{a} \tag{4-8}$$

从式(4-8)中可以看出,E_s 与 a 成反比。因此,压缩模量 E_s 也是土的另一个重要压缩性指标。与压缩系数 a 相同,压缩模量 E_s 也不是常数。在统一标准时,可用 $a_{1\text{-}2}$ 代替式(4-8)中的 a,得到 $E_{s(1\text{-}2)}$,$E_{s(1\text{-}2)}$ 同样可作为评定土压缩性高低的指标。

土的压缩模量,亦称为侧限压缩模量,以便与一般材料在无侧限条件下简单拉伸或压缩时的弹性模量 E 相区别。虽然压缩模量与弹性模量都是应力与应变的比值,但压缩模量不仅反映了土的弹性变形,还反映了土的塑性变形(又称为永久变形或残余变形),且是一个随应力而变化的数值。

4.2.2   土的回弹再压缩曲线

有些情况,如深基坑开挖后修建建筑物又加、卸荷,拆除老建筑后在原址上建造新建筑等,当须考虑现场的实际加、卸荷情况对土体变形的影响时,应进行土的回弹再压缩试验。

在室内侧限压缩试验中连续递增加压,可得到常规的压缩曲线,现在如果加压到某一值 p_i(见图 4-7 中 $e\text{-}p$ 曲线上的 b 点)后不再加压,而是逐级进行卸载直至为零,并且测得各卸载等级下土样回弹稳定后土样的高度,进而换算得到相应的孔隙比,即可绘制出卸载阶段的关系曲线,如图中 bc 曲线所示,称为回弹曲线(或膨胀曲线)。由图可见,与一般的弹性材料不同的是,卸压后的回弹曲线不与初始加载的曲线 ab 重合,卸载至零时,土样的孔隙比没有恢复到初始压力为零时的孔隙比 e_0。这说明变形不能全部恢复,其中可恢复的部分称为弹性变形,不能恢复的部分称为塑性变形。土的压缩变形以塑性变形为主。

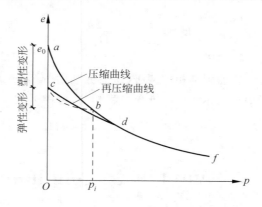

图 4-7   土的回弹和再压缩曲线

若接着重新逐级加压,则可测得土样在各级荷载作用下再压缩稳定后的孔隙比,相应地可绘制出再压缩曲线如图 4-7 中 cdf 段所示。可以发现其中 df 段像是 ab 段的延续,犹如其间没有经过卸载和再压的过程一样。不过,df 段虽是 ab 段的延续,但再压缩曲线与回弹曲线不重合,也不通过原卸载点 b。

土在重复荷载作用下,在加压与卸压的每一重复循环中都将走新的路线,形成新的滞后环,其中的弹性变形与塑性变形的数值逐渐减小,塑性变形减小得更快,加、卸载重复次数足够多时,土体变形变为纯弹性,土体达到弹性压密状态,在 $e\text{-}\lg p$ 曲线中也可以看到这种现象。利用压缩、回弹、再压缩的 $e\text{-}\lg p$ 曲线,可以分析应力历史对土的压缩性的影响。

4.2.3　现场载荷试验及变形模量

现场静载荷试验是一种重要且常用的原位测试方法。它是通过试验所测得的地基沉降（或土的变形）与压力之间近似的比例关系，从而利用地基沉降的弹性力学公式来反算土的变形模量及地基承载力。

室内压缩试验简便实用，然而在取样过程中，土样不可避免地要受到扰动，更重要的是这种试验是在侧向受限制的条件下进行的，室内试验结果不可能与实际情况完全相同。另外，对于一些重要的工程以及建造在特殊土上的工程，为了更准确地评价土在天然状态下的压缩性，也常常须在现场进行原位测试。

1. 载荷试验

静载荷试验是通过承压板，把施加的荷载传到地层中。其试验装置一般包括三部分：加荷装置、提供反力的装置和沉降量测装置。其中，加荷装置包括载荷板、垫块及千斤顶等。载荷试验根据提供反力装置的不同进行分类，主要分为堆重平台反力法及地锚反力架法两类，前者通过平台上的堆重来平衡千斤顶的反力，后者将千斤顶的反力通过地锚最终传至地基中；沉降量测装置包括百分表、基准短桩和基准梁等。

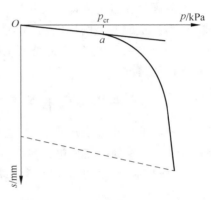

图 4-8　载荷试验 p-s 曲线

载荷试验试验一般在坑内进行，通过千斤顶逐级给载荷板施加荷载，每加一级荷载到 p，观测、记录沉降随时间的发展以及稳定时的沉降量 s，直至加到满足终止加载条件时为止。将试验得到的各级荷载与相应的稳定沉降量数据绘制成 p-s 曲线，如图 4-8 所示。此外，通常还进行卸荷试验，并进行沉降观测，从而得到图中虚线所示的回弹曲线，这样就可以知道卸荷时的回弹变形（即弹性变形）和塑性变形。

2. 变形模量

土的变形模量为土体在无侧限条件下的应力与应变的比值，以符号 E_0 表示。E_0 值的大小可由载荷试验结果求得。在 p-s 曲线上，当荷载小于某数值时，荷载 p 与载荷板沉降 s 之间往往呈直线关系，在直线段或接近于直线段上任选一压力 p_1 和它对应的沉降 s_1，利用弹性力学公式可反求出地基的变形模量：

$$E_0 = \omega(1 - \mu^2)\frac{p_1 b}{s_1} \qquad (4\text{-}9)$$

式中　E_0——土的变形模量，MPa；

　　　p_1——直线段的荷载强度，kPa；

　　　s_1——相应于 p 的载荷板下沉量，mm；

　　　b——承压板的宽度或直径，mm；

　　　μ——土的泊松比，砂土可取 0.2～0.25，黏性土可取 0.25～0.45；

　　　ω——沉降影响系数，方形承压板取 0.88，圆形承压板取 0.79。

变形模量也是反映土的压缩性的重要指标之一。

4.2.4   弹性模量

当计算动荷载作用下地基土的变形时,如果采用压缩模量或变形模量作为计算指标,结果将会比实际情况偏大。在很多土木工程中都会遇到动荷载,如桥梁或道路地基受行驶车辆荷载的作用,高耸结构物受风荷载作用,建筑物在地震力作用下与地基的相互作用等。冲击荷载或反复荷载每一次作用的时间短暂,在很短的时间内土体中的孔隙水来不及排出或不完全排出,土的体积压缩变形来不及发生;当荷载作用结束后,发生的大部分变形可以恢复,呈现弹性变形的特征,这就需要有一个能反映土体弹性变形特征的指标,以便使相关计算更合理。

土的弹性模量为土体在无侧限条件下瞬时压缩的应力应变模量,是指正应力 σ 与弹性(即可恢复)正应变 ε_d 的比值,通常用 E 来表示。弹性模量可用于在地震力作用下建筑物与地基的相互作用、高耸结构物受风荷载作用、桥梁或道路地基受行驶车辆荷载的作用等有动荷载作用的情况。

4.2.5   压缩性指标间的关系

土的压缩模量和变形模量,其应变既包括可恢复的弹性应变,又包括不可恢复的塑性应变;而弹性模量的应变只包含弹性应变。

根据材料力学理论可得变形模量与压缩模量的关系:

$$E_0 = \left(1 - \frac{2\mu^2}{1-\mu}\right)E_s = \beta E_s \tag{4-10}$$

式中 β——小于 1.0 的系数,由土的泊松比 μ 确定。

式(4-10)是 E_0 与 E_s 的理论关系,由于各种试验因素的影响,实际测定的 E_0 和 E_s 往往不能满足式(4-10)的理论关系。对于硬土,E 可能较 βE_s 大数倍;对于软土,二者比较接近。

值得注意的是,土的弹性模量要比其变形模量、压缩模量大得多,可能是它们的十几倍或者更大,这也是在计算动荷载引起的地基变形时,用弹性模量计算的结果比用后两者计算的结果小很多的原因,而用变形模量或压缩模量解决此类问题往往会算出比实际变形大得多的结果。

4.3   地基最终沉降量

地基沉降量计算是地基基础设计的基本内容,要求地基沉降量不大于建筑物所要求的允许值。目前常用的沉降计算方法以室内压缩试验为基础,未考虑侧限变形的影响。

地基的最终沉降量是指地基达到沉降稳定时的总沉降量,其大小主要取决于土的压缩性和地基附加应力的大小等因素。目前,地基最终沉降量的计算模型主要有弹性半空间模型、线性变形层模型、单向压缩线性变形层模型和文克尔模型等,常用的计算方法有分层总和法、弹性力学公式法、地基沉降三分量法、平均固结度法和按实测沉降推算法等。下面介绍其中几种常用的沉降计算方法。

4.3.1　分层总和法

分层总和法是一类方法的总称。这类方法的原理是将地基土分成若干土层,分别计算各土层的竖向压缩变形量,然后叠加求和得到地基的总竖向压缩变形量,即地基的总沉降量。按照计算各层竖向压缩变形量的方法或原理的不同,分层总和法又主要分为单向压缩分层总和法、规范推荐公式法、考虑前期固结压力的沉降计算法等。本节介绍单向压缩分层总和法。

1. 单向压缩分层总和法基本假定

(1) 基底附加应力 p_0 是作用于地表的局部荷载;

(2) 地基为弹性半无限体;

(3) 土层压缩时不发生侧向变形;

(4) 只计算竖向附加应力作用下产生的竖向压缩变形,不考虑剪应力的影响。

根据上述假定,地基中土层的受力状态与压缩试验中土样的受力状态相同,所以可以采用压缩试验得到的压缩性指标来计算土层压缩量。上述假定比较符合基础中心点下土体的受力状态,所以分层总和法一般只用于计算基底中心点的沉降量。

在荷载作用下,土中附加应力随深度的增加而逐渐减小。在一定深度范围内,附加应力较大,由此产生的竖向压缩变形也较大,对地基总沉降量有较明显的影响,这一深度称为地基沉降计算深度,用 Z_n 表示。在压缩层以下,土中的附加应力和压缩变形很小,几乎对地基沉降不产生影响,可忽略不计。在沉降计算深度范围内,须对地基土进行分层,确定每一分层厚度,计算每层引起土压缩的附加应力及土层压缩量,最后将各层的压缩量相加,从而得到地基最终沉降量。

2. 单向压缩分层总和法计算要点

1) 分层厚度

分层厚度不能太厚,否则计算数据太粗疏。一般取分层厚度 $h_i \leqslant 0.4b$(b 为基础底面的宽度)或 $h_i = 2 \sim 4\text{m}$。如果分层厚度划分太薄,则计算精度越高,计算量也越大。不同性质的土层,其物理指标不相同,故土层的分界面应为分层界面。地下水位处也应为分层界面。

2) 分层压力计算

每一分层内的压力可按均匀分布计算。由于在计算地基最终沉降量时,建筑物荷载在地基中引起的孔隙水压力已完全消散,各分层的总应力即为有效应力,各分层土的平均自重应力 $\bar{\sigma}_{czi} = (\sigma_{czi-1} + \sigma_{czi})/2$,平均附加应力 $\bar{\sigma}_{zi} = (\sigma_{zi-1} + \sigma_{zi})/2$,如图 4-9(a)所示。令 $p_{1i} = \bar{\sigma}_{czi}$,$p_{2i} = \bar{\sigma}_{czi} + \bar{\sigma}_{zi}$,从该土层的压缩曲线中由 p_{1i} 及 p_{2i} 查出相应的 e_{1i} 和 e_{2i},如图 4-9(b)所示。

3) 地基沉降计算深度

地基沉降计算深度是指由基础底面向下计算地基压缩变形所要求的深度。一般情况下,基础底面以下的土层都是可压缩的,但是不可能计算到无限深度。可以确定一个下限值,在此深度以下土层的压缩量已小到可以忽略不计。由于从基础底面向下越深,自重应力越小,而附加应力越小,因此可以将此二者的比值作为沉降计算深度的界定标准。对一般土,取 $\sigma_z/\sigma_{cz} = 0.2$ 处;对高压缩性土,计算至 $\sigma_z/\sigma_{cz} = 0.1$ 处。当下卧岩层离基底较近时,可取岩层顶面作为可压缩层下限。

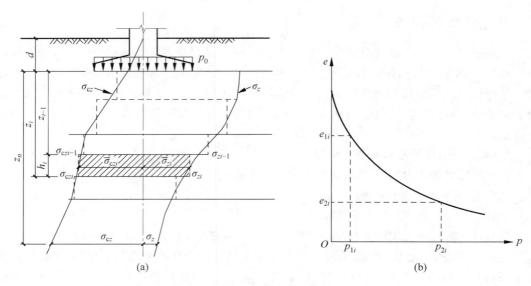

图 4-9 分层总和法计算地基最终沉降量

(a) 平均自重应与平均附加应力；(b) 压缩曲线

4）分层压缩量

分层压缩量 s_i 可按下式进行计算：

$$s_i = \frac{e_{1i} - e_{2i}}{1 + e_{1i}} h_i \tag{4-11}$$

又因

$$e_{1i} - e_{2i} = a(p_{2i} - p_{1i}) = a\bar{\sigma}_{zi} \tag{4-12}$$

故亦有

$$s_i = \frac{a_i}{1 + e_{1i}} \bar{\sigma}_{zi} h_i = \frac{\bar{\sigma}_{zi}}{E_{si}} h_i \tag{4-13}$$

3. 单向压缩分层总和法计算步骤（见图 4-10）

（1）按比例绘制地基土层分布剖面图和基础剖面图。

（2）计算地基土的有效竖向自重应力 $\bar{\sigma}_{cz}$，并画出其沿深度的分布曲线。土的有效竖向自重应力应从天然地面算起，计算结果应按相同的比例尺绘于基础中心线的左侧。

（3）计算基底压力 p。

（4）计算基底附加压力 p_0。

（5）对地基剖面进行分层。

（6）按每一分层计算地基中的有效竖向附加应力 $\bar{\sigma}_z$，并画出其沿深度的分布曲线，按同一比例尺绘于基础中心线右侧。

（7）确定沉降计算深度 z_n。

（8）计算各土层的压缩量 $s_i(i=1,2,\cdots,n)$。

根据已知情况选择式(4-13)～式(4-15)进行计算。

$$s_i = \frac{e_{1i} - e_{2i}}{1 + e_{1i}} h_i = \frac{a_i}{1 + e_{1i}} \bar{\sigma}_{zi} h_i = \frac{\bar{\sigma}_{zi}}{E_{si}} h_i \tag{4-14}$$

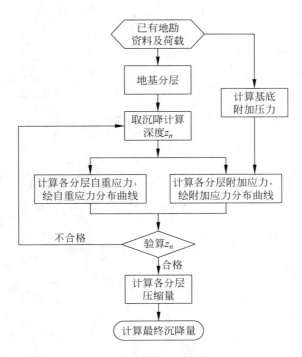

图 4-10　分层总和法计算框图

（9）计算地基最终沉降量 s:

$$s = \sum_{i=1}^{n} s_i \tag{4-15}$$

【例 4-1】 某建筑物基础底面积为矩形,上部结构传至基础顶面荷载 $P=1200$ kN。基础边长 $L \times B = 4.0\text{m} \times 2.0\text{m}$,埋深 $d = 1.5$ m。地基土表层为素填土,厚 1.0m,土的天然重度 $\gamma = 19.8$ kN/m³; 第二层为粉质黏土,厚 3.5m, $\gamma = 19.3$ kN/m³, $E_s = 6.0$ MPa; 第三层为粉土,厚 4.5m, $\gamma = 19.5$ kN/m³, $E_s = 5.8$ MPa。计算基础底面中点的沉降量。

【解】 （1）绘制基础剖面图与地基土的剖面图,如图 4-11(a)所示。

（2）对地基沉降计算进行分层。每层计算厚度 $h_i \leqslant 0.4b = 0.8$ m。粉质黏土层从基底处向下分为 3 个 0.8m 厚层及 1 个 0.6m 厚层;粉土层为 5 个 0.8m 厚层及 1 个 0.5m 厚层。

（3）计算地基土的附加应力。设基础及其上土的重度 $\gamma_G = 20$ kN/m³,则基底压力为

$$
\begin{aligned}
p_0 &= \frac{F+G}{A} - \sum \gamma_i h_i \\
&= \frac{1200 + 20 \times 4 \times 2 \times 1.5}{4 \times 2} - 19.8 \times 1 - 19.3 \times 0.5 \\
&= 150.6 (\text{kPa})
\end{aligned}
$$

（4）基础底面为用角点法计算,分成相等的四个应力面积块,计算边长 $l \times b = 2.0\text{m} \times 1.0\text{m}$。附加应力 $\sigma_z = 4K_z p_0$,其中应力系数 K_z 可查表获得,深度 z 从基底往下计算。列表计算如表 4-1 所示。将这些数据绘制于图 4-11(b)中。

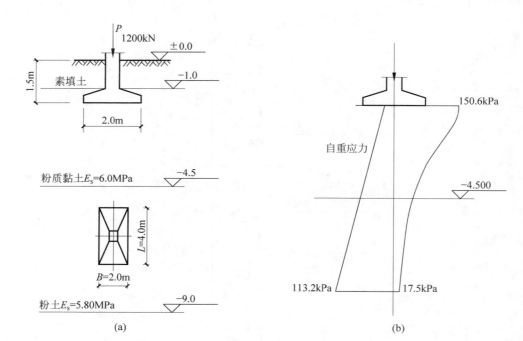

图 4-11 例 4-1 图

表 4-1 附加应力计算

深度 z/m	自重应力 $\sum \gamma_i h_i$ /kPa	z/b	应力系数 K_z	附加应力 $\sigma_z = 4K_z p_0$ /kPa	附加应力平均值/kPa	压缩量 /mm
0	29.5	0	0.250	150.6	—	—
0.8	44.9	0.8	0.218	131.3	141.0	18.8
1.6	60.3	1.6	0.148	89.2	110.2	14.7
2.4	75.7	2.4	0.098	59.0	74.1	9.9
3.0	76.1	3.0	0.073	44.0	51.5	5.2
3.8	91.7	3.8	0.052	31.3	37.7	5.2
4.6	107.3	4.6	0.038	22.9	27.1	3.7
5.4	113.2	5.4	0.029	17.5	20.2	2.8

（5）地基沉降计算深度 z_n

当深度 $z = 5.4$m 时，$\sigma_z = 17.5$kPa，$\sigma_{cz} = 113.2$kPa，$\sigma_z / \sigma_{cz} = 0.15 < 0.2$，故可取 $z_n = 5.4$m。

（6）地基沉降计算

每层地基平均附加应力为 $\bar{\sigma}_{zi} = \dfrac{\sigma_{zi} + \sigma_{z(i+1)}}{2}$，压缩量 $s_i = \dfrac{\bar{\sigma}_{zi}}{E_{si}} h_i$

以第一、二层土为例计算如下：

第一层平均自重应力 $\bar{\sigma}_{z1} = \dfrac{\sigma_{z0} + \sigma_{z1}}{2} = \dfrac{150 + 131.3}{2} = 141.0$（kPa）

第一层压缩量 $s_1 = \dfrac{\bar{\sigma}_{z1}}{E_{s1}} h_1 = \dfrac{141.0}{6.0} \times 0.8 = 18.8$（mm）

第二层平均附加应力 $\bar{\sigma}_{z2} = \dfrac{\sigma_{z1} + \sigma_{z2}}{2} = \dfrac{131.3 + 89.2}{2} = 110.2 (\text{kPa})$

第二层压缩量 $s_2 = \dfrac{\bar{\sigma}_{z2}}{E_{s2}} h_2 = \dfrac{110.2}{6.0} \times 0.8 = 14.7 (\text{mm})$

其他各层土的压缩量计算如表 4-1 所示。

（7）基础中点的总沉降量

$$s = \sum_{i=1}^{7} s_i = 18.8 + 14.7 + 9.9 + 5.2 + 5.2 + 3.7 + 2.8 = 64.1 (\text{mm})$$

分层总和法能反映土层的压缩性质，原理简明，适用范围广（均质地基、非均质地基），计算结果接近于实测资料，因此，这一方法在国内外工程界中被广泛采用。

4.3.2 《建筑地基基础设计规范》(GB 50007—2011)方法

采用分层总和法时，须划分较小的分层厚度，使计算工作量增大；同时，自重应力的计算只是为了确定沉降计算深度，显得较为烦琐；另外，上述假设使得计算结果跟工程实际情况存在一定的误差。《建筑地基基础设计规范》(GB 50007—2011)在分层总和法基础上，引入经验修正系数，提出一种相对简单且更接近实际沉降结果的计算方法，简称为规范法。

如图 4-12 所示，在厚度为 z 的同一种土中，假设压缩模量不随深度而变化，即为一常数，在任意深度 z 处的土中取一微段，其厚度为 $\mathrm{d}z$，根据式（4-15），可得微段的压缩量为 $\dfrac{\bar{\sigma}_z}{E_{si}} \mathrm{d}z$，该土层总的压缩量为

$$s_i' = \int_0^{z_i} \frac{\bar{\sigma}_z}{E_{si}} \mathrm{d}z = \frac{1}{E_{si}} \int_0^{z_i} \bar{\sigma}_z \mathrm{d}z \tag{4-16}$$

式中 s_i'——未考虑经验修正的压缩沉降量，用以跟经过经验修正后的最终沉降量 s_i 相区别。

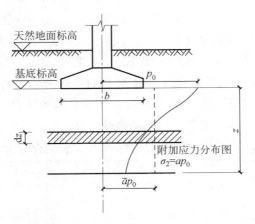

图 4-12 平均附加应力系数示意图

存在多层土时，如图 4-13 所示，每一层的压缩量为

$$s_i' = \int_{z_{i-1}}^{z_i} \varepsilon_z = \int_{z_{i-1}}^{z_i} \frac{\bar{\sigma}_z}{E_{si}} \mathrm{d}z = \frac{1}{E_{si}} \int_{z_{i-1}}^{z_i} \bar{\sigma}_z \mathrm{d}z$$

$$= \frac{1}{E_{si}} \left(\int_0^{z_i} \bar{\sigma}_z \mathrm{d}z - \int_0^{z_{i-1}} \bar{\sigma}_z \mathrm{d}z \right) = \frac{1}{E_{si}} (A_i - A_{i-1})$$

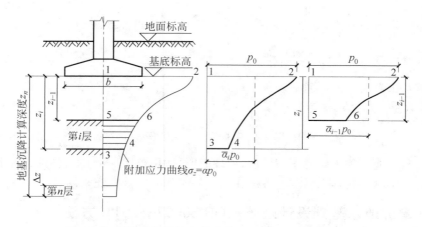

图 4-13　采用平均附加应力系数 $\bar{\alpha}$ 计算沉降量的示意图

式中　A_i——基底中心点下 $0 \sim z_i$ 深度范围内有效竖向附加应力图的面积，$A_i = \int_0^{z_i} \bar{\sigma}_z \mathrm{d}z$；

A_{i-1}——基底中心点下 $0 \sim z_i$ 深度范围内有效竖向附加应力图面积，$A_{i-1} = \int_0^{z_i} \bar{\sigma}_z \mathrm{d}z$；

E_{si}——第 i 层土的压缩模量，MPa。

根据积分中值定理，在与深度 $0 \sim z$ 变化范围内对应的 α 中，总可找到一个 $\bar{\alpha}_z$，使得 $\int_0^z \sigma_z \mathrm{d}z = p_0 \bar{\alpha}_z z$，于是有

$$\begin{cases} A_i = A_{1243} = (\bar{\alpha}_i p_0) z_i \\ A_{i-1} = A_{1265} = (\bar{\alpha}_{i-1} p_0) z_{i-1} \end{cases}$$

式中　$\bar{\alpha}_i p_0$、$\bar{\alpha}_{i-1} p_0$——基底计算点至第 i 层土、第 $(i-1)$ 层土底面范围内有效竖向附加应力的平均值。

$\bar{\alpha}_i$、$\bar{\alpha}_{i-1}$——基底计算点至第 i 层土、第 $(i-1)$ 层土底面范围内平均竖向附加应力系数，如表 4-2 所示，表中条形基础可取 $l/b = 10$。l 与 b 分别为基础的长边和短边。借助该表，可以运用角点法求算附加压力为均布时地基中任意点的竖向平均附加应力系数。

表 4-2　均布矩形荷载角点下的平均竖向附加应力系数 α

z/b	l/b												
	1.0	1.2	1.4	1.6	1.8	2.0	2.4	2.8	3.2	3.6	4.0	5.0	10.0
0.0	0.2500	0.2500	0.2500	0.2500	0.2500	0.2500	0.2500	0.2500	0.2500	0.2500	0.2500	0.2500	0.2500
0.2	0.2496	0.2497	0.2497	0.2498	0.2498	0.2498	0.2498	0.2498	0.2498	0.2498	0.2498	0.2498	0.2498
0.4	0.2474	0.2479	0.2481	0.2483	0.2483	0.2484	0.2485	0.2485	0.2485	0.2485	0.2485	0.2485	0.2485
0.6	0.2423	0.2437	0.2444	0.2448	0.2451	0.2452	0.2454	0.2455	0.2455	0.2455	0.2455	0.2455	0.2456
0.8	0.2346	0.2372	0.2387	0.2395	0.2400	0.2403	0.2407	0.2408	0.2409	0.2409	0.2410	0.2410	0.2410

续表

z/b	l/b												
	1.0	1.2	1.4	1.6	1.8	2.0	2.4	2.8	3.2	3.6	4.0	5.0	10.0
1.0	0.2252	0.2291	0.2313	0.2326	0.2335	0.2340	0.2346	0.2349	0.2351	0.2352	0.2352	0.2353	0.2353
1.2	0.2149	0.2199	0.2229	0.2248	0.2260	0.2268	0.2278	0.2282	0.2285	0.2286	0.2287	0.2288	0.2289
1.4	0.2043	0.2102	0.2140	0.2164	0.2190	0.2191	0.2204	0.2211	0.2215	0.2217	0.2218	0.2220	0.2221
1.6	0.1939	0.2005	0.2049	0.2079	0.2099	0.2113	0.2130	0.2138	0.2143	0.2146	0.2148	0.2150	0.2152
1.8	0.1840	0.1912	0.1960	0.1994	0.2018	0.2034	0.2055	0.2066	0.2073	0.2077	0.2079	0.2082	0.2084
2.0	0.1746	0.1822	0.1875	0.1912	0.1938	0.1958	0.1982	0.1996	0.2004	0.2009	0.2012	0.2015	0.2018
2.2	0.1659	0.1737	0.1793	0.1833	0.1862	0.1883	0.1911	0.1927	0.1937	0.1943	0.1947	0.1952	0.1955
2.4	0.1578	0.1657	0.1715	0.1757	0.1789	0.1812	0.1843	0.1862	0.1873	0.1880	0.1885	0.1890	0.1895
2.6	0.1503	0.1583	0.1642	0.1686	0.1719	0.1745	0.1779	0.1799	0.1812	0.1820	0.1825	0.1832	0.1838
2.8	0.1433	0.1514	0.1574	0.1619	0.1654	0.1680	0.1717	0.1739	0.1753	0.1763	0.1769	0.1777	0.1784
3.0	0.1369	0.1449	0.1510	0.1556	0.1592	0.1619	0.1658	0.1682	0.1698	0.1708	0.1715	0.1725	0.1733
3.2	0.1310	0.1399	0.1450	0.1497	0.1533	0.1562	0.1602	0.1628	0.1645	0.1657	0.1664	0.1675	0.1685
3.4	0.1256	0.1334	0.1394	0.1441	0.1478	0.1508	0.1550	0.1577	0.1595	0.1607	0.1616	0.1628	0.1639
3.6	0.1205	0.1282	0.1342	0.1389	0.1427	0.1456	0.1500	0.1528	0.1548	0.1561	0.1570	0.1583	0.1595
3.8	0.1158	0.1234	0.1293	0.1340	0.1378	0.1408	0.1452	0.1482	0.1502	0.1516	0.1526	0.1541	0.1554
4.0	0.1114	0.1189	0.1248	0.1294	0.1332	0.1362	0.1408	0.1438	0.1459	0.1474	0.1485	0.1500	0.1516
4.2	0.1073	0.1147	0.1205	0.1251	0.1289	0.1319	0.1365	0.1396	0.1418	0.1434	0.1445	0.1462	0.1479
4.4	0.1035	0.1107	0.1164	0.1210	0.1248	0.1279	0.1325	0.1357	0.1379	0.1396	0.1407	0.1425	0.1444
4.6	0.1000	0.1070	0.1127	0.1172	0.1209	0.1240	0.1287	0.1319	0.1342	0.1359	0.1371	0.1390	0.1410
4.8	0.0967	0.1036	0.1091	0.1136	0.1173	0.1204	0.1250	0.1283	0.1307	0.1324	0.1337	0.1357	0.1379
5.0	0.0935	0.1003	0.1057	0.1102	0.1139	0.1169	0.1216	0.1219	0.1273	0.1291	0.1304	0.1325	0.1348
5.2	0.0906	0.0972	0.1026	0.1070	0.1106	0.1136	0.1183	0.1217	0.1241	0.1259	0.1273	0.1295	0.1320
5.4	0.0878	0.0943	0.0996	0.1039	0.1075	0.1105	0.1152	0.1186	0.1211	0.1229	0.1243	0.1265	0.1292
5.6	0.0852	0.0916	0.0968	0.1010	0.1046	0.1076	0.1122	0.1156	0.1181	0.1200	0.1215	0.1238	0.1266
5.8	0.0828	0.0890	0.0941	0.0983	0.1018	0.1047	0.1094	0.1128	0.1153	0.1172	0.1187	0.1211	0.1240
6.0	0.0805	0.0866	0.0916	0.0957	0.0991	0.1021	0.1067	0.1101	0.1126	0.1146	0.1161	0.1185	0.1216
6.2	0.0783	0.0842	0.0891	0.0932	0.0966	0.0995	0.1041	0.1075	0.1101	0.1120	0.1136	0.1161	0.1193
6.4	0.0762	0.0820	0.0869	0.0909	0.0942	0.0971	0.1016	0.1050	0.1076	0.1096	0.1111	0.1137	0.1171
6.6	0.0742	0.0799	0.0847	0.0886	0.0919	0.0948	0.0993	0.1027	0.1053	0.1073	0.1088	0.1114	0.1149
6.8	0.0723	0.0779	0.0826	0.0865	0.0898	0.0926	0.0970	0.1004	0.1030	0.1050	0.1066	0.1092	0.1129
7.0	0.0705	0.0761	0.0806	0.0844	0.0877	0.0904	0.0949	0.0982	0.1008	0.1028	0.1044	0.1071	0.1109
7.2	0.0688	0.0742	0.0787	0.0825	0.0857	0.0884	0.0928	0.0962	0.0987	0.1008	0.1023	0.1051	0.1090
7.4	0.0672	0.0725	0.0769	0.0806	0.0838	0.0865	0.0908	0.0942	0.0967	0.0988	0.1004	0.1031	0.1071
7.6	0.0656	0.0709	0.0752	0.0789	0.0820	0.0846	0.0889	0.0922	0.0948	0.0968	0.0984	0.1012	0.1054
7.8	0.0642	0.0693	0.0736	0.0771	0.0802	0.0828	0.0871	0.0904	0.0929	0.0950	0.0966	0.0994	0.1036
8.0	0.0627	0.0678	0.0720	0.0755	0.0785	0.0811	0.0853	0.0886	0.0912	0.0932	0.0948	0.0976	0.1020
8.2	0.0614	0.0663	0.0705	0.0739	0.0769	0.0795	0.0837	0.0869	0.0894	0.0914	0.0931	0.0959	0.1004

z/b	l/b												
	1.0	1.2	1.4	1.6	1.8	2.0	2.4	2.8	3.2	3.6	4.0	5.0	10.0
8.4	0.0601	0.0649	0.0690	0.0724	0.0754	0.0779	0.0820	0.0852	0.0878	0.0898	0.0914	0.0943	0.0988
8.6	0.0588	0.0636	0.0676	0.0710	0.0739	0.0764	0.0805	0.0836	0.0862	0.0882	0.0898	0.0927	0.0973
8.8	0.0576	0.0623	0.0663	0.0696	0.0724	0.0749	0.0790	0.0821	0.0846	0.0866	0.0882	0.0912	0.0959
9.2	0.0554	0.0599	0.0637	0.0670	0.0697	0.0721	0.0761	0.0792	0.0817	0.0837	0.0853	0.0885	0.0931
9.6	0.0533	0.0577	0.0614	0.0645	0.0672	0.0696	0.0734	0.0765	0.0789	0.0809	0.0825	0.0855	0.0905
10.0	0.0514	0.0556	0.0592	0.0622	0.0649	0.0672	0.0710	0.0739	0.0763	0.0783	0.0799	0.0829	0.0880
10.4	0.0496	0.0537	0.0572	0.0601	0.0627	0.0649	0.0686	0.0716	0.0739	0.0759	0.0775	0.0804	0.0857
10.8	0.0479	0.0519	0.0553	0.0581	0.0606	0.0628	0.0664	0.0693	0.0717	0.0736	0.0751	0.0781	0.0834
11.2	0.0463	0.0502	0.0535	0.0563	0.0587	0.0609	0.0644	0.0672	0.0695	0.0714	0.0730	0.0759	0.0813
11.6	0.0448	0.0486	0.0518	0.0545	0.0569	0.0590	0.0625	0.0652	0.0675	0.0694	0.0709	0.0738	0.0793
12.0	0.0435	0.0471	0.0502	0.0529	0.0552	0.0573	0.0606	0.0634	0.0656	0.0674	0.0690	0.0719	0.0774
12.8	0.0409	0.0444	0.0474	0.0499	0.0521	0.0541	0.0573	0.0599	0.0621	0.0639	0.0654	0.0682	0.0739
13.6	0.0387	0.0420	0.0448	0.0472	0.0493	0.0512	0.0543	0.0568	0.0589	0.0607	0.0621	0.0649	0.0707
14.4	0.0367	0.0398	0.0425	0.0448	0.0468	0.0486	0.0516	0.0540	0.0561	0.0577	0.0592	0.0619	0.0677
15.2	0.0349	0.0379	0.0404	0.0426	0.0446	0.0463	0.0492	0.0515	0.0535	0.0551	0.0565	0.0592	0.0650
16.0	0.0332	0.0361	0.0385	0.0407	0.0425	0.0442	0.0469	0.0492	0.0511	0.0527	0.0540	0.0567	0.0625
18.0	0.0297	0.0323	0.0345	0.0364	0.0381	0.0396	0.0422	0.0442	0.0460	0.0475	0.0487	0.0512	0.0570
20.0	0.0269	0.0292	0.0312	0.0330	0.0345	0.0359	0.0383	0.0402	0.0418	0.0432	0.0444	0.0468	0.0524

由此可以得到

$$s_i' = \frac{1}{E_{si}}(A_i - A_{i-1}) = \frac{p_0}{E_{si}}(\bar{\alpha}_i z_i - \bar{\alpha}_{i-1} z_{i-1}) \tag{4-17}$$

规范法在对分层总和法简化的基础上,根据大量工程的沉降观测结果,引入沉降计算经验系数 $\psi_f(\psi_s = S_\infty / S', S_\infty$ 为利用基础沉降观测资料推算的地基最终变形量),于是地基最终沉降量为

$$s = \psi_s s' = \psi_s \sum_{i=1}^{n} \frac{p_0}{E_{si}}(\bar{\alpha}_i z_i - \bar{\alpha}_{i-1} z_{i-1}) \tag{4-18}$$

用规范法计算地基最终沉降量有以下要点:

1) 分层厚度

分层厚度可取自然土层厚度,可认为同一土层内的压缩模量相同。

2) 沉降计算深度

当无相邻荷载影响时,基础宽度为 1～30m 时,基础中点的地基沉降计算深度可按下列简化公式进行计算:

$$z_n = b(2.5 - 0.4\ln b) \tag{4-19}$$

式中　b——基础宽度,m。

存在相邻荷载影响时,应满足下式要求,即

$$\Delta s_n' \leqslant 0.025 s' \tag{4-20}$$

式中 $\Delta s_n'$——在计算深度 z_n 处,向上取计算厚度为 Δz 的薄土层的压缩量(见图 4-13 和
        表 4-3);

s'——地基沉降理论计算值。

表 4-3 计算厚度 Δz 值   m

b	$\leqslant 2$	$2 < b \leqslant 4$	$4 < b \leqslant 8$	$b > 8$
Δz	0.3	0.6	0.8	1.0

在式(4-20)所确定的计算深度范围内存在基岩时,Z_n 可取至基岩表面。如确定的沉降
计算深度下部仍有较软弱土层,应继续往下进行计算,也应满足式(4-20)。

3) 沉降计算经验系数 ψ_s

ψ_s 是根据大量工程实例中沉降的观测值与计算值的统计分析比较而得出的系数,综合
反映了计算公式中未能考虑的一些因素,ψ_s 的确定与地基土的压缩模量 E_s 及承受的荷载有
关,如表 4-4 所示。

表 4-4 沉降计算经验系数 ψ_s

ψ_s 基底附加压力 $\overline{E_s}/\mathrm{MPa}$	2.5	4.0	7.0	15.0	20.0
$p_0 \geqslant f_{ak}$	1.4	1.3	1.0	0.4	0.2
$p_0 \leqslant 0.75 f_{ak}$	1.1	1.0	0.7	0.4	0.2

$\overline{E_s}$ 为沉降计算深度范围内的压缩模量当量值,按下式计算:

$$\overline{E_s} = \frac{\sum A_i}{\sum \dfrac{A_i}{E_{si}}} \tag{4-21}$$

式中 A_i——第 i 层土平均附加应力系数,沿土层深度的积分值;

E_{si}——相应于该土层的压缩模量;

f_k——地基承载力标准值。

规范法计算最终沉降量的步骤可按图 4-14 所示的框图进行。

【例 4-2】 某基础底面尺寸为 $b \times l = 3.0\mathrm{m} \times 3.0\mathrm{m}$,埋深为 1.5m,传至地面的中心荷
载 $F = 730\mathrm{kN}$,如图 4-15 所示,地表土层天然重度为 19.8kN/m³,持力层的地基承载力 $f_{ak} = 240\mathrm{kPa}$,地下水位在深度 1m 处。用规范法计算基础中点的最终沉降量。

【解】 (1) 计算基础底面的附加压力

基础自重和其上的土重

$$\begin{aligned} G &= \gamma_G A d_1 + \gamma' A d_2 \\ &= 20 \times 3.0 \times 3.0 \times (1.5 - 0.5) + (20 - 10) \times 3.0 \times 3.0 \times 0.5 \\ &= 225.0 (\mathrm{kN}) \end{aligned}$$

基底压力

$$p = \frac{F + G}{A} = \frac{730.0 + 225.0}{3.0 \times 3.0} = 106.11 (\mathrm{kPa})$$

设 γ_m 为基底标高以上天然土层的加权平均重度,地下水位以下的重度取浮重度,则

$$\gamma_m = \frac{19.8 \times 1.0 + (19.8 - 10) \times 0.5}{1.5} = 16.47(\text{kN/m}^3)$$

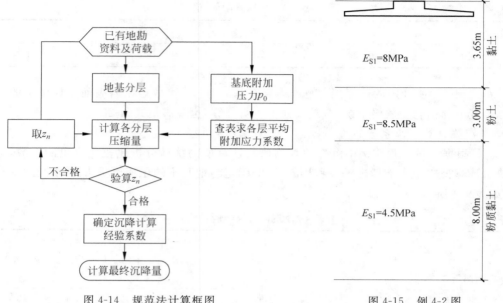

图 4-14　规范法计算框图　　　　　　图 4-15　例 4-2 图

基础底面自重应力为

$$\sigma_{c0} = \gamma_m d = 16.47 \times 1.50 = 24.70(\text{kPa})$$

基础底面附加压力为

$$p_0 = p - \sigma_{c0} = 106.11 - 24.70 = 81.41(\text{kPa})$$

(2) 确定分层厚度

由 $b = 3.00\text{m}$,查表得 $\Delta z = 0.60\text{m}$。

(3) 确定沉降计算深度

暂取 $z_n = 8.40\text{m}$。

(4) 计算分层沉降量

取 1/4 块荷载面积,其长宽分别为 $l_1 = l/2 = 1.50\text{m}$,$b_1 = b/2 = 1.50\text{m}$。

查表可得到平均附加应力系数,计算的分层沉降值如表 4-5 所示。

表 4-5　沉降计算表　例 4-2 附表

z/m	l_1/b_1	z/b_1	$\bar{\alpha}$	$z\bar{\alpha}$	$z_i\bar{\alpha}_i -$ $z_{i-1}\bar{\alpha}_{i-1}$	E_{si}/MPa	$\Delta s_i = p_0/$ $E_{si}(z_i\bar{\alpha}_i -$ $z_{i-1}\bar{\alpha}_{i-1})$	$\sum \Delta s_i$ $/\text{mm}$
0	1.00	0	$4 \times 0.25 = 1.00$	0	—	—	—	—
2.15	1.00	1.43	$4 \times 0.2027 = 0.81$	1.74	1.74	8.00	17.74	17.74
5.15	1.00	3.43	$4 \times 0.1247 = 0.50$	2.57	0.83	8.50	7.91	25.65
7.80	1.00	5.20	$4 \times 0.0906 = 0.36$	2.83	0.26	4.50	4.70	30.32
8.40	1.00	5.60	$4 \times 0.0852 = 0.34$	2.86	0.03	4.50	0.54	30.99

$z=8.40\mathrm{m}$ 范围内的计算沉降量 $\sum \Delta s = 30.99\mathrm{mm}$，$z=7.80\sim 8.40\mathrm{m}$（查表 $\Delta z = 0.60\mathrm{m}$）。

土层计算沉降量 $\Delta s_i' = s_i' = 0.67\mathrm{mm} \leqslant 0.025\sum \Delta s_i' = 0.025 \times 30.99 = 0.77(\mathrm{mm})$，满足要求。

（5）确定沉降计算经验系数 ψ_s

沉降计算深度范围内压缩模量的当量值

$$\bar{E}_s = \frac{\sum A_i}{\sum \dfrac{A_i}{E_{si}}} = \frac{\sum (\Delta s_i E_{si})}{s'} = \frac{17.74 \times 8 + 7.91 \times 8.5 + 4.67 \times 4.5 + 0.67 \times 4.5}{30.99}$$

$$= 7.52(\mathrm{MPa})$$

$$p_0 = 81.41\mathrm{kPa} \leqslant 0.75 f_{ak} = 0.75 \times 240.00 = 180.00(\mathrm{kPa})$$

查表 4-4 得沉降计算经验系数 $\psi_s = 0.6803$。

（6）最终沉降量

$$s = \psi_s s' = \psi_s \sum \Delta s_i' = 0.6803 \times 30.99 = 21.08(\mathrm{mm})$$

4.3.3　按弹性理论方法计算沉降量

弹性理论法是根据弹性理论导出的公式直接计算地基沉降量的方法。

第 3 章已介绍，对于半空间弹性体表面作用有一集中力的情况，布辛涅斯克用弹性理论方法作出了任一点的解答，其中包括沉降解答。由此可通过积分导出均布荷载作用下某一点的沉降量，其普通解答可用下式表示：

$$s = \frac{1-\nu^2}{E_0} w b p_0 \tag{4-22}$$

式中　s——矩形柔性基础均布荷载作用下地基的平均沉降量；

　　　w——矩形柔性基础均布荷载作用下平均沉降影响系数，可由 l/b 查表 4-6 获得；其中，w_c、w_0、w_m 分别为完全柔性基础角点、中点和平均值的沉降影响系数，w_r 为刚性基础在轴心荷载下（平均压力为 p_0）的沉降影响系数；

表 4-6　沉降影响系数 w 值

荷载面形状 计算点位置		圆形	方形	矩形（l/b）										
				1.5	2.0	3.0	4.0	5.0	6.0	7.0	8.0	9.0	10.0	100.0
柔性基础	w_c	0.64	0.56	0.68	0.77	0.89	0.98	1.05	1.11	1.16	1.20	1.24	1.27	2.00
	w_0	1.00	1.12	1.36	1.53	1.78	1.96	2.10	2.22	2.32	2.40	2.48	2.54	4.01
	w_m	0.85	0.95	1.15	1.30	1.52	1.70	1.83	1.96	2.04	2.12	2.19	2.25	3.70
刚性基础	w_r	0.79	0.88	1.08	1.22	1.44	1.61	1.72	—	—	—	—	2.12	3.40

　　　E_0——地基土变形模量；

　　　p_0——基底附加压力；

　　　ν——土的泊松比；

　　　b——矩形基础的宽度或圆形基础的直径。

按弹性理论分析,当刚性基础上作用中心荷载时,其基底接触应力并不是均匀分布的,而呈马鞍形分布,但地基却是均匀沉降的。当柔性基础上作用有均布荷载时,其基底接触应力呈均匀分布,但沉降并不均匀,而是呈碗状曲线分布。因此,上述解答中刚性基础的接触应力实际为接触应力的平均值 p_0;柔性基础的沉降呈碗状,这里取其沉降的平均值,所以用平均沉降影响系数来表示。

弹性理论法假定对象是半无限空间弹性体,用于地基时,要求地基应是均质的,即假定 E_0、ν 在整个地基土层中不变。但实际上各层土的 E_0、ν 值均不相同,且随深度而变化,这将带来较大的计算误差。不过,由于此方法计算过程简单,所以通常用于地基沉降的估算或计算瞬时沉降。当按上述公式计算地基瞬时沉降时,E_0 应取弹性模量 E。

4.4　考虑应力历史的固结沉降计算

与分层总和法一样,按 $e\text{-}\lg p$ 曲线计算地基的变形量是基于侧限压缩情况的。在计算中,土的压缩性指标由原位压缩曲线确定,即在压缩过程中,孔隙比的变化沿原位压缩曲线变化,就考虑了应力历史对地基沉降的影响。

4.4.1　考虑应力历史的最终沉降量

天然土层是地质历史的产物。所谓应力历史,就是指土在形成的地质年代中经受应力变化的情况。在实际工程中,从现场取样,室内压缩试验涉及土体扰动、应力释放、含水量变化等多方面影响,即使在上述过程中努力避免扰动,但应力卸荷总是不可避免的。因此,须根据土样的室内压缩曲线推求现场土层的压缩曲线,考虑土层应力历史的影响,确定现场压缩的特征曲线。

1. 先期固结应力

在漫长的地质历史年代中,沉积时间较长的土层埋藏较深,承受上覆压力大,经历固结时间长,土层比较密实,压缩性较低。而沉积时间较短的土层一般埋藏浅,经历固结时间较短,土层比较疏松,压缩性较高。

有的土层曾经在自重应力作用下完成固结稳定,后因构造变动使上覆土层被冲刷剥蚀掉。有的土层在自重应力作用下还未完全固结就又接受了上面新堆积土层引起的新的沉积。不管土层经历了怎样的压力历史,在地质历史上必然承受过上覆最大的压力作用,土体达到一定程度的固结状态。天然土层在历史上所经受的最大固结应力(指有效应力)称为先期固结应力,又称为前期固结应力,常用 p_c 表示。p_c 常用以与目前天然状态下土层现有的固结应力(即自重应力,常用 p_1 表示)进行对比。通常用超固结比来进行比较。超固结比 OCR 定义为先期固结应力和现在所受的固结应力之比,即 $OCR=p_c/p_1$。根据 OCR 值,可将土层分为正常固结土、超固结土和欠固结土。

$OCR=1$,即先期固结应力等于现有的固结应力,为正常固结土,如图 4-16(a)所示;

$OCR>1$,即先期固结应力大于现有的固结应力,为超固结土,如图 4-16(b)所示;

$OCR<1$,即先期固结应力小于现有的固结应力,为欠固结土,如图 4-16(c)所示。

2. 原始压缩曲线与室内压缩曲线

在正常固结土的沉积过程中,其现场压缩曲线应如图 4-17 中 ab 段所示。随着沉积过

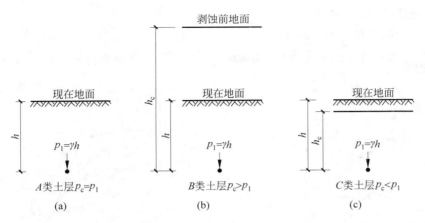

图 4-16　沉积土层的固结状态与先期固结应力 p_c 的关系
（a）正常固结土；（b）超固结土；（c）欠固结土

程的进行，从 a 点固结到现时的 b 点。b 点横坐标为先期固结应力 p_c（正常固结状态 $p_c=p_1$）的孔隙率，纵坐标为天然孔隙比 e_0。如果以后上覆土层仍在增加（这种情况一般将极少发生），或上部荷载增加（如建造房屋），现场压缩曲线应按 bc 段发展。如果现在在土层中取试样加以密封并保持原来体积，即保持其天然隙比 e_0 不变，则试样上覆土层已卸荷，试样将沿 bd 段变化。当试样进行侧限压缩试验时，得到室内压缩曲线 dc。室内压缩曲线并不是现场压缩曲线。但可以将室内 $e\text{-}\lg p$ 试验加以修正，找出现场原始压缩曲线。这里一个关键点是怎样推求出先期固结应力 p_c。

3. 先期固结应力 p_c 的推求

确定先期固结应力 p_c 时，应利用高压固结试验试验成果，用 $e\text{-}\lg p$ 曲线表示。常用的方法是 A. 卡萨格兰德（Cassagrande,1936）建议的经验作图法，作图步骤如下（见图 4-18）：

（1）从 $e\text{-}\lg p$ 曲线上找出曲率半径最小的一点 A，过 A 点作水平线 A_1 和切线 A_2；

（2）作 $\angle 1A_2$ 的平分线 A_3，与 $e\text{-}\lg p$ 曲线中直线段的延长线相交于 B 点；

（3）B 点所对应的有效应力就是先期固结应力 p_c。

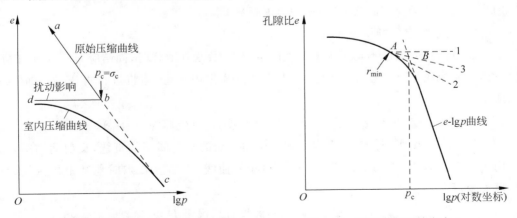

图 4-17　正常固结土的原始压缩曲线与室内压缩曲线　　　图 4-18　确定先期固结应力 p_c

4. 现场压缩曲线的推求

1）正常固结土现场压缩曲线

假设取样和制样不造成土体孔隙比的改变,则该应力对应的孔隙比就等于实验室测定的土体初始孔隙比 e_0,如图 4-19(a)所示。

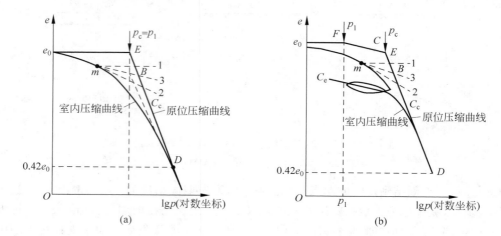

图 4-19　现场压缩曲线

(a)正常固结土;(b)超固结土

(1)作 $e=e_0$ 水平线交 $\lg p=\lg p_1$ 线于 E 点,E 点坐标为 (p_1,e_0)。E 点即为现场压缩曲线上表示现时的应力与孔隙比状态的特征点。从 E 点开始,如果继续进行固结,则现场压缩曲线将以某一斜率向下延伸。

(2)作 $e=0.42e_0$ 水平线交室内压缩曲线直线段于 D 点。对许多室内压缩试验的结果进行分析,发现对同种试样进行不同程度的扰动,得到的压缩曲线大致都与 $e=0.42e_0$ 水平线相交。

(3)连接 E、D 两点。正常固结理想土体的压缩曲线是一条直线,因此连接 E、D 两点的直线就是现场压缩曲线,其斜率为压缩指数 C_c。

2）超固结土现场压缩曲线

现时固结应力已不是历史上最大固结应力,故现在取样时,固结应力已从 p_c 卸荷到 p_1,室内压缩曲线上已产生了回弹。在建筑物荷载作用下,土体将进行再压缩,如图 4-19(b)所示。

(1)作 $e=e_0$ 平行线交 $\lg p=\lg p_1$ 线于 F 点,F 点坐标为 (p_1,e_0)。

(2)过 F 点作一斜率为室内回弹再压缩曲线的平均斜率的直线,交前期固结应力的作用线于 E 点,其斜率为 C_e。FE 为现场再压缩曲线,压缩达 E 点时地基土将恢复到历史上最大变形。

(3)作 $e=0.42e_0$ 平行线交室内压缩曲线直线段于 D 点。

(4)连接直线 ED。ED 为相应于建筑荷载作用下固结应力超过先期固结应力后的现场再压缩曲线,其斜率为 C_c。

3）欠固结土现场压缩曲线

土体在现时固结应力下发生压缩，又在建筑荷载下进行压缩固结。正常固结理想土体的压缩曲线可用一条直线表示，如图 4-20 所示。

（1）作 $e=e_0$ 平行线交 $\lg p=\lg p_c$ 线于 b 点，b 点坐标为（p_1,e_0）；

（2）作 $e=0.42e_0$ 平行线交室内压缩曲线直线段于 c 点。

（3）连接直线 bc。bc 为相应于建筑荷载作用下固结应力超过先期固结应力后的现场再压缩曲线，其斜率为 C_c。

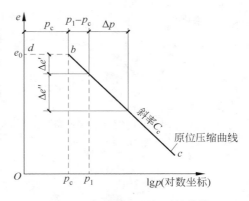

图 4-20　欠固结土现场压缩曲线

4.4.2　用 e-$\lg p$ 曲线计算地基最终沉降量

用 e-$\lg p$ 曲线来计算地基的最终沉降量与按 e-p 曲线的计算一样，是以侧限压缩基本公式 $s=\dfrac{e_1-e_2}{1+e_1}H$ 计算分层压缩量，并将沉降计算深度内各层压缩相加得到地基最终沉降量。

1. 正常固结土的沉降计算

设现场土层的分层厚度为 h，压缩指数为 C_{ci}，则该分层的沉降 s_i 为

$$s_i = \frac{\Delta e_i}{1+e_{1i}}h_i$$

由图 4-19（a）可知：$\Delta e_i = C_{ci}[\lg(p_{1i}+\Delta p_i)-\lg p_{1i}]=C_{ci}\lg\dfrac{p_{1i}+\Delta p_i}{p_{1i}}$

代入上式，得

$$s_i = \frac{h_i C_{ci}}{1+e_{1i}}\left(\lg\frac{p_{1i}+\Delta p_i}{p_{1i}}\right)$$

最终沉降量

$$s = \sum_{i=1}^{n}s_i = \sum_{i=1}^{n}\left(\frac{h_i C_{ci}}{1+e_{1i}}\lg\frac{p_{1i}+\Delta p_i}{p_{1i}}\right) \qquad (4\text{-}23)$$

式中　e_{1i}——第 i 分层的初始孔隙比；

$\quad\quad p_{1i}$——第 i 分层的平均自重应力；

$\quad\quad C_{ci}$——第 i 分层的现场压缩指数；

$\quad\quad h_i$——第 i 分层的厚度；

$\quad\quad \Delta p_i$——第 i 分层的平均压缩应力。

2. 超固结土的沉降计算

计算超固结土层的沉降时，涉及用压缩指数 C_e 和 C_c 所分别针对的两根直线，因此计算时应按下列两种情况分别计算，然后相加。

1）$p_{1i}+\Delta p_i < p_{ci}$ 时

由图 4-19（b）可知：基底压力落在直线 FE 范围内，其孔隙比变化量

$$\Delta e_i = C_{ei}[\lg(p_{1i}+\Delta p_i)-\lg p_{1i}]=C_{ei}\lg\frac{p_{1i}+\Delta p_i}{p_{1i}}$$

故

$$s_i = \frac{h_i}{1+e_i} c_{ei} \lg \frac{p_{1i} + \Delta p_i}{p_{1i}}$$

$$s = \sum_{i=1}^{n} s_i = \sum_{i=1}^{n} \frac{h_i c_{ei}}{1+e_{1i}} \lg \frac{p_{1i} + \Delta p_i}{p_{1i}} \tag{4-24}$$

2) $p_{1i} + \Delta p_i \geqslant p_{ci}$ 时

基底压力落在直线 ED 范围内,其沉降量为两部分之和,即

$$s_{1i} = \frac{h_i}{1+e_{1i}} c_{ei} \lg \frac{p_{ci}}{p_{1i}}$$

$$s_{2i} = \frac{h_i}{1+e_{1i}} c_{ci} \lg \frac{p_{1i} + \Delta p_i}{p_{ci}}$$

$$s = \sum_{i=1}^{n} s_i = \sum_{i=1}^{n} (s_{1i} + s_{2i}) = \sum_{i=1}^{n} \frac{h_i}{1+e_{1i}} \left(c_{ei} \lg \frac{p_{ci}}{p_{1i}} + c_{ci} \lg \frac{p_{1i} + \Delta p_i}{p_{ci}} \right) \tag{4-25}$$

式中 p_{ci}——第 i 分层的前期固结应力。

其余符号意义同前。

【例 4-3】 某超固结黏土层厚 2.5m,先期固结应力 $p_{ci} = 310\text{kPa}$,现存自重应力 $p_{1i} = 120\text{kPa}$,建筑物对该土层引起的平均附加应力为 420kPa。已知土层的压缩指数为 $C_{ci} = 0.43$,再压缩指数 $C_{ei} = 0.15$,初始孔隙比为 $e_{1i} = 0.82$,求该土层产生的最终沉降量。

【解】 该土为超固结黏土,要判断属于两种情况中的哪一种。

已知 $\Delta p_i = 420\text{kPa}$,故

$$p_{1i} + \Delta p_i = 120 + 420 = 540 (\text{kPa}) > p_{ci} = 310\text{kPa}$$

由式(4-25)得

$$s = \sum_{i=1}^{n} s_i = \sum_{i=1}^{n} (s_{1i} + s_{2i})$$

$$= \sum_{i=1}^{n} \left[\frac{2500}{1+0.82} \times \left(0.15 \lg \frac{310}{120} + 0.43 \lg \frac{120+420}{310} \right) \right] = 227.3 (\text{mm})$$

4.5   饱和黏性土地基的渗流固结

在荷载作用下,一般都要经历缓慢发生的渗透固结过程,压缩变形才能逐渐终止。而前面章节所述沉降量计算,是指土体渗透固结的最终沉降量。在建筑物施工期间,沉降可能并不能全部完成,建筑物竣工后还会缓慢地产生沉降。为了建筑物的安全与正常使用,工程实践和分析研究中须掌握沉降与时间的规律性关系,以便控制施工速度或考虑保证建筑物正常使用的安全措施,如考虑预留建筑物有关部分之间的净空问题、连接方法及施工顺序等。而对于发生裂缝、倾斜等事故的建筑物,则更须掌握沉降发展的趋势,以采取相应的处理措施。

饱和黏性土与粉土地基在建筑物荷载作用下须经过相当长的时间才能达到最终沉降。例如,厚的饱和软黏土层,其固结变形需要几年甚至几十年才能完成;而碎石土和砂土的压缩性小而渗透性大,在受荷后固结稳定所需的时间很短,可以认为在外荷载施加完毕时,其固结变形就已经基本完成。因此,工程中一般只考虑黏性土和粉土的变形与时间的关系。

在工程应用中,饱和土一般是指饱和度大于 80% 的土。此时土中虽有少量气体存在,但基本为封闭气体,可视为饱和土。饱和黏土的渗透固结实质是土体中超静孔隙水压力逐

步消散,有效应力逐步增大,土体排水、压缩和应力转移三者同时进行的过程。

4.5.1 太沙基一维固结理论

一维固结是指饱和土层在渗透固结过程中孔隙水只沿一个方向渗流,土颗粒也只朝一个方向发生位移。严格来讲,土的一维固结只发生在室内有侧限的固结试验中,在实际工程中并不存在,但在对大面积均布荷载作用下的固结,可近似按一维固结考虑。

太沙基(K. Terzaghi,1925)一维固结理论可用于求解一维应力状态下,饱和黏性土地基在外荷载作用下,在渗流固结过程中,任意时刻的土骨架及孔隙水的应力分担量,其适用条件为荷载面积远大于压缩土层的厚度,地基中孔隙水主要沿竖向渗流的情况。

1. 基本假定

(1) 土为均质、各向同性的,且完全饱和;

(2) 土颗粒和水不可压缩;

(3) 土层的压缩和土中水的渗流只沿同一方向发生;

(4) 土中水的渗流服从达西定律,且渗透系数 k 值保持不变;

(5) 孔隙比与有效应力成正比,即 $-\mathrm{d}e/\mathrm{d}\sigma'=a$,且压缩系数 a 保持不变;

(6) 外荷载是一次、瞬时施加在土层上。

2. 一维固结微分方程

在饱和土体的渗透固结过程中,土层内任一点的孔隙水压力所满足的微分方程式称为固结微分方程式。

如图 4-21 所示的饱和黏土层厚度为 H,顶面是透水层,底面是不透水层和不可压缩层。假设土层厚度远小于荷载面积(土中附加应力图形可近似按矩形分布,即附加应力不随深度而变化);又假设该饱和土层在自重应力作用下的固结已经完成。现在其顶面受到一次突然施加的无限均布荷载 p_0 作用。

在黏性土层中距顶面 z 处取一微分单元,长度为 $\mathrm{d}z$,土体初始孔隙比为 e_1,设在固结过程中的某一时刻 t,从单元顶面流出的流量为 $q+\dfrac{\partial q}{\partial z}\mathrm{d}z$,则从底面流入的流量为 q。根据水流连续性原理、达本定律及有效应力原理,可得到太沙基一维固结微分方程:

$$C_{\mathrm{v}}\frac{\partial^2 u}{\partial z^2}=\frac{\partial u}{\partial t} \tag{4-26}$$

式中 C_{v}——竖向渗透固结系数,$C_{\mathrm{v}}=\dfrac{k(1+e_1)}{ar_{\mathrm{w}}}$,m²/年或 cm²/年。

4.5.2 固结微分方程求解

对于单向固结微分方程 $C_{\mathrm{v}}\dfrac{\partial^2 u}{\partial z^2}=\dfrac{\partial u}{\partial t}$,可通过分离变量法求得含有待定常数的通解。对于图 4-21 所示的土层单面排水情况,由其边界条件和初始条件,可通过分离变量法得到式(4-26)的特解为

$$u(z,t)=\frac{4p_2}{\pi^2}\sum_{m=1}^{\infty}\frac{1}{m^2}\left[m\pi\alpha+2(-1)^{\frac{m-1}{2}}(1-\alpha)\right]\sin\frac{m\pi z}{2H}\mathrm{e}^{-m^2\frac{\pi^2}{4}T_{\mathrm{v}}} \tag{4-27}$$

式中 m——正奇数,$m=1,3,5,\cdots$;

e——自然对数底,e=2.7182;

H——孔隙水的最大渗透路径,在单面排水条件下为土层厚度;

T_v——时间因数,$T_v = \dfrac{C_v t}{H^2}$。

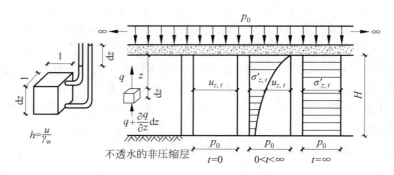

图 4-21　饱和土的固结过程

在实用中常取第一项,即 $m = 1$,得到

$$u(z,t) = \frac{4p_z}{\pi^2}\left[\alpha(\pi - 2) + 2\right]\sin\frac{\pi z}{2H}\mathrm{e}^{-\frac{\pi^2}{4}T_v} \tag{4-28}$$

4.5.3　固结度

固结度,是指在某一固结应力作用下,经过某一时间 t 后,土体发生固结或孔隙水应力消散的程度。即

$$U_t = \frac{s_t}{s} \tag{4-29}$$

式中　U_t——固结度;

　　　s_t——经历时间 t 所产生的固结变形(压缩)量;

　　　s——最终固结变形(压缩)量。

由有效应力原理可知,土的变形只取决于有效应力,所以经历时间 t 所产生的固结变形量只取决于该时刻的有效应力。结合前述沉降计算内容,可得

$$U_t = \frac{s_t}{s} = \frac{\dfrac{a}{1+e_1}\displaystyle\int_0^H \sigma' \mathrm{d}z}{\dfrac{a}{1+e_1}\displaystyle\int_0^H \sigma_z \mathrm{d}z} = \frac{\displaystyle\int_0^H (\sigma_z - u)\mathrm{d}z}{\displaystyle\int_0^H \sigma_z \mathrm{d}z} = 1 - \frac{\displaystyle\int_0^H u\mathrm{d}z}{\displaystyle\int_0^H \sigma_z \mathrm{d}z} \tag{4-30}$$

式中　u——某一时刻 t 深度 z 处的超孔隙水压力;

　　　σ'——某一时刻 t 深度 z 处的有效应力;

　　　σ_z——深度 z 处的竖向附加应力(即 $t=0$ 时刻的起始超孔隙水压力)。

即

$$U_t = \frac{A_\sigma'}{A_\sigma} = \frac{A_\sigma - A_u}{A_\sigma} = 1 - \frac{A_u}{A_\sigma} \tag{4-31}$$

式中　A_σ——起始超孔隙水压力所围面积;

　　　A_σ'——有效应力所围面积;

　　　A_u——t 时刻超孔隙水压力所围面积。

将式(4-28)代入式(4-30)可得在单面排水情况下,土层任意时刻固结度的近似值:

$$U_t = 1 - \frac{\left(\frac{\pi}{2}\alpha - \alpha + 1\right)}{1 + \alpha} \cdot \frac{32}{\pi^3} \cdot e^{-\frac{\pi^2}{4}T_v} \qquad (4\text{-}32)$$

地基中有效应力沿深度线性分布的几种情况如图 4-22(a)所示。对于实际工程问题,可参照图示的方法由图 4-22(a)简化成图 4-22(b)的形式,各形式代表的实际工程状况如下:

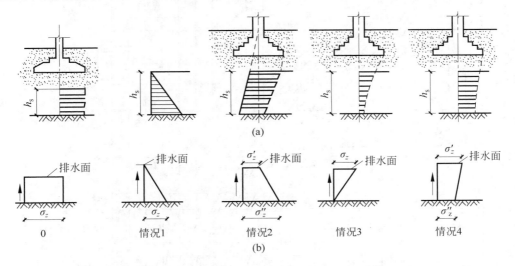

图 4-22   地基中有效应力沿深度线性分布的几种情况
(a) 实际应力分布;(b) 简化的应力分布

(1) $\alpha = 1$,薄压缩层地基,或大面积均布荷载作用下,简化的应力呈矩形分布;

(2) $\alpha = 0$,由于大面积新填土层(饱和时)本身自重应力作用下发生的固结,简化的应力呈三角形分布;

(3) $\alpha = \infty$,基础底面积较小,土层厚,传至土层底面的附加应力接近零,简化的应力呈倒三角形分布;

(4) $0 < \alpha < 1$,在自重应力作用下尚未固结的土层上作用有基础传来的荷载,简化的应力呈梯形分布;

(5) $1 < \alpha < \infty$,基础底面积较小,类似 $\alpha = \infty$ 的情况,但传至土层底面的附加应力不接近零;简化的应力呈倒梯形分布。

为了减少计算时的工作量,作者根据式(4-32)分别计算了不同 α 值所对应固结度 U_t 的时间因数 T_v 的值,绘成图形以供查用,如图 4-23 所示。

根据土层中的固结应力、排水条件,利用上述固结度公式和曲线,可解决以下两类问题:

1. 已知土层的最终沉降量 s,求某时刻历时 t 的沉降 s。

求解步骤如下:

(1) 由已给定的 t,由 $C_V = \dfrac{k(1+e_1)}{a r_w}$ 及 $T_v = \dfrac{c_v t}{H^2}$ 求出 T_v;

(2) 由 $T_v - U_t$ 曲线根据 α 和 T_v 求出 U_t;

(3) 由 $U_t = \dfrac{s_t}{s}$ 求出 $s_t = U_t s$。

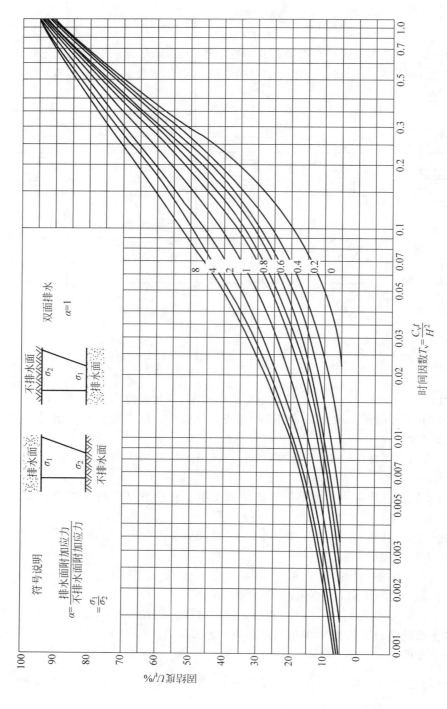

图 4-23　T_v-U_t 曲线

2. 已知土层的最终沉降量 s 和固结度 U_t，求所需时间。

跟上述求解过程相反，求解步骤如下：

(1) 由 U_t 及 α 查 T_v-U_t 曲线，得出 T_v；

(2) 由 $C_v = \dfrac{K(1+e_1)}{a_w}$ 及 $T_v = \dfrac{C_v t}{H^2}$ 求出 t。

【例 4-4】 某饱和黏性土层厚 10m，在外荷载作用下产生的附加应力沿土层深度分布简化为梯度，其下为不透水层，透水面与不透水面上固结应力分别为 200kPa、100kPa。已知初始孔隙比 $e_1 = 0.85$，压缩系数 $a = 2.5 \times 10^{-4} \mathrm{m^2/kN}$，渗透系数 $k = 2.5 \mathrm{cm/年}$。求：(1) 加荷 1 年后的沉降量；(2) 求土层沉降 15cm 所需时间。

【解】 (1) 求 s_t：

固结应力 $\sigma_z = \dfrac{1}{2} \times (100 + 200) = 150 (\mathrm{kPa})$

最终沉降量

$$s = \frac{a}{1+e_1} \sigma_z H = \frac{2.5 \times 10^{-4}}{1+0.85} \times 150 \times 1000 = 20.27 (\mathrm{cm})$$

固结系数 $C_v = \dfrac{k(1+e_1)}{a_w} = 19 (\mathrm{m^2/年}) = 1.9 \times 10^5 (\mathrm{cm^2/年})$

时间因数 $T_v = \dfrac{C_v}{H^2} t = \dfrac{1.9 \times 10^5}{1000^2} \times 1 = 0.19$

$\alpha = \dfrac{透水面上固结应力}{不透水面上固结应力} = \dfrac{200}{100} = 2$

查图 4-23 得：$U_t = 0.54$

$s_t = U_t s = 0.538 \times 20.27 = 10.91 (\mathrm{cm})$

$\quad = 15 \mathrm{cm}$

(2) $U_t = \dfrac{s_t}{s} = \dfrac{15.0}{20.27} = 0.74$

查图 4-23 得：$T_v = 0.422$

所以 $t = \dfrac{T_v H^2}{C_v} = \dfrac{0.422 \times 1000^2}{1.9 \times 10^5} \approx 2.22 (\mathrm{年})$

4.5.4 用实测沉降推算后期沉降

上述一维固结理论在进行分析时作了各种简化假设，而实际的边界更为复杂；室内试验所确定的土的物理力学性质指标与实际情况也存在一定差异，故其计算结果与实际情况的相符程度并不理想。利用沉降观测资料推算后期沉降，对于了解工程竣工以后的沉降发展趋势以及上部结构的安全和正常使用，具有重要的现实意义。大量观测资料表明，沉降与时间的关系大致呈双曲线或对数曲线，此处介绍较常用的双曲线法。

如图 4-24 所示，以时间 t 为横坐标轴；纵坐标向上为施加荷载 p，向下为沉降量 s。施工期随着加荷的进行，t-p 关系呈斜向上直线变化，施工期结束后为水平线；t-s 关系呈曲线变化，施工期结束后可大致用一双曲线来推测后期变化。如果以 t_0、t_1、t_2 分别表示在施工开始加荷到结束加荷及以后任意两次沉降观测时间点,以 s_0、s_1、s_2 分别表示与 t_0、t_1、t_2 相应的沉降量,双曲线可用下面方程表示:

$$s_t = s_0 + \frac{t - t_0}{A + B(t - t_0)} \tag{4-33}$$

式中　A、B——待定系数。

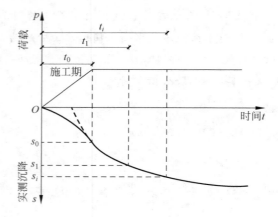

图 4-24　双曲线法

可将式(4-33)改写为

$$\frac{t - t_0}{s_t - s_0} = A + B(t - t_0) \tag{4-34}$$

这是一条横坐标轴为 $(t - t_0)$,纵坐标轴为 $\dfrac{t - t_0}{s_t - s_0}$,斜率为 B,截距为 A 的直线。将多组沉降实测值 (s_1, t_1),(s_2, t_2),$\cdots$,(s_i, t_i) $(i \geqslant 3)$ 描点于图 4-25 所示坐标平面内,作出这些点的拟合直线,可得到截距 A 及斜率 B,再将其代回式(4-34),可求出任一时刻沉降量 s_t;如果在式(4-33)中取 $t \rightarrow \infty$,则可求得最终沉降量

$$s_\infty = s_0 + \frac{1}{B} \tag{4-35}$$

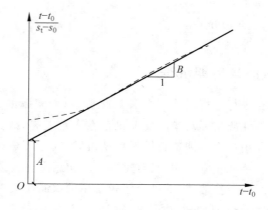

图 4-25　拟合直线

在通过实测数据推测未来沉降时,应除去异常数据,以免造成较大偏差。实测沉降时间应至少在半年以上。

本章小结

地基沉降计算的方法主要有分层总和法和规范法。这两种方法的思路比较类似,都是首先进行分层,再计算压缩层计算深度,然后计算该深度内每一层的压缩量并汇总。每一层压缩量的大小除了与划分的土层厚度有关,主要取决于两大因素:作用在土层中的附加应力和土的压缩性。

土的压缩主要由土中孔隙的减小引起。评价压缩性的指标有压缩系数、压缩指数、压缩模量、变形模量和弹性模量等。前三个指标由侧限压缩试验得到,用于分层总和法和规范法沉降计算,其中压缩指数主要用于有应力历史情况。规范法主要在分层、沉降计算深度及对实测数据的拟合上,对分层总和法进行了改进。

对于地基变形与时间的关系,可采用太沙基一维固结理论,并通过对工程沉降观测数据进行拟合的曲线,进行推测。

思考题

4-1   压缩系数和压缩指数的物理意义分别是什么?如何确定上述系数?工程中为什么用 a_{1-2} 进行上层压缩性能的划分?

4-2   压缩模量与变形模量有什么异同?相互间有什么关系?

4-3   两个基础的底面面积相同,但埋置深度不同,若低级土层为均质各向同性体,其他条件相同,试问哪个基础的沉降量大?为什么?

4-4   计算地基沉降的分层总和法与规范法有什么异同(试从基本假定、分层厚度、采用的指标、修正系数等加以比较)?

4-5   什么是超固结比?在实践中,如何按超固结比值确定正常固结土?

习题

4-1   从一黏土层中取样做室内压缩试验,试样成果列于表 4-7 中。试求:

(1)该黏土的压缩系数 a_{1-2} 及相应的压缩模量 $E_{s,1-2}$,并评价其压缩性;

(2)设黏土层的厚度为 2m,平均自重应力 $\sigma_c = 70\text{kPa}$,试计算在大面积堆载 $P_0 = 120\text{kPa}$ 的作用下,黏土层的固结压缩量。

表 4-7   题 4-1 附表

P/kPa	0	50	100	200	400
e	0.85	0.76	0.71	0.65	0.64

4-2   某条形基础,宽度 $b=1.2$m,基础埋深 $d=2$m,受铅直中心荷载 $F=1300$kN/m 作用,地面 10m 以下为不可压缩层,土层重度 $\gamma=18.5$kN/m³,压缩试验结果如表 4-7 所示,求基础中点下的稳定沉降量。

4-3   某厂房柱下单独方形基础,已知基础底面尺寸为 4m×4m,埋深 $d=1.0$m,地基为粉质黏土,地下水位距天然地面 3.4m。上部荷重传至基础顶面 $F=1440$kN,土的天然重度为 16.0kN/m³,饱和重度 $\gamma_{sat}=17.2$kN/m³,压缩模量 $E_{s,1-2}=4.5$MPa。有关分层厚度和计算深度及其他计算资料如图 4-26 所示。试分别用分层总和法和规范法计算基础最终沉降量。

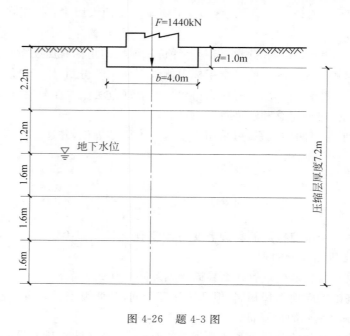

图 4-26   题 4-3 图

4-4   某饱和黏土层厚度为 6m,压缩模量 $E_s=5$MPa,试计算在大面积荷载 $P_0=100$kPa 作用下的最终沉降量。当沉降量达到 30mm 时,黏土层的固结度为多少?

4-5   某基础长 4.8m,宽 3m,埋深 1.8m,基底平均压力 $p=170$kPa,地基土为黏土,$\gamma=18.5$kN/m³,$e_1=0.8$,压缩系数 $a=0.25$MPa⁻¹,基底下 1.2m 处为不可压缩的岩层。试计算基础的最终沉降量。

4-6   某地基中一饱和黏土层的厚度为 4m,顶、底面均为粗砂层,黏土层的平均竖向固结系数 $C_v=9.64\times10^3$,压缩模量 $E_s=5$MPa。若在地面上作用大面积均布荷载 $p_0=200$kPa,试求:(1)黏土层的最终沉降量;(2)达到最终沉降量的一半所需的时间;(3)若该黏土层下卧不透水层,则达到最终沉降量的一半需要多长时间?

第 **5** 章

土的抗剪强度

5.1 概述

土的抗剪强度是指土体抵抗剪切破坏的极限能力。当土中某点在某一平面上的剪应力超过土的抗剪强度时,土体就会沿着剪应力作用方向发生一部分相对于另一部分的移动,该点便发生了剪切破坏。若继续增加荷载,土体中的剪切破坏点将随之增多,并最终形成一个连续的滑动面,导致土体失稳,进而酿成工程事故。

在实际工程中,常常会发现与土体稳定有关的问题,如建筑物地基的失稳破坏、边坡土体的滑动、挡土墙的倾覆、深基坑支护的倒塌等。这些问题都与土体的抗剪强度有关,土体的抗剪强度是决定土体稳定性的关键因素之一,其数值等于土体产生剪切破坏时滑动面上的剪应力。当土中某点在某一平面上的剪应力超过土的抗剪强度时,一部分土体就会沿着剪应力作用方向相对于另一部分土体发生移动,该点便发生了剪切破坏。如果荷载继续增加,土体中的剪切破坏点将随之增多,并且最终将形成一个连续的滑动面,导致土体失稳,就可能酿成工程事故(见图 5-1)。

(a)   (b)

图 5-1 工程中的抗剪强度问题

(a) 边坡垮塌;(b) 挡土墙坍塌

长期以来,人们致力于土的抗剪强度的试验和研究工作。但由于土是一种十分复杂的材料,这个问题至今未能得到很好地解决,它仍然是土力学中的一个重要的研究方向。

5.2   土的抗剪强度规律

5.2.1   库仑公式及抗剪强度指标

　　1776 年法国学者库仑在法向应力变化范围不大时,根据砂土的试验,将土的抗剪强度表达为剪切破坏面上法向总应力的线性函数,这就是抗剪强度的库仑定律,如图 5-2 所示。

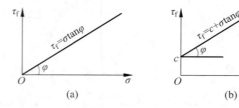

图 5-2   抗剪强度与法向应力的关系

(a) 无黏性土;(b) 黏性土

无黏性土: $$\tau_f = \sigma\tan\varphi \tag{5-1}$$

黏性土: $$\tau_f = \sigma\tan\varphi + c \tag{5-2}$$

式中　τ_f——土的抗剪强度,kPa;

　　　　σ——剪切面的法向压力,kPa;

　　　　φ——土的内摩擦角,(°);

　　　　$\tan\varphi$——土的内摩擦系数;

　　　　c——土的黏聚力,kPa。

　　其中,c 和 φ 称为土的抗剪强度指标,这两个指标取决于土的性质,与土中应力状态无关,可以通过试验测定。c 和 φ 反映了土体抗剪强度的大小,是土体非常重要的力学性质指标。对于同一种土,在相同的试验条件下,c、φ 为常数。当试验方法不同时,c、φ 的值有比较大的差异,如 c 值可以从小于 10kPa 变化到大于 200kPa。

　　由抗剪强度表达式或图 5-2 可看出,无黏性土的抗剪强度是由法向应力产生的内摩擦力 $\sigma\tan\varphi$($\tan\varphi$ 称为内摩擦系数)形成的;而黏性土的抗剪强度线则为一条不通过原点的直线,其抗剪强度由内摩擦力和黏聚力两部分组成。影响 φ 的主要因素有密度、颗粒级配、颗粒形状、矿物成分、含水量等,对细粒土而言,还受到颗粒表面的物理化学作用的影响。c 由两部分组成:原始黏聚力和固化内结力。原始黏聚力来源于颗粒间的静电力和范德华力,固化黏聚力来源于颗粒间胶结物质的胶结作用。由抗剪强度表达式或图 5-2 可看出:法向应力越大,土的抗剪强度越高,说明土的抗剪强度不是定值。这是土与其他建筑材料如钢材、混凝土等不相同的一个强度特征。

　　上述抗剪强度表达式中采用的法向应力为总应力,故称为总应力表达式。由于土的有效应力原理的研究和发展,人们后来认识到,有效应力的变化是引起土体强度变化的根本因素,因此,又将上述库仑公式改写为

$$\tau_f = \sigma' \tan\varphi' \qquad\qquad (5\text{-}3)$$

$$\tau_f = \sigma' \tan\varphi' + c' \qquad\qquad (5\text{-}4)$$

式中　τ_f——土体剪切破裂面上的有效法向应力,kPa;

　　　c'——土的有效黏聚力,kPa;

　　　φ'——土的有效内摩擦角,(°)。

对于同一种土,其 c' 和 φ' 的数值在理论上与试验方法无关,应接近于常数。

为了区别式(5-1)、式(5-2)和式(5-3)、式(5-4),将前者称为总应力抗剪强度公式,后者称为有效应力抗剪强度公式。

5.2.2　莫尔-库仑强度理论

土体是否达到剪切破坏状态,除了取决于其本身的性质,还与它所受到的应力组合密切相关。不同的应力组合会使土体产生不同的力学性质。土体破坏时的应力组合关系称为土体破坏准则。目前还没有一个被人们普遍认为能完全适用于土体的理想破坏准则。这里主要介绍目前被认为比较能拟合试验结果,因而为生产实践所广泛采用的土体破坏准则,即莫尔-库仑破坏准则。

莫尔(Mohr)继库仑早期的研究工作,提出土体的破坏是剪切破坏的理论,认为在破裂面上,法向应力与抗剪强度之间存在函数关系,即

$$\tau_i = f(\sigma)$$

这个函数所定义的曲线随着应力水平的增大而逐渐呈现出非线性,即为一条微弯的曲线。通常把试验所得的不同形状的抗剪强度线统称为抗剪强度包线。库仑抗剪强度是抗剪强度包线的一种线性表达式,最常用于表达抗剪强度包线,所以也经常把库仑公式的线性表达式称为抗剪强度包线。

一般土在应力水平不很高的情况下,莫尔破坏包线近似于一条直线,可以用库仑抗剪强度公式来表示。如果代表土单元体中某一个面上 σ 和 τ 对应的点落在破坏包线以下(如图 5-3 中 A 点),表明该面上的剪应力 τ 小于土的抗剪强度 τ_i,土体不会沿该面发生剪切破坏。如果对应的某点(如图 5-3 中 B 点)正好落在破坏包线上,表明该点所代表截面上的剪应力等于抗剪强度,土单元体处于临界破坏状态或极限平衡状态。如果对应的某点(如图 5-3 中 C 点)落在破坏包线以上,则表明土单元体已经破坏(实际上 C 点所代表的应力状态是不会存在的,因为剪应力增加到抗剪强度时,不可能继续增长)。

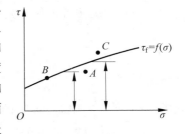

图 5-3　莫尔-库仑破坏包线

这种以库仑公式作为抗剪强度公式,把剪应力是否达到抗剪强度作为破坏标准的理论称为莫尔-库仑破坏理论。

5.2.3　土中任一点的极限平衡条件

土体单元中只要有一个单元发生剪切破坏,该单元就进入破坏状态。将破坏的临界状态称为极限平衡状态。

如果土体单元可能发生剪切破坏面的位置已经确定,只要算出作用于该面上的剪应力 τ

和正应力 σ,就可直接判别对应的点是否会发生剪切破坏。根据库仑定律,可得出如下结论:

若 $\tau < \tau_f$,该点处于弹性平衡状态,不发生剪切破坏;

若 $\tau = \tau_f$,该点处于极限平衡状态,将发生剪切破坏。

若 $\tau > \tau_f$,该点已失稳(应力状态已不存在)。

只通过库仑强度包线,将无法直接判别该点是否会发生剪切破坏。通过对该点的应力分析,画出莫尔应力圆(见图 5-4),就可从线与圆的相对位置关系直接判别该点是否会发生剪切破坏。线与圆相离,$\tau < \tau_f$;线与圆相割,$\tau > \tau_f$;线与圆相切,$\tau = \tau_f$。

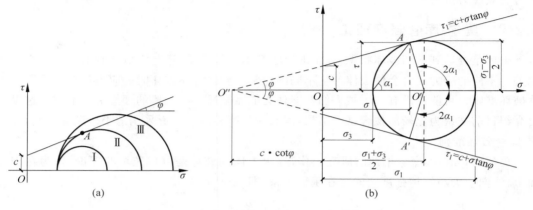

图 5-4   莫尔破坏包线与莫尔应力圆的关系

(a) 莫尔破坏包线与莫尔应力圆相离、相割、相切;(b) 极限平衡条件

莫尔应力圆可通过分析土体单元中的应力关系而做出:任取某一单元土体,其面积为 $dxdz$,在单元体上任取某一截面(与大主应力作用面的夹角为 α),则由该截面上的切向和法向的静力平衡关系可得如下关系:

$$\left.\begin{array}{l} \sigma = \dfrac{1}{2}(\sigma_1 + \sigma_3) + \dfrac{1}{2}(\sigma_1 - \sigma_3)\cos 2\alpha \\[3mm] \tau = \dfrac{1}{2}(\sigma_1 - \sigma_3)\sin 2\alpha \end{array}\right\} \tag{5-5}$$

式中 τ——任一截面 mn 上的剪应力,kPa;

σ_1——最大主应力 kPa;

σ_3——最小主应力 kPa;

α——截面与最小主应力作用方向的夹角。

可将式(5-5)改写为式(5-5a):

$$\left.\begin{array}{l} \sigma - \dfrac{1}{2}(\sigma_1 + \sigma_3) = \dfrac{1}{2}(\sigma_1 - \sigma_3)\cos 2\alpha \\[3mm] \tau = \dfrac{1}{2}(\sigma_1 - \sigma_3)\sin 2\alpha \end{array}\right\} \tag{5-5a}$$

两式等号两边都平方,然后把两式相加,整理后可得到莫尔应力圆表达式:

$$\left(\sigma - \frac{\sigma_1 - \sigma_2}{2}\right)^2 + \tau^2 = \left(\frac{\sigma_1 - \sigma_3}{2}\right)^2 \tag{5-6}$$

该圆是纵、横坐标分别为 τ 及 σ 的圆,圆心为 $\left(\dfrac{\sigma_1+\sigma_3}{2},0\right)$,圆半径为 $\dfrac{\sigma_1-\sigma_3}{2}$。

土体单元达到极限平衡状态时,抗剪强度包线与莫尔应力圆相切,可以用图 5-4 表示。连接辅助线后,直角三角形 ADR 存在下面的三角函数关系:

$$\sin\varphi = \frac{\frac{1}{2}(\sigma_1-\sigma_3)}{c\cdot\cot\varphi+\frac{1}{2}(\sigma_1+\sigma_3)} = \frac{\sigma_1-\sigma_3}{\sigma_1+\sigma_3+2c\cdot\cot\varphi}$$

进一步整理可得

$$\frac{\sigma_1-\sigma_3}{2} = c\cdot\cos\varphi + \frac{\sigma_1+\sigma_3}{2}\sin\varphi$$

$$\sigma_1 = \sigma_3 \tan^2\left(45°+\frac{\varphi}{2}\right)+2c\cdot\tan\left(45°+\frac{\varphi}{2}\right) \tag{5-7}$$

或

$$\sigma_3 = \sigma_1 \tan^2\left(45°-\frac{\varphi}{2}\right)-2c\cdot\tan\left(45°-\frac{\varphi}{2}\right) \tag{5-8}$$

从直角三角形内外角的关系还可得到下式

$$\alpha = 45°+\frac{\varphi}{2}$$

当为无黏性土时,式(5-7)、式(5-8)中 $c=0$。

【例 5-1】 某黏性土地基中某点的主应力 $\sigma_1=300\text{kPa}$,$\sigma_3=100\text{kPa}$,土的抗剪强度指标 $c=20\text{kPa}$,$\varphi=26°$,试问该点处于什么状态?

【解】 由式(5-8)可得土体处于极限平衡状态且最大主应力为 σ 时所对应的最小主应力为

$$\begin{aligned}
\sigma_{3f} &= \sigma_1 \times \tan^2\left(45°-\frac{\varphi}{2}\right)-2\times c\times\tan\left(45°-\frac{\varphi}{2}\right)\\
&= 300\times\tan^2\left(45°-\frac{26°}{2}\right)-2\times20\times\tan\left(45°-\frac{26°}{2}\right)\\
&= 92.14(\text{kPa})
\end{aligned}$$

则 $\sigma_{3f}<\sigma$,该点处于稳定状态。

也可由

$$\begin{aligned}
\sigma_{1f} &= \sigma_3\tan^2\left(45°+\frac{\varphi}{2}\right)+2c\times\tan\left(45°+\frac{\varphi}{2}\right)\\
&= 100\times\tan^2\left(45°+\frac{26°}{2}\right)+2\times20\times\tan\left(45°+\frac{26°}{2}\right)\\
&= 192.09(\text{kPa})
\end{aligned}$$

得 $\sigma_{1f}=320\text{kPa}$。

由于 $\sigma_{1f}>\sigma_1$,故该点处于稳定状态。

5.3 土的剪切试验

测定土抗剪强度指标的试验称为剪切试验,剪切试验可以在实验室内进行,也可在现场原位条件下进行。按常用的试验仪器,可将剪切试验分为直接剪切试验、三轴压缩试验、无侧限抗压强度试验和十字板剪切试验四种。其中,除十字板剪切试验可在现场原位条件下进行外,其他三种试验均须从现场取回土样,在室内进行试验。

5.3.1　直接剪切试验

直接剪切试验(见图 5-5)是发展较早的一种测定土的抗剪强度的方法,由于其设备简单,易于操作,在中国应用较广。

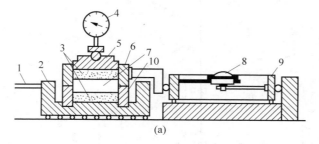
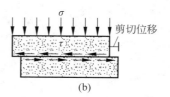

图 5-5　直接剪切试验示意图

(a) 直剪仪简图;(b) 试样受剪情况

1—轮轴;2—底座;3—透水石;4—测微表;5—活塞;6—上盒;7—土样;8—测微表;9—量力环;10—下盒

用直接剪切仪(简称为直剪仪,如图 5-6 所示)来测定土的抗剪强度的试验称为直接剪切试验。直接剪切试验是测定预定剪破面上抗剪强度的最简便和最常用的方法。直剪仪分为应变控制式和应力控制式两种,应变控制式直剪仪是等速推动剪力盒使之发生错动;应力控制式直剪仪是分级施加水平剪力于剪力盒使之发生错动。目前中国普遍使用应变式控制直剪仪。直剪仪由固定的上盒和可以移动的下盒组成,土样放置在上、下盒之间。土样上、下面分别放上滤纸和各一块透水石,以便使土样中的水排出。

试验时,将试样装入剪切盒,并根据试验条件,在试样上、下面各放一块透水石(允许排水)或不透水板(不允许排水),再在透水石或不透水板顶部放一金属的传压活塞,并根据试验要求在其上施加第一级竖向压力;随着水平推力的施加,上、下盒即沿水平然后以

图 5-6　直接剪切仪

规定的速率对下盒逐渐施加水平推力,接触面发生相对位移(即剪切变形)而使试样受剪并在剪切面上产生剪应力 τ,如图 5-5 所示。在施加水平推力后,即测读试样的剪位移,计算相应的剪应力 σ,并绘出剪应力与剪位移的关系曲线,如图 5-7 所示,以曲线的剪应力峰值作为该级法向压力下土的抗剪强度 τ_f。如果剪应力不出现峰值,则取规定的剪位移。如上述尺寸的试样,《土工试验规程》(SL 237—1999)规定取剪位移为 4mm 相对应的剪应力作为它的抗剪强度。

直剪试验曲线更换试样,变换几种法向应力 σ,依次完成第二级、第三级及第四级(一般不少于四级)下的试验,得到相应的抗竖向压力 σ 及抗剪强度 τ_f。然后在 σ-τ 坐标轴上绘制 σ-τ_f 曲线,此即为土的抗剪强度线,也就是莫尔-库仑破坏包线,如图 5-7(b)所示。直线与纵

轴的截距即为黏聚力,直线与水平轴的夹角即为该土样的内摩擦角。

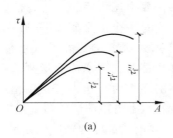 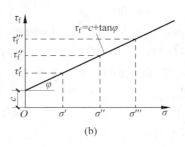

图 5-7　剪应力-剪切位移及抗剪强度-法向应力关系

(a)剪应力-剪切位移关系;(b)抗剪强度-法向应力关系

在直剪试验过程中,不能量测孔隙水应力,也不能控制排水,所以只能以总应力法来表示土的抗剪强度。为了考虑固结程度和排水条件对抗剪强度的影响,可根据加荷速率的快慢将直剪试验划分为快剪、固结快剪和慢剪三种试验类型。

直剪试验方法的三种类型简述如下:

(1)快剪:竖向应力施加后,立即进行剪切,剪切速率要快。例如《土工试验规程》(SL 237—1999)规定:要使试样在 3～5min 内剪坏。

(2)固结快剪:施加竖向应力后,让试件充分固结,固结完成后,再进行快速剪切,其剪切的速率与快剪相同。

(3)慢剪:施加竖向应力后,允许试样排水固结。待固结完成后,施加水平剪应力,剪切速率放慢,使试件在剪切过程中有充分的时间产生体积变形和排水(对于剪胀性土则为吸水)。

由于土样和试验条件的限制,试验结果会呈现一定离散性,也就是说,各土样的结果不可能恰好位于一条直线上,而是分布在一条直线附近,这条直线就是抗剪强度包线。可用线性回归的方法确定该直线。

直剪试验设备简单,操作方便,易于掌握,因而普遍应用于工程中。但其也有不少缺点,主要包括以下几点:

(1)剪切面限定在上、下盒之间的平面,而不是沿土样最薄弱的面剪坏;

(2)剪切过程中剪应变分布不均匀,且剪切过程中垂直荷载会发生偏转,主应力大小及方向都是变化的,即剪切过程中应力、应变的状态不清楚和准确;

(3)在剪切过程中,土样剪切面逐渐缩小,但在计算强度时仍按土样原截面积计算;

(4)试验不能严格控制排水条件和测量孔隙水压力值,快剪仍有排水,这对试验成果有很大影响。

为了克服直剪试验存在的问题,对于重大工程及一些科学研究,应采用更为完善的三轴压缩试验。三轴压缩仪是目前测定土抗剪强度较为完善的仪器。

5.3.2　三轴剪切试验

土体一般处于三轴压缩状态,如果要模拟实际情况,应在实验室中进行土的三向压缩试验。三轴压缩试验直接量测的是试样在不同恒定周围压力下的抗压强度,然后利用莫尔-库仑破坏理论间接推求土的抗剪强度。

三轴是指一个竖向和两个侧向。三轴压缩仪主要由压力室、加压系统和量测系统三部分组成。图5-8(a)所示是三轴压力室的示意图。它是一个由金属顶盖、底座和透明有机玻璃圆筒组成的密闭容器。试样上、下两端可根据试验要求放置透水石或不透水板。试验时试样的排水由与顶部连通的排水阀来控制。试样底部与孔隙水应力量测系统相连接,必要时用以量测试样内的孔隙水应力变化。试样周围的压力由与压力室直接相连的压力源(空压机或其他稳压装置)来供给。试样的轴向压力增量,由与顶部试样帽直接接触的传压活塞杆来传递,使试样受剪,直至剪破。在受剪过程中,要测读试样的轴向压缩量,以便计算轴向应变后可得附加轴向压力。

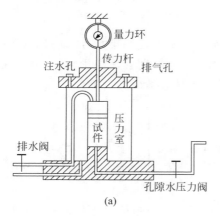 

(a)   (b)

图 5-8 三轴仪

(a) 三轴仪压力室示意图;(b) 三轴仪

试验时,将土切成圆柱体套在橡胶膜里,上下扎紧置于密封的压力室中,开启阀门向压力室压入液体,使试样承受周围压力 σ_3。这时试件内各向的三个主应力都相等,因此不产生剪应力(见图5-9(a)),并在试验过程中保持 σ_3 不变。然后通过活塞杆对试件施加竖向压力,当竖向主应力逐渐增大并达到一定值时,试件因受剪而破坏。假设剪切破坏时竖向压应力的增量为 $\Delta\sigma_1$,则试件上的大主应力为 $\sigma_1 = \sigma_3 + \Delta\sigma_1$,而小主应力始终为 σ_3,根据破坏时的 σ_1 和 σ_3 可画出极限应力圆,如图5-9(b)所示的圆Ⅰ。按以上所述方法用同一种土样的若干个试件(3个以上)分别进行试验,对每个试件施加不同的周围压力 σ_3,可分别得出各自在剪切破坏时的大主应力 σ_1。根据试样破坏时的若干个 σ_1 和 σ_3 组合,可绘成若干极限应力圆,如图5-9(b)中的圆Ⅰ、圆Ⅱ和圆Ⅲ。作这组极限应力圆的公切线,即莫尔破裂包线,通常可近似为一条直线。该直线与横坐标的夹角即为土的内摩擦角,直线在纵坐标的截距即为土的黏聚力。

对应于直接剪切试验的快剪、固结快剪和慢剪试验,三轴压缩试验按剪切前的固结程度和剪切时的排水条件,可分为以下三种试验方法:

(1)不固结不排水剪切试验:试样在施加周围压力和随后施加竖向压力直至剪切破坏的整个过程中都不允许土中水排出,试验自始至终关闭排水阀门。

(2)固结不排水剪切试验:在施加周围压力的过程中,打开排水阀门,允许土样排水固结,待土样的排水固结完成后再关闭排水阀门,施加竖向压力,直至试样在不排水条件下发

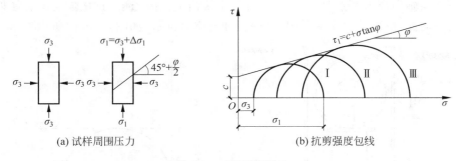

(a) 试样周围压力　　　　　　　　(b) 抗剪强度包线

图 5-9　三轴压缩试验

生剪切破坏。

（3）固结排水剪切试验：试样在施加周围压力时允许土样排水固结,待土样固结稳定后,再在排水条件下缓慢施加竖向压力（在施加轴向压力的过程中使试样的孔隙压力始终保持为零）,直至试件剪切破坏。

三轴压缩试验可在复杂应力条件下研究土的抗剪强度特性时使用,其突出优点如下：

（1）试验中能严格控制试样的排水条件,准确测定试样在剪切过程中孔隙水压力的变化,从而可定量获得土中有效应力的变化情况;

（2）不像直接剪切试验那样限定剪切面,试样中的应力状态相对地较为明确和均匀,不硬性指定破裂面位置;

（3）除抗剪强度指标外,还可测定土的灵敏度、侧压力系数、孔隙水压力系数等力学指标。

采用这种试验方法,土样的受力状态以及孔隙水的影响比直剪试验更能接近实际情况,试验结果更为可靠,因而三轴剪切试验是测定抗剪强度的一种较为完善的方法。对于重要的工程,必须用三轴剪切试验测定土的强度指标。《建筑地基基础设计规范》(GB 50007—2011)规定,甲级建筑物应采用三轴压缩试验。对于可塑性黏性土与饱和度不大的粉土,可采用直剪试验。三轴压缩仪还可用于测定土的其他力学性质,因此,它是土工试验中不可缺少的设备。

目前通用的三轴压缩试验的缺点是试件的主应力 $\sigma_2 = \sigma_3$,而实际土体的受力状态未必都属于这类轴对称情况。若想获得更合理的抗剪强度参数,须采用真三轴仪或扭剪仪,其试样可在三个互不相同的主应力($\sigma_1 \neq \sigma_2 \neq \sigma_3$)作用下进行试验。

5.3.3　无侧限抗压强度试验

如果在三轴压缩试验中取 $\sigma_3 = 0$,则为无侧限抗压强度试验。无侧限抗压强度试验是三轴压缩试验的特殊情况。由于试样侧向在试验过程中不受任何限制,故称为无侧限抗压强度试验。

试验时,将土样放在仪器底座上,摇动手轮,使底座缓慢上升,顶压上部量力环,从而产生轴向压力,直至土样剪切破坏。剪切破坏时,试样所承受的轴向压力称为无侧限抗压强度。用 q_u 表示,称为无侧限抗压强度。

无侧限抗压强度可按下面方法得到：以轴向应变 ε 为横坐标,轴向应力 σ 为纵坐标,绘制轴向应变与轴向应力关系曲线。取 ε-σ 曲线上峰值 σ_{max} 为无侧限抗压强度 q_u。如果 ε-σ 曲线上峰值不明显,应取轴向应变 $\varepsilon=15\%$ 处的轴向应力为 q_u,如图 5-10(b) 所示。

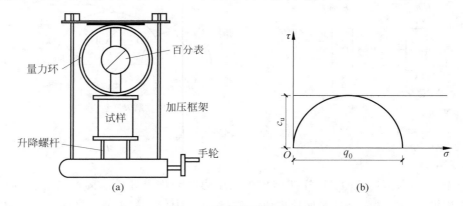

图 5-10　无侧限压缩试验

(a) 无侧限压缩仪;(b) 无侧限抗压强度试验结果

根据无侧限抗压强度试验结果,只能作一个极限应力图($\sigma_3=q_u$,$\sigma_3=0$),因此难以对一般黏性土作出强度包线。但饱和黏性土的三轴不固结不排水试验结果的强度包线是一条水平线(见图 5-10(b)),即 $\varphi_u=0$,$\tau_f=c_u=\dfrac{q_u}{2}$。这样,如果仅测定饱和黏性土的不固结不排水强度,可用无侧限抗压强度试验代替三轴剪切试验,并根据无侧限抗压强度试验结果推算饱和黏性土的不排水抗剪强度。

无黏性土试样在无侧限条件下难以成型,故该试验主要用于黏性土,尤其适用于饱和软黏土。

无侧限抗压强度试验的特点如下:

(1) 仪器构造简单,操作方便;

(2) 可代替三轴试验测定饱和软黏土的不排水强度。

饱和黏性土的强度与土的结构有关,当土的结构遭受破坏时,其强度会迅速降低,工程中常用灵敏度 S_t 来反映土的结构所受扰动对强度的影响程度。

$$S_t=\frac{q_u}{q_u'} \tag{5-9}$$

式中　q_u——原状土的无侧限抗压强度,kPa;

　　　q_u'——重塑土(指在含水量和密度不变的条件下,使土的天然结构彻底破坏再重新制备的土)的无侧限抗压强度,kPa。

根据灵敏度,可将饱和黏性土分为三类:低灵敏度土($1<S_t\leqslant2$)、中灵敏度土($2<S_t\leqslant4$)、高灵敏度土($S_t>4$)。

土的灵敏度越高,其结构性越强,受扰动后土的强度就降低得越多。

5.3.4　十字板剪切试验

十字板剪切仪是一种使用方便的抗剪强度原位测试仪器,不用取原状土,可在工地现场直接测试地基土的强度,如图 5-11(a)所示。十字板剪切仪主要由板头、加力装置及量测设备三个部分组成。

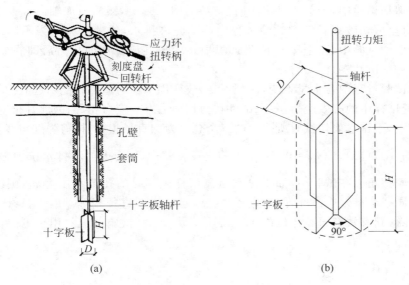

图 5-11 十字板剪切仪

(a) 十字板剪切仪；(b) 十字板剪切原理

试验时,先在地基中钻孔至要求测试的深度以上 75cm 左右。清理孔底,将十字板头压入土中至测试深度;由地面设备对钻杆施加扭矩,使埋在土中的十字板旋转直至土剪切破坏。破坏面为十字板旋转所形成的圆柱面。设剪切破坏时所施加的扭矩应与剪切破坏圆柱面(包括侧面和上下面)上土的抗剪强度所产生的抵抗力矩相等,即

$$M = \pi DH \cdot \frac{D}{2}\tau_v + 2 \cdot \frac{\pi D^2}{4} \cdot \frac{D}{3} \cdot \tau_H = \frac{1}{2}\pi D^2 H \tau_v + \frac{1}{6}\pi D^3 \tau_H \qquad (5\text{-}10)$$

式中　M——剪切破坏时的扭力矩,kN·m;

　　　H——十字板的高度,m;

　　　D——十字板的直径,m;

　　　τ_v、τ_H——剪切破坏时圆柱体侧面和上下面土的抗剪强度,kPa。

十字板剪切试验适用于在现场测定饱和黏性土的原位不排水强度,特别适用于均匀的饱和软黏土及取原状土比较困难的条件,并可避免在原状土中取土、运送及制备试样过程中受扰动而影响试验的精确性,仪器结构简单、操作方便。对于夹带薄层细、粉砂或贝壳的黏土,用该种试验测得的强度往往偏高。

5.4　不同排水条件的强度指标及测定方法

试验表明,土的固结程度与土中孔隙水的排水条件有关。在试验时,必须考虑实际工程地基土中孔隙水排出的可能性。根据实际工程地基的排水条件,室内抗剪强度试验可分别采用以下三种方法。

5.4.1　不固结不排水抗剪强度试验（UU 试验）

在三轴剪切试验中，先关闭排水阀门，施加周围压力 σ_3，然后增加轴向应力 $\Delta\sigma = \sigma_1 - \sigma_3$ 进行剪切，直至剪切破坏。整个试验过程中都不允许排水，这种试验称为不固结不排水试验。在直接剪切试验中，在土样上下两面均贴以蜡纸，在施加法向压力后即施加水平剪力，使土样在 3～5min 内剪坏。

试样在试验过程中含水量不变，体积不变，改变周围压力增量只能引起孔隙水压力的变化，并未改变试样中的有效应力，各个试件在剪切前的有效应力相等，因此其抗剪强度不变。对于饱和黏土，不排水剪切试验所得出的三个总应力圆直径相等，抗剪强度包线基本是一条水平线（见图 5-12(a)），即 $\varphi_u = 0$，$\tau_f = c_u = \dfrac{\sigma_1 - \sigma_3}{2}$。其中，$c_u$ 为土的不排水抗剪强度，φ_u 为土的不排水内摩擦角。在试验中，如果分别量测试样破坏时的孔隙水压力 u_f，则结果表明试件只能得到同一个有效应力圆，圆的直径与三个总应力圆直径相等。由于只有一个有效应力圆，就不能得到有效应力破坏包线和 c'、φ' 值，所以这种试验一般只用于测定饱和黏土的不排水强度。

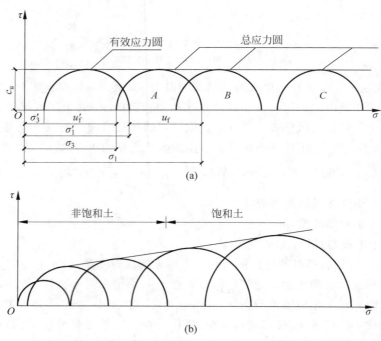

图 5-12　黏性土的不固结不排水试验结果
(a) 饱和土不固结不排水强度包线；(b) 非饱和土不固结不排水强度包线

非饱和土的土样中含有空气，虽然试验过程中不让试样排水，但在加载时气体能压缩或部分溶解于水，所以土的密度有所提高，抗剪强度也随之增长，破坏包线的起始段为曲线，如图 5-12(b)所示，在土样完全饱和后才趋于水平线。

不固结不排水抗剪强度试验方法所对应的实际工程条件相当于饱和软黏土中快速加荷时的应力状况。工程实践中常采用不固结不排水抗剪强度来确定土的短期承载力以及评价土体的稳定性问题。

5.4.2　固结不排水剪抗剪强度试验（CU 试验）

试样在围压作用下充分排水固结后，继续增加轴向压力直至破坏，增加轴向压力过程中不允许试样排水。这类试验称为固结不排水剪试验。

对于三轴剪切试验，在施加周围压力 σ_3 时，打开排水阀门，让试样充分排水直至固结（$u=0$），然后关闭排水阀门，施加垂直压力 $\Delta\sigma_1=\sigma_1-\sigma_3$，将试样在不排水条件下剪破。采用固结不排水剪测得的抗剪强度指标用 φ_{cu}、c_{cu} 表示。对于直剪试验，在试样上、下放上滤纸，先施加垂直压力，使试样在垂直压力作用下完全固结后，再施加水平剪力，将试样在 3～5min 内剪破，称为固结快剪。

正常固结土未受过任何固结压力作用，几乎没有强度，其强度包线大多数为过坐标原点的直线，图 5-13 实斜线表示正常固结土的总应力强度包线。根据试样剪破时测得的孔隙水压力 u_f，又可以绘出有效应力强度包线（如图 5-13 中虚斜线所示）。根据有效应力原理，存在关系 $\sigma_1'=\sigma_1-u_f$，$\sigma_3'=\sigma_3-u_f$，故有 $\sigma_1'-\sigma_3'=\sigma_1-\sigma_3$，即有效应力圆直径与总应力圆直径相等；但两个圆位置不同，二者距离为孔隙水压力 u_f。正常固结土试样在剪破时产生正的孔隙水压力，故有效应力较总应力小，有效应力圆在总应力圆左方。有效内摩擦角 φ' 比 φ_{cu} 大 1 倍左右。φ_{cu} 一般为 $10°\sim25°$，c_u 和 c' 都为零。

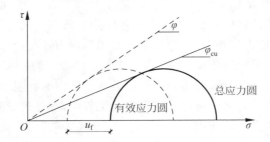

图 5-13　饱和正常固结黏性土固结不排水试验结果

5.4.3　固结排水剪抗剪强度试验（CD 试验）

试样在围压作用下充分排水固结后，继续增加轴向压力直至破坏，增加轴向压力过程中允许试样排水。这类试验称为固结排水剪试验。

对于三轴剪切试验，在施加周围压力 σ_3 时，打开排水阀门，让试样充分排水直至固结（$u=0$），之后仍然打开排水阀门，施加垂直压力 $\Delta\sigma_1=\sigma_1-\sigma_3$，将试样在不排水条件下剪破。采用固结不排水剪测得的抗剪强度指标用 φ_d、c_d 表示，如图 5-14 所示。

直剪试验时，在试样上、下放上滤纸，先施加垂直压力，使试样在垂直压力作用下充分固结，再慢慢施加水平剪力，将试样在 3～5min 内剪破，称为固结慢剪。

试样在围压作用下充分排水固结，然后在垂直压力下充分固结，整个试验过程中超孔隙水压力始终为零，总应力最后全部转化为有效应力，所以总应力圆就是有效应力圆，总应力破坏包线就是有效应力破坏包线。$c_d=0$，φ_d 一般为 $10°\sim25°$。

试验结果表明，固结排水剪得到的抗剪强度指标 c_d 和 φ_d 与固结不排水剪得到的有效抗

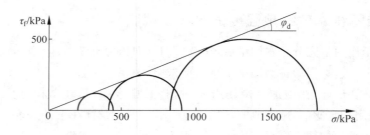

图 5-14   固结排水剪强度包线

剪强度指标 c'、φ' 才很接近。由于固结排水试验所需时间太长,故实际以 c' 代替 c_d,以 φ' 代替 φ_d。

5.5   剪切试验方法的分析与工程中试验方法的选用

黏性土的抗剪强度不仅随剪切条件不同而异,还受到许多因素如土的各向异性、应力历史、蠕变等的影响。土体稳定分析成果的可靠性在很大程度上取决于抗剪强度试验方法和抗剪强度指标的正确选择。选择土的抗剪强度指标,须考虑现场工程实际情况、地基或土体的排水条件及加荷前土体的固结情况等条件。对于具体工程问题,首先要根据现场施工加荷的实际情况,选取合适的试验方法,其次考虑应采用有效应力强度指标还是总应力强度指标。与总应力法和有效应力法相对应,应该分别采用总应力强度指标或有效应力强度指标。由于总应力法应用方便,目前应用很广,但只能考虑三种特定的排水固结情况,而地基实际排水固结情况是很复杂的。因此,如果能够测出天然土体中的孔隙水压力,就可求出土中的有效应力,进而采用有效应力强度指标。但在实际工程中,往往难以测准天然土体中的孔隙水压力,而限制了有效应力法的使用。

一般工程问题多采用总应力分析法,其指标和测试方法的选择大致如下:

(1) 建筑物施工速度较快,而地基土的透水性和排水条件不良时,可采用三轴仪不固结不排水试验或直剪仪快剪试验的结果;

(2) 地基荷载增长速率较慢,地基土的透水性不太小(如低塑性的黏土)以及排水条件又较佳时(如黏土层中夹砂层),可采用固结排水或慢剪试验的结果;

(3) 在建成多年的建筑物上快速加层施工,或对于突然来临的非常荷载(如地震荷载),当地基土体透水性和排水条件不佳时,可采用固结不排水剪或固结慢剪试验的结果。

本章小结

土中任意一点与其他部分是否产生相对错动,取决于作用在这一点上的剪应力与抗剪强度的关系。当土的剪应力达到抗剪强度时,土处于极限平衡状态,于是有了极限平衡条件。库仑提出了土的抗剪强度的表达式。土的内摩擦角和黏聚力是决定土的抗剪强度的重要因素,不同的试验条件下其值将不同。常见的剪切试验有直接剪切试验和三轴剪切试验。

思考题

5-1　与钢材、混凝土等建筑材料相比,土的抗剪强度有何特点? 同一种土的强度值是否为定值? 为什么?

5-2　对同一种土所测定的抗剪强度指标是有变化的,为什么?

5-3　什么是土的极限平衡条件?

5-4　为什么土中某点剪应力最大的平面不是剪切破坏面? 如何确定剪切破坏面与最小主应力作用方向夹角?

5-5　试比较直剪试验和三轴压缩试验时土样的应力状态有什么不同? 并指出直剪试验土样的大主应力方向。

5-6　土的抗剪强度指标是什么? 通常 $c=10\mathrm{kPa}$ 通过哪些室内试验、原位测试测定?

习题

5-1　已知地基土的抗剪强度指标 $c=10\mathrm{kPa}$,$\varphi=30°$,问当地基中某点的大主应力 $\sigma_1=400\mathrm{kPa}$,而小主应力 σ_3 为多少时,该点刚好发生剪切破坏?

5-2　某土样进行直剪试验,在法向压力为 100kPa、200kPa、300kPa、400kPa 时,测得抗剪强度 τ_f 分别为 52kPa、83kPa、115kPa、145kPa,试求:(1)用作图法确定土样的抗剪强度指标 c 和 φ;(2)如果在土中某一平面上作用的法向应力为 260kPa,剪应力为 92kPa,该平面是否会剪切破坏? 为什么?

5-3　某土的压缩系数为 0.16MPa^{-1},强度指标 $c=20\mathrm{kPa}$,$\varphi=30°$,若作用在土样上的大、小主应力分别为 350kPa 和 150kPa,问该土样是否破坏? 若最小主应力为 150kPa,该土样能经受的最大主应力为多少?

5-4　已知地基中一点的大主应力为 σ_1,地基土的黏聚力和内摩擦角分别为 c 和 φ。求该点的抗剪强度 τ_f。

5-5　某饱和黏性土由无侧限抗压强度试验测得其不排水抗剪强度 $c_\mathrm{u}=80\mathrm{kPa}$,如对同一土样进行三轴不固结不排水试验,当施加围压 100kPa,轴向压力 250kPa 时,该试样是否破坏?

第6章

土压力与土坡稳定

6.1 挡土墙的作用与土坡的划分

土坡是指临空面为倾斜坡面的土体。土坡可分为天然土坡和人工土坡。天然土坡为天然形成的坡岸和山坡；人工土坡是为了工程需要，比如开挖基坑、修筑道路，而开挖或填筑成的斜坡。土坡的稳定关系到工程施工过程中和工程完工后相关土木建筑形成物的安全，土坡的坍塌常常造成严重的工程事故。因此，应该对稳定性不够的边坡进行处理，比如选择适当的边坡截面，采用合理的施工方法和适当的工程措施（如采用挡土墙）等，如图 6-1 所示。

(a)　　　　　　　　　　　　　　　　(b)

图 6-1　挡土墙应用的实例

(a) 土坡；(b) 坍塌

挡土墙是设置在土体一端用以防止土体坍塌的构筑物。挡土墙广泛应用于土木工程中。如建筑、桥梁、铁路和水利工程等。见图 6-1。

土体作用于挡土墙背的侧压力，称为土压力。作用在挡土墙上的外荷载主要是土压力。因此，在挡土墙设计计算中，首先要确定土压力的性质及其大小、方向和作用位置，再进行后面的工作。

本章首先介绍土压力的计算方法，然后介绍重力式挡土墙的设计和简单土坡稳定性的分析方法。

6.2 挡土墙的土压力类型

土压力的大小和分布规律，与挡土墙所采用材料、墙的形状和位移情况、墙的截面刚度、地基的变形以及墙后填土的种类和填土面形式等，都存在一定关系。按墙的位移情况和墙后土体的应力状态,土压力可分为以下三种类型:主动土压力、被动土压力和静止土压力。

(1)主动土压力(见图 6-2(b)):在土压力的侧向作用下,挡土墙向背离土体的方向运动(移动或转动)。土压力将随着位移的增大而减小。当位移达到某一数值时,土体达到主动极限平衡状态。此时的土压力称为主动土压力,用 E_a 表示。

(2)被动土压力(见图 6-2(c)):在外力的作用下,挡土墙向土体的方向推挤土体(移动或转动)。土压力将随着位移的增大而增大。当位移达到某一数值时,土体达到被动极限平衡状态。此时的土压力称为被动土压力,用 E_p 表示。

(3)静止土压力(见图 6-2(a)):在土压力的侧向作用下,挡土墙并不向任何方向运动(移动或转动)。土体处于弹性极限平衡状态。此时的土压力称为静止土压力,用 E_0 表示。

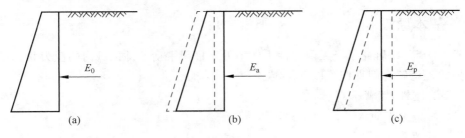

图 6-2 三种土压力

(a)静止土压力;(b)主动土压力;(c)被动土压力

实验与理论研究都表明,在相同条件下,主动土压力小于静止土压力,而静止土压力又小于被动土压力,亦即

$$E_a < E_0 < E_p$$

相应地,产生被动土压力所需的位移量 Δ_p 也大大超过产生主动土压力所需的位移量 Δ_a。三种土压力与墙身位移之间的关系可用图 6-3 表示。

现在来计算静止土压力。在填土面以下任意深度 z 处取一微小单元体,作用于其上的竖向自重应力为 γz。该处的水平向土压力即为静止土压力 E_a。其数值可按下式计算:

$$p_0 = K_0 \gamma z \qquad (6\text{-}1)$$

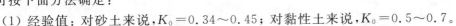

图 6-3 墙身位移与土压力

式中 K_0——土的侧压力系数,即静止土压力系数,可按下面方法确定:

(1)经验值:对砂土来说,$K_0 = 0.34 \sim 0.45$;对黏性土来说,$K_0 = 0.5 \sim 0.7$。

(2)半经验公式:

$$K_0 = 1 - \sin\varphi' \qquad (6\text{-}2)$$

式中 φ'——土的有效内摩擦角,(°);

γ——墙后填土的重力密度。

(3)根据侧限条件下的试验测定。一般认为,这是最可靠的确定方法。

由式(6-1)可知,静止土压力为线性分布,分布形状为三角形,如图 6-3 所示。其大小为

$E_0 = \dfrac{1}{2}\gamma h^2$，作用点位于墙底上方 1/3 墙高处。

静止土压力可用于以下情况：

（1）地下室外墙：通常都有内隔墙支挡，墙位移与转角为零，可按静止土压力计算。

（2）岩基上的挡土墙：挡土墙与岩石地基牢固连接，不可能产生位移与转动，故可按静止土压力进行计算。

（3）修筑在坚硬土质地基上，断面很大的挡墙。

6.3　朗肯土压力理论

6.3.1　基本原理

朗肯于 1857 年研究了半无限弹性土体中处于极限平衡条件区域内的应力状态，导出了极限应力的理论解。朗肯作了以下假定：

（1）墙为刚性，墙背垂直；

（2）墙后填土表面水平；

（3）墙背光滑。

因此，当弹性半无限体由于在水平方向伸长或压缩并达到极限状态时，可以设想用一垂直光滑的挡土墙代替半无限体一侧的土体而不改变原来的应力状态。当土体水平向伸长量达到极限平衡状态时，墙后土体水平向应力为主动土压力强度 p_a；当土体水平向压缩量达到极限应力状态时，墙后土体水平向应力为被动土压力强度 p_p，如图 6-4 所示。

图 6-4　朗肯假定

在填土表面下任一深度 z 处考察一微单元体，如图 6-5(a)所示，当土体处于弹性平衡状态时，作用在其上的竖直应力为

$$\sigma_z = \gamma z \tag{6-3}$$

水平应力为

$$\sigma_x = K_0 \gamma z \tag{6-4}$$

该微元体的应力状态可用图 6-5(d)中的莫尔应力圆 I 来表示。此莫尔应力圆的 $\sigma_1 = \gamma z$，$\sigma_3 = K_0 \gamma z$。由图 6-5(d)可见，莫尔应力圆 I 位于抗剪强度曲线之下，表示此微元体处于弹性平衡状态。而由土压力定义可知，主动土压力和被动土压力都是在土体达到极限平衡时产生的。

6.3.2　主动土压力理论

如果挡土墙在土压力作用下朝背离墙体的方向移动，作用在微元体侧面的应力 $\sigma_3 = \sigma_x = K_0 \gamma z$ 将逐渐减小，而顶面的法向应力 $\sigma_z = \gamma z$ 并未发生改变。当位移量减小到比法向应力 σ_z 更小，直至某一很小数值时，墙后土体达到极限平衡状态，即朗肯主动应力状态。由 σ_x 和 σ_z 可以得到一个与抗剪强度曲线相切于 T_1 点的新的莫尔应力圆，如图 6-5(c)、(d)所示莫尔应力圆 II。此时 $\sigma_1 = \sigma_z = \gamma z$，故在极限平衡条件下有

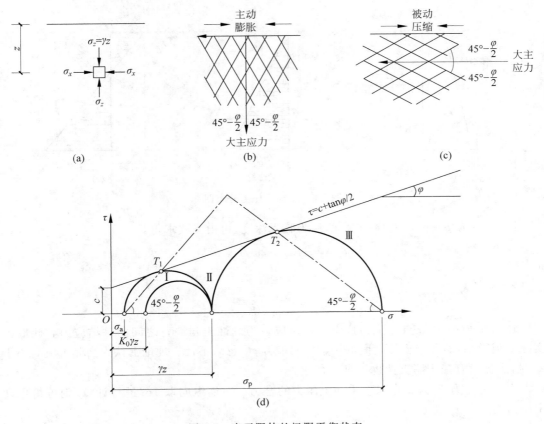

图 6-5 半无限体的极限平衡状态

(a) 半空间内的单元体；(b) 半空间的主动朗肯状态；

(c) 半空间的被动朗肯状态；(d) 用摩尔圆表示主动、被动朗肯状态

$$\sigma_3 = \sigma_1 \tan^2\left(45° - \frac{\varphi}{2}\right) - 2c\tan\left(45° - \frac{\varphi}{2}\right)$$

或

$$\sigma_3 = \gamma z \tan^2\left(45° - \frac{\varphi}{2}\right) - 2c\tan\left(45° - \frac{\varphi}{2}\right)$$

令 $K_a = \tan^2\left(45° - \frac{\varphi}{2}\right)$，$\sigma_3 = p_a$，则有

$$p_a = \gamma z K_a - 2c\sqrt{K_a} \tag{6-5}$$

式中　p_a——沿深度方向的主动土压力强度，kPa；

　　　K_a——主动土压力系数；

　　　σ_1、σ_3——最大、最小主应力，kPa；

　　　γ——墙后填土的重度，kN/m^3；

　　　c、φ——填土的黏聚力及内摩擦角；

　　　z——计算点离填土表面的深度，m。

由式(6-5)可知，主动土压力强度 p_a 与 z 呈线性关系，分别令 $z=0$ 和 H，便可得 p_a 沿深度的分布图，如图 6-6 所示。

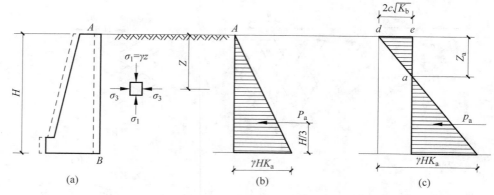

图 6-6   主动土压力分布图

图中 z_0 为 $p_a = 0$ 时对应的深度,称为临界深度,可由下式求得:

$$p_a = \gamma z K_a - 2c\sqrt{K_a} = 0$$

得

$$z_0 = \frac{2c}{\gamma\sqrt{K_a}} \tag{6-6}$$

在图 6-6(c)中,a 点以上为拉应力。拉应力为黏性土与墙背之间的黏结应力。此应力实际上很微小,墙背与土体之间的接触极易脱开,可忽略不计。理论上认为当黏土坡高小于 z_0 时,土体没有挡土墙支挡也可直立存在。

主动土压力 E_a 为 a 点以下主动土压力的合力。对墙纵向取 1m 进行计算,则可得主动土压力为

$$E_a = \frac{1}{2}(H - z_0)(\gamma H K_a - 2c\sqrt{K_a})$$

亦即

$$E_a = \frac{1}{2}\gamma H^2 \tan^2\left(45° - \frac{\varphi}{2}\right) - 2cH\tan\left(45° - \frac{\varphi}{2}\right) + \frac{2c^2}{\gamma} \tag{6-7}$$

以上讨论的是黏性土的情况。令式(6-7)中 $c = 0$,则可得出相应无黏性土的计算公式:

$$p_a = \gamma z K_a$$

$$E_a = \frac{1}{2}\gamma H^2 K_a \tag{6-8}$$

黏性土主动土压力 E_a 的作用点与墙底的距离为 $\dfrac{H - z_0}{3}$,无黏性土主动土压力 E_a 的作用点与墙底的距离为 $H/3$。

6.3.3   被动土压力

如果挡土墙在外力作用下挤压土体,朝墙体方向移动,微元体侧面上作用的应力 $\sigma_x = K_0\gamma z$ 将逐渐增加,而顶面的法向应力 $\sigma_z = \gamma z$ 并不改变。当位移增加到比法向应力 σ_z 更大,直至某一很大数值时,墙后土体达到极限平衡状态,即朗肯被动状态。由 σ_x 和 σ_z 可以得到一个与抗剪强度曲线相切于 T_2 点的新的莫尔应力圆,如图 6-5(b)、(d)所示莫尔应力圆Ⅲ。此时,$\sigma_1 = \sigma_x$,$\sigma_3 = \gamma z$。故在极限平衡条件下有下列公式:

$$\sigma_1 = \sigma_3 \tan^2\left(45° + \frac{\varphi}{2}\right) + 2c\tan\left(45° + \frac{\varphi}{2}\right)$$

或

$$\sigma_1 = \gamma z \tan^2\left(45° + \frac{\varphi}{2}\right) + 2c\tan\left(45° + \frac{\varphi}{2}\right)$$

令 $K_p = \tan^2\left(45° + \frac{\varphi}{2}\right)$，$\sigma_1 = p_p$，则有

$$p_p = \gamma z K_p + 2c\sqrt{K_p} \tag{6-9}$$

式中　　p_p——沿深度被动土压力强度，kPa；

　　　　K_p——被动土压力系数；

　　　　σ_1、σ_3——最大、最小主应力，kPa；

　　　　γ——墙后填土的重度，kN/m³；

　　　　c、φ——填土的黏聚力及内摩擦角；

　　　　z——计算点离填土表面的深度，m。

由式(6-9)可知，被动土压力强度 p_p 与 z 呈线性关系。分别令 $z = 0$，H，便可得 p_p 沿深度的分布图，如图 6-7 所示。

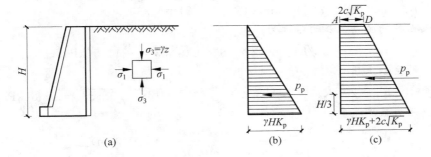

图 6-7　被动土压力分布图

对墙纵向取 1m 进行计算，则可得被动土压力为

$$E_p = \frac{1}{2}\gamma H^2 K_p + 2cH\sqrt{K_p} \tag{6-10}$$

以上讨论的是黏性土的情况。令式(6-10)中 $c = 0$，则可得出相应无黏性土的计算公式。

黏性土 E_p 作用点与墙底的距离，可分别按矩形面积（$2c\sqrt{K_p} \cdot H$）和三角形面积 $\frac{1}{2}\gamma H^2 K_p$ 考虑，即分别为 $\frac{H}{2}$ 和 $\frac{H}{3}$；也可按梯形面积求总的合力作用点，此时作用点可按下式计算：

$$h_p = \frac{H}{3} \cdot \frac{2p_{p0} + p_{ph}}{p_{p0} + p_{ph}}$$

式中　　h_p——E_p 作用点；

　　　　p_{p0}、p_{ph}——作用于墙背的顶面、底面被动土压力强度，kPa。其中，$p_{p0} = 2c\sqrt{K_p}$，

　　　　$p_{ph} = \gamma H K_p + 2c\sqrt{K_p}$。

无黏性土 E_a 的作用点与墙底的距离为 $\frac{H}{3}$。

朗肯土压力理论概念明确，公式简单明了，便于记忆；但为了使墙后的应力状态符合半

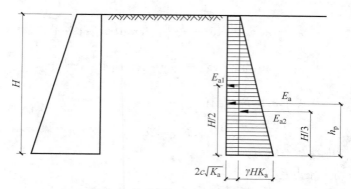

图 6-8   被动土压力划分图形求算

空间应力状态,必须假设墙背是直立、光滑的,且墙后填土面是水平的,因而使其应用范围受到限制,并使计算结果与实际情况有出入,所得的主动土压力值偏大,而被动土压力值偏小。

【例 6-1】   一挡土墙高 5m,墙背垂直光滑,墙后填土系黏性填土,其表面水平且与墙齐高。填土的物理、力学性质指标如下:$\gamma = 17\mathrm{kN/m^3}$,$\varphi = 30°$,$c = 10\mathrm{kPa}$。填土表面上还作用有连续均布超载 $q = 20\mathrm{kPa}$。试求主动土压力 E_a。

【解】 $K_a = \tan^2(45° - \varphi/2) = \tan^2(45° - 30°/2) = 0.333$

填土表面处的主动土压力强度为

$$p_a = -2c\sqrt{K_a} = -2 \times 10 \times \sqrt{0.333} = -11.5(\mathrm{kPa})$$

墙底处的主动土压力强度为

$$p_a = \gamma z K_a - 2c\sqrt{K_a} = 17 \times 5 \times 0.333 - 2 \times 10 \times \sqrt{0.333} = 16.8(\mathrm{kPa})$$

主动土压力临界深度

$$z_0 = \frac{2c}{\gamma\sqrt{K_a}} = \frac{2 \times 10}{17 \times \sqrt{0.333}} = 2.039(\mathrm{m})$$

主动土压力

$$E_a = \frac{1}{2}\gamma(H - z_0)^2 K_a = \frac{1}{2} \times 17 \times (5 - 2.039)^2 \times 0.333$$
$$= 24.82(\mathrm{kN/m})$$

土压力强度分布图形如图 6-9 所示。主动土压力 E_a 的作用点与墙底的距离为

$$\frac{H - Z_0}{3} = \frac{5 - 2.039}{3} = 0.987(\mathrm{m})$$

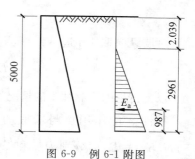

图 6-9   例 6-1 附图

6.4   库仑土压力理论

库仑根据墙后土体处于极限平衡状态并形成一滑动土楔体,由楔体的静力平衡条件得出土压力理论。

库仑土压力理论的基本假设如下:

(1)墙后填土为理想的散体(无黏性土);

(2)滑动破坏面为一过墙踵的平面;

(3)滑动土楔体处于极限平衡状态,不计楔体本身的压缩变形。

6.4.1 主动土压力

如图 6-10 所示,沿墙纵向取 1m 进行分析。当墙向前移动或转动,从而使墙后土体沿某一破裂面 BC 破坏时,楔体 ABC 向下滑动,达到主动极限平衡状态。

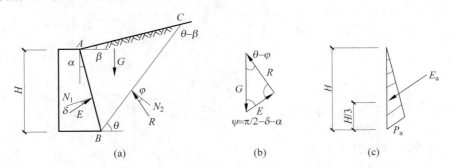

图 6-10 库仑主动土压力理论受力分析
(a) 作用在土楔体 ABC 上的三个力;(b) 力矢三角形;(c) 主动土压力分布图

在图 6-10 中,取滑动土楔体 ABC 为脱离体,作用在其上的力有如下几种:

(1) 楔体自重 G。重力方向为竖直向下。只要知道角度 θ,就可按下式求出 G:

$$G = \gamma V_{ABC} = \gamma \cdot \frac{H^2}{2} \cdot \frac{\cos(\alpha - \beta)\cos(\theta - \alpha)}{\cos^2\alpha\sin(\theta - \beta)}$$

(2) 破裂面 BC 上的反力 R。R 与破坏面的法线 N_1 之间的夹角等于土的内摩擦角 φ,并位于 N_1 的下侧;

(3) 墙背对土楔体的反力 E。它与作用在墙背上的土压力大小相等、方向相反,并作用在同一条直线上。反力 E 的方向与墙背的法线 N_2 成 δ 角。δ 是土体与墙背之间的摩擦角,称为外摩擦角。当土楔下滑时,墙对土楔的阻力向上,故反力 E 必在 N_2 的下侧。

土楔体 ABC 在 G、R、E 三个力作用下处于静力平衡状态,故必满足静力平衡条件,形成一力闭合三角形,如图 6-9(b)所示。可按正弦定律由此三角形求解出 E。

由正弦定律有

$$\frac{E}{G} = \frac{\sin(\theta - \varphi)}{\sin[180° - (\theta - \varphi - \psi)]}$$

$$E = G \frac{\sin(\theta - \varphi)}{\sin[180° - (\theta - \varphi - \psi)]} = \frac{1}{2}\gamma H^2 \frac{\cos(\alpha - \beta)\cos(\theta - \alpha)}{\cos^2\alpha\sin(\theta - \beta)} \frac{\sin(\theta - \varphi)}{\sin(\theta - \varphi - \psi)}$$

将 G 的表达式代入上式,得

$$E = \frac{1}{2}\gamma H^2 \frac{\cos(\alpha - \beta)\cos(\theta - \alpha)}{\cos^2\alpha\sin(\theta - \beta)} \frac{\sin(\theta - \varphi)}{\sin(\theta - \varphi - \psi)} \tag{6-11}$$

式(6-11)等号右边,除角度 θ 是任意假定的以外,其他参数均为已知。因此,反作用力 E 是 θ 的函数。当 θ 取某一数值时,将使 E 值达到最大,这个最大值 E_{max} 即为主动土压力 E_a 的反力(数值上等于 E_a),而这时的 θ 所标志的滑动面即为最危险滑动面。

为求 E_{max},令

$$\frac{\mathrm{d}E}{\mathrm{d}\theta} = 0$$

从上式解出 θ,再将其代入式(6-11),整理后可得库仑主动土压力的一般表达式:

$$E_{a} = \frac{1}{2}\gamma H^{2} \frac{\cos^{2}(\varphi-\alpha)}{\cos^{2}\alpha\cos(\alpha+\delta)\left[1+\sqrt{\dfrac{\sin(\varphi+\delta)\sin(\varphi-\beta)}{\cos(\alpha+\delta)\cos(\alpha-\beta)}}\right]^{2}} \tag{6-12}$$

令

$$K_{a} = \frac{\cos^{2}(\varphi-\alpha)}{\cos^{2}\alpha\cos(\alpha+\delta)\left[1+\sqrt{\dfrac{\sin(\varphi+\delta)\sin(\varphi-\beta)}{\cos(\alpha+\delta)\cos(\alpha-\beta)}}\right]^{2}}$$

则

$$E_{a} = \frac{1}{2}\gamma H^{2} K_{a} \tag{6-13}$$

式中　K_{a}——库仑主动土压力系数。为计算简便,可查表 6-1、表 6-2 确定;

　　　H——挡土墙高度,m;

　　　γ——墙后填土的重度,kN/m^{3};

　　　φ——墙后填土的内摩擦角,(°);

　　　α——墙背的倾斜角(°);俯斜时取正号,仰斜为负号(见图 6-10);

　　　β——墙后填土面的倾角,(°);

　　　δ——土对挡土墙背的摩擦角,可根据墙背填土的内摩擦角 φ 查表 6-3 确定。

表 6-1　主动土压力系数 K_a 与 δ、φ 的关系($\alpha=0$、$\beta=0$)

δ ＼ K_a ＼ φ	10°	12.5°	15°	17.5°	20°	25°	30°	35°	40°
0	0.71	0.64	0.59	0.53	0.49	0.41	0.33	0.27	0.22
$\varphi/2$	0.67	0.61	0.55	0.48	0.45	0.38	0.32	0.26	0.22
$2\varphi/3$	0.66	0.59	0.54	0.47	0.44	0.37	0.31	0.26	0.22
φ	0.65	0.58	0.53	0.47	0.44	0.37	0.31	0.26	0.22

表 6-2　主动土压力系数 K_a 值

$\delta/(°)$	$\alpha/(°)$	$\beta/(°)$	$\varphi/(°)$							
			15	20	25	30	35	40	45	50
0	0	0	0.589	0.490	0.406	0.333	0.271	0.271	0.172	0.132
		15	0.933	0.639	0.505	0.402	0.319	0.251	0.194	0.147
		30	—	—	—	0.750	0.436	0.318	0.235	0.172
	10	0	0.652	0.560	0.478	0.407	0.343	0.288	0.238	0.194
		15	1.039	0.737	0.603	0.498	0.411	0.337	0.274	0.221
		30	—	—	—	0.925	0.565	0.433	0.337	0.262
	20	0	0.736	0.648	0.569	0.498	0.434	0.375	0.322	0.274
		15	1.196	0.868	0.730	0.621	0.529	0.450	0.380	0.318
		30	—	—	—	1.169	0.740	0.586	0.474	0.3854
	−10	0	0.540	0.433	0.344	0.270	0.209	0.158	0.117	0.083
		15	0.830	0.562	0.425	0.322	0.243	0.180	0.130	0.090
		30	—	—	—	0.614	0.331	0.226	0.155	0.104
	−20	0	0.497	0.380	0.287	0.212	0.153	0.106	0.070	0.043
		15	0.809	0.494	0.352	0.250	0.175	0.119	0.076	0.046
		30	—	—	—	0.498	0.239	0.147	0.090	0.051

δ/(°)	α/(°)	β/(°)	φ/(°)							
			15	20	25	30	35	40	45	50
10	0	0	0.533	0.447	0.373	0.309	0.253	0.204	0.163	0.127
		15	0.947	0.609	0.473	0.379	0.301	0.238	0.185	0.141
		30	—	—	—	0.762	0.423	0.306	0.226	0.166
	10	0	0.603	0.520	0.448	0.384	0.326	0.275	0.230	0.189
		15	1.089	0.721	0.582	0.480	0.396	0.326	0.267	0.216
		30	—	—	—	0.969	0.564	0.427	0.332	0.258
	20	0	0.690	0.615	0.543	0.478	0.419	0.365	0.316	0.271
		15	1.298	0.872	0.723	0.613	0.522	0.444	0.377	0.317
		30	—	—	—	1.268	0.758	0.594	0.478	0.388
	−10	0	0.477	0.385	0.309	0.245	0.191	0.146	0.109	0.078
		15	0.847	0.520	0.390	0.297	0.224	0.167	0.121	0.085
		30	—	—	—	0.605	0.313	0.212	0.146	0.098
	−20	0	0.427	0.330	0.252	0.188	0.137	0.096	0.064	0.039
		15	0.772	0.445	0.315	0.225	0.220	0.135	0.082	0.047
		30	—	—	—	0.475	0.220	0.135	0.082	0.047
20	0	0	—	—	0.357	0.297	0.245	0.199	0.160	0.125
		15	—	—	0.467	0.371	0.295	0.234	0.183	0.140
		30	—	—	—	0.798	0.425	0.306	0.225	0.166
	10	0	—	—	0.438	0.377	0.322	0.273	0.229	0.190
		15	—	—	0.586	0.480	0.397	0.328	0.269	0.218
		30	—	—	—	1.051	0.582	0.437	0.338	0.264
	20	0	—	—	0.543	0.479	0.422	0.370	0.321	0.277
		15	—	—	0.747	0.629	0.535	0.456	0.387	0.327
		30	—	—	—	1.434	0.807	0.624	0.501	0.406
	−10	0	—	—	0.291	0.232	0.182	0.140	0.105	0.076
		15	—	—	0.374	0.284	0.215	0.161	0.117	0.083
		30	—	—	—	0.614	0.306	0.207	0.142	0.096
	−20	0	—	—	0.231	0.174	0.128	0.090	0.061	0.038
		15	—	—	0.294	0.210	0.148	0.102	0.067	0.040
		30	—	—	—	0.468	0.210	0.129	0.079	0.045

表 6-3 土对挡土墙墙背的摩擦角

挡土墙情况	摩擦角 δ
墙背平滑、排水不良墙背	$(0 \sim 0.33)\varphi_k$
粗糙、排水良好	$(0.33 \sim 0.5)\varphi_k$
墙背很粗糙、排水良好	$(0.5 \sim 0.67)\varphi_k$
墙背与填土间不可能滑动	$(0.67 \sim 1.0)\varphi_k$

注：φ_k 为墙背土的内摩擦角标准值。

当墙背垂直（$\alpha=0$）、光滑（$\delta=0$），且填土面水平（$\beta=0$）时，式（6-13）可转化为

$$E_a = \frac{1}{2}\gamma H^2 \tan^2\left(45° - \frac{\varphi}{2}\right) \tag{6-14}$$

式（6-14）与朗肯主动土压力公式相同。由此可看出，在与朗肯理论作相同假设的情况下，两种理论的结论是一致的。

任意深度 z 处的主动土压力强度 p_a，可由 E_a 对 a 求导数而得，即

$$p_a = \frac{\mathrm{d}E_a}{\mathrm{d}z} = \frac{\mathrm{d}}{\mathrm{d}z}\left(\frac{1}{2}\gamma z^2 K_a\right) = \gamma z K_a \tag{6-15}$$

由式（6-5）可见，主动土压力强度沿墙高呈三角形分布。主动土压力的作用点将在其重心处，亦即离墙底 $H/3$ 处，其方向与墙背法线的夹角为 δ。

6.4.2 被动土压力

如图 6-11 所示，沿墙纵向取 1m 进行分析。当墙在外力作用下朝土体方向移动或转动，从而使墙后土体沿某一破裂面 BC 破坏时，楔体 ABC 向上滑动，达到被动极限平衡状态。

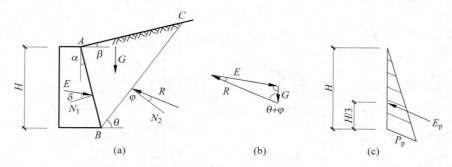

图 6-11 库仑被动土压力计算图

与 6.4.1 节内容相似，土楔体 ABC 在 G、R、E 三个力的作用下处于静力平衡状态，故必满足静力平衡条件，形成一力闭合三角形，如图 6-11(b) 所示。可按正弦定律由此三角形求解 E：

$$E = \frac{1}{2}\gamma H^2 \frac{\cos(\alpha-\beta)\cos(\theta-\alpha)\sin(\theta+\varphi)}{\cos^2\alpha\sin(\theta-\beta)\sin\left(\frac{\pi}{2}+\alpha-\delta-\theta-\varphi\right)} \tag{6-16}$$

式（6-16）等号右边，除角度 θ 是任意假定的以外，其他参数均为已知。因此，反作用力 E 是 θ 的函数。当 θ 取某一数值时，将使 E 值达到最小，这个最小值 $E_{\min}$ 即为被动土压力 E_p 的反力（其数值等于 E_p），而相应的 θ 所标志的滑动面即为最危险滑动面。

为求 $E_{\min}$，令

$$\frac{\mathrm{d}E}{\mathrm{d}\theta} = 0$$

可解出 θ，再将其代入式（6-16），整理后得库仑被动土压力的一般表达式：

$$E_p = \frac{1}{2}\gamma H^2 \frac{\cos^2(\varphi+\alpha)}{\cos^2\alpha\cos(\alpha-\delta)\left[1-\sqrt{\dfrac{\sin(\varphi+\delta)\sin(\varphi+\beta)}{\cos(\alpha-\delta)\cos(\alpha-\beta)}}\right]^2} \tag{6-17}$$

令

$$K_p = \cfrac{\cos^2(\varphi + \alpha)}{\cos^2\alpha\cos(\alpha - \delta)\left[1 - \sqrt{\cfrac{\sin(\varphi + \delta)\sin(\varphi + \beta)}{\cos(\alpha - \delta)\cos(\alpha - \beta)}}\right]^2}$$

则

$$E_p = \frac{1}{2}\gamma H^2 K_p \tag{6-18}$$

式中　K_p——库仑被动土压力系数；

其他符号同前。

当墙背垂直（$\alpha = 0$）、光滑（$\delta = 0$），且填土面水平（$\beta = 0$）时，式(6-17)可转化为

$$E_p = \frac{1}{2}\gamma H^2 \tan^2\left(45° + \frac{\varphi}{2}\right) \tag{6-19}$$

式(6-19)与朗肯被动土压力的公式相同。由此可看出，在与朗肯理论作相同假设的情况下，两种理论的结论是一致的。

任意深度 z 处的被动土压力强度 p_p，可将 E_p 对 a 取导数而得，即

$$p_p = \frac{dE_p}{dz} = \frac{d}{dz}\left(\frac{1}{2}\gamma z^2 K_p\right) = \gamma z K_p \tag{6-20}$$

由式(6-20)可见，被动土压力强度沿墙高呈三角形分布。被动土压力的作用点在其重心处，亦即离墙底 $H/3$ 处，其方向与墙背法线的夹角为 δ。

6.4.3　黏性土压力的库仑理论

库仑土压力理论假定挡土墙墙后填土是无黏性的。然而实际工程中，支挡结构物后面的土体大多是黏性土、粉质黏土或黏土夹石。这就给库仑土压力理论的应用造成了困难。解决困难的一个途径是将黏性土按等代摩擦角法进行换算，从而仍能够应用库仑土压力理论计算黏性土的土压力。

等代内摩擦角法，是按照一定的方法将黏性土的黏聚力折算成无黏性土的内摩擦角，再按库仑土压力理论求算土压力。折算后的内摩擦角（用 φ_d 表示）称为等效内摩擦角。工程中可用下面两种方法来求得 φ_d。

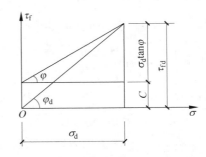

图 6-12　按抗剪强度相等的原则计算 φ_d

1. 按抗剪强度相等的原则计算 φ_d

如图 6-12 所示，实线 N 为黏性土的抗剪强度曲线。当法向正应力为某一值 σ_d 时，黏性土的抗剪强度为 τ_{fd}。为了求得等效内摩擦角 φ_d，过坐标原点作虚线 W,W 即抗剪强度与黏性土相等的等代无黏性土抗剪强度曲线，此无黏性土的内摩擦角即为 φ_d。由图中可知抗剪强度 τ_{fd} 为

$$\tau_{fd} = \sigma_d \cdot \tan\varphi_d = c + \sigma_d\tan\varphi_d$$

由此得

$$\varphi_d = \arctan\left(\frac{c}{\sigma_d} + \tan\varphi\right) \tag{6-21}$$

2. 由土压力相等的概念计算 φ_d

黏性土的土压力可由朗肯土压力理论按式(6-8)求出,即

$$E_a = \frac{1}{2}\gamma H^2 \tan^2\left(45° - \frac{\varphi}{2}\right) - 2cH\tan\left(45° - \frac{\varphi}{2}\right) + \frac{2c^2}{\gamma}$$

而进行等效计算的无黏性土的土压力则可按下式得出:

$$E_a' = \frac{1}{2}\gamma H^2 \tan^2\left(45° - \frac{\varphi_d}{2}\right)$$

令 $E_a = E_a'$,从而得到

$$\tan\left(45° - \frac{\varphi_d}{2}\right) = \tan\left(45° - \frac{\varphi}{2}\right) - \frac{2c}{\gamma H}$$

由此得

$$\varphi_d = 2\left\{45° - \arctan\left[\tan\left(45° - \frac{\varphi}{2}\right) - \frac{2c}{\gamma H}\right]\right\} \tag{6-22}$$

6.4.4　规范法

经典的土压力理论各有其适用条件。而《建筑地基基础设计规范》(GB 50007—2011)提出一种基于库仑土压力理论的适用范围宽、计算较简便的土压力计算方法,即考虑了墙后填土为黏聚力、填土面上有超载等因素的计算方法,如图 6-13 所示。主动土压力可按下式计算:

$$E_a = \frac{1}{2}\psi_a \gamma h^2 K_a \tag{6-23}$$

$$K_a = \frac{\sin(\alpha+\beta)}{\sin^2\alpha\sin^2(\alpha+\beta-\varphi-\delta)}\{k_q[\sin(\alpha+\beta)\sin(\alpha-\delta)$$
$$+ \sin(\varphi+\delta)\sin(\varphi-\beta)] + 2\eta\sin\alpha\cos\varphi\cos(\alpha+\beta-\varphi-\delta)$$
$$- 2\sqrt{[k_q\sin(\alpha-\delta)\sin(\varphi+\delta)+\eta\sin\alpha\cos\varphi]}\}$$

$$k_q = 1 + \frac{2q}{\gamma h}\frac{\sin\alpha\cos\chi}{\sin(\alpha+\beta)}$$

$$\eta = \frac{2c}{\gamma h}$$

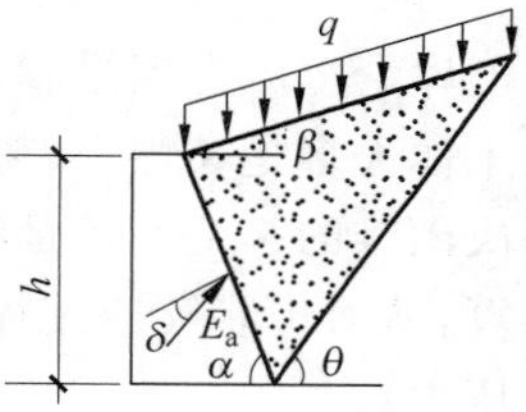

图 6-13　规范法适用
范围示意图

式中　E_a——主动土压力;

　　ψ_a——主动土压力增大系数,挡土墙高度小于 5m 时宜取 1.0;高度为 5～8m 时宜取 1.1;高度大于 8m 时宜取 1.2;

　　γ——填土的重度;

　　h——挡土结构的高度;

　　K_a——主动土压力系数。

对于高度小于或等于 5m 的挡土墙,当排水条件符合规范要求(第 6.7.1 条),填土符合下列质量要求时,其主动土压力系数可按《建筑地基基础设计规范》(GB 50007—2011)附图 L.0.2 查得。当地下水丰富时,应考虑水压力的作用。图中土类填土质量应满足下列要求:

(1) Ⅰ类:碎石土,密实度应为中密,干密度应大于或等于 2.0t/m³;

(2) Ⅱ类:砂土,包括砾砂,粗砂,中砂,其密实度为中密,干密度应大于或等于 1.65t/m³;

（3）Ⅲ类：黏土夹块石，干密度应大于或等于 $1.90\text{t}/\text{m}^3$；

（4）Ⅳ类：粉质黏土，干密度应大于或等于 $1.65\text{t}/\text{m}^3$。

6.5　特殊情况下的土压力理论

朗肯土压力理论和库仑土压力理论各有假设和适用条件。在实际工程中，会遇到许多更复杂的问题，可以借用上述理论解决这些问题，作半经验性的近似处理。

6.5.1　土表面作用有连续均布荷载

当填土表面水平且作用有连续均布荷载 q 时，可把 q 的作用换算成一个高度为 h'、重度为填土重度 γ 的当量土层来考虑，即

$$h' = \frac{q}{\gamma}$$

然后按墙高为 $(H + h')$ 来计算土压力，如图 6-14 所示。如填土为无黏性土时，墙顶面处的土压力强度为

$$p_{a,A} = \gamma h' K_a = q K_a$$

墙底面处的土压力强度为

$$p_{a,B} = \gamma(h' + H)K_a = (q + H)K_a$$

由此可见，当填土面有均布荷载时，其土压力强度是在无荷载的土层再加上 $q K_a$ 作用。黏性填土的情况与此相同。

当填土表面倾斜且作用有连续均布荷载 q 时，当量土层厚度仍为 $h' = \frac{q}{\gamma}$，如图 6-15 所示，假想的填土与墙背 AB 的延长线相交于 A' 点。于是以 $A'B$ 为假想的墙背来进行土压力计算，这样，计算时墙高应为 $h' + H$。由 $A'AA''$ 的几何关系可以得出以下关系：

$$h'' = h' \frac{\cos\beta\cos\alpha}{\cos(\alpha - \beta)} \tag{6-24}$$

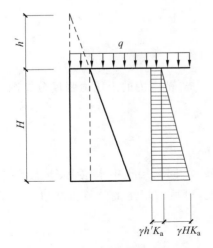

图 6-14　有荷载 q 时土压力的计算

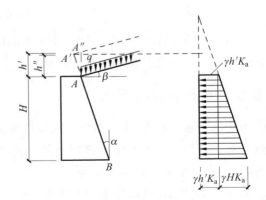

图 6-15　倾斜均布荷载下的土压力计算

墙顶 A 点的主动土压力强度为

$$p_{a,A} = \gamma h'' K_a \tag{6-25}$$

墙顶 B 点的主动土压力强度为

$$p_{a,B} = (q + \gamma H) K_a \tag{6-26}$$

墙背上的土压力为

$$E_a = p_{a,A} H + \frac{1}{2} \gamma H K_a H = \gamma H K_a \left(h'' + \frac{1}{2} H \right) \tag{6-27}$$

6.5.2　墙后有成层填土

若挡土墙后填土有几种不同性质的水平土层,如图 6-16 所示,此时土压力的计算分两部分进行。两层土的重度和厚度不同。可将第一层土视为连续均布荷载,将其折算成与第二层土重度相同的当量土层,其当量厚度 $h_1' = h_1 \dfrac{\gamma_1}{\gamma_2}$,再按墙高为 $(h_1' + h_2)$ 计算出土压力强度,比如图中 b 点第二层土顶面处,如果是黏性土,则

$$p_{a,b下} = \gamma_2 (h' + h_1) K_{a2} - 2c_2 \sqrt{K_{a2}} = \gamma_2 \left(h_1 \frac{\gamma_1}{\gamma_2} + h_1 \right) K_{a2} - 2c_2 \sqrt{K_{a2}}$$

$$= (\gamma_1 h_1 + \gamma_2 h_2) K_{a2} - 2c_2 \sqrt{K_{a2}}$$

如果是无黏性土,则上式中 $c = 0$。

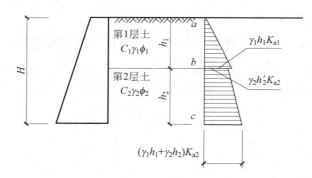

图 6-16　成层土土压力计算

计算出各点土压力强度值,就可作出实际墙高 $(h_1 + h_2)$ 范围内的土压力强度分布图,即为所要求的实际分布。由此分布图即可求出土压力。

6.5.3　填土中有地下水

由于地下水的存在,水位以下土的重度应采用浮重度,同一层土中水位上、下土的抗剪强度指标也不相同。这其实是成层土的一种特殊情况,可按成层土的计算方法进行计算。计算时,注意应单独计算作用在墙背的水压力。

如图 6-17 所示,可以得出以下计算公式:

b 点土压力强度 $p_{a,b} = \gamma h_1 K_a$

d 点土压力强度 $p_{a,d} = \gamma_1 h_1 K_a + \gamma' h_2 K_a = (\gamma h_1 + \gamma' h_2) K_a$

土压力 $E_{a,d} = \gamma_1 h_1 K_a h_2 + \dfrac{1}{2} \gamma_2' h_2^2 K_a$

d 点水压力强度 $P_w = \gamma_w h_2$

水压力 $E_w = \dfrac{1}{2} \gamma_w h_2^2$

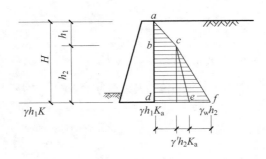

图 6-17   填土中有地下水时的土压力强度

【例 6-2】   一挡土墙墙高 7m，墙背垂直光滑，墙后填土表面水平与墙齐高，作用有连续均布荷载 $q = 20\text{kPa}$。填土的物理、力学性质指标如下：第一层 $\gamma_1 = 18\text{kN/m}^3$，$\varphi_1 = 20°$，$c_1 = 12\text{kPa}$；第二层 $\gamma_{2\text{sat}} = 19.2\text{kN/m}^3$，$\varphi_2 = 26°$，$c_2 = 6\text{kPa}$。地下水位在 3m 深处；求主动土压力 E_a、作用点位置及压力强度分布图。

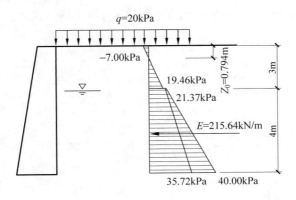

图 6-18   例 6-2 图

【解】   根据题意，符合朗肯土压力条件，则

第一层的主动土压力系数 $K_{a1} = \tan^2(45° - \varphi_1/2) = \tan^2(45° - 20°/2) = 0.49$

第二层的主动土压力系数 $K_{a2} = \tan^2(45° - \varphi_2/2) = \tan^2(45° - 26°/2) = 0.39$

作用在墙背上各点的主动土压力强度如下：

第一层土顶部：

$$p_{a1\text{上}} = q K_{a1} - 2c_1 \sqrt{K_{a1}} = 20 \times 0.49 - 2 \times 12 \times \sqrt{0.49} = -7.0(\text{kPa})$$

第一层土底部：

$$p_{a1下} = (q + \gamma_1 h_1)K_{a1} - 2c_1\sqrt{K_{a1}} = (20 + 18 \times 3) \times 0.49 - 2 \times 12 \times \sqrt{0.49}$$
$$= 19.46(\text{kPa})$$

第二层土顶部：

$$p_{a2上} = (q + \gamma_1 h_1)K_{a2} - 2c_2\sqrt{K_{a2}} = (20 + 18 \times 3) \times 0.39 - 2 \times 6 \times \sqrt{0.39}$$
$$= 21.37(\text{kPa})$$

第二层土底部：

$$p_{a2下} = (q + \gamma_1 h_1 + \gamma'_2 h_2)K_{a2} - 2c_2\sqrt{K_{a2}}$$
$$= [20 + 18 \times 3 + (19.2 - 10) \times 4] \times 0.39 - 2 \times 6 \times \sqrt{0.39}$$
$$= 35.72(\text{kPa})$$

第二层土底部水压力强度 $p_w = \gamma_w h_2 = 10 \times 4 = 40(\text{kPa})$

水压力 $E_w = \dfrac{1}{2}\gamma_w h_2^2 = \dfrac{1}{2} \times 10 \times 4^2 = 80(\text{kN/m})$

主动土压力临界深度 z_0 计算：

$$(q + \gamma_1 z_0)K_{a1} - 2c_1\sqrt{K_{a1}} = 0$$
$$z_0 = 0.794\text{m}$$

土压力

$$E_a = \frac{1}{2} \times 19.46 \times (3 - 0.794) + 21.37 \times 4 + \frac{1}{2} \times (35.72 - 21.37) \times 4$$
$$= 135.64(\text{kN/m})$$

总压力

$$E = E_a + E_w = 135.64 + 80 = 215.64(\text{kN/m})$$

总压力至墙底距离

$$y = \frac{1}{215.64} \times \left[21.46 \times \left(4 + \frac{3 - 0.794}{3}\right) + 85.48 \times 2 + 28.7 \times \frac{4}{3} + 80 \times \frac{4}{3}\right] = 1.936(\text{m})$$

6.6 挡土墙设计

6.6.1 挡土墙的类型

1. 重力式挡土墙

重力式挡土墙如图 6-19 所示，在工程中的应用非常广泛。重力式挡土墙通常由就地取材的砖、石块或素混凝土砌成，靠自身重量来平衡土压力所引起的倾覆力矩，因此体积要做得比较大；同时，其组成材料的抗拉强度和抗剪强度均较低，墙身必须比较厚实，故适用于小型工程，及地层较稳定的情况。其优点是结构简单，施工方便，应用较广，缺点是工程量大，沉降大。

2. 悬臂式挡土墙（见图 6-20）

悬臂式挡土墙一般用钢筋混凝土建造，由立臂、墙趾悬臂和墙踵悬臂组成。墙的稳定性主要由压在底板上的土重来保证，而立臂则可抵抗土压力所产生的弯矩和剪力。由于采用钢筋混凝土，墙体体积小。悬臂式挡土墙适用于重要工程，墙高大于 5m 的情况。其优点是工程量小，缺点是钢材用量大，技术复杂。

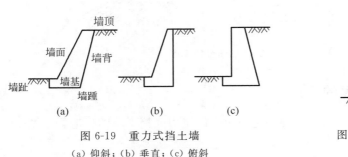

图 6-19　重力式挡土墙

(a) 仰斜；(b) 垂直；(c) 俯斜

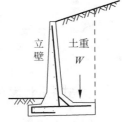

图 6-20　悬臂式挡土墙

3. 扶壁式挡土墙（见图 6-21）

对于比较高大的悬臂式挡土墙，考虑到其立臂所承受的弯矩较大，挠度也较大，常常沿墙纵向每隔一定距离（一般为 0.8～1 倍墙高）设置一道横向扶壁，以改善其抗弯性能，并增加墙的整体刚度。扶壁式挡土墙适用于重要工程，墙高 H 大于 10m 的情况。其优点是工程量较小，缺点是技术复杂，费钢材。

4. 锚杆式挡土墙

锚杆式挡土墙是一种由墙面、钢拉杆、锚定板和填土共同组成的挡土结构。墙面用预制的钢筋混凝土立柱和挡板进行拼装，把土体产生的土压力传给钢拉杆，钢拉杆再把拉力传给锚定板。结构依靠锚定板的抗拔力而支挡土体。该挡土墙适用于墙体高度较大、较重要的情况，如图 6-22 所示。

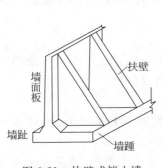

图 6-21　扶壁式挡土墙

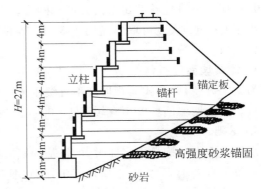

图 6-22　锚杆式挡土墙

5. 加筋土挡土墙

加筋土挡土墙由墙面板、拉筋及填土共同组成，如图 6-23 所示。它依靠拉筋与填土之间的摩擦力来平衡作用在墙面的土压力以保持稳定。拉筋一般由镀锌扁钢或土工织物构成。墙面用预制混凝土板。墙面板用拉筋进行拉结。

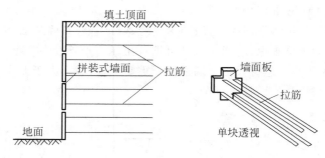

图 6-23　加筋土挡土墙

6.6.2　重力式挡土墙的构造

前已述及挡土墙的设计步骤。现在进一步介绍重力式挡土墙的构造。

1. 墙背倾斜形式

按挡土墙墙背倾斜方向,重力式挡土墙可分为仰斜式($\alpha > 90°$,墙背上方倾向土体)、垂直式($\alpha = 90°$,墙背直立)和俯斜式($\alpha < 90°$,墙背上方背离土体)。在其他条件相同的情况下,墙背所承受的主动土压力以仰斜式土压力最小,而俯斜式最大,垂直式承受的主动土压力介于二者之间。在进行墙后填土时,仰斜式施工相对较为困难;但做护坡,则仰斜式最为合理。

2. 墙的尺寸

1) 墙高

墙高应根据支挡土体的需要而定。一般情况下,墙高与所支挡的土体表面在同一高度;若低于土体表面,或土体表面是倾斜向上的,则应保证土坡的稳定性。

2) 墙宽

由于重力式挡土墙砌筑材料抗拉强度、拉剪强度很低,故墙身应具有足够的宽度(顶宽、底宽),以保证墙身能够有足够的强度和刚度。毛石墙顶宽不宜小于 0.4m,混凝土墙顶宽也不应小于 0.2m。底宽可取墙高的 1/3～1/2,底面为卵石、碎石时取较低值,底面为黏性土时取较高值。

3. 墙背坡面倾斜角度

为施工方便,仰斜式墙背坡度不宜缓于 1∶0.25(即角度 α 不宜大于 104°),墙面宜与墙背平行。挡土墙墙面坡度不宜缓于 1∶0.4,过缓则须增加墙身材料。

4. 基础

须增大挡土墙抗滑稳定性时,可将基础底面做成逆坡,坡度不大于 0.1∶1(即基底与水平面夹角不宜大于 6°)。在土质地基中,基础埋置深度不宜小于 0.5m。

挡土墙基础底面应低于墙前土面。墙体较矮小时,如果承载力足够,墙体底面即可作为墙基,不用增大基底面积;如果地基承载力不够,须增加基础底面面积时,可按砌筑材料的刚性角要求加设基础台阶。

5. 排水措施

挡土墙采取排水措施在于消除或减小挡土墙后的水压力。常用的措施有防止地表水和地下水渗透的措施以及排除已渗透水的措施。通常将这些措施结合起来运用。

（1）防止地表水渗透措施：在地表面上设置排水沟，压实填土，或用铺砌层做不透水层（见图 6-24）。

（2）防止地下水渗透的措施：对沿地下不透水层流下的地下水，设置用卵石等做成的盲沟（见图 6-25）。

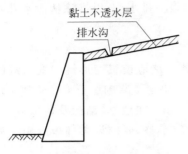
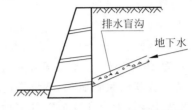

图 6-24　防止地表水渗透的措施　　　　图 6-25　防止地下水渗透的措施

（3）排除已渗透水的方法：有底部排水、墙背排水以及倾斜和水平排水四种。底部排水是在靠近挡土墙的底部设置排水层（见图 6-26）。它将流进填土内的水聚集起来，并通过设在挡墙上的泄水孔排走。这种排水须用粒状反滤层将排水层围起来，以防被细粒土堵塞。反滤层材料宜大于 40cm。底部排水适用于渗透性相当大的填土。墙背排水方法是在墙背铺一层厚 30～40cm 级配良好的砂砾石层，积水则通过泄水孔排走，如图 6-27 所示。该方法适用于透水性较好的砂性土，不适用于粉土或黏土填料。倾斜或水平排水是把用卵石、砂砾石等修筑的排水层从立壁底面向右上方倾斜或水平连续设置的排水设施，如图 6-28、图 6-29 所示。该方法不仅能有效地排水，且能消除冻害影响，是一种有效的黏性土排水措施。

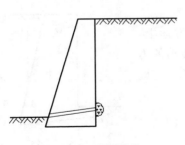
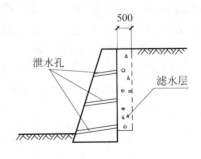

图 6-26　底部排水　　　　　　　　图 6-27　墙背排水

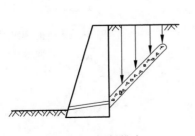
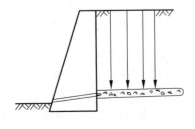

图 6-28　倾斜排水　　　　　　　　图 6-29　水平排水

（4）设置泄水孔。为排除汇集在挡土墙背后的水,须设泄水孔。泄水孔内径不宜小于100m,间距一般为 2～3m,向外倾斜 5%,设置在容易排水的高度范围内。

（5）设置截水沟。如果墙后土体具有坡度,应在坡下适当位置设置截水沟。对于不能向坡外排水的边坡,应在土中设置排水暗沟。

（6）设置排水沟。在墙后的地面,还应沿挡土墙设置排水沟,以排除从泄水孔及墙顶流出的积水。

6. 变形缝

为了适应地基的不均匀沉陷,软土区的重力式挡土堵应设置变形缝。变形缝的间距应根据地基土的性质、挡土墙形式、荷载及结构变化情况决定。浆砌块石重力式挡土墙变形缝的间距一般为 10～15m,变形缝宽度一般为 15～20mm。在地基、结构及荷载有变化处,应加设变形缝。从基础底到墙顶,变形缝应垂直,两面应平整,缝内设柔性填充料。如柔性填充料不起阻水作用,则应在变形缝处墙后设反滤层。

7. 填土要求

为减小填土对墙的土压力,最好采用透水性大、工程性状较好的土料作为墙后填土,如碎石、砾石、中砂和粗砂等。当土料条件受限制时,可使用粉质黏土,但应限制填筑高度,保证填筑质量,使填土固结度在施工中有所增加,以减小填土压力。当不得不采用黏性土作为填料时,宜掺入适量石块。不应采用淤泥、垃圾、耕土、膨胀性黏土或易结块的黏土等作为填料。填土应分层碾压密实,减小使用时因填土胀缩对墙体的压力。

6.6.3 挡土墙抗倾覆验算

挡土墙所受到的力有墙体自重、墙后土体的土压力和地基反力。在这些力共同作用下,挡土墙可能的破坏情况有强度破坏和稳定性破坏。强度破坏包括墙身和地基的强度破坏两种形式,稳定性破坏包括倾覆和滑移两种形式。

倾覆,即挡土墙绕墙 O 点外倾的运动如图 6-30 所示。

将所有作用于墙体的力都分解在水平和竖直方向上,求出阻止绕 O 点转动的力矩（抗倾覆力矩）和引起转动的力矩（倾覆力矩）,这二者的比值称为缺倾覆安全系数 K_t,它应满足下式：

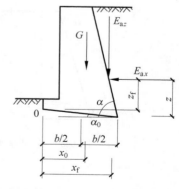

图 6-30 挡土墙作用力及
力臂示意图

$$K_t = \frac{Gx_0 + E_{az}x_f}{E_{ax}z_f} \geqslant 1.6 \qquad (6\text{-}28)$$

$$E_{ax} = E_a \sin(\alpha - \delta)$$

$$E_{az} = E_a \cos(\alpha - \delta)$$

$$E_a = \psi_c \frac{1}{2}\gamma h^2 K$$

$$x_f = b - z\cot\alpha, \quad z_f = b - b\tan\alpha_0$$

式中 G——挡土墙每延米自重,kN/m;

b——基底的水平投影宽度,m;

z——土压力作用点离墙踵的高度,m;

δ——土对挡土墙墙背的摩擦角,见表 6-3;

E_{ax}——主动土压力在 x 方向的投影,kN/m;

E_{az}——主动土压力在 z 方向的投影,kN/m;

α——挡土墙墙背与垂直线的夹角;

α_0——挡土墙基底与水平面的夹角;

ψ_c——主动土压力增大系数,土坡高度小于 5m 时宜取 1.0;高度为 5～8m 时宜取 1.1;高度大于 8m 时宜取 1.2。

6.6.4 挡土墙抗滑移验算

挡土墙稳定性验算时,要考虑墙体是否沿基底处发生滑移。应使沿滑移面的抗滑力大于滑移力。这二者之比称为抗滑安全系数 K_s,应符合下式要求(见图 6-31):

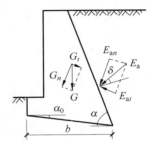

$$K_s = \frac{(G_n + E_{an})\mu}{E_{at} - G_t} \geqslant 1.3 \qquad (6\text{-}29)$$

式中　$G_n = G\cos\alpha_0$

$G_t = G\sin\alpha_0$

$E_{an} = E_a\cos(\alpha - \alpha_0 - \delta)$

$E_{at} = E_a\sin(\alpha - \alpha_0 - \delta)$

图 6-31　抗滑移验算

μ——土对挡土墙基底的摩擦系数,按表 6-4 采用。

表 6-4　土对挡土墙基底的摩擦系数

土 的 类 别		摩擦系数 μ
黏性土	可塑	0.25～0.30
	硬塑	0.30～0.35
	坚塑	0.35～0.45
粉土	$S_r \leqslant 0.5$	0.30～0.40
中砂、粗砂、砾砂	—	0.40～0.50
碎石土	—	0.40～0.60
软质岩石	—	0.40～0.60
表面粗糙的硬质岩石	—	0.65～0.75

注:(1) 对于易风化的软质和塑性指数 I_p 大于 22 的黏性土,基底摩擦系数应通过试验进行确定;

(2) 对于碎石土,可根据其密实程度、填充物状况、风化程度等确定。

6.6.5 挡土墙基底压力验算

由于挡土墙自重 G 和土压力 E_a(在水平和竖直两个方向上的投影分别为 E_{ax} 和 E_{az})的作用(见图 6-32),在基础底面地基土上便作用有竖向合力 N_0 和总弯矩 M_0。当 $\alpha_0 > 0$ 时,将 N_0 分别向基底平面的切向与法向投影,切向分力 N_{0t} 为抗滑力,在计算地基强度时可不予考虑。

根据基底压力按直线分布进行计算的假定,在基底平面的法向,应满足下式:

$e \leqslant \dfrac{b_t}{6}$ 时,

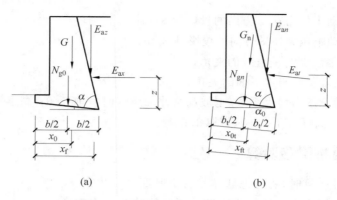

图 6-32   挡土墙基底受力分析示意图

（a）沿水平和竖直方向的受力；（b）沿墙基底面法向的受力

$$p_{\max} = \frac{M_0}{b_t}\left(1 + \frac{6e}{b_t}\right) \leqslant 1.2 f_a \tag{6-30a}$$

$$p_{\min} = \frac{M_0}{b_t}\left(1 - \frac{6e}{b_t}\right) \geqslant 0 \tag{6-30b}$$

$e > \dfrac{b_t}{6}$ 时，

$$p_{\max} = \frac{2M_0}{3\left(\dfrac{b_t}{2} - e\right)} \leqslant 1.2 f_a \tag{6-31}$$

式中　　e——作用在基础底面竖向合力 N_0 对基底中点的偏心距，$e = \dfrac{M_0}{N_0}$；

N_{0t}——基础底面竖直作用力 N_0 在基础底面法向的投影，kN；

f_a——修正后的地基承载力特征值；

b_t——基础底面宽度，$b_t = \dfrac{b}{\cos\alpha_0}$，m。

6.6.6　挡土墙墙身强度验算

墙身验算应选取荷载效应较大而又较弱的截面。首先根据需要求出作用在所选取截面上的弯矩、剪力和轴力，再按现行《砌体结构设计规范》(GB 50003—2011)进行验算。

1. 受压承载力验算

受压承载力应满足下式要求：

$$N \leqslant \varphi f A \tag{6-32}$$

式中　　N——竖向合力设计值；kN；

φ——高厚比 β 和轴向力偏心距 e 对墙身承载力的影响系数；

f——砌体抗压强度设计值，MPa；

A——截面面积，对各类砌体均应按毛截面计算。

2. 受弯承载力验算

受弯承载力验算应满足下式要求：

$$M \leqslant f_{tm} W \tag{6-33}$$

式中　　M——弯矩设计值；

f_{tm}——砌体弯曲抗压强度设计值；

W——截面抵抗矩,对于矩形截面,$W=\dfrac{bh^2}{6}$。

3. 受剪承载力验算

受剪承载力应满足下式要求：

$$V \leqslant f_v bz \qquad (6\text{-}34)$$
$$z = \frac{I}{S}$$

式中 V——剪力设计值；

f_v——砌体的抗剪强度设计值；

b、h——截面的宽度与高度；

z——内力臂,当截面为矩形时,取 $z=\dfrac{2h}{3}$；

I、S——截面的惯性矩和面积矩。

6.6.7 挡土墙设计

挡土墙的设计步骤和内容如下。

1）初选截面尺寸

结合经验和现场技术条件,选用重力式挡土墙,结合经验初选截面尺寸。对墙高在5m以下的挡土墙,可选用墙底宽度为墙高的1/3～1/2进行试算。

2）计算土压力

根据初选尺寸和填土性质计算土压力,包括土压力分布、总压力大小、作用点和方向等。

3）稳定性验算

稳定性验算包括抗倾覆稳定验算和抗滑移稳定验算。

4）基础的承载力验算

5）墙身结构设计

对于重力式挡土墙,须验算其墙身强度；对于其他挡土墙,须计算墙身内力,并进行相应的设计验算。如对于钢筋混凝土挡土墙须进行抗弯、抗剪配筋计算；对于锚杆挡土墙等,则须进行柱、墙板、锚杆、锚座等的设计、验算。

6）调整截面尺寸

当所选的截面不满足上述第3、4、5点的要求时,须调整截面尺寸,再进行以上步骤的设计,直至都满足要求为止。

【例6-3】 某工程需要砌筑高 $H=6$m 的重力式挡土墙,墙背垂直光滑,填土表面水平,墙体材料采用 MU20 毛石,M25 砂浆。砌体重度 $\gamma=22$kN/m³,填土内摩擦角 $\varphi=40°$,黏聚力 $c=0$,重度 $\gamma=18$kN/m³,基底摩擦系数 $\mu=0.5$。地基承载力特征值 $f_a=200$kPa。请设计此挡土墙。

【解】（1）初选挡土墙截面尺寸

挡土墙顶宽一般取 $(1/12\sim1/10)H=0.5\sim0.6$m,取 0.6m；底宽一般取 $(1/3\sim1/2)H=2\sim3$m,取 2.5m。如图6-33所示。

（2）土压力计算

由于墙背垂直光滑,填土表面水平,可采用朗肯土压力理论计算；由于 $c=0$,亦可采用

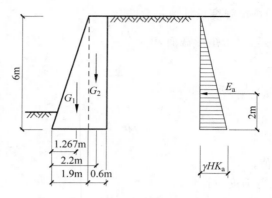

图 6-33　例 6-3 图

库仑土压力理论计算。前已述及,在这种情况下,按两种理论计算的结果一致。现按朗肯土
压力理论计算。

$$k_a = \tan^2\left(45° - \frac{\varphi}{2}\right) = \tan^2\left(45° - \frac{40°}{2}\right) = 0.217$$

$$E_a = \frac{1}{2}\gamma H^2 K_a = \frac{1}{2} \times 18 \times 6^2 \times 0.217 = 70.4(kN/m)$$

墙顶处土压力强度 $\sigma_{a,A} = 0$

墙底处土压力强度 $\sigma_{a,B} = \gamma h K_a = 18 \times 6 \times 0.217 = 23.4(kPa)$

土压力 $E_a = \frac{1}{2}\sigma_{a,B} H = \frac{1}{2} \times 23.4 \times 6 = 70.2(kN/m)$

E_a 作用点与墙底距离为 $\frac{H}{3} = \frac{6}{3} = 2(m)$

(3) 抗倾覆验算

墙体三角形部分重 $G_1 = \frac{1}{2} \times 1.9 \times 6 \times 22 = 125.4(kN/m)$

墙体矩形部分重 $G_2 = 0.6 \times 6 \times 22 = 79.2(kN/m)$

墙体总重 $G = G_1 + G_2 = 125.4 + 79.2 = 204.6(kN/m)$

$$K_t = \frac{G_1 s_1 + G_2 s_2}{E_a z_f} = \frac{125.4 \times \frac{2}{3} \times 1.9 + 79.2 \times \left(1.9 + \frac{0.6}{2}\right)}{70.2 \times 2} = 2.37 > 1.6$$

满足抗倾覆要求。

(4) 抗滑移验算

$$K_s = \frac{(G_1 + G_2)\mu}{E_a} = \frac{204.6 \times 0.5}{70.2} = 1.5 > 1.3$$

满足抗滑移要求。

(5) 地基承载力验算

G_1、G_2 合力距墙角 O 点距离为

$$s = \frac{G_1 s_1 + G_2 s_2 - E_a z_f}{G} = \frac{125.4 \times \frac{2}{3} \times 1.9 + 79.2 \times \left(1.9 + \frac{0.6}{2}\right) - 70.2 \times 2}{204.6}$$

$$= 0.942(m)$$

G_1、G_2 合力对墙底中心线偏心距为

$$e = \frac{2.5}{2} - 0.942 = 0.308(\text{m}) < \frac{b}{6} = \frac{2.5}{6} = 0.417(\text{m})$$

$$p = \frac{G}{A} = \frac{204.6}{2.5 \times 1} = 81.8(\text{kPa}) < f_a = 200\text{kPa}$$

$$p_{\max} = \frac{G}{A}\left(1 + \frac{6e}{b}\right) = \frac{204.6}{2.5 \times 1} \times \left(1 + \frac{6 \times 0.308}{2.5}\right) = 142.3(\text{kPa}) < 1.2f_a = 240\text{kPa}$$

$$p_{\min} = \frac{G}{A}\left(1 - \frac{6e}{b}\right) = \frac{204.6}{2.5 \times 1} \times \left(1 - \frac{6 \times 0.308}{2}\right) = 21.3\text{kPa}$$

满足地基承载力要求。

墙身验算从略。

6.7 土坡稳定分析

6.7.1 土坡稳定的意义与影响因素

无论是天然土坡还是人工土坡，由于坡面倾斜，在土体自重和其他外界因素影响下，近坡面的部分土体有向下滑动的趋势。如果坡面过于陡峻，则土坡会在一定范围内整体地沿某一滑动面向下或向外移动而失去其稳定性，造成坍塌。而如果坡面设计得过于平缓，则将增加工程的土方量，不满足经济的要求。因此，进行土坡稳定性分析，对于工程的安全、经济具有重要意义。

土坡各部分名称如图 6-34 所示。

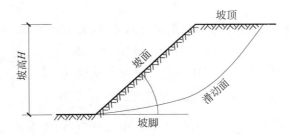

图 6-34 土坡各部分名称

影响土坡稳定的因素主要有以下几点：

(1) 土坡陡峭程度：越陡则越不安全，越平缓越安全。

(2) 土坡高度：试验研究表明，当土坡其他条件相同时，坡高越小，土坡越稳定。

(3) 土的性质：土的性质越好，土坡就越稳定。例如，土的重度和抗剪强度指标 c、φ 值大的土坡比 c、φ 值小的土坡更加安全。

(4) 地下水的渗流作用：当土坡中存在地下水渗流，渗流方向又与土体滑动方向一致时，就可能发生土坡失稳。

(5) 土坡作用力发生变化：比如坡顶堆放材料的增减，在离坡顶不远位置或坡段上建筑房屋、打桩、行驶车辆、爆破、地震等引起的振动，使原来的平衡状态发生了改变。

(6) 土的抗剪强度降低：如土体含水量或超静水压力的增加可降低土的抗剪强度。

　　（7）静水力的作用：如流入土坡竖向裂缝里的雨水，会对土坡产生侧向压应力，促使土坡向下滑动。

6.7.2　简单土坡稳定分析

　　简单土坡是指土体材料为均质土，土坡坡度不变，无地下水，土坡顶面和底面都为水平且无穷延伸的土坡。下面分别对无黏性土和黏性土简单土进行稳定性分析。

　　1. 无黏性土土坡稳定

　　图 6-35 所示为一坡角为 β 的简单土坡，无黏性无黏聚力（$c=0$），抗剪强度只由颗粒之间的摩擦力提供。土坡失稳属于平面滑动形式。

　　在坡面上任意取一土粒，在重力 W 作用下有下滑趋势。下滑成功与否取决于摩擦力对它阻止作用的大小。如果土体是稳定的，则重力 W 沿坡面切向的分力 T 将不超过摩擦力；反之，如果土体失稳，则 T 小于摩擦力。由图中可知：

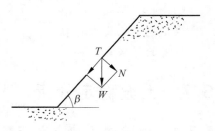

图 6-35　简单土坡

$$T = W\sin\theta$$
$$N = W\cos\theta$$

式中　T、N——分别为重力 W 沿坡面切向和法向的分力；
　　　　θ——坡面与水平面的夹角。

　　根据库仑抗剪强度理论，抗剪强度 $\tau_f = \sigma\tan\varphi$，那么土坡对土粒的最大抗滑力为

$$T_f = N'\tan\varphi$$

式中，N' 与重力的分力 N 是作用力与反作用力的关系，大小相等，即 $N'=N=W\cos\theta$，因此

$$T_f = WN = W\cos\theta\tan\varphi \tag{6-35}$$

　　把最大抗滑力 T_f 与滑动力 T 之比称为稳定安全系数 K，则

$$K = \frac{T_f}{T} = \frac{W\cos\theta\tan\varphi}{W\sin\theta} = \frac{\tan\varphi}{\tan\theta} \tag{6-36}$$

　　由式（6-36）可看出，当坡角 θ 与内摩擦角 φ 相等时，稳定安全系数 $K=1$。此时抗滑力与滑动力相等，土坡处于极限平衡状态；而且土坡稳定的极限坡角等于无黏性土的内摩擦角，此时对应的坡角称为自然休止角。由式（6-36）亦可看出，无黏性土土坡的稳定性只与坡角有关，而与坡体高度无关。只要坡角小于自然休止角，土坡就是稳定的。为使土坡稳定有足够的安全储备，可取 K 为 1.1～1.5。

　　2. 黏性土土坡稳定

　　黏性土土坡失稳时，多在坡顶出现明显的下沉和张拉裂缝，近坡脚的地面有较大的侧向位移和微微的隆起。随着剪切变形的增大，局部土体沿着某一曲面突然产生整体滑动。如图 6-36 所示，滑动面为一曲面，接近圆弧面。在理论分析时，常常近似地假设滑动面为圆弧面，并按平面问题进行分析。

　　1）瑞典条分法

　　目前工程中最常用的黏性土土坡稳定分析方法是条分法。该方法由瑞典科学家 W. 费兰纽斯（Fellenius，1922）首先提出。下面进行详细介绍。

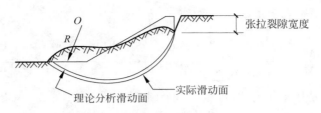

图 6-36 黏性土土坡

如图 6-37 所示,当土坡沿圆弧 $\overset{\frown}{AB}$ 滑动时,可视为土体 $ABDC$ 绕圆心 O 转动。在纵向上取 1m 土坡进行分析。具体步骤如下:

(1)按适当的比例尺绘制土坡剖面图,并在图上注明土的指标(如 γ、c、φ 等)的数值。

(2)选一个可能的滑动面 AB,确定圆心 O 和半径 R。在选择圆心 O 和圆弧 AB 时,应尽量使 AB 的坡度较陡,则滑动力大,即安全系数 K 值小。此外,半径 R 应取整数,使计算简便。

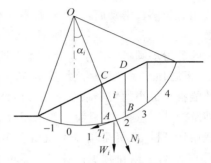

图 6-37 土坡稳定分析图

(3)将滑动土体竖向分条与编号,使计算方便而准确。分条时各条的宽度 b 相同,编号由坡脚向坡顶依次进行,如图 6-37 所示。

(4)计算每一土条的自重 W_i

$$W_i = \gamma b h$$

式中 b——土条的宽度,m;

h_i——土条的平均高度,m。

(5)将士条的自重 W_i 分解为作用在滑动面 $\overset{\frown}{AB}$ 上的两个分力(忽略条块之间的作用力)。

法向分力 $N_i = W_i \cos\alpha_i$

切向分力 $T_i = W_i \sin\alpha_i$

其中,α_i 为法向分力 N_i 与垂线之间的夹角,如图 6-37 所示。

(6)计算滑动力矩:

$$M_{\mathrm{T}} = T_1 R + T_2 R + T_3 R + \cdots = R \sum W_i \sin\alpha_i$$

式中 n——土条数目。

(7)计算抗滑力矩

$$
\begin{aligned}
M_{\mathrm{R}} &= N_1 \tan\varphi R + N_2 \tan\varphi R + c l_1 R + c l_2 R + \cdots \\
&= R\tan\varphi(N_1 + N_2 + \cdots) + Rc(l_1 + l_2 + \cdots) \\
&= R\tan\varphi \sum_{i=1}^{n} W_i \cos\alpha_i + RcL
\end{aligned}
$$

式中 l_i——第 i 土条的滑弧长度,m;

L——圆弧 $\overset{\frown}{AB}$ 的总长度,m。

（8）计算土坡稳定安全系数：

$$K = \frac{M_{\mathrm{R}}}{M_{\mathrm{T}}} = \frac{R\tan\varphi \sum\limits_{i=1}^{n} W_i \cos\alpha_i + RcL}{R \sum W_i \sin\alpha} = \frac{\tan\varphi \sum\limits_{i=1}^{n} W_i \cos\alpha_i + RcL}{\sum W_i \sin\alpha} \tag{6-37}$$

由于滑动圆弧是任意作出的,每作出一个圆弧,就能相应地求出一个土坡稳定安全系数 K,因此上述方法是一种试算法。按此方法进行计算时,必须假设出若干圆弧滑动面,以求出其中最小的稳定安全系数。最小的稳定安全系数所对应的滑动圆弧就是最危险的滑动圆弧。对于大型水库土坝的稳定性计算,上、下游坝坡每一种水位须计算 $50\sim80$ 个滑动圆弧,才能找出最小的安全系数 $K_{\min}$。由此可看出,该方法涉及的计算量很大,目前一般采用计算机完成。除了使用计算机,还可采用费兰纽斯提出的经验方法(见图 6-38),用以在减少试算工作量的情况下较简便地找出 K。这种方法的步骤是如下。

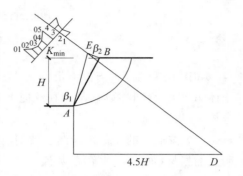

图 6-38　最危险滑弧圆心的确定

（1）根据土坡坡度或坡角 θ,由表 6-5 查得相应的 β_1、β_2 的值。

表 6-5　β_1、β_2 的数值

土坡坡度	坡角 θ	$\beta_1/(°)$	$\beta_2/(°)$
1∶0.58	60°00′	29	40
1∶1	45°00′	28	37
1∶1.5	33°41′	26	35
1∶2	26°34′	25	35
1∶3	18°26′	25	35
1∶4	14°03′	25	36

（2）根据 β_1 角由坡脚 A 点作 AE 线,使 $\angle EAB = \beta_1$；根据 β_2 角,由坡顶 B 点作 BE 线,使其与水平线夹角为 β_2。

（3）AE 与 BE 交于点 E,为 $\varphi=0$ 时土坡最危险滑动面的圆心。

（4）由坡脚 A 点竖直向下取 H 值,然后向土坡方向水平线上取 $4.5H$ 处为 D 点。作 DE 直线向外延长线附近,为 $\varphi>0$ 时土坡最危险滑动面的圆心。

（5）在 DE 延长线上选 $3\sim5$ 个点作为圆心 $O_1, O_2, \cdots$,计算各自的土坡稳定安全系数 $K_1, K_2, \cdots$。按一定的比例尺,将每个 K 的数值画在圆心 O 与 DE 线正交的线上,并连成曲线。取曲线下凹处的最低点 O',过 $O'F$ 作直线 $O'F$ 使其与 DE 正交。

（6）同理,在 $O'F$ 直线上,选 $3\sim5$ 个点作为圆心 $O_1, O_2, \cdots$,分别计算各自的土坡稳定安全系数 $K_1, K_2, \cdots$,按相同比例尺画在各圆心 O' 点上,方向与 $O'F$ 直线正交,将 K' 端点连成曲线,取曲线下凹最低点对应的 O' 点,即为所求最危险滑动面的圆心位置。

条分法的基本原理归纳如下：根据抗剪强度和极限平衡理论,假定若干圆弧滑动面,对土坡进行条分,计算每一滑动面内各土条抗滑力矩之和与滑动力矩之和的比值,即每一滑动面的土坡稳定安全系数 K,从中找出最小的安全系数 $K_{\min}$。理论上应使 $K_{\min}$ 大于 1；工程中

要求取 K_{min} 为 $1.1\sim1.5$，具体大小应视工程性质而定。如果达不到此要求，则须重新设计土坡，重复验算，直到达到要求为止。

2) 毕肖普法

对于任一土条（见图 6-39），假设土条滑动面上的切向力与 τ_f 相平衡，即

$$\sum_{i=1}^{n} W_i a_i = \sum_{i=1}^{n} T_i R \tag{6-38}$$

$$T_i = \frac{1}{K_s}(c_i l_i + N_i \tan\varphi_i) \tag{6-39}$$

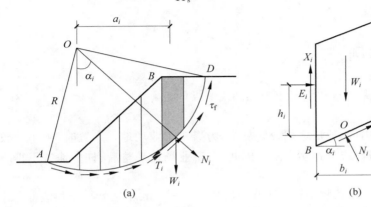

图 6-39 毕肖普法

(a) 整个滑块的平衡；(b) 土条受力

由竖直方向作用力平衡有

$$W_i + (X_{i+1} - X_i) = N_i \cos\alpha_i + T_i \sin\alpha_i \tag{6-40}$$

将式(6-39)代入式(6-40)，有

$$N_i = \frac{1}{m_{a_i}}\left[W_i + (X_{i+1} - X_i) - \frac{1}{K_s}(c_i l_i \sin\alpha_i)\right] \tag{6-41}$$

式中

$$m_{a_i} = \cos\alpha_i + \frac{1}{K_s}\tan\varphi_i \sin\alpha_i \tag{6-42}$$

将式(6-41)代入式(6-40)，注意到 $a_i = R\sin\alpha_i$，得到

$$\sum_{i=1}^{n} W_i R \sin\alpha_i = \sum_{i=1}^{n} R \frac{1}{K_s}(c_i l_i + N_i \tan\varphi_i)$$

将式(6-41)代入上式，得到

$$k_s = \frac{\sum_{i=1}^{n} \frac{1}{m_{a_i}}[c_i b_i + (W_i + X_{i+1} - X_i)\tan\varphi_i]}{\sum_{i=1}^{n} W_i \sin\alpha_i} \tag{6-43}$$

上式中 X_{i+1}、X_i 未求出，且 m_{a_i} 中包含 K_s，故仍无法求得 K_s 值。毕肖普又假设 $K_s = \dfrac{\sum_{i=1}^{n} \frac{1}{m_{a_i}}[c_i b_i + W_i \tan\varphi_i]}{\sum_{i=1}^{n} W_i \sin\alpha_i}$，即忽略了条间切向力，于是上式简化为

$$K_s = \frac{\sum_{i=1}^{n} \frac{1}{m_{a_i}}[c_i b_i + W_i \tan\varphi_i]}{\sum_{i=1}^{n} W_i \sin a_i} \tag{6-44}$$

求解时,先假定一个安全系数 K_s,代入式(6-39)计算 m_{a_i},再将 m_{a_i} 代入式(6-42)得出安全系数 K_s。若假设的 K_s 与计算值很相近,说明所得结果为合理的安全系数;若两者差别较大,即用得出的新安全系数再进行计算,又得出另一安全系数,再进行比较,如此反复迭代,直至两个 K_s 值很接近(视精度要求而定)为止。一般经过 3~4 次循环之后即可求得合理安全系数。

6.8 工程案例

1. 工程名称:某工程边坡与重力式挡土墙设计

2. 工程概况

该工程处于某山区,地形地貌较为复杂,为煤矿工业场地。布置时,须用地较方整或呈条带状,不宜零散破碎或分过多台阶。因此,在工业场地平整后,许多地方不得不采取防护措施。

采用浆砌毛石重力式挡土墙;墙背仰斜角 $\alpha = -14°02'$;墙背后土层表面与水平线夹角 $\beta = 35°$;土壤与墙背的摩擦角 $\delta = 14°02'$;墙背土质重度 $\gamma = 18\text{kN/m}^3$;浆砌毛石重度 $\gamma_k = 22\text{kN/m}^3$;基底摩擦系数 $f = 0.4$;地基允许应力 $[\sigma] = 40\text{t/m}^3$;填土面超负荷均布荷重 $q = 0$;土壤内摩擦角 $\varphi = 37°$。

3. 工程任务、目的和要求

(1) 边坡设计;

(2) 重力式挡土墙设计;

(3) 正确、合理、经济地进行边坡工程及挡土墙设计,确保建(构)筑物工程的安全。

4. 工程项目设计内容

根据实际情况,取挡土墙各部分尺寸如图 6-40 所示。

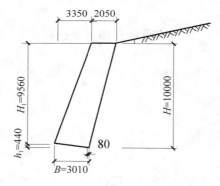

图 6-40 挡土墙各部分尺寸

1) 主动土压力系数 K 值

$$
\begin{aligned}
k &= \frac{\cos^2(\varphi - \alpha)}{\left[1 + \sqrt{\dfrac{\sin(\varphi + \delta)\sin(\varphi - \beta)}{\sin(90° - \alpha - \delta)\cos(\alpha - \beta)}}\right]^2 \sin(90° + \alpha - \delta)\cos^2\alpha} \\
&= \frac{\cos^2(37° + 14°02')}{\left[1 + \sqrt{\dfrac{\sin(37° + 14°02')\sin(37° - 35°)}{\sin(90° + 14°02' - 14°02')\cos(-14°02' - 35°)}}\right]^2 \sin(90° + 14°02' - 14°02')\cos^2(-14°02')} \\
&= 0.2897
\end{aligned}
$$

主动土压力 $E = \dfrac{\gamma H k}{2} = 18 \times 10^2 \times \dfrac{0.2897}{2} = 260.7 (\text{kN})$

力臂 $Z_E = \dfrac{H-h_1}{3} = \dfrac{10-0.44}{3} = 2.89(\text{m})$

2）挡土墙体积、重力及重心

体积 $V = V_1 + V_2 = \dfrac{(b+B)H_1}{2} + \dfrac{Bh_1}{2} = \dfrac{(2.05+3.01)\times 9.56}{2} + \dfrac{2\times 3.01\times 0.44}{2} = 24.85(\text{m}^3)$

重力 $W = W_1 + W_2 = V_1\gamma_k + V_2\gamma_k = 24.19\times 22 + 0.66\times 22 = 546.7(\text{kN})$

重心 Z_w

$$Z_{W_1} = \dfrac{(2.05^2 + 3.01\times 2.05 + 3.01^2) + (2\times 2.05 + 3.01)\times 3.35}{3\times(2.05+3.01)} = 2.85(\text{m})$$

$$Z_{W_2} = \dfrac{0.44\times 2.93\times 2/3\times 2.93/2 + 0.44\times 0.08\times(2.93 + 1/3\times 0.08)/2}{0.66} = 1.99(\text{m})$$

3）滑动稳定验算

$$K_s = \dfrac{54.67\times\cos 8°32'\times 0.40 + 26.07\sin 8°32'\times 0.40}{26.07\times\cos 8°32' - 54.67\times\sin 8°32'}$$
$$= 1.31 > 1.3$$

满足滑动稳定要求。

4）倾覆稳定验算

$$K_s = \dfrac{W_1 Z_{W_1} + W_2 Z_{W_2}}{E z_E} = \dfrac{53.22\times 2.85 + 1.45\times 1.99}{26.07\times 2.89} = 2.05 > 1.3$$

满足倾覆稳定要求。

5）设置排水设施

设置合理的排水设施对边坡稳定是非常必要的。设计中主要采用以下方法。一是将挡土墙和边坡上部原有的水系引走,根据水文计算,设置必要的截水沟、泄水槽等设施,拦截水流,防止冲刷边坡。二是在挡土墙内设置泄水孔,使墙后积水易于排出,通常在墙身按上下、左右每隔 2~3m 交错设置泄水孔。泄水孔一般用 5cm×10cm、10cm×10cm、10cm×15cm的矩形孔或直径为 5~10cm 的圆孔,并在泄水孔附近具有反滤作用的粗颗粒材料覆盖,以免淤塞,最下一排泄水孔应高于地面0.3m。三是防止积水渗入基础,应在最低泄水孔下部铺设黏土层并夯实,不致漏水。为防止墙前积水渗入基础,应将墙前的回填土分层夯实,并设置排水沟。

本章小结

土压力分为主动土压力、被动土压力和静止土压力。计算主动土压力和被动土压力的经典方法是朗肯土压力理论和库仑土压力理论,它们都有前提或假设,要注意其适用条件。工程中计算土压力还可采用规范法。对于土表面作用有连续均布超载、成层填土、土中有地下水等情况,可作半经验性的近似处理。设计重力式挡土墙时,通常先按照构造规定取挡土墙截面尺寸,再进行抗倾覆、抗滑移、墙身强度及地基承载力验算。土坡稳定分析结果需使稳定安全系数不小于 1.1,简单的黏性土土坡分析方法有瑞典条分法、毕肖普法等。

思考题

6-1 什么是主动土压力？什么是被动土压力？产生的条件是什么？

6-2 比较静止土压力、主动土压力与被动土压力的大小。

6-3 朗肯土压力理论与库仑土压力理论各有什么优缺点和适用范围？

6-4 挡土墙有哪几种类型，各有什么特点？

6-5 如何初定挡土墙的尺寸？如何确定最终尺寸？

6-6 挡土墙设计中须进行哪些验算？采取什么措施可以提高稳定安全系数？

6-7 地下水位的升降对挡土墙的稳定有什么影响？

6-8 挡土墙后回填土是否有技术要求？为什么？理想的回填土是什么土？不能用的回填土是什么土？

6-9 挡土墙不设排水措施时会产生什么问题？

6-10 土坡稳定有什么实际意义？影响土坡稳定的因素有哪些？采用哪些因素可以提高挡土墙的稳定性？

6-11 如何确定无黏性土土坡的稳定安全系数？

6-12 土坡稳定分析圆弧法的原理是什么？为什么要分条计算？如何确定最危险的滑弧？怎样避免在计算中发生概念性的错误？

习题

6-1 某挡土墙高度 $H=5.0\text{m}$，墙背竖直、光滑，墙后填土表面水平。填土为干砂，重度 $\gamma=17.8\text{kN/m}^3$，内摩擦角 $\varphi=34°$。求作用在此挡土墙上的静止土压力、主动土压力和被动土压力。

6-2 已知某挡土墙高 $H=5.5\text{m}$，墙的顶宽 1.1m，底宽 2.2m。墙面竖直，墙背倾斜，填土表面倾斜 10°，墙背摩擦角 $\varphi=20°$。墙后填土为中砂，重度为 178kN/m^3，内摩擦角为 30°。求作用在墙背上的主动土压力及其水平分力和竖直分力。

6-3 某挡土墙高 $H=6.5\text{m}$，如图 6-41 所示。已知土体重度 $\gamma=18\text{kN/m}^3$，$\varphi=35°$，$\delta=20°$。计算作用在墙背上的主动土压力，作出其分布。

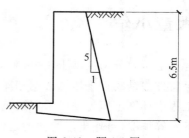

图 6-41 题 6-1 图

6-4 某挡土墙如图 6-42 所示，墙背垂直、光滑，墙高 5m，墙后填土表面水平，其上作用着连续均布的荷载 $q=10\text{kN/m}^2$，填土由两层无黏性土组成，土的性质指标如图所示。试求：(1)绘主动土压力和水压力分布图；(2)土压力和水压力的大小；(3)总侧向压力的大小。

6-5 计算图 6-43 所示挡土墙上的主动土压力和水压力分布图及其合力。已知填土为砂土，土的物理、力学性质指标如图所示。

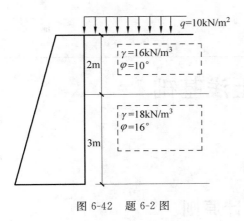

$q=10\text{kN/m}^2$

$\gamma=16\text{kN/m}^3$
$\varphi=10°$

2m

$\gamma=18\text{kN/m}^3$
$\varphi=16°$

3m

图 6-42　题 6-2 图

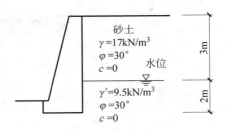

砂土
$\gamma=17\text{kN/m}^3$
$\varphi=30°$
$c=0$

水位

$\gamma'=9.5\text{kN/m}^3$
$\varphi=30°$
$c=0$

3m

2m

图 6-43　题 6-3 图

第 **7** 章

>>>

天然地基上浅基础

7.1　基础的划分及地基基础设计原则

　　建筑物由上部结构和下部结构组成。下部结构指埋置于地下的部分,也就是基础。基础将结构所承受的各种作用传递到地基上。地基是指支承基础的土体或岩体。

　　基础分为浅基础和深基础,通常按照基础的埋置深度和施工方法来进行划分。埋深小于 5m,用普通基坑开挖和敞坑排水方法修建的基础为浅基础,如普通多层砌体房屋的基础,框架柱基础等。埋深大于 5m,用特殊施工方法进行施工的基础为深基础,如桩基础、沉井等。但箱型基础、筏式基础等不考虑侧向摩阻力的基础,埋深有可能大于 5m,仍属于浅基础。

　　浅基础一般做成扩展基础的形式。扩展基础的做法是向侧边扩展一定底面积,以使上部结构传来的荷载传到基础底面时,其压应力等于或小于地基土的允许承载力,而基础内部的应力应同时满足材料本身的强度要求。这种起到压力扩散作用的基础称为扩展基础。

　　地基分为天然地基和人工地基。处于自然状态,未经过人工处理的地基为天然地基。

　　如果天然地基较为软弱,必须进行人工处理才能达到设计要求,则经过人工处理后的地基称为人工地基。本章介绍天然地基上浅基础的设计。

　　设计建筑物地基时,应将地基与基础视为一个整体进行设计,并满足以下 3 个设计要求。

　　1. 地基承载力要求

　　《建筑地基基础设计规范》(GB 50007—2011)(以下简称《地基规范》)规定:所有建筑物的地基计算均应满足承载力计算的有关规定。这里"所有建筑物的地基",是指表 7-1 所列全部地基类型。

表 7-1　地基基础设计等级

设计等级	建筑和地基类型
甲级	重要的工业与民用建筑物;30 层以上的高层建筑;体型复杂,层数相差超过 10 层的高低层连成一体建筑物;大面积的多层地下建筑物,如地下车库、商场、运动场等;对地基变形有特殊要求的建筑物;复杂地质条件下的坡上建筑物(包括高边坡);对原有工程影响较大的新建建筑物;场地和地基条件复杂的一般建筑物;位于复杂地质条件及软土地区的 2 层及 2 层以上地下室的基坑工程;开挖深度大于 15m 的基坑工程;周边环境条件复杂、环境保护要求高的基坑工程

续表

设计等级	建筑和地基类型
乙级	除甲级、丙级以外的工业与民用建筑物；除甲级、丙级以外的基坑工程
丙级	场地和地基条件简单、荷载分布均匀的7层及7层以下民用建筑及一般工业建筑；次要的轻型建筑物；非软土地区且场地地质条件简单、基坑周边环境条件简单、环境保护要求不高且开挖深度小于5.0m的基坑工程

2. 变形要求

《地基规范》规定：所有建筑规格为甲级、乙级的建筑物，均应按地基变形规定；表7-2所列范围内设计等级为丙级的建筑物可不作变形验算，如有下列情况时，仍应作变形验算：

(1) 地基承载力标准值小于130kPa，且体型复杂的建筑；

(2) 在基础上及其附近有地面堆载或相邻基础荷载差异较大，引起地基产生过大的不均匀沉降时；

(3) 如软弱地基上的相邻建筑距离过近，可能发生倾斜时；

(4) 相邻建筑距离过近，可能发生倾斜；

(5) 地基内有厚度较大或厚薄不均的填土，其自重固结未完成时。

表 7-2　设计等级为丙级的建筑物可不作地基变形计算的范围

地基主要受力层情况	地基承载力特征值 f_{ak}/kPa		$80{\leq}f_{ak}$ <100	$100{\leq}f_{ak}$ <130	$130{\leq}f_{ak}$ <160	$160{\leq}f_{ak}$ <200	$200{\leq}f_{ak}$ <300
	各土层坡度/%		${\leq}5$	${\leq}10$	${\leq}10$	${\leq}10$	${\leq}10$
建筑类型	砌体承重结构、框架结构/层数		${\leq}5$	${\leq}5$	${\leq}6$	${\leq}6$	${\leq}7$
	单层排架结构（6m柱距） 单跨	吊车额定起重量/t	10~15	15~20	20~30	30~50	50~100
		厂房跨度/m	${\leq}18$	${\leq}24$	${\leq}30$	${\leq}30$	${\leq}30$
	多跨	吊车额定起重量/t	5~10	10~15	15~20	20~30	30~75
		厂房跨度/m	${\leq}18$	${\leq}24$	${\leq}30$	${\leq}30$	${\leq}30$
	烟囱	高度/m	${\leq}40$	${\leq}50$	${\leq}75$		${\leq}100$
	水塔	高度/m	${\leq}20$	${\leq}30$	${\leq}30$		${\leq}30$
		容积/m³	50~100	100~200	200~300	300~500	500~1000

注：(1) 地基主要受力层系指条形基础底面下深度为3b（b为基础底面宽度），独立基础下为1.5b，且厚度均不小于5m的范围（二层以下一般的民用建筑除外）；

(2) 如地基主要受力层中有承载力标准值小于130kPa的土层时，表中砌体承重结构的设计应符合《地基规范》第7章的有关要求；

(3) 表中砌体承重结构和框架结构均指民用建筑，对于工业建筑，可按厂房高度、荷载情况折合成与其相当的民用建筑层数；

(4) 表中吊车额定起重量、烟囱高度和水塔容积的数值系指最大值。

3. 稳定性要求

《地基规范》规定：对经常受水平荷载作用的高层建筑和高耸结构，以及建造在斜坡上的建筑物和构筑物，应验算其稳定性；基坑工程应进行稳定验算；当地下水埋藏较浅，建筑地下室或地下构筑物存在上浮问题时，尚应进行抗浮验算。

设计地基基础时,所采用的作用效应最不利组合与相应的抗力限值应符合下列规定。

(1)按地基承载力确定基础底面积及埋深,或按单桩承载力确定桩数时,传至基础或承台底面上的荷载应按正常使用极限状态下荷载效应标准组合进行计算,相应的抗力应采用地基承载力特征值或单桩承载力特征值。

地基承载力特征值,是指由载荷试验测定的地基土压力变形曲线线性变形内规定的变形所对应的压力值,其最大值为比例界限值。地基承载力特征值可由载荷试验或其他原位测试、公式计算并结合工程实践经验等方法综合确定。

在正常使用极限状态下,荷载效应的标准组合值 S_k 可用下列公式表示:

$$S_k = S_{Gk} + S_{Qik} + \psi_{c2} S_{Q2k} + \cdots + \psi_{cn} S_{Qnk} \tag{7-1}$$

式中 S_{Gk}——按永久荷载标准值 G_k 计算的荷载效应值;

S_{Qi}——按可变荷载标准值 Q_{ik} 计算的荷载效应值;

ψ_{ci}——可变荷载 Q_i 的组合值系数,按现行《建筑结构荷载规范》(GB 50009—2012)的规定取值。

(2)计算地基变形时,传至基础底面上的荷载应按长期效应组合计算,不应计入风荷载和地震作用,相应的限值应为地基变形允许值。

(3)计算挡土墙的土压力、地基或滑坡的稳定以及基础抗浮稳定时,荷载应按承载能力极限状态下荷载效应的基本组合计算,但其分项系数均为 1.0。

(4)在确定基础或桩基承台高度、支挡结构截面、计算基础或支挡结构内力、确定配筋和验算材料强度时,上部结构传来的作用效应和相应的基底反力、挡土墙土压力以及滑坡推力,应按承载能力极限状态下作用的基本组合,采用相应的分项系数。当须验算基础裂缝宽度时,应按正常使用极限状态作用的标准组合进行计算。

在承载能力极限状态下,由可变荷载效应控制的基本组合设计值 S_d 应用下式表达:

$$S_d = \gamma_G S_{Gk} + \gamma_{Q1} S_{Q1k} + \gamma_{Q2} \psi_{c2} S_{Q2k} + \cdots + \gamma_{Qn} \psi_{cn} S_{Qnk} \tag{7-2}$$

式中 γ_G——永久荷载的分项系数,按现行《建筑结构荷载规范》(GB 50009—2012)的规定取值;

γ_{Qi}——第 i 个可变荷载的分基项系数,按现行《建筑结构荷载规范》(GB 50009—2012)的规定取值。

对于由永久荷载效应控制的基本组合,也可采用简化规则,荷载效应基本组合的设计值 S_d 按下式确定:

$$S_d = 1.35 S_k \leqslant R \tag{7-3}$$

式中 R——结构构件抗力的设计值,按建筑结构相关设计规范的规定确定;

S_k——荷载效应的标准组合值。

(5)基础设计安全等级、结构设计使用年限和结构重要性系数应按有关规范的规定采用,但结构重要性系数 γ_0 不应小于 1.0。

7.2   浅基础的类型

7.2.1   浅基础的结构类型

浅基础分为独立基础、条形基础、十字交叉基础、片筏基础和箱形基础。

1. 独立基础

独立基础一般用于工业厂房柱基、民用框架结构基础,及烟囱、水塔、高炉等构筑物的基础,如图 7-1 所示。有时也在墙下采用独立基础,如在膨胀土地基上的墙基础,为不使膨胀土地基吸水膨胀产生的膨胀力传到过梁和墙体上而使用独立基础,以避免墙体开裂。常在墙下设置钢筋混凝土过梁以支承墙体,过梁下采用独立基础,如图 7-2 所示。膨胀土地基上的过梁要高出地面。

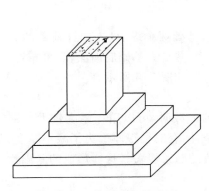

图 7-1 柱下独立基础

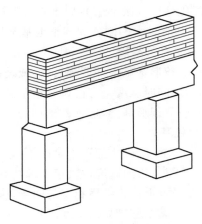

图 7-2 墙下独立基础

两个独立基础之间不存在相互联系。若某两个独立基础之间,基础底面的压力相差很大,可能影响到相应上部结构的变形协调时,就只能通过调整基础底面尺寸来减少地基的不均匀沉降。因此,对于相邻独立基础,应验算沉降差,使其满足规范要求。

2. 条形基础

条形基础一般指基础的长与宽之比在 10 以上的基础,有墙下条形基础(见图 7-3)和柱下条形基础(见图 7-4)两种。

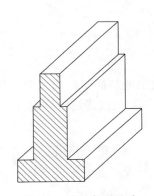

图 7-3 墙下条形基础

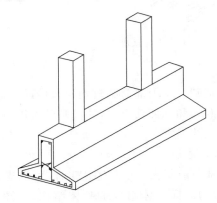

图 7-4 柱下条形基础

墙下条形基础通常是砌体结构房屋的基础,挡土墙基础也属于墙上条形基础。墙体传递给基础的荷载通常是均布荷载,在设计基础时可按平面问题考虑。一般的砌体结构房屋,如住宅、办公楼等,大多布置纵横交叉的墙体,再加上平面、立面上形状的交错变化,使得基础底面地基中的应力分布极为复杂,所以实际中墙下条形基础引起的沉降通常是不均匀的。而基础的材料往往采用无筋砌体,如砖、毛石等,这些材料的抗剪和抗弯能力很弱,故设计时不能依靠它们来减少较大的不均匀沉降。当采用这些材料无法使地基达到规定的承载力和变形要求时,可以考虑采用钢筋混凝土墙下条形基础。

柱下条形基础材料应采用钢筋混凝土。由于各柱传递的集中力往往有差异,因此基础传递给地基的应力分布为非线性的,无论基础是纵向还是横向都必须考虑弯曲应力。本章只介绍简化计算方法。这类基础适用于跨度较小的框架结构,当基础高度为跨度的 1/3～1/2 时,它具有极大的刚度和调整地基不均匀沉降的能力。

3. 十字交叉基础

当柱下条形基础上部荷载较大,或地基土很软,基础两个纵、横方向柱荷载的分布都很不均匀时,须同时从两个方向调整地基的不均匀沉降,并扩大基础底面面积,可布置纵、横两向相交的柱下条形基础,这种基础称为十字交叉基础,如图 7-5 所示。

4. 片筏基础

当十字交叉基础底面积不足以承担上部巨大的荷载时,可以用一厚度较大的钢筋混凝土平板来承担。板的厚度取决于上部荷载和土质条件,有时会很厚。为了减小厚度、节约材料,可以在平板上设置纵横相交的肋梁,很像一倒置的肋梁楼盖。这样形成的基础称为片筏基础,俗称为满堂基础如图 7-6 所示。

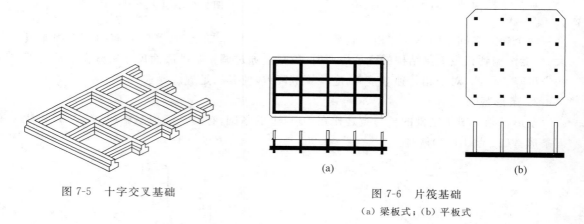

图 7-5　十字交叉基础　　　　　　　图 7-6　片筏基础
(a) 梁板式;(b) 平板式

片筏基础可将上部荷载较均匀地传递给地基,可以减少地基的不均匀沉降。如果土层中存在小洞穴和局部软土层,片筏基础可以对局部较大的不均匀沉降进行调整,防止因此对建筑物造成的损害。

5. 箱形基础

当上部荷载很大、地基土很软时,可以做成由钢筋混凝土底板、顶板和纵横墙体组成的整体结构,如图 7-7 所示。箱形基础的刚度大、整体性好,并可利用其中空部分作为停车场、地下商场、人防工程、储藏室、设备层和污水处理空间等。其高度可根据设计要求来决定,一般为 3～5m,如果高度不能满足要求,还可做成多层箱基础。

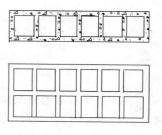

图 7-7　箱形基础

7.2.2　基础的材料

1. 砖基础

砖基础是由烧结普通砖浆砌而成的扩展基础。在稍潮湿、很潮湿和含水饱和的环境中,水泥砂浆强度等级分别不应低于 M5、M7.5 和 M10,一般地区烧结普通砖强度等级分别不应低于 MU10、MU10 和 MU15。砖基础习惯上采用"二、一间隔法"或"两皮一收法"砌成大放脚。"二、一间隔法"是从基础底面开始,先砌两皮,随即收进 1/4 砖长,再砌一皮,又收进 1/4 砖长,这样以三皮砖为一个循环过程进行砌筑,如图 7-8(a)所示。"两皮一收法"是从基础底面开始,每砌二皮砖便收进 1/4 砖长,如图 7-8(b)所示。基础底面可铺设垫层(用灰土或三合土),其厚度一般不超过 100mm,不计入基础高度。如果厚度超过 150mm(一般可按 150mm 厚为一层进行铺设),则此垫层可作为基础的一部分进行计算。砖基础可用于 6 层及以下房屋建筑。

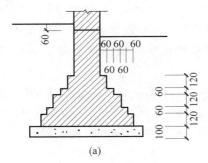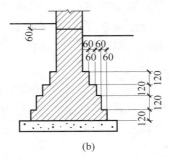

图 7-8　砖基础

(a)二、一间隔法;(b)两皮一收法

2. 三合土基础

三合土是由石灰、砂和骨料(碎石、碎砖、矿渣等)按 1∶2∶4 或 1∶3∶6 的体积比,加适当水配制成的。一般每层虚铺 220～250mm,夯实至 150mm。三合土强度低,一般只用于 4 层及以下房屋建筑。三合土基础多为南方地区采用,如图 7-9 所示。

3. 灰土基础

灰土是由石料与土料按 3∶6 或 2∶8 的体积比,加入适当水配制成的。石灰最好是块状的,经过 1～2d 熟化后,过 5～10mm 筛即可使用。一般每层虚铺 220～250mm,夯实至

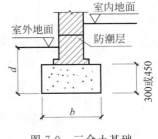

图 7-9　三合土基础

150mm。灰土造价低廉,仅为砖石或混凝土基础的 1/4～1/2,耐久性强,其强度可在相当长时间内随时间的推移而不断增长。基础与砖衔接部分一般要做砖放脚,如图 7-10 所示。灰土强度受冻结影响不大,广泛用于中国北方地区。

4. 毛石基础

毛石基础是指用未经加工凿平的毛石砌筑的基础,一般做成阶梯形。由于毛石形状不规整,为便于砌筑和保证砌筑质量,使基础具有足够的刚性、传力均匀,要求每一台阶宜砌不少于 3 排,每阶出挑宽度不宜大于 200mm,高度不宜小于 400mm,一般为 500mm,如图 7-11 所示。

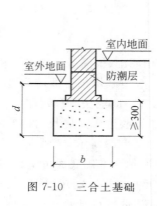

图 7-10 三合土基础

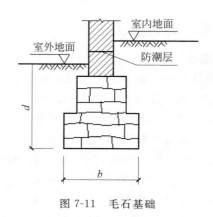

图 7-11 毛石基础

5. 混凝土与毛石混凝土基础

混凝土基础是指用混凝土现场浇筑成型的基础(见图 7-12)。这种基础的抗压强度高,耐久性和抗冻性均较好,常用于荷载较大和地下水位以下情况。在后一种情况中,应注意地下水质对水泥的侵蚀作用。混凝土基础下可铺设低强度等级的素混凝土垫层,厚度一般为 100mm。

为节约混凝土材料,可在混凝土基础中掺入毛石,成为毛石混凝土基础(见图 7-13)。要求毛石长度不大于 300mm,毛石掺入量不大于 30%。基础底层应先铺设 120~150mm 低强度等级的混凝土,再铺设毛石,毛石插入混凝土约一半深度后再浇筑混凝土,填补所有空隙,再反复施工。

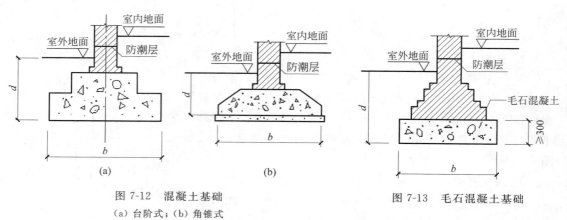

图 7-12 混凝土基础
(a) 台阶式;(b) 角锥式

图 7-13 毛石混凝土基础

7.3 基础埋置深度的确定

基础埋置深度一般是指从室外地面标高至基础底面的距离,简称为埋深。

为保证基础的安全、不变形、稳定性及耐久性,基础底面应埋置于设计地面以下一定深度处。在此前提下,基础宜尽量浅埋,以节省工程量和工程造价,而且便于施工。下面介绍选择埋深时应考虑的影响因素。

7.3.1 建筑物的用途、类型和基础构造形式

建筑物的用途和类型在很大程度上决定了对基础埋深的选择。例如，建筑物需要地下室作为地下车库、地下商店、文化体育活动场地或作人防设施时，基础埋深至少应大于 3m。

高层建筑筏形和箱形基础的埋置深度应满足地基承载力、变形和稳定性要求。在抗震设防区，除岩石地基外，天然地基上箱形和筏形基础的埋置深度不宜小于建筑物高度的 1/15；桩箱或桩筏基础的埋置深度（不计桩长）不宜小于建筑物高度的 1/18。位于岩石地基上的高层建筑，其基础埋深应满足抗滑要求。

地下水位随季节而变化，考虑到地下水对施工条件的影响，基础宜埋置在地下水位以上；当必须埋在地下水位以下时，应在施工时采取不扰动地基土的措施，如进行基坑排水、坑壁围护等。还应考虑地下水对基础材料的浸蚀作用及其防护措施。如果持力层为黏土等隔水层，基坑底隔水层的自重应大于水的承压力（见图 7-14），即应保证 $\gamma h_0 > \gamma_w h$，即开挖基槽时基槽底下应保留足够的隔水层厚度：

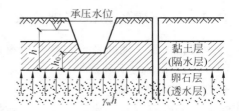

图 7-14　有承压水时地下水的浮托作用示意图

$$h_0 \geqslant \frac{\gamma_w h}{\gamma} \tag{7-4}$$

式中　γ——隔水层土的重度；

　　　γ_w——隔水层中水的重度。

7.3.2 基础上荷载大小、性质及有无地下设施

上部荷载的大小与性质对基础埋深有重要影响。例如，如果某土层对较小荷载而言是较适宜的持力层，对于较大荷载，则可考虑选择更深的土层作为持力层。如果荷载相当大，已不适合用浅层地基，则可考虑采用箱形基础或其他深基础。如果基础受到竖直荷载，还承受水平或倾斜荷载的作用，则应加大埋深来加强土对基础的稳固作用。如果基础承受上拔力作用，也应加大基础埋深，以使其有足够的抗拔力。饱和疏松的细粉砂不能作为地震区动力荷载的持力层，因其可能由于振动液化而丧失承载力。

当基础布置范围内有地下设施（如管道、坑、沟）时，应尽量避免交叉冲突。若不能避开，宜使基础置于设施下面，以免基础将来可能的变形对设施造成不利影响。否则，应采取可靠措施防止不利影响的发生。

在满足地基稳定和变形要求的前提下，基础尽量宜浅埋。为避免基础受到外界环境的影响，除岩石地基外，基础埋深不宜小于 0.5m。基础顶面宜低于室外设计地面一定距离，一般不小于 100mm，以便于房屋外墙下排水构造的处理。另外，不宜取杂填土、耕土等作为持力层。基础底面通常至少要夯土 300mm。

7.3.3 工程水文地质条件

工程地质条件往往对基础设计方案起决定性的作用。应当选择地基承载力高的坚实土

层作为地基持力层，由此确定基础的埋置深度。

当上层地基的承载力大于下层土的承载力时，宜利用上层土作为持力层，以减少基础的埋深。

当上层地基的承载力小于下层土的承载力时，如果取下层土为持力层，所需的基础底面积较小，但埋深较大；如果取上层土为持力层，情况正好相反。这就要根据岩土工程勘察成果报告中的地质剖面图，分析各土层的深度、层厚、地基承载力大小及压缩性高低，结合上部结构情况进行技术和经济比较，来确定最佳的基础埋深方案。如果土层分布复杂，土的性状差异太大，同一建筑物可分段采取不同的埋深，以调整不均匀沉降。

7.3.4　相邻建筑物的基础埋深

为防止在施工期间造成对相邻原有建筑物安全和正常使用上的不利影响，基础埋深不宜深于原有相邻建筑物基础。如不能满足这一要求，则应与原有基础应保持一定净距 L。其数值应根据荷载大小及土质情况而定，一般不小于相邻两基础高差 ΔH 的 $1\sim 2$ 倍，如图 7-15 所示。如果不能满足此要求，则应采取预防措施，如分段施工、临时加固支承、打设板桩、修筑地下连续墙和加固原有建筑物地基等。

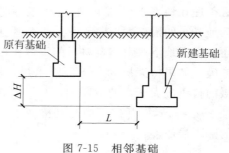

图 7-15　相邻基础

7.3.5　地基土冻胀的融陷

土体积随土中水分冻结后膨胀的现象称为冻胀。冻土融化后产生的沉陷称为融陷。

地面下土层的温度随大气温度变化而发生变化。当地层温度降至负温时，土层中的水冻结，土因此而变成冻土。冻结后的冰晶体不断增大，土体积随之发生膨胀。这种现象称为冻胀。冻胀可使土层上的建筑物被抬升，引起建筑倾斜、开裂，甚至倒塌。

当气温转暖，土层上部的冰晶体融化，使土中含水量大大增加，呈饱和状态的土层软化，强度大大降低，土层产生沉陷。这种现象称为融陷。融陷也会使建筑物墙体开裂。

随季节更替而发生冻融循环的土称为季节性冻土。季节性冻土在中国分布广泛，以东北、华北、西北为主。冻土冻胀性的大小与当地气温、土质、冻前土的含水量和地下水等有很大关系。地基土的冻胀性分类如表 7-3 所示。

表 7-3　地基土的冻胀性分类

土的名称	冻前天然含水量 $w/\%$	冻结期间地下水位距冻结面的最小距离 h_w/m	平均冻胀率 $\eta/\%$	冻胀等级	冻胀类别
碎（卵）石，砾，粗、中砂（粒径小于 0.075mm 颗粒含量大于 15%），细砂（粒径小于 0.075mm 颗粒含量大于 10%）	$w\leqslant 12$	>1.0	$\eta\leqslant 1$	I	不冻胀
		$\leqslant 1.0$	$1<\eta\leqslant 3.5$	II	弱冻胀
	$12<w\leqslant 18$	>1.0			
		$\leqslant 1.0$	$3.5<\eta\leqslant 6$	III	冻胀
	$w>18$	>0.5			
		$\leqslant 0.5$	$6<\eta\leqslant 12$	VI	强冻胀

续表

土的名称	冻前天然含水量 $w/\%$	冻结期间地下水位距冻结面的最小距离 h_w/m	平均冻胀率 $\eta/\%$	冻胀等级	冻胀类别
粉砂	$w\leqslant 14$	>1.0	$\eta\leqslant 1$	I	不冻胀
		$\leqslant 1.0$	$1<\eta\leqslant 3.5$	II	弱冻胀
	$14<w\leqslant 19$	>1.0			
		$\leqslant 1.0$	$3.5<\eta\leqslant 6$	III	冻胀
	$19<w\leqslant 23$	>1.0			
		$\leqslant 1.0$	$6<\eta\leqslant 12$	VI	强冻胀
	$w>23$	不考虑	$\eta>12$	V	特强冻胀
粉土	$w\leqslant 19$	>1.5	$\eta\leqslant 1$	I	不冻胀
		$\leqslant 1.5$	$1<\eta\leqslant 3.5$	II	弱冻胀
	$19<w\leqslant 22$	>1.5	$1<\eta\leqslant 3.5$	II	弱冻胀
		$\leqslant 1.5$	$3.5<\eta\leqslant 6$	III	冻胀
	$22<w\leqslant 26$	>1.5			
		$\leqslant 1.5$	$6<\eta\leqslant 12$	VI	强冻胀
	$26<w\leqslant 30$	>1.5			
		$\leqslant 1.5$	$H>12$	V	特强冻胀
	$w>30$	不考虑			
黏性土	$w\leqslant w_p+2$	>2.0	$\eta\leqslant 1$	I	不冻胀
		$\leqslant 2.0$	$1<\eta\leqslant 3.5$	II	弱冻胀
	$w_p+2<w\leqslant w_p+5$	>2.0			
		$\leqslant 2.0$	$3.5<\eta\leqslant 6$	III	冻胀
	$w_p+5<w\leqslant w_p+9$	>2.0			
		$\leqslant 2.0$	$6<\eta\leqslant 12$	VI	强冻胀
	$w_p+9<w\leqslant w_p+15$	>2.0			
		$\leqslant 2.0$	$\eta>12$	V	特强冻胀
	$w>w_p+15$	不考虑			

注：(1) w_p——塑限含水量，%；w——在冻土层内冻前天然含水量的平均值。

(2) 盐渍土不在表列。

(3) 塑性指数大于 22 时,冻胀性降低一级。

(4) 粒径小于 0.005mm 的颗粒含量大于 60% 时,为不冻胀土。

(5) 对于碎石类土,当填充物大于全部质量的 40% 时,其冻胀性按填充物土的类别判断。

(6) 碎石土,砾砂,粗砂,中砂(粒径小于 0.075mm 颗粒含量不大于 15%),细砂(粒径小于 0.075mm 颗粒含量不大于 10%)均按不冻胀考虑。

如果基础埋深小于土层的冻结深度,则基础底面和侧面均受到冻胀力向上的作用;如果基础埋深大于土层冻结深度,则基础底面不受到冻胀力作用。确定基础埋深应考虑地基的冻胀性,季节性冻土地基的设计冻深 z_d 应按下式计算:

$$z_d = z_0\psi_{zs}\psi_{zw}\psi_{ze} \tag{7-5}$$

式中　z_d——设计冻深;若当地有多年实测资料时,$z_d=h'-\Delta z$,h' 和 Δz 分别为实测冻土层的厚度和地表冻胀量;

　　　z_0——标准冻深,系采用在地表平坦、裸露、城市之外的空旷场地中不少于 10 年实测最大冻深的平均值,当无实测资料时,按《地基规范》附录 F 采用;

ψ_{zs}——土的类别对冻深的影响系数,如表 7-4 所示;

ψ_{zw}——土的冻胀性对冻深的影响系数,如表 7-5 所示;

ψ_{ze}——环境对冻深的影响系数,如表 7-6 所示。

表 7-4 土的类别对冻深的影响系数

土 的 类 别	影响系数 ψ_{zs}
黏性土	1.00
细砂、粉砂、粉土	1.20
中、粗、砾砂	1.30
碎石土	1.40

表 7-5 土的冻胀性对冻深的影响系数

冻 胀 性	影响系数 ψ_{zw}
不冻胀	1.00
弱冻胀	0.95
冻胀	0.90
强冻胀	0.85
特强冻胀	0.80

表 7-6 环境对冻深的影响系数

周 围 环 境	影响系数 ψ_{ze}
村,镇,旷野	1.00
城市近郊	0.95
城市市区	0.90

注:环境影响系数一项,当城市市区人口为 20 万～50 万时,按城市近郊取值;当城市市区人口为 50 万～100 万时,按城市市区取值;当城市市区人口超过 100 万时,按城市市区取值,5km 以内的郊区应按城市近郊取值。

当建筑基础底面之下允许有一定厚度的冻土层时,可用下式计算基础的最小埋深:

$$d_{max} = z_d - h_{max} \tag{7-6}$$

式中 h_{max}——基础底面下允许残留冻土层的最大厚度,按表 7-7 查取。当有充分依据时,基底下允许残留冻土层厚度也可根据当地经验确定。

表 7-7 建筑基底下允许残留冻土层厚度 h_{max} 　　　　　　　　　m

冻胀性	基础形式	采暖情况	基底平均压力/kPa						
			90	110	130	150	170	190	210
弱冻胀土	方形基础	采暖	—	0.94	0.99	1.04	1.11	1.15	1.20
		不采暖	—	0.78	0.84	0.91	0.97	1.04	1.10
	条形基础	采暖	—	>2.50	>2.50	>2.50	>2.50	>2.50	>2.50
		不采暖	—	2.20	2.50	>2.50	>2.50	>2.50	>2.50

续表

冻胀性	基础形式	采暖情况	基底平均压力/kPa						
			90	110	130	150	170	190	210
冻胀土	方形基础	采暖	—	0.64	0.70	0.75	0.81	0.86	—
		不采暖	—	0.55	0.60	0.65	0.69	0.74	—
	条形基础	采暖	—	1.55	1.79	2.03	2.26	2.50	—
		不采暖	—	1.15	1.35	1.55	1.75	1.95	—
强冻胀土	方形基础	采暖	—	0.42	0.47	0.51	0.56	—	—
		不采暖	—	0.36	0.40	0.43	0.47	—	—
	条形基础	采暖	—	0.74	0.88	1.00	1.13	—	—
		不采暖	—	0.56	0.66	0.75	0.84	—	—
特强冻胀土	方形基础	采暖	0.30	0.34	0.38	0.41	—	—	—
		不采暖	0.24	0.27	0.31	0.34	—	—	—
	条形基础	采暖	0.43	0.52	0.61	0.70	—	—	—
		不采暖	0.33	0.40	0.47	0.53	—	—	—

注：（1）本表只用于计算法向冻胀力，如果基侧存在切向冻胀，须采取防切向力措施；

（2）本表不适用于宽度小于 0.6m 的基础，矩形基础可取短边尺寸按方形基础进行计算；

（3）表中数据不适用于淤泥、淤泥质土和欠固结土；

（4）表中基底平均压力数值为永久荷载标准值乘以 0.9，可以采用内插法。

在冻胀、强冻胀、特强冻胀地基上，应采用下列防冻害措施：

（1）对于在地下水位以上的基础，基础侧面应回填非冻胀性的中砂或粗砂，其厚度不应小于 10cm。对于在地下水位以下的基础，可采用桩基础、自锚式基础（冻土层下有扩大板或扩底短桩），或采取其他有效措施。

（2）宜选择地势高、地下水位低、地表排水良好的建筑场地。对于低洼场地，宜在建筑四周向外 1 倍冻深距离范围内，使室外地坪至少高出自然地面 300~500mm。

（3）防止雨水、地表水、生产废水、生活污水浸入建筑地基，应设置排水设施。在山区，应设截水沟，或在建筑物下设置暗沟，以排走地表水和潜水流。

（4）在强冻胀性和特强冻胀性的地基上，基础结构中应设置钢筋混凝土圈梁和基础梁，并控制上部建筑的长高比，增强房屋的整体刚度。

（5）当独立基础联系梁下或桩基础承台下有冻土时，应在梁或承台下留有相当于该土层冻胀量的空隙，以防止因土的冻胀将梁或承台拱裂。

（6）外门斗、室外台阶和散水坡等部位宜与主体结构断开，散水坡分段不宜超过 1.5m，坡度不宜小于 3%，其下应填入非冻胀性材料。

（7）对于跨年度施工的建筑，入冬前应对地基采取相应的防护措施；按采暖设计的建筑物，当冬季不能正常采暖时，也应对地基采取保温措施。

7.4 地基承载力的确定

建筑物的荷重是由地基承担的。地基必须有足够的承担荷载的能力，才能保证建筑的安全，并且能正常使用。天然地基浅基础设计中的一个关键环节就是确定地基承载力。建筑物基础的底面尺寸须根据地基承载力来计算。地基承载力是指在满足变形和稳定性要求的前提下地基所能承受荷载的能力。

影响地基承载能力的因素主要有土的地质形成条件和土性、基础的构造特点、建筑物或构筑物的结构特征以及施工方法等。确定地基承载力的方法主要有下面四种：

(1) 按静载荷方法确定；

(2) 用理论公式计算；

(3) 根据原位测试、室内试验成果并结合工程经验等综合确定；

(4) 根据邻近条件相似建筑物的经验进行确定。

利用以上方法可能得出地基承载力特征值。《地基规范》对地基承载力特征值的定义如下："由载荷试验测定的地基土压力变形曲线线性变形内规定的变形所对应的压力值，其最大值为比例界限值。"《地基规范》也指出："地基承载力特征值可由载荷试验或其他原位测试、公式计算、并结合工程实践经验等方法综合确定。"而不同设计等级的建筑物，可按下面方法确定地基承载力特征值：甲级建筑物，必须有静载荷试验资料，结合其他各种方法综合确定；乙级建筑物，用静载荷试验以外的各种方法确定，必要时也应进行静载荷试验；丙级建筑物，用原位试验、经验等综合确定，必要时也应进行静载荷试验和用理论公式计算。

进行地基基础设计时，首先要确定地基承载力特征值，然后视设计的具体情况对特征值进行修正，再用修正后的特征值进行基础底面尺寸设计计算。

7.4.1　按静载荷试验确定地基承载力特征值

1. 确定地基承载力特征值

根据静载荷试验数据，可绘出描述土层荷载与变形关系的 p-s 曲线，进而可按有关规定确定地基承载力特征值。

同一土层参加统计的试验点不应少于 3 点，当试验实测值的极差不超过其平均值的30% 时，取平均值作为土层的地基承载力特征值 f_{ak}。

2. 地基承载力特征值的修正

当基础宽度大于 3m 或埋置深度大于 0.5m 时，根据静载荷试验或其他原位测试、经验值等方法确定的地基承载力特征值尚应按下式修正：

$$f_a = f_{ak} + \eta_b \gamma (b-3) + \eta_d \gamma_m (d-0.5) \tag{7-7}$$

式中　f_a——修正后的地基承载力特征值；

　　　f_{ak}——地基承载力特征值；

　　　η_b、η_d——基础宽度和埋深的地基承载力修正系数，按基底下土的类别查表 7-8取值；

　　　γ——基础底面以下土的重度，地下水位以下取浮重度；

　　　b——基础底面宽度，m；当 $b<3m$ 时，按 3m 取值；$b>6m$ 时，按 6m 取值；

　　　γ_m——基础底面以上土的加权平均重度，地下水位以下取浮重度；

　　　d——基础埋置深度，m；宜自室外地面标高算起。在填方整平地区，可自填土地面标高算起，但填土在上部结构施工后完成时，应从天然地面标高算起。对于地下室，如采用箱形基础或筏形基础，基础埋置深度应自室外地面标高算起；当采用独立基础或条形基础时，应从室内地面标高算起。

表 7-8 承载力修正系数

土 的 类 别		η_b	η_d
淤泥和淤泥质土		0	1.0
人工填土,e 或 I_L 不小于 0.85 的黏性土		0	1.0
红黏土	含水比 $\alpha_w > 0.8$	0	1.2
	含水比 $\alpha_w \leqslant 0.8$	0.15	1.4
大面积压实填土	压实系数大于 0.95,黏粒含量 $\rho_c \geqslant 10\%$ 的粉土	0	1.5
	最大干密度大于 2.1t/m³ 的级配砂石	0	2.0
粉土	黏粒含量 $\rho_c \geqslant 10\%$ 的粉土	0.3	1.5
	黏粒含量 $\rho_c < 10\%$ 的粉土	0.5	2.0
e 及 I_L 均小于 0.85 的黏性土		0.3	1.6
粉砂、细砂(不包括很湿或饱和时的稍密状态)		2.0	3.0
中砂、粗砂、砾砂和碎石土		3.0	4.4

注:(1) 对于强风化的岩石,可参照所风化成的相应土类取值;其他状态下的岩石可不进行修正;

(2) 地基承载力特征值按本规范附录 D 深层平板载荷试验确定时,η_d 取 0。

(3) 含水比是指土的天然含水量与液限的比值。

7.4.2 按强度理论公式计算地基承载力

当偏心距 e 小于或等于 0.033 倍基础底面宽度时,根据土的抗剪强度指标确定地基承载力时可按下式计算,并应满足变形要求:

$$f_a = M_b \gamma b + M_d \gamma_m d + M_c c_k \tag{7-8}$$

式中 f_a——由土的抗剪强度指标确定的地基承载力设计值;

M_b、M_d、M_c——承载力系数,按表 7-9 确定;

b——基础底面宽度;$b > 6$m 时,按 6m 考虑;对于砂土,$b < 3$m 时,按 3m 取值;

c_k——基底下 1 倍基宽深度内土的黏聚力标准值。

式(7-8)是根据塑性荷载 $p_{1/4}$ 公式得出的公式,并根据试验和经验作了修正。考虑到现行规范中 $p_{kmax} \leqslant 1.2 f_{ak}$ 的要求,而在 $p_{1/4}$ 公式采用的计算模式中,基底压力是均匀分布的,当基础受到偏心荷载或水平荷载较大从而使偏心距过大时,地基反力的分布将很不均匀。为了符合计算承载力的前提理论模式和规范要求,可对式(7-8)增加一个限制条件,即偏心距 e 小于或等于 0.033 倍基础底面宽度。同时,由于式(7-8)只考虑了强度而未考虑变形,因此采用该公式计算强度时尚应验算地基变形。

表 7-9 承载力系数 M_b、M_d、M_c

土的内摩擦角标准值 $\varphi_k/(°)$	M_b	M_d	M_c
0	0.00	1.00	3.14
2	0.03	1.12	3.32
4	0.06	1.39	3.51
6	0.10	1.55	3.71
8	0.14	1.73	3.93
10	0.18	1.94	4.17
12	0.23	2.17	4.42

续表

土的内摩擦角标准值 $\varphi_k/(°)$	M_b	M_d	M_c
14	0.29	2.43	4.69
16	0.36	2.72	5.00
18	0.43	3.06	5.31
20	0.51	3.44	5.66
22	0.61	3.87	6.04
24	0.80	4.37	6.45
26	1.10	4.93	6.90
28	1.40	5.59	7.40
30	1.90	6.35	7.95
32	2.60	7.21	8.55
34	3.40	8.25	9.22
36	4.20	9.44	9.97
38	5.00	10.84	10.80
40	5.80	—	11.73

注：φ_k——基底下 1 倍短边宽深度内土的内摩擦角标准值。

7.4.3　岩石地基承载力特征值的确定

岩石地基承载力特征值，可由载荷试验得出试验数据，绘出 p-s 图，由 p-s 图确定基承载力特征值。

根据 p-s 曲线可按下列规定确定岩石地基承载力特征值：

（1）对应于 p-s 曲线上起始直线段的终点为比例界限，符合终止加载条件的前一级荷载为极限荷载，将极限荷载除以 3 的安全系数，所得值与对应于比例界限的荷载相比较，取较小值。

（2）每个场地载荷试验的数量不应少于 3 个，取最小值作为岩石地基承载力特征值。

对于完整、较完整和较破碎的岩石地基承载力特征值，可根据室内饱和单轴抗压强度确定。

根据参加统计的一组试样的试验值计算其平均值、标准差和变异系数，取岩石饱和单轴抗压强度的标准值为

$$f_{rk} = \psi f_{rm} \tag{7-9}$$

$$\psi = 1 - (1.704/\sqrt{n} + 4.678/n^2)\delta \tag{7-10}$$

式中　f_{rm}——岩石饱和单轴抗压强度平均值；

　　　　f_{rk}——岩石饱和单轴抗压强度标准值；

　　　　ψ——统计修正系数；

　　　　n——试样个数；

　　　　δ——变异系数。

完整、较完整和较破碎的岩石地基承载力特征值可按下式计算：

$$f_a = \psi_r f_{rk} \tag{7-11}$$

式中　f_a——岩石地基承载力特征值，kPa；

f_{rk}——岩石饱和单轴抗压强标准值,kPa;f_{rk}可按本规范附录J确定;

ψ_r——折减系数,根据岩体完整程度以及结构面的间距,宽度,产状和组合,由地区经验确定;无经验时,对完整岩体可取0.5;对较完整岩体可取0.2~0.5;对较破碎岩体可取0.1~0.2。

对于破碎,极破碎的岩石地基承载力特征值,可根据地区经验取值;无地区经验时,可根据平板载荷试验确定,岩石地基承载力不进行深宽修正。

7.4.4 软弱下卧层承载力的验算

当地基受力层范围内有软弱卧层(见图7-16)时,应验算下卧层顶面承载力是否足够,即验算作用在其顶面的自重应力与附加应力之和是否小于修正后的承载力特征值。按下式验算:

$$p_z + p_{cz} \leqslant f_{az} \tag{7-12}$$

式中 p_z——相应于作用的标准组合时,软弱下卧层顶面处的附加压力值;

p_{cz}——软卧下卧层顶面处土的自重压力值;

f_{az}——软卧下卧层顶面处经深度修正后地基承载力特征值。

对于条形基础和矩形基础,式(7-12)中的p_z值可按下列公式简化计算:

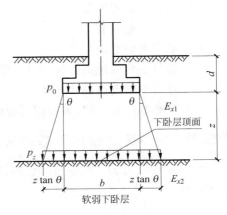

图 7-16 附加应力简化计算图

条形基础:

$$p_z = \frac{b(p_k - p_c)}{b + 2z\tan\theta} \tag{7-13}$$

矩形基础:

$$p_z = \frac{lb(p_k - p_c)}{(b + 2z\tan\theta)(l + 2z\tan\theta)} \tag{7-14}$$

式中 b——矩形基础和条形基础底边的宽度;

l——矩形基础底边的长度;

p_c——基础底面处土的自重压力标准值;

z——基础底面至软弱下卧层顶面的距离;

θ——地基压力扩散线与垂直线的夹角(°),θ可按表7-10采用。

表 7-10 地基压力扩散角 θ

E_{s1}/E_{s2}	z/b	
	0.25	0.50
3	6°	23°
5	10°	25°
10	20°	30°

注:(1) E_{s1}为上层土压缩模量;E_{s2}为下层土压缩模量;

(2) $z/b < 0.25$时,取$\theta = 0°$,必要时,宜由试验确定;$z/b > 0.50$时,θ值不变;

(3) z/b在0.25与0.50之间时,可插值使用。

7.5　基础的设计与计算

当基础埋深和地基承载力初步确定以后,就可根据上部荷载进行基础底面尺寸的设计。

基础底面尺寸一般根据持力层地基承载力初步确定,再进行验算。验算时,如果持力层下面是软弱下卧层,应验算软弱下卧层的承载力,有必要时还须验算地基变形和稳定性。天然地基上的浅基础设计内容和一般步骤如下:

(1) 确定基础类型和材料以及平面布置方式;

(2) 选择基础埋置深度;

(3) 确定地基承载力;

(4) 确定基础底面尺寸;

(5) 进行必要的地基验算(变形、稳定性);

(6) 进行基础剖面设计;

(7) 绘制基础施工图,编写施工说明。

7.5.1　轴心荷载作用下基础底面尺寸的确定

根据基础压力为直线分布的假设,可知在轴心荷载作用下基底压力为均匀分布,其值根据下式计算:

$$p_k = \frac{F_k + G_k}{A} \tag{7-15a}$$

式中　F_k——相应于作用的标准组合时,上部结构传至基础顶面的竖向力值,kN;

A——基础底面面积,$A = bl$,m^2;

G_k——基础自重和基础上的土重,$G_k = \gamma_G AD$;

γ_G——基础及台阶上回填土平均重度,一般取 $20kN/m^3$;

D——室内外地面到基础底面的平均距离(见图 7-17),m;

b、l——基础底面短边和长边,m。

轴心荷载作用下的地基承载力必须满足下式:

$$p_k \leqslant f_a \tag{7-15b}$$

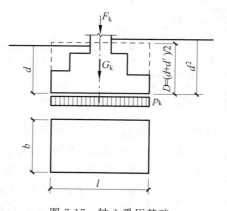

图 7-17　轴心受压基础

$$p_k = \frac{F_k + G_k}{A} = \frac{F_k + \gamma_k AD}{A} \tag{7-16}$$

由式(7-15b)和式(7-16)得

$$\frac{F_k + \gamma_G AD}{A} \leqslant f_a$$

由此式得

$$A \geqslant \frac{F_k}{f_a - \gamma_G D} \tag{7-17}$$

方形基础:

$$b = l \geqslant \sqrt{\frac{F_k}{f_a - \gamma_G D}} \tag{7-18}$$

条形基础,在纵向取延米计算(取 $l = 1\text{m}$),则只需求得基础宽度即可:

$$b \geqslant \frac{F_k}{f_a - \gamma_G D} \tag{7-19}$$

矩形基础:

$$bl \geqslant \frac{F_k}{f_a - \gamma_G D} \tag{7-20}$$

式中 b 和 l 都未知,设计时可先设一长宽比值 $n = \dfrac{l}{b}$,由此式得 $l = nb$,代入式(7-20),得

$$b \geqslant \sqrt{\frac{F_k}{n(f_a - \gamma_G D)}} \tag{7-21}$$

而长度 l 则可由所求得的 b 值由 $l = nb$ 得出。在实际工程中,长宽比 n 不宜过大,宜取 n 不大于2。

【例 7-1】 某独立基础(正方形)承受砖墙传到基础顶面正常使用极限状态下轴心荷载标准组合值 $F_k = 185\text{kN}$,其他数据见图 7-18。试验算软弱下卧层的强度。

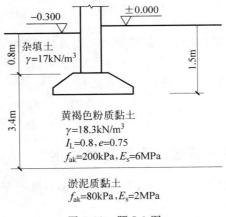

图 7-18 题 7-1 图

【解】 (1) 求修正后的地基承载力特征值 f_a

由于开始设计时并不知道基础宽度,故先只对深度影响部分进行修正。

基础底面以上土的加权平均重度为

$$\gamma_m = \frac{17 \times 0.8 + 18.3 \times 0.4}{0.8 + 0.4} = 17.4 (\text{kN/m}^3)$$

查表 7-8 得,$\eta_d = 1.6$,按规定 d 取 1.5,则

$$f_a = f_{ak} + \eta_b \gamma (b - 3) + \eta_d \gamma_m (d - 0.5) = 200 + 1.6 \times 17.4 \times (1.2 - 0.5) = 219.5 (\text{kPa})$$

(2) 求算基础底面宽度

$$D = \frac{1.2 + 1.5}{2} = 1.35 (\text{m})$$

由式(7-18)得

$$b = \sqrt{\frac{F_k}{f_a - \gamma_G D}} = \sqrt{\frac{185}{219.5 - 20 \times 1.35}} = 0.98(\text{m})$$

取 $b = 1\text{m} < 3\text{m}$，基础宽度不用修正。

$$p_k = \frac{F_k + G_k}{A} = \frac{185 + 20 \times 1.0 \times 1.35}{1.0} = 212.0(\text{kPa}) < f_a$$

则持力层承载力满足要求。

（3）验算软弱下卧层强度

$$p_c = 17 \times 0.8 + 18.3 \times 0.4 = 20.9(\text{kPa})$$

由 $\frac{E_{S1}}{E_{S2}} = \frac{6}{2} = 3$ 和 $z = 3\text{m} > 0.50b = 0.5 \times 1.0 = 0.5(\text{m})$，查表 7-10，得地基压力扩散角 $\theta = 23°$。

将以上数据代入式(7-14)，得软弱下卧层顶面处附加应力为

$$p_z = \frac{b(p_k - p_c)}{(b + 2z\tan\theta)^2} = \frac{1.0 \times (212.0 - 20.9)}{(1.0 + 2 \times 3 \times \tan 23°)^2} = 15.2(\text{kPa})$$

软弱下卧层顶面处自重应力为

$$p_{cz} = 17 \times 0.8 + 18.3 \times 3.4 = 75.8(\text{kPa})$$

软弱下卧层顶面以上土的加权平均重度为

$$\gamma_m = \frac{17.0 \times 0.8 + 18.3 \times 3.4}{0.8 + 3.4} = 18.1(\text{kN/m}^3)$$

查表 7-8，得 $\eta_d = 1.0$，则软卧下卧层顶面处经深度修正后地基承载力特征值为

$$f_{az} = f_{akz} + \eta_d \gamma_m (d + z - 0.5) = 80 + 1.0 \times 18.1 \times (1.2 + 3 - 0.5) = 147.0(\text{kPa})$$

软弱下卧层顶面以上附加应力与自重应力之和为

$$p_z + p_{cz} = 15.2 + 75.8 = 91(\text{kPa}) < f_{az} = 147.0\text{kPa}$$

则软弱下卧层承载力满足要求。

7.5.2　偏心荷载作用下基础底面尺寸的确定

由于存在对基础底面中心处弯矩的作用，基础底面各处的基底压力均匀，其最大值与最小值按下式求算：

当偏心距 $e \leqslant \frac{b}{6}$ 时（见图 7-19）

$$p_{kmax} = \frac{F_k + G_k}{A} + \frac{M_{xk}}{W_x} + \frac{M_{yk}}{W_y} = \frac{F_k + G_k}{bl} + \frac{6M_{xk}}{bl^2} + \frac{6M_{yk}}{b^2 l} \tag{7-22}$$

$$p_{kmin} = \frac{F_k + G_k}{A} - \frac{M_{xk}}{W_x} - \frac{M_{yk}}{W_y} = \frac{F_k + G_k}{bl} - \frac{6M_{xk}}{bl^2} - \frac{6M_{yk}}{b^2 l} \tag{7-23}$$

当偏心距 $e > \frac{b}{6}$ 时（见图 7-20）

$$p_{kmax} = \frac{2(F_k + G_k)}{3la} \tag{7-24}$$

式中　M_{xk}、M_{yk}——相应于作用的标准组合时，分别作用于基础底面 x、y 对称轴的力矩值；

W_x、W_y——基础底面分别对 x 轴、y 轴的抵抗矩；

p_{kmax}、p_{kmin}——相应于荷载效应标准组合时，基础底面边缘的最大、最小压力值。

l——垂直于力矩作用方向的基础底面边长；

a——合力作用点至基础底面最大压力边缘的距离。

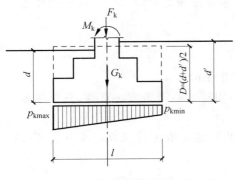

图 7-19　偏心荷载下的基础

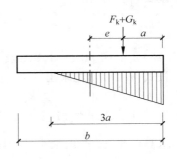

图 7-20　偏心荷载$\left(e>\dfrac{b}{6}\right)$下基底压力计算示意图

基底压力应按式(7-15)和下式验算：

$$p_{kmax} \leqslant 1.2 f_a \tag{7-25}$$

$$p_{kmin} \geqslant 0 \tag{7-26}$$

式(7-26)用于保证基础底面不出现拉应力(偏心距不小于$l/6$)。设计时，原则上应保证满足该式。只是在个别荷载组合或低压缩性土情况下才可适当放宽要求，但偏心距仍不宜大于$\dfrac{l}{4}$。

基底尺寸求算可采用两种方法，一种是试算法，一种是解析法。

1. 试算法

先按中心荷载作用下的公式(7-17)初估基础底面积 A_0，再考虑偏心不利影响，加大基底面积 $10\% \sim 40\%$。偏心小时可取较小值，偏心大时可取较大值，即暂取 $A = (1.1 \sim 1.4) A_0$。

然后取一个长宽比 $n = \dfrac{l}{b}$，由 $bl = b^2 n = A$ 求出 $b = \sqrt{\dfrac{A}{n}}$ 和 $l = \dfrac{A}{b}$。最后用式(7-15b)、式(7-25)和式(7-26)验算。若不满足要求，则应调整尺寸，再验算。如此反复，直到满足要求为止。调整时宜考虑基底尺寸的经济性。当然由于是估算，初学者往往对这一点未能顾及。而下面介绍的解析法则可解决这一问题。

2. 解析法

1) 矩形基础

先设定一个长宽比 $n = \dfrac{l}{b} = 1 \sim 2$，由式(7-22)和式(7-25)可得

$$b \geqslant \frac{1}{\sqrt{n}} \left(\sqrt[3]{-p+q} + \sqrt[3]{-p-q} \right) \tag{7-27a}$$

$$p = -\frac{3M}{\sqrt{n}(1.2 f_a - \gamma_G D)} \tag{7-27b}$$

$$M = M_x + n M_y \tag{7-27c}$$

$$\Omega = p^2 + q^3 \tag{7-27d}$$

$$q = -\frac{F_k}{3(1.2 f_a - \gamma_G D)} \tag{7-27e}$$

按式(7-27a)求出的基底宽度 b 及长度 l,是在取定 n 值的条件下,以偏心距 $e=\dfrac{l}{6}$(即满足式(7-26))为前提推导出来的,因此应验算该尺寸是否满足式(7-26)。这一验算也可由下面的式子进行:

$$\frac{F_k+G_k}{Af_a} \geqslant 0.6 \qquad (7-28)$$

式(7-28)是由式 $p_{kmax}=1.2f_a$ 及 $p_{kmin}\geqslant 0$ 推导出来的。

如果按式(7-28)不能求出 b,说明荷载较小,不用按偏心受压方法求算,只需按轴心受压方法求算 b 与 l 即可。

如果该尺寸不满足式(7-26)或式(7-28),则可调整 n 值再行求算;或由式(7-23)和式(7-26)求算满足 $e\leqslant\dfrac{l}{6}$ 的最小基础底面尺寸:

$$b_{min} = \frac{1}{\sqrt{n}}(\sqrt[3]{-p+q}+\sqrt[3]{-p-q}) \qquad (7-29a)$$

$$p = \frac{3M}{\sqrt{n}\,\gamma_G D} \qquad (7-29b)$$

$$M = M_x + nM_y \qquad (7-29c)$$

$$\Omega = p^2 + q^3 \qquad (7-29d)$$

$$q = \frac{F_k}{3\gamma_G D} \qquad (7-29e)$$

2) 条形基础

在基础纵向取延米进行计算(取 $l=1$m),按上述方法可求得

$$b \geqslant \frac{F_k+\sqrt{F_k^2-24M(1.2f_a-\gamma_G D)}}{2(1.2f_a-\gamma_G D)} \qquad (7-30)$$

与矩形基础相同,如果按式(7-30)不能求出 b,或者不满足式(7-26)或式(7-28),则可由式(7-23)和式(7-26)求算满足 $e\leqslant\dfrac{l}{6}$ 的最小基础底面尺寸:

$$b \geqslant \frac{-F_k+\sqrt{F_k^2+24M\gamma_G D}}{2\gamma_G D} \qquad (7-31)$$

以上求出的基础底面尺寸尚应满足式(7-15)的要求。

【例 7-2】 某房屋柱传到基础顶面的荷载为 $F_k=1200$kN, $M_x=400$kN·m, $M_y=100$kN·m。地基为红黏土,重度为 18.0kN/m³,含水比为 0.6,已确定地基承载力特征值 $f_{ak}=200$kPa。基础埋深 $D=1.8$m。确定基础底面尺寸。

【解】 1. 求修正后的地基承载力特征值 f_a

由于开始设计时并不知道基础宽度,故先只对深度影响部分进行修正。

查表7-8,得 $\eta_d=1.4$,则

$$f_a = f_{ak} + \eta_b\gamma(b-3) + \eta_d\gamma_m(d-0.5) = 200+1.4\times18\times(1.8-0.5) = 232.8\,(kPa)$$

2. 求算基础底面长宽

1) 用试算法求 b、l

(1) 求 l、b

由于荷载为偏心作用,故基础面积试按轴心受压力面积公式(7-17)增大 1.2 倍,即取

$$A \geqslant 1.2 \frac{F_k}{f_a - \gamma_G D} = 1.2 \times \frac{1200}{232.8 - 20 \times 1.8} = 7.3 (\text{m}^2)$$

取 $n = \dfrac{l}{b} = 1.5$，则 $A = bl = b^2 n$，由此得

$$b \geqslant \sqrt{\frac{A}{n}} = \sqrt{\frac{7.3}{1.5}} = 2.2 (\text{m})$$

$$l \geqslant nb = 1.5 \times 2.2 = 3.3 (\text{m})$$

（2）验算 l、b

$$G_k = \gamma_G A D = 20 \times 2.2 \times 3.3 \times 1.8 = 261.4 (\text{kN})$$

$$p_k = \frac{F_k + G_k}{A} = \frac{1200 + 261.4}{2.2 \times 3.3} = 201.3 (\text{kPa})$$

$$p_{max} = \frac{F_k + G_k}{bl} + \frac{6M_{xk}}{bl^2} + \frac{6M_{yk}}{b^2 l} = \frac{1200 + 261.4}{2.2 \times 3.3} + \frac{6 \times 400}{2.2 \times 3.3^2} + \frac{6 \times 100}{2.2^2 \times 3.3}$$

$$= 339 (\text{kPa}) > 1.2 f_a = 1.2 \times 232.8 = 279.4 (\text{kPa})$$

不满足地基承载力要求，后续内容不用再验算。可再行试算，直到满足要求为止。此处从略。

2）用解析法求 l、b

（1）求算 l、b

仍取 $n = \dfrac{l}{b} = 1.5$

$$M = M_x + nM_y = 400 + 1.5 \times 100 = 550 (\text{kN} \cdot \text{m})$$

$$p = -\frac{3M}{\sqrt{n}(1.2 f_a - \gamma_G D)} = -\frac{3 \times 550}{\sqrt{1.5} \times (1.2 \times 232.8 - 20 \times 1.8)} = -5.54$$

$$q = -\frac{F_k}{3 \times (1.2 f_a - \gamma_G D)} = -\frac{1200}{3 \times (1.2 \times 232.8 - 20 \times 1.8)} = -1.64$$

$$\Omega = p^2 + q^3 = (-5.54)^2 + (-1.64)^3 = 26.21$$

由式(7-26)得

$$b \geqslant \frac{1}{\sqrt{n}} (\sqrt[3]{-p + \Omega} + \sqrt[3]{-p - \Omega})$$

$$= \frac{1}{\sqrt{1.5}} \times (\sqrt[3]{-(-5.54) + 26.21} + \sqrt[3]{-(-5.54) - 26.21}) = 2.41 (\text{m})$$

$$l = bn = 1.5 \times 2.41 = 3.62 (\text{m})$$

（2）验算

将 l、b 代入式(7-27)，得

$$\frac{F_k + G_k}{A f_a} = \frac{1200 + 20 \times 2.41 \times 3.62 \times 1.8}{2.41 \times 3.6 \times 232.8} = 0.7 \geqslant 0.6$$

以上计算结果已说明计算尺寸 l、b 满足 $p_{max} \leqslant 1.2 f_a$ 和 $p_{min} \geqslant 0$。再验算是否满足式(7-15b)：

$$p_k = \frac{F_k + G_k}{A} = \frac{1200 + 20 \times 2.41 \times 3.62 \times 1.8}{2.41 \times 3.62} = 173.5 (\text{kPa}) < f_a = 232.8 \text{kPa}$$

满足地基承载力要求。

按以上解析法求算的基底尺寸是当 $n=1.5$ 时满足地基承载力的最经济尺寸。在实际设计时,一般可取得稍大一些,比如本例可取 $b=2.5\text{m}$,$l=3.7\text{m}$。

7.5.3   无筋扩展基础剖面尺寸的确定

无筋扩展基础(见图 7-21)是指由砖、毛石、混凝土或毛石混凝土、灰土和三合土等材料组成,且不须配置钢筋的墙下条形基础或柱下独立基础,适用于多层民用建筑和轻型厂房。该类基础特点是抗压强度较大,而抗拉强度、抗弯强度和抗剪强度很小。当地基反力作用于基础底面时,必须保证基础的每一台阶具有足够的相对高度。在设计中,这一要求是通过符

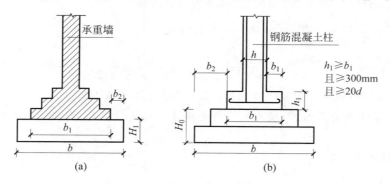

图 7-21   无筋扩展基础构造示意图

合规定的台阶宽高比允许值来实现的,即

$$\frac{b_1}{h_1} = \frac{b_2}{h_2} = \cdots = \frac{b_n}{h_n} \leqslant \tan\alpha \tag{7-32}$$

式中 b_1、b_2、$\cdots$、b_n——基础由顶面向下第 $1,2,\cdots,n$ 个台阶的宽度;

   h_1、h_2、$\cdots$、h_n——与第 $1,2,\cdots,n$ 个台阶相对应的各个台阶高度;

   $\tan\alpha$——基础台阶宽高比 $b_2:H_0$(H_0 为基础高度;b_2 为基础台阶宽度),其允许值可按表 7-11 选用。

表 7-11   无筋扩展基础台阶宽高比的允许值

基 础 材 料	质 量 要 求	台阶宽高比的允许值		
		$p_k \leqslant 100$	$100 < p_k \leqslant 200$	$200 < p_k \leqslant 300$
混凝土基础	C15 混凝土	1/1.00	1/1.00	1/1.25
毛石混凝土基础	C15 混凝土	1/1.00	1/1.25	1/1.50
砖基础	砖不低于 MU10,砂浆不低于 M5	1/1.50	1/1.50	1/1.50
毛石基础	砂浆不低于 M5	1/1.25	1/1.50	—
灰土基础	体积比为 3∶7 或 2∶8 的灰土,其最小干密度规格如下: 粉土,1550kg/m³; 粉质黏土,1500kg/m³; 黏土,1450kg/m³	1/1.25	1/1.50	

续表

基础材料	质量要求	台阶宽高比的允许值		
		$p_k \leqslant 100$	$100 < p_k \leqslant 200$	$200 < p_k \leqslant 300$
三合土基础	体积比 $1:3:6 \sim 1:2:4$（石灰：砂：骨料），每层虚铺约 220mm，夯至 150mm	1/1.50	1/2.00	—

注：(1) p_k 为作用标准组合荷载时基础底面处的平均压力值，kPa；

(2) 阶梯形毛石基础每阶伸出的宽度不宜大于 200mm；

(3) 当基础由不同材料叠合组成时，应对接触部分作抗压验算；

(4) 混凝土基础单侧扩展范围内基础底面处的平均压力值超过 300kPa 时，尚应进行抗剪验算；对于基底反力集中于立柱附近的岩石地基，应进行局部受压承载力验算。

满足台阶宽高比允许值的基础高度应符合下式要求：

$$H_0 = \frac{b - b_0}{2\tan\alpha} \qquad (7\text{-}33)$$

式中　b——基础底面宽度；

　　　b_0——基础顶面的墙体宽度或柱脚宽度。

采用无筋扩展基础的钢筋混凝土柱，其柱脚高度 h_1 不得小于 b_1（见图 7-22），并不应小于 300mm 和 $20d$（d 为柱中纵向受力钢筋的最大直径）。当柱纵向钢筋在柱脚内的竖向锚固长度不满足锚固要求时，可沿水平方向弯折，弯折后的水平锚固长度不应小于 $10d$，也不小于 $20d$。

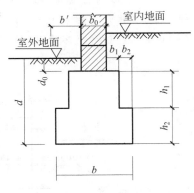

图 7-22　例 7-3 图 1

【例 7-3】　在例 7-1 中，如果荷载值为 $F_k = 160$kPa/m，墙厚 240mm，试设计无筋扩展基础。

【解】　方案一：毛石基础

采用 C10 毛石，M5 砂浆。

求毛石基础台阶宽高比的允许值 $\tan\alpha$

基础底面平均压力为

$$p_k = \frac{F_k + G_k}{A} = \frac{160 + 20 \times 1.0 \times 1.0 \times 1.35}{1.0 \times 1.0} = 187\,(\text{kPa})$$

查表 7-11，得 $\tan\alpha = \dfrac{1}{1.5}$。

(1) 求各台阶宽度

基础两边各挑出宽度为

$$b_1 = \frac{b - b_0}{2} = \frac{1000 - 240}{2} = 380\,(\text{mm})$$

则一个台阶平均宽为 $\dfrac{380}{2} = 190$(mm)。

取上阶宽 $b_1 = 200$mm，则下阶宽 $b_2 = 380 - 200 = 180$(mm)。

（2）求各台阶最小高度

要满足台阶宽高比允许值,即应符合

$$\frac{b_1}{h_1} = \frac{b_2}{h_2} \leqslant \tan\alpha$$

如图 7-22 所示,各台阶高度为

$$h_1 \geqslant \frac{b_1}{\tan\alpha} = \frac{200}{\dfrac{1}{1.5}} = 300(\text{mm}), \quad h_2 \geqslant \frac{b_2}{\tan\alpha} = \frac{180}{\dfrac{1}{1.5}} = 270(\text{mm})$$

取 $h_1 = 300\text{mm}, h_2 = 300\text{mm}$。

（3）验算基础顶面到室外地基距离 d_0

$d_0 = d - h_1 - h_2 = 1200 - 300 - 300 = 600(\text{mm}) > 100(\text{mm})$,满足构造要求。

但毛石基础通常要求每阶高不少于 400mm,因此所取每阶高度过小,可将设计调整为两种方案,具体计算过程从略,其剖面图见图 7-23,其中 1 阶方案的台阶过宽>200mm(见表 7-11 注),故该方案不合适。

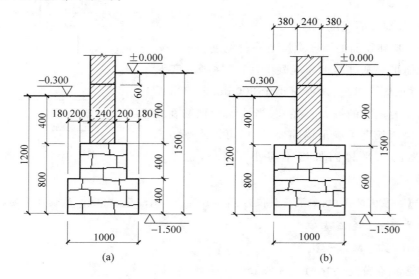

图 7-23   例 7-3 图 2

(a) 2 阶；(b) 1 阶

方案二：灰土基础(基础下层用灰土,其上砌砖)

采用体积比为 3:7 的灰土,其中土料采用粉土。

1）求灰土基础台阶宽高比的允许值 $\tan\alpha$

查表 7-11,得 $\tan\alpha = \dfrac{1}{1.50}$。

2）求各台阶尺寸

（1）灰土台阶尺寸

取灰土台阶高为 2 步(300mm),则灰土台阶满足宽高比要求的最小宽度为

$$b_2 = h_2\tan\alpha = 300 \times \frac{1}{1.50} = 200(\text{mm})$$

（2）砖大放脚尺寸

砖大放脚采用"二、一间隔法"砌筑形式，每皮均收进60mm，故大放脚每边收进长度为

$$\frac{1000-240-2\times200}{2}=180(\text{mm})$$

由此可知，每边收进砖皮数为$\frac{180}{60}=3$（皮）。这3皮砖高度为$2\times120+60=300(\text{mm})$。

（3）验算基础顶面到室外地基距离d_0

$$d_0=1200-300-300=600(\text{mm})>100(\text{mm})$$

故基础满足构造要求。剖面图见图7-24。该方案符合要求。

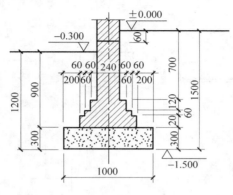

图7-24　例7-3图3

7.5.4　扩展基础设计

扩展基础系指柱钢筋混凝土独立基础和墙下钢筋混凝土条形基础。由于配有钢筋，其受力性能如抗拉强度、抗压强度、抗弯强度等均较无筋扩展基础有很大的优越性。扩展基础适用于上部结构荷载较大，或承受较大弯矩、水平荷载的情况。当地表持力层土质较好，而下层土质软弱时，可利用表层好土层设置浅埋扩展基础，发挥其优势。

1．扩展基础的构造要求

（1）高度：锥形基础的边缘高度不宜小于200mm（见图7-25）；阶梯形基础每阶的高度宜为300～500mm（见图7-26）。

（2）垫层：为给基础施工提供较好的工作面，基础垫层的厚度不宜小于70mm，垫层混凝土强度等级不应低于C10。通常采用C10混凝土做100mm厚垫层，两端伸出长度为50mm或100mm（见图7-26）。

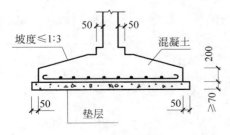

图7-25　锥形基础

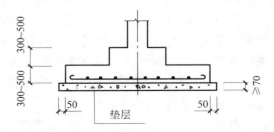

图7-26　阶梯形基础

（3）钢筋：扩展基础底板受力钢筋的最小直径不宜小于 10mm，间距不宜大于 200mm，也不宜小于 100mm，受力钢筋最小配筋率不应小于 0.15%。墙下钢筋混凝土条形基础纵向分布钢筋的直径不宜小于 8mm，间距不宜大于 300mm，每延米分布负钢筋的面积应不小于受力钢筋面积的 15%。当有垫层时，钢筋保护层的厚度不应小于 40mm；无垫层时，钢筋保护层的厚度不应小于 70mm。

（4）混凝土：混凝土强度等级不应低于 C20。

（5）当柱下钢筋混凝土独立基础的边长和墙下钢筋混凝土条形基础的宽度大于或等于 2.5m 时，底板受力钢筋的长度可取边长或宽度的 0.9 倍，并宜交错布置（见图 7-27）。

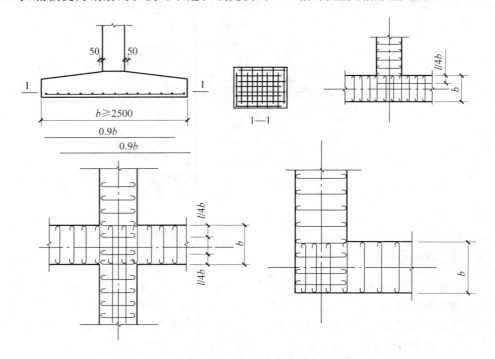

图 7-27　扩展基础底板受力钢筋布置示意

（6）钢筋混凝土条形基础底板在 T 形及十字形交接处，底板横向受力钢筋仅沿一个主要受力方向通长布置，另一方向的横向受力钢筋可布置到主要受力方向底板宽度 1/4 处（见图 7-27）。在拐角处，底横向受力筋应沿两个方向布置（见图 7-27）。

（7）当基础高度小于 l_a(l_{aE})时，纵向受力钢筋的锚固总长度除应符合上述要求外，其最小直锚段的长度不应小于 20d，弯折段的长度不应小于 150mm。

钢筋混凝土柱和剪力墙的纵向受力钢筋在基础内的锚固长度 l_a 应根据钢筋在基础内的最小保护层厚度按现行《混凝土结构设计规范》（GB 50010—2010）有关规定确定。有抗震设防要求时，纵向受力钢筋的最小锚固长度 l_{aE} 应按下式计算：对于一、二级抗震等级，$l_{aE}=1.15l_a$；对于三级抗震等级，$l_{aE}=1.05l_a$；对于四级抗震等级，$l_{aE}=l_a$。其中，l_a 为纵向受拉钢筋的锚固长度。

现浇柱的基础，其插筋的数量、直径以及钢筋种类应与柱内纵向受力相同。插筋的锚固长度应满足上述要求，插筋与柱的纵向受力钢筋的连接方法，应符合现行《混凝土结构设计规范》(GB 50010—2010)的规定。插筋的下端宜做成直钩放在基础底板钢筋网上。当符合下列条件之一时,可仅将四角的插筋伸至底板钢筋网上,其插筋锚固在基础顶面下 l_a 或 l_{aE}(有抗震设防要求时)(见图 7-28):①柱为轴心受压或小偏心受压,基础高度大于等于 1200mm;②柱为大偏心受压,基础高度大于等于 1400mm。

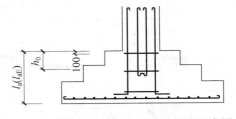

图 7-28 现浇柱的基础中插筋的构造示意图

预制钢筋混凝土柱与杯口基础的连接,应符合如图 7-29 所示要求。柱的插入深度可按表 7-12 选用,并应满足钢筋锚固长度的要求及吊装时柱的稳定性。基础的杯底厚度和杯壁厚度可按表 7-13 选用;当柱为轴心受压或小偏心受压且 $\dfrac{t}{h_2} \geqslant 0.65$ 时,或大偏心受压且 $\dfrac{t}{h_2} \geqslant 0.75$ 时,杯壁可不配筋;当柱为轴心受压或小偏心受压且 $0.5 \leqslant \dfrac{t}{h_2} < 0.65$ 时,杯壁可按表 7-14 构造配筋;在其他情况下,应按计算配筋。

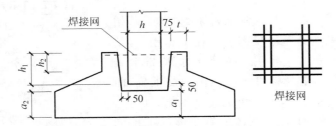

图 7-29 预制钢筋混凝土柱独立基础示意图

$(a_2 \geqslant a_1)$

表 7-12 柱的插入深度 h_1 mm

矩形或工字形柱				双 肢 柱
$h<500$	$500 \leqslant h < 800$	$800 \leqslant h \leqslant 1000$	$h>1000$	
$h \sim 1.2h$	h	$0.9h$ 且 $\geqslant 800$	$0.8h$ $\geqslant 1000$	$(1/3 \sim 2/3)h_a$ $(1.5 \sim 1.8)h_b$

注:(1) h 为柱截面长边尺寸;h_a 为双肢柱全截面长边尺寸;h_b 为双肢柱全截面短边尺寸;

(2) 柱轴心受压或小偏心受压时,可适当减小 h_1;偏心距大于 $2h$ 时,应适当增大 h_1。

表 7-13 基础的杯底厚度和杯壁厚度   mm

柱截面长边尺寸 h	杯底厚度 a_1	杯壁厚度 t
<500	$\geqslant 150$	$150 \sim 200$
$500 \leqslant h < 800$	$\geqslant 200$	$\geqslant 200$
$800 \leqslant h < 1000$	$\geqslant 200$	$\geqslant 300$
$1000 \leqslant h < 1500$	$\geqslant 250$	$\geqslant 350$
$1500 \leqslant h < 2000$	$\geqslant 300$	$\geqslant 400$

注:(1) 可适当加大双肢柱的杯底厚度值;

(2) 当有基础梁时,基础梁下的杯壁厚度应满足其支承宽度的要求;

(3) 柱子插入杯口部分的表面应凿毛,柱子与杯口之间的空隙应用比基础混凝土强度等级高一级的细石混凝土充填密实,当达到材料设计强度的 70% 以上时,方能进行上部吊装。

表 7-14   杯壁构造配筋   mm

柱截面长边尺寸	$h<1000$	$1000{\leqslant}h<1500$	$1500{\leqslant}h{\leqslant}2000$
钢筋直径	8~10	10~12	12~16

注：表中钢筋置于杯口顶部，每边 2 根(见图 7-29)。

2. 扩展基础的设计计算

1）墙下条形基础

由于墙下条形基础平面长度很大，其破坏形式只能是横躺弯曲；地基净反力过大时也有可能使得剪力过大，从而发生斜裂缝破坏。故墙下条形基础应能抵抗剪力和弯矩。

（1）中心荷载作用下条形基础的设计包括底板厚度的确定和基础底板配筋计算。

先确定底板厚度。如图 7-30 所示，基础底板在中心荷载作用下，其基底压力呈均匀分布，地基反力也是均匀分布的。

地基反力 p_k 的一部分与基础和台阶上土重 G_k 相抵后，剩下的部分称为地基净反力 p_j。在 p_j 作用下，基础底板将受到剪力和弯矩作用。在设计时，应选取最为不利的 I—I 截面进行计算。弯矩由配筋抵抗，而底板内不设箍筋和弯起筋，剪力由混凝土抵抗。因此，基础底板必须有足够的厚度 h，才能有足够的抵抗能力。底板厚度可由对底板有效厚度 h_0 的求算而得到。

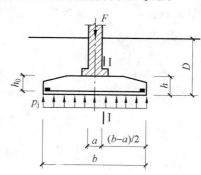

图 7-30   中心荷载作用下条形基础受力分析

最不利截面 I—I 截面应满足下式要求：

$$V \leqslant 0.7\beta_h f_t b h_0 \tag{7-34a}$$

$$\beta_h = \left(\frac{800}{h_0}\right)^{1/4} \tag{7-34b}$$

$$V = \frac{1}{2} p_j (b-a) \tag{7-34c}$$

$$p_j = \frac{F}{A} \tag{7-34d}$$

由此得

$$h_0 \geqslant \frac{V}{0.7\beta_h f_t} \tag{7-35}$$

式中 V——基础最不利截面 I—I 截面处所受剪力设计值；

β_h——截面高度影响系数，当 $h_0<800\text{mm}$ 时，取 $h_0=800\text{mm}$；当 $h_0>2000\text{mm}$ 时，取 $h_0=2000\text{mm}$；

f_t——混凝土轴心抗压强度设计值；

h_0——基础底板有效高度，$h=h_0+a_s$；

a_s——底板配筋重心到底板下边缘的距离；基底下设有垫层时，取 $a_s=40\text{mm}$；不设垫层时，取 $a_s=70\text{mm}$；

p_j——地基净反力。

再进行基础底板配筋计算。须配钢筋面积由 I—I 截面处弯矩求得，按下式计算：

$$A_s = \frac{M}{0.9 f_y h_0} \tag{7-36}$$

式中　M——由地基净反力产生的作用于底板最不利截面 I—I 截面处的弯矩值，$M = \frac{1}{8} p_j (b-a)^2$；

　　　　A_s——基础底板每米长度抗弯钢筋的面积；

　　　　f_y——钢筋抗拉强度设计值。

（2）在偏心荷载作用下，由于弯矩的作用，条形基础地基净反力分布不均匀（见图 7-31），其最大值与最小值按下式计算：

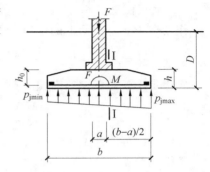

$$p_{jmax} = \frac{F}{A} + \frac{M}{W} = \frac{F}{bl} + \frac{6M}{bl^2} = \frac{F}{bl}\left(1 + \frac{6e_{j0}}{l}\right) \tag{7-37}$$

$$p_{jmin} = \frac{F}{A} - \frac{M}{W} = \frac{F}{bl} - \frac{6M}{bl^2}$$

$$= \frac{F}{bl}\left(1 - \frac{6e_{j0}}{l}\right) \geqslant 0 \tag{7-38a}$$

$$e_{j0} = \frac{M}{F} \tag{7-38b}$$

图 7-31　偏心荷载作用下条形基础受力分析

I—I 截面处净反力可由净反力分布图形得到：

$$p_{jI} = p_{min} + \frac{a+b}{2b}(p_{jmax} - p_{jmin}) \tag{7-39}$$

设计计算时，可取

$$p_j = \frac{p_{jmax} + p_{jI}}{2} \tag{7-40}$$

设计时仍按与轴心受压情况相同的方法确定 h，再行配筋，式中的净反力 p_j 应采用式（7-40）的计算结果。

【例 7-4】　在例 7-1 中，如果荷载为某教学楼传下的标准组合值，其值为 $F_k = 350$kN/m，墙厚 240mm，试设计钢筋混凝土条形基础。

【解】　采用 C20 混凝土，HRB335 级钢筋，垫层采用 100mm 厚 C15 混凝土，则 $f_t = 1.1$MPa，$f_y = 300$MPa。

（1）求算基础底面宽度

由式（7-18）得

$$b = \frac{F_k}{f_a - \gamma_G D} = \frac{350}{219.5 - 20 \times 1.35} = 1.82\text{(m)}$$

取 $b = 1.9$m。

（2）确定基础高度 h

荷载设计值 $F = 1.35 F_k = 1.35 \times 350 = 472.5$（kN/m），由此可得地基净反力

$$p_j = \frac{F}{A} = \frac{472.5}{1.9 \times 1.0} = 248.7\text{(kPa)}$$

作用在 Ⅰ—Ⅰ 截面上的剪力

$$V = \frac{1}{2} p_j (b-a) = \frac{1}{2} \times 248.7 \times (1.9 - 0.24) = 206.4 (\text{kN/m})$$

底板有效高度：

$$h_0 \geqslant \frac{V}{0.7 \beta_t f_t} = \frac{206.4 \times 10^3}{0.7 \times 1.0 \times 1.1 \times 10^3} = 268.1 (\text{mm})$$

$$h \geqslant 268.1 + 40 = 308.1 (\text{mm})$$

取 $h = 310\text{mm}$，$h_0 = 310 - 40 = 270 (\text{mm})$，满足抗剪切要求。

（3）底板配筋

作用在 Ⅰ—Ⅰ 截面上的弯矩

$$M = \frac{1}{8} p_j (b-a)^2 = \frac{1}{8} \times 248.7 \times (1.9 - 0.24)^2 = 85.7 (\text{kN} \cdot \text{m})$$

底板每米长须配钢筋面积

$$A_s = \frac{M}{0.9 f_y h_0} = \frac{85.7 \times 10^6}{0.9 \times 300 \times 270} = 1176 (\text{mm}^2)$$

实配 $\Phi 14 @130 (A_s = 1184\text{mm}^2)$。分布筋采用 $\Phi 8 @300$。

基础配筋见图 7-32。

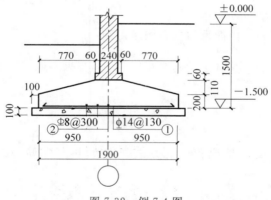

图 7-32　例 7-4 图

2）柱下独立基础

柱下独立基础的设计计算包括独立基础底板厚度的计算和配筋。

（1）先计算独立基础底板厚度。墙下混凝土条形基础通常为单向受力，剪切破坏面为平面，抗剪承载力受混凝土的抗拉强度所控制。而柱下独立基础通常为双向受力，其破坏面则可视为空间曲面（如棱台），这样的破坏为双向剪切，也称为冲切。基础的抗冲切承载力也受混凝土的抗拉强度所控制。

在中心荷载作用下，独立基础底板在地基净反力作用下，柱与基础交接处以及基础变阶处受冲切破坏，应按下列公式验算受冲切承载力：

$$F_l \leqslant 0.7 \beta_{hp} f_t A_m \qquad (7\text{-}41\text{a})$$

$$F_l = p_j A_l \qquad (7\text{-}41\text{b})$$

式中　β_{hp}——受冲切承载力截面高度影响系数，当 $h \leqslant 800\text{mm}$ 时，$\beta_{hp} = 1.0$；当 $h \geqslant 2000\text{mm}$ 时，$\beta_{hp} = 0.9$，其间按线性内插法取用；

F_l——相应于荷载效应基本组合时作用在 A_l 上的地基净反力设计值；

A_l——冲切验算时取用的部分基底面积（如图 7-33 中的阴影面积 $ABCDEF$，或图 7-34 中的阴影面积 $ABCD$）；

f_t——混凝土轴心抗拉强度设计值；

A_m——冲切破坏面在基础底面上的水平投影面积；

p_j——地面净反力。

中心受压时：

$$p_j = \frac{F}{A} \tag{7-42a}$$

偏心受压时：

$$p_{jmax} = \frac{F}{A} + \frac{M}{W} = \frac{F}{bl} + \frac{6M}{bl^2} = \frac{F}{bl}\left(1 + \frac{6e_{j0}}{l}\right) \tag{7-42b}$$

$$p_{jmin} = \frac{F}{A} - \frac{M}{W} = \frac{F}{bl} - \frac{6M}{bl^2} = \frac{F}{bl}\left(1 - \frac{6e_{j0}}{l}\right) \tag{7-42c}$$

$$e_{j0} = \frac{M}{F} \tag{7-42d}$$

如图 7-33 所示，当 $b > b_t + 2h_0$ 时，

$$A_m = (b_t + h_0)h_0 \tag{7-43a}$$

如图 7-34 所示，当 $b \leqslant b_t + 2h_0$ 时，

$$A_m = (b_t + h_0)h_0 - \left(\frac{b_t}{2} + h_0 - \frac{b}{2}\right)^2 \tag{7-43b}$$

式中　h_0——基础冲切破坏锥体的有效高度；

b——冲切破坏锥最不利一侧斜截面的上边长，当计算柱与基础交接处的受冲切承载力时，取柱宽；当计算基础变阶处的受冲切承载力时，取上阶宽；

p——扣除基础自重及其上土重后，相应于荷载效应基本组合时的地基单位面积净反力；对于偏心受压基础，可取基础边缘处最大地基单位面积净反力 p_{jmax}。

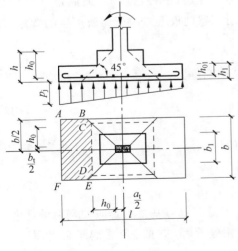

图 7-33　$b > b_t + 2h_0$

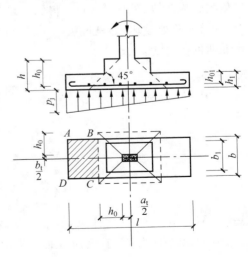

图 7-34　$b \leqslant b_t + 2h_0$

如图 7-33 所示，当 $b \geqslant b_t + 2h_0$ 时，

$$A_l = \left(\frac{l}{2} - \frac{a_t}{2} - h_0 \right) b - \left(\frac{b}{2} - \frac{b_t}{2} - h_0 \right)^2 \tag{7-44}$$

由式(7-43b)、式(7-44)、式(7-41a)、式(7-41b)得

$$p_j \left[\left(\frac{l}{2} - \frac{a_t}{2} - h_0 \right) b - \left(\frac{b}{2} - \frac{b_t}{2} - h_0 \right)^2 \right] \leqslant 0.7 \beta_{hp} f_t (b_t + h_0) h_0$$

整理得

$$h_0^2 + b_t h_0 - \frac{2b(l - a_t) - (b - b_t)^2}{4 \left(1 + 0.7 \beta_{hp} \dfrac{f_t}{p_j} \right)} \geqslant 0$$

解此一元二次不等式便得基础底板有效高度

$$h_0 \geqslant \frac{1}{2} \left(\sqrt{\frac{0.7 \beta_{hp} f_t b_t^2 + 2b p_j (l - a_t + b_t - 0.5b)}{0.7 \beta_{hp} f_t + p_j}} - b_t \right) \tag{7-45}$$

如图 7-34 所示，当 $b < b_t + 2h_0$ 时，

$$A_l = \left(\frac{l}{2} - \frac{a_t}{2} - h_0 \right) b \tag{7-46}$$

由式(7-45)、式(7-46)、式(7-41a)、式(7-41b)，经整理后可求得

$$h_0 \geqslant \frac{b(l - a_c) + 0.3 \dfrac{f_t}{p_j} (b - b_c)}{2b \left(1 + 0.7 \dfrac{f_t}{p_j} \right)} \tag{7-47}$$

设计时可先设 $\beta_{hp} = 1$，求出基础高度后再行检验。采用相同方法可求出下阶高度。

当 $b \leqslant b_t + 2h_0$ 时，还应验算柱与基础交接处的受剪切承载力。

(2) 下面对独立基础底板进行配筋。独立基础底板长度较接近，在地基净反力作用下，将双向受弯。应根据最不利截面的弯矩来计算双向配筋所需面积。当矩形基础台阶的宽高比小于或等于 2.5，或偏心距小于或等于 1/6 倍基础宽度时，可近似认为基础底板破坏时按对角线分为四块(见图 7-35)。将每一块都视为固定于柱边(沿柱边破坏)或固定于台阶变化处(沿变阶处破坏)的悬挑板。于是，可以根据作用于悬挑板上的净反力所产生的弯矩，建立下列近似公式：

$$M_{\mathrm{I}} = \frac{p_j}{24} (l - a_t)^2 (2b + b_t) \tag{7-48}$$

$$A_{s\mathrm{I}} = \frac{M_{\mathrm{I}}}{0.9 f_y h_0} \tag{7-49}$$

$$M_{\mathrm{II}} = \frac{p_j}{24} (b - b_t)^2 (2l + a_t) \tag{7-50}$$

$$A_{s\mathrm{II}} = \frac{M_{\mathrm{II}}}{0.9 f_y h_0} \tag{7-51}$$

式中 M_{I}、M_{II}——Ⅰ—Ⅰ截面、Ⅱ—Ⅱ截面处相应于荷载效应基本组合时的弯矩设计值。

阶梯形基础尚应计算变阶处Ⅲ—Ⅲ及Ⅳ—Ⅳ的相应弯矩，并求算所需钢筋面积，即

$$M_{\mathrm{III}} = \frac{p_j}{24} (l - a_1)^2 (2b + b_1) \tag{7-52}$$

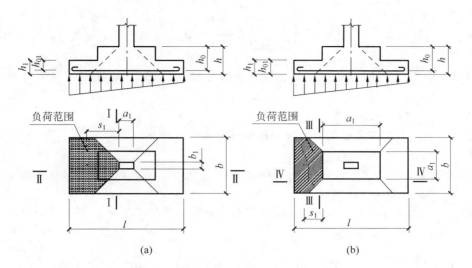

图 7-35 中心受压柱基础底板配筋计算

(a) 柱边截面；(b) 变阶截面

$$A_{s\text{III}} = \frac{M_{\text{III}}}{0.9 f_y h_{01}} \tag{7-53}$$

$$M_{\text{IV}} = \frac{p_j}{24} (b - b_1)^2 (2l + a_1) \tag{7-54}$$

$$A_{s\text{IV}} = \frac{M_{\text{IV}}}{0.9 f_y h_{01}} \tag{7-55}$$

式中 M_{III}、M_{IV}——III—III 截面、IV—IV 截面处相应于荷载效应基本组合时的弯矩设计值；

偏心受压时，I—I 截面取

$$p_j = \frac{p_{j\text{max}} + p_{j\text{I}}}{2}$$

$$p_{j\text{I}} = p_{\text{min}} + \frac{l + a_t}{2l}(p_{j\text{max}} - p_{j\text{min}})$$

III—III 截面取

$$p_j = \frac{p_{j\text{max}} + p_{j\text{III}}}{2}$$

$$p_{j\text{III}} = p_{\text{min}} + \frac{l + a_1}{2l}(p_{j\text{max}} - p_{j\text{min}})$$

II—II 截面和 IV—IV 截面取

$$p_j = \frac{p_{j\text{max}} + p_{j\text{min}}}{2}$$

配筋时，取同一方向须配筋数量较大者作为配筋依据，即选取 $A_{s\text{I}}$ 和 $A_{s\text{III}}$ 中的较大者，以及 $A_{s\text{II}}$ 和 $A_{s\text{IV}}$ 中的较大者进行配筋。

由于受力筋上下叠置，置于上面的钢筋有效高度将减少，计算钢筋面积时 h_0 可用 $(h_0 - \phi)$ 代替，h_{01} 可用 $(h_{01} - \phi)$ 代替，其中 ϕ 为置于下面钢筋的直径。

【例 7-5】 某厂房柱截面长、宽分别为 0.6m 和 0.4m，传到基础顶面荷载标准值为：轴向力 $F_k = 1570$kN，单向弯矩 $M_k = 420$kN·m，水平荷载 $V_k = 15.6$kN（图 7-36）；地基土为均质黏性土,其天然重度 $\gamma = 17.7\text{kN/m}^3$,天然孔隙比 $e = 0.75$,液性指数 $I_L = 0.76$,已知地基承载力特征值为 $f_{ak} = 240\text{kN/m}^2$,基础底面距室外地面标高1.2m,室内外高差0.3m。设计钢筋混凝土独立基础。

【解】 采用以下材料:基础混凝土强度等级为C20,HRB335钢筋,垫层混凝土强度等级为C15。

(1) 求修正后的地基承载力特征值 f_a

先假设基础宽度不大于3m,只对深度影响部分进行修正。

查表 7-8,得 $\eta_d = 1.6$,则

$$f_a = f_{ak} + \eta_b \gamma(b-3) + \eta_d \gamma_m(d-0.5) = 240 + 1.6 \times 17.7 \times (1.2-0.5) = 259.8(\text{kPa})$$

(2) 用解析法求算 b、l

初取基础底板高度为800mm,以估算作用在基础底面的弯矩值。

取 $n = \dfrac{l}{b} = 1.6$,则

$$M = M_x + nM_y = (420 + 15.6 \times 0.8) + 1.6 \times 0 = 432.5(\text{kN} \cdot \text{m})$$

$$p = -\frac{3M}{\sqrt{n}(1.2f_a - \gamma_G D)} = -\frac{3 \times 432.5}{\sqrt{1.6} \times (1.2 \times 259.8 - 20 \times 1.35)} = -3.53$$

$$q = -\frac{F_k}{3 \times (1.2f_a - \gamma_G D)} = -\frac{1570}{3 \times (1.2 \times 259.8 - 20 \times 1.35)} = -1.84$$

$$\Omega = p^2 + q^3 = (-3.53)^2 + (-1.84)^3 = 6.27$$

由式(7-27a)得

$$b \geqslant \frac{1}{\sqrt{n}}(\sqrt[3]{-p+\sqrt{\Omega}} + \sqrt[3]{-p-\sqrt{\Omega}})$$

$$= \frac{1}{\sqrt{1.6}} \times (\sqrt[3]{-(-3.53)+\sqrt{1.84}} + \sqrt[3]{-(-3.53)-\sqrt{1.84}}) = 2.24(\text{m})$$

$$l = nb = 1.6 \times 2.24 = 3.58(\text{m})$$

取 $b \times l = 2.5\text{m} \times 4.0\text{m}$,与基础宽度不大于3m的假设相符。

(3) 验算 b、l

将 b、l 的值代入式(7-28)得

$$\frac{F_k + G_k}{Af_a} = \frac{1570 + 20 \times 2.5 \times 4.0 \times 1.35}{2.5 \times 4.0 \times 259.8} = 0.71 \geqslant 0.6$$

则 $b \times l = 2.5\text{m} \times 4.0\text{m}$ 满足 $p_{max} \leqslant 1.2f_a$ 和 $p_{min} \geqslant 0$ 的要求。

将 b、l 的值代入式(7-15a)得

$$p_k = \frac{F_k + G_k}{A} = \frac{F_k + G_k}{Af_a}f_a = 0.71 \times 259.8 = 184.5(\text{kPa}) < f_a = 259.8(\text{kPa})$$

故满足地基承载力要求。

计算底板高度与下阶高度:

荷载设计值 $F = 1.35 \times 1570 = 2119.5(\text{kN})$,$M = 1.35 \times 432.5 = 583.9(\text{kN} \cdot \text{m})$

$$e_{j0} = \frac{M}{F} = \frac{583.9}{2119.5} = 0.275(\text{m}) < \frac{l}{6} = \frac{4.0}{6} = 0.67(\text{m})$$

$$p_{jmax} = \frac{F}{bl}\left(1 + \frac{6e_{j0}}{l}\right) = \frac{2119.5}{2.5 \times 4.0} \times \left(1 + \frac{6 \times 0.275}{4.0}\right) = 299.5(\text{kPa})$$

暂取 $h = 900\text{mm}$,符合 $b \geqslant b_t + 2h_0 = 0.4 + 2 \times 860 = 2.12(\text{m})$ 的情况。

$$\beta_{hp} = 1 + \frac{1-0.9}{0.8-2.0} \times (0.9-0.8) = 0.992$$

按式(7-45)求底板高度：

$$h_0 \geqslant \frac{1}{2}\left(\sqrt{\frac{0.7\beta_{hp}f_t b_t^2 + 2bp_j(l-a_t+b_t-0.5b)}{0.7f_t+p_j}} - b_t\right)$$

$$= \frac{1}{2}\left(\sqrt{\frac{0.7\times0.992\times1.1\times10^3\times0.4^2 + 2\times2.5\times299.5\times(4.0-0.6+0.4-0.5\times2.5)}{0.7\times1.1\times10^3+299.5}} - 0.4\right)$$

$$= 0.76(\text{m})$$

$h > 0.76 + 0.04 = 0.8(\text{m})$，取 $h = 0.9\text{m}$，$h_0 = 0.9 - 0.04 = 0.86(\text{m})$。

此时，$b = 2.5\text{m} > b_t + 2h_0 = 0.4 + 2\times0.86 = 2.12(\text{m})$。

取变阶处高 $h_1 = 0.5\text{m}$，$h_{01} = 0.5 - 0.04 = 0.46(\text{m})$，宽 $b_1 = 1.3\text{m}$，$l_1 = 2.1\text{m}$，此时 $b = 2.5\text{m} > b_1 + 2h_{01} = 1.3 + 2\times0.46 = 2.22(\text{m})$，仍采用式(7-45)求底板下阶高度 h_{01}：

$$h_{01} \geqslant \frac{1}{2}\left(\sqrt{\frac{0.7\times1.0\times1.1\times10^3\times1.3^2 + 2\times2.5\times299.5\times(4.0-2.1+1.3-0.5\times2.5)}{0.7\times1.1\times10^3+299.5}} - 1.3\right)$$

$$= 0.34(\text{m})$$

$h_1 > 0.34 + 0.04 = 0.38(\text{m})$，取 $h_1 = 0.5\text{m}$，$h_{01} = 0.5 - 0.04 = 0.46(\text{m})$。

(4) 底板配筋

Ⅰ—Ⅰ截面

$$p_{jmax} = \frac{F}{bl} + \frac{6M}{bl^2} = \frac{2119.5}{2.5\times4.0} + \frac{6\times583.9}{2.5\times4.0^2} = 299.5(\text{kPa})$$

$$p_{jmin} = \frac{F}{bl} - \frac{6M}{bl^2} = \frac{2119.5}{2.5\times4.0} - \frac{6\times583.9}{2.5\times4.0^2} = 124.4(\text{kPa})$$

$$p_{jⅠ} = p_{min} + \frac{l+a_t}{2l}(p_{jmax}-p_{jmin}) = 124.4 + \frac{4.0+0.6}{2\times4.0}\times(299.5-124.4) = 225.1(\text{kPa})$$

$$p_j = \frac{p_{jmax}+p_{jⅠ}}{2} = \frac{299.5+225.1}{2} = 262.4(\text{kPa})$$

$$M_Ⅰ = \frac{p_j}{24}(l-a_t)^2(2b+b_t) = \frac{262.4}{24}\times(4.0-0.6)^2\times(2\times2.5+0.4) = 682.5(\text{kN}\cdot\text{m})$$

$$A_{sⅠ} = \frac{M_Ⅰ}{0.9f_y h_0} = \frac{682.5\times10^6}{0.9\times300\times860} = 2778(\text{mm}^2)$$

Ⅲ—Ⅲ截面

$$p_{jⅢ} = p_{min} + \frac{l+a_1}{2l}(p_{jmax}-p_{jmin}) = 124.4 + \frac{4.0+2.1}{2\times4.0}\times(299.5-124.4) = 258.0(\text{kPa})$$

$$p_j = \frac{p_{jmax}+p_{jⅢ}}{2} = \frac{299.5+258.0}{2} = 278.8(\text{kPa})$$

$$M_Ⅲ = \frac{p_j}{24}(l-a_1)^2(2b+b_1) = \frac{278.8}{24}\times(4.0-2.1)^2\times(2\times2.5+1.3)$$

$$= 264.2(\text{kN}\cdot\text{m})$$

$$A_{sⅢ} = \frac{M_Ⅲ}{0.9f_y h_{01}} = \frac{264.2\times10^6}{0.9\times300\times460} = 2127(\text{mm}^2)$$

Ⅱ—Ⅱ截面

$$p_j = \frac{p_{jmax}+p_{jmin}}{2} = \frac{299.5+124.4}{2} = 212.0(\text{kPa})$$

$$M_{\text{II}} = \frac{p_j}{24}(b-b_t)^2(2l+a_t) = \frac{212.0}{24} \times (2.5-0.4)^2 \times (2 \times 4.0 + 0.6) = 335.0(\text{kN} \cdot \text{m})$$

$$A_{s\text{II}} = \frac{M_{\text{II}}}{0.9f_y(h_0-\phi)} = \frac{335.0 \times 10^6}{0.9 \times 300 \times (860-20)} = 1497(\text{mm}^2)$$

Ⅳ—Ⅳ截面

$$M_{\text{IV}} = \frac{p_j}{24}(b-b_1)^2(2l+a_1) = \frac{212.0}{24} \times (2.5-1.3)^2 \times (2 \times 4.0 + 2.1) = 128.5(\text{kN} \cdot \text{m})$$

$$A_{s\text{IV}} = \frac{M_{\text{IV}}}{0.9f_y(h_{01}-\phi)} = \frac{128.5 \times 10^6}{0.9 \times 300 \times (460-20)} = 1081(\text{mm}^2/\text{m})$$

Ⅰ—Ⅰ和Ⅲ—Ⅲ截面计算值较大的为 $A_{s\text{I}} = 2778\text{mm}^2$；按最小配筋率 0.15% 的构造要求，这两个截面分配最小配筋面积为 $1300 \times 900 \times 0.15\% = 1755(\text{mm}^2)$ 及 $2500 \times 500 \times 0.15\% = 1875(\text{mm}^2)$，取数值较大的 $A_{s\text{I}} = 2778\text{mm}^2$ 配筋，即

$$A_{s\text{I}} = \frac{2778}{2.5-2 \times 0.025} = 1134(\text{mm}^2/\text{m})，实配 \oplus 14@130(A_s = 1184\text{mm}^2/\text{m})$$

Ⅱ—Ⅱ和Ⅳ—Ⅳ截面按计算值较大的 $A_{s\text{II}} = 1690\text{mm}^2$ 配筋；按最小配筋率 0.15% 的构造要求，这两个截面分配最小配筋面积为 $2100 \times 900 \times 0.15\% = 2835(\text{mm}^2)$ 及 $4000 \times 500 \times 0.15\% = 3000(\text{mm}^2)$，取数值较大的 $A_{s\text{IV}} = 3000\text{mm}^2$ 配筋，即

$$A_{s\text{IV}} = \frac{3000}{4.0-2 \times 0.025} = 759(\text{mm}^2/\text{m})，实配 \oplus 12@140(A_s = 808\text{mm}^2)$$

基础配筋如图 7-36 所示。按构造规定，当基础边长超过 2.5m 时，配筋长度可减少 10%。本例从略。

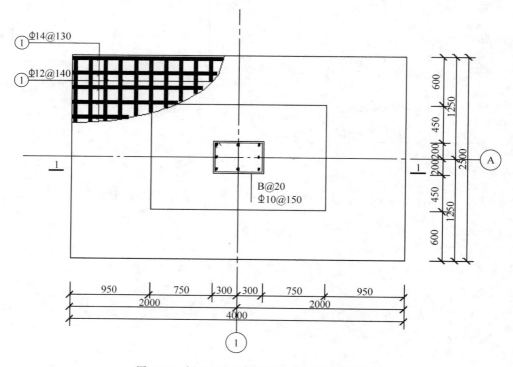

图 7-36　例 7-5 中钢筋混凝土独立基础配筋图

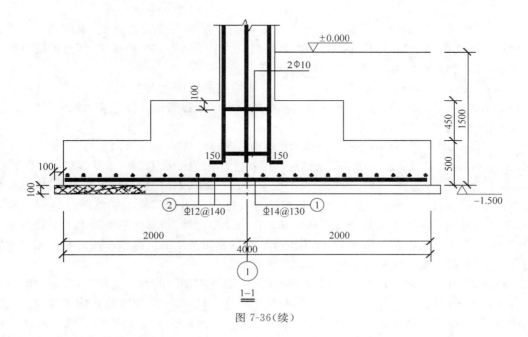

图 7-36(续)

7.5.5 地基变形验算

由于各类建筑物的结构特点和使用要求不同,因此各类建筑物对地基变形的反应也不同,它们的变形特征也不同。地基变形验算,就是要预估建筑物的地基变形计算值,使其不应大于地基变形允许值。

1. 地基变形特征

地基变形特征分为沉降量、沉降差、倾斜及局部倾斜,如图 7-37 所示。

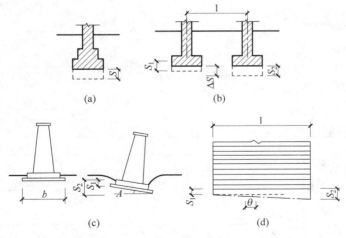

图 7-37 地基变形特征
(a) 沉降量;(b) 沉降差;(c) 倾斜;(d) 局部倾斜

沉降量(见图 7-37(a))指基础中心的沉降量,单位为 mm。若沉降量过大,将会影响建筑物的正常使用,如会导致室内外的上下水管、照明与通信电缆以及煤气管道的连接折断,污水倒灌,雨水积聚,室内外交通不便等。

沉降差(见图 7-37(b))指同一建筑物中相邻两个基础沉降量的差值,单位为 mm。如果建筑物中相邻两个基础的沉降差过大,会使相应的上部结构产生额外应力,当该应力超过限度时,建筑物将产生裂缝、发生倾斜甚至破坏。

倾斜(见图 7-37(c))指独立基础倾斜方向两端点的沉降差与其距离的比值,以百分比(%)表示。若建筑物倾斜过大,将影响正常使用。台风或强烈地震会危及建筑物整体稳定,甚至倾覆。

局部倾斜(见图 7-37(d))指砖石砌体承重结构沿纵向 6~10m 内基础两点的沉降差与其距离的比值,以百分比(%)表示。如建筑物的局部倾斜过大,往往使砖石砌体承受弯矩而拉裂。

砌体承重结构应由局部倾斜控制。一般应选择在地基不均匀、荷载相差不大、体型复杂的纵横墙相交处进行计算。框架结构和单层排架结构应由相邻柱基的沉降差控制。验算时,应预估可能产生较大沉降差的两相邻基础作为变形计算点,如地基土质不均匀且荷载差异较大,有相邻建筑物荷载影响,基础附近有堆载以及所产生的沉降差可能影响使用要求等情况。多层、高层建筑和高耸结构应由倾斜值控制。

在必要情况下,须分别预估建筑物在施工期间和使用期间的地基变形值,以便预留建筑物有关部分之间的净空,应考虑连接方法和施工顺序。此时,一般建筑物在施工期间完成的沉降量,对于砂土可认为其最终沉降量已基本完成 80% 以上,对于低压缩黏性土可认为已完成最终沉降量的 50%~80%,对于中压缩黏性土可认为已完成最终沉降量的 20%~50%,对于高压缩黏性土可认为已完成最终沉降量的 5%~20%。

2. 地基变形允许值

建筑物的地基变形允许值,可按表 7-15 的规定采用。对于表中未包括的其他建筑物的地基变形允许值,可根据上部结构对地基变形的适应能力和使用要求确定。

表 7-15　建筑物的地基变形允许值

变 形 特 征		地基土类别	
		中、低压缩性土	高压缩性土
砌体承重结构基础的局部倾斜		0.002	0.003
工业与民用建筑相邻柱基的沉降差	框架结构	$0.002l$	$0.003l$
	砌体墙填充的边排柱	$0.0007l$	$0.001l$
	当基础不均匀沉降时不产生附加应力的结构	$0.005l$	$0.005l$
单层排架结构(柱距为 6m)柱基的沉降量/mm		120	200
桥式吊车轨面的倾斜率(按不调整轨道考虑)	纵向	0.004	
	横向	0.003	
多层和高层建筑的整体倾斜率	$H_g \leqslant 24$	0.004	
	$24 < H_g \leqslant 60$	0.003	
	$60 < H_g \leqslant 100$	0.0025	
	$H_g > 100$	0.002	
体型简单的高层建筑基础的平均沉降量/mm		200	
高耸结构基础的倾斜率	$H_g \leqslant 20$	0.008	
	$20 < H_g \leqslant 50$	0.006	
	$50 < H_g \leqslant 100$	0.005	
	$100 < H_g \leqslant 150$	0.004	
	$150 < H_g \leqslant 200$	0.003	
	$200 < H_g \leqslant 250$	0.002	

续表

变 形 特 征		地基土类别	
		中、低压缩性土	高压缩性土
高耸结构基础的沉降量/mm	$H_g \leqslant 100$	400	
	$100 < H_g \leqslant 200$	300	
	$200 < H_g \leqslant 250$	200	

注：(1) 本表数值为建筑物地基实际最终变形允许值；

(2) 有括号者仅适用于中压缩性土；

(3) l 为相邻柱基的中心距离，mm；H_g 为自室外地面起算的建筑物高度，m；

(4) 倾斜指基础倾斜方向两端点的沉降差与其距离的比值；

(5) 局部倾斜指砌体承重结构沿纵向 6～10m 内基础两点的沉降差与其距离的比值。

7.5.6 地基稳定性验算

可能发生地基稳定性破坏的情况可以分为三类。第一类是承受很大水平力或倾覆荷载的建筑物或构筑物，比如受风力或地震力作用的高层建筑或高层构筑物，以及承受拉力的高压线塔架基础；第二类是位于斜坡或坡顶上的建筑物或构筑物，可能在荷载或环境因素影响下发生失稳，如发生暴雨、地下水渗流和荷载增加等；第三类是存在于软弱土（或夹）层，土层下面有倾斜的岩层面，隐伏的破碎或断裂带等。对于前两类，规范给出了验算要求。

1. 地基稳定性验算

地基稳定性验算可采用圆弧滑动面法进行验算。最危险的滑动面上诸力对滑动中心所产生的抗滑力矩与滑动力矩应符合下式要求：

$$\frac{M_R}{M_S} \geqslant 1.2 \tag{7-56}$$

式中　M_R——抗滑力矩；

　　　M_S——滑动力矩。

2. 坡顶上建筑稳定性验算

对于位于稳定土坡坡顶上的建筑，当垂直于坡顶边缘线的基础底面边长小于或等于 3m 时，其基础底面外缘线至坡顶的水平距离（见图 7-38）应符合下式要求，但不得小于 2.5m：

条形基础：

$$a \geqslant 3.5b - \frac{d}{\tan\beta} \tag{7-57}$$

矩形基础：

$$a \geqslant 2.5b - \frac{d}{\tan\beta} \tag{7-58}$$

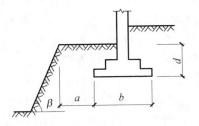

图 7-38　基础底部外边缘线至坡顶的水平距离示意图

式中　a——基础底面外边缘线至坡顶的水平距离，m；

　　　b——垂直于坡顶边缘线的基础底面边长，m；

　　　d——基础埋置深度，m；

　　　β——边坡坡角，(°)。

当基础底面外边缘线至坡顶的水平距离不满足式(7-57)、式(7-58)的要求时,可根据基底平均压力按式(7-56)确定基础距坡顶边缘的距离和基础埋深。

当边坡坡角大于 45°,坡高大于 8m 时,尚应按式(7-56)验算坡体稳定性。

7.6　上部结构、基础和地基共同工作的概念

对于上部结构、基础与地基的力学分析计算,目前采取的是将三者相分离的方法,即视三者为彼此相互独立的结构单元,进行静力平衡分析计算。基底反力简化为直线分布,并反向施加于地基,不考虑上部结构和基础的刚度以及变形协调,只计算作用在基础顶面的荷载,将其当作柔性荷载进行地基承载力验算和地基沉降计算。这样分析计算的结构,对于单层排架结构一类的上部柔性结构和地基土质较好的独立基础,可以得到比较满意的结果。但软弱地基上单层砌体承重结构下的条形基础、钢筋混凝土框架结构一类的敏感性结构下的条形基础、高层建筑剪力墙结构下箱形基础置于一般土质天然地基的工程等,与实际差别较大。上部结构、基础和地基共同工作的概念是当前一项重要研究课题。从理论上讲,应该把三者作为整个系统来进行分析计算,但这是一个相当复杂的问题,尚未有成熟的方法和定量的参数来考虑各种因素的作用,仍在探索研究和开始应用中。目前对上部结构的分析,一般仍不考虑共同工作;在梁、板式基础的分析中,虽然考虑了地基与基础的共同工作,通常不计入上部结构刚度的影响。下面从基础刚度、地基条件和上部结构刚度三个方面介绍其对共同工作的影响。

7.6.1　基础刚度的影响

基础的内力、基底反力大小与分布以及地基沉降量,除与地基的特性密切相关外,还受上部结构与基础刚度的影响。基础本身刚度的影响是很重要的因素。如果是柔性基础,则其基底反力分布与作用在基础上的荷载分布相同,如图 7-39 所示。均布荷载下基底沉降量中部大,边缘小,如图 7-39 所示;由于是柔性基础,基础无力调整基底的不均匀沉降,不可能使传至基底的荷载改变原来的分布情况。要使基础均匀沉降,应使边缘荷载增大。如果是刚性基础,则因其具有极大的抗弯刚度,在荷载作用下基础不产生挠曲。例如沉井、高炉、烟囱等的基础即可视为刚性基础。基底平面沉降后仍保持平面,在中心荷载作用下均匀下沉,基底保持水平;在偏心荷载作用下,基础沉降后基底为一倾斜平面。刚性基础一般底面积和埋深较大。上部中心荷载不大时,基底反力呈马鞍形分布,如图 7-40(a)所示。随着上部荷载增大,邻近基底边缘的塑性区逐渐扩大,基底应力重新分布。所增大的上部荷载依靠基底中部增大的反力平衡,因此基底反力图由马鞍形逐渐变成抛物线形,如图 7-40(b)所示。

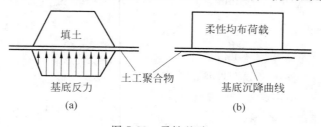

图 7-39　柔性基础

(a) 马鞍形分布;(b) 抛物线分布

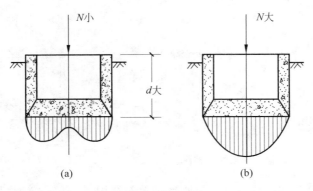

图 7-40 刚性基础

(a) 马鞍形分布；(b) 抛物线分布

刚性基础基底反力的分布与荷载分布情况无关，仅与荷载合力大小与作用点位置相关。例如，荷载合力偏心很大时，离合力作用点近的基底边缘反力很大，而远离合力作用点的基底边缘反力为零，甚至基底可能与地基脱开。

7.6.2 地基条件的影响

如果地基条件发生变化，则基础的挠曲形态也将受其影响而发生变化。实际建筑工程常遇到各种软硬相差悬殊的地基，如基槽中存在古水井、故河沟、坟墓、暗塘以及防空洞、旧基础等情况，对基础梁的挠曲和内力的影响很大。如果地基中部软、两边硬，则地基将呈凹状挠曲（见图 7-41(a)）；如果地基为中部硬、两边软，基础将呈凸状挠曲（见图 7-41(b)）。

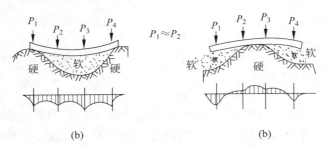

图 7-41 地基软硬悬殊对基础受力的影响

(a) 地基为中部软、两边硬；(b) 地基中部硬、两边软

7.6.3 上部结构刚度的影响

对于不同刚度的上部结构，地基受力发生变形时将产生不同的影响。图 7-42 为柔性墙体（未砌筑又不搭接的砖垛），图 7-43 为一木结构房屋（可视为柔性结构）。它们的整体刚度几乎为零，其作用仅为传递荷载，不参与基础的工作，对地基变形毫无约束作用，可以完全适应地基变形。因此它们会发生较大挠曲，结构内部不产生附加应力。而绝对刚性的上部结构则因其巨大的刚度和强度，能够不因地基变形而产生变形，能够抵抗附加应力引起的开裂。烟囱、水塔、高炉一类高耸结构可视为绝对刚性结构，置于整体厚度较大的钢筋混凝土独立基础上，整个体系为绝对刚性（见图 7-44）。

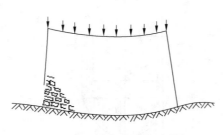

图 7-42　设想的柔性墙体

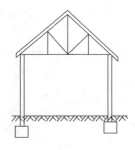

图 7-43　木结构

　　实际工程中大量存在的是具有一定刚度的上部结构,如图 7-45 所示的一般砖墙。当地基的不均匀沉降引起墙体发生变形时,墙体的刚度可以在一定程度上对变形进行调整,也就是说,上部结构、地基和基础共同工作发挥了效力。但是墙体刚度和强度有限,故调整能力有限。当不均匀沉降过大,而超过墙体的调整能力时,由不均匀沉降引起的附加应力便会导致墙体开裂。

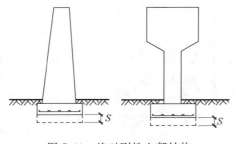

图 7-44　绝对刚性上部结构

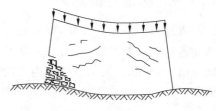

图 7-45　一般砖墙

7.7　柱下条形基础

　　当柱下独立基础所承受的荷载很大,或地基土承载力较小,须增大基础底面积以满足地基承载力要求时;或者为减小地基的不均匀沉降,须增加基础的整体刚度以减小不均匀沉降对上部结构的影响时,可以考虑采用柱下条形基础这种较适宜而经济的基础形式。

7.7.1　柱下条形基础的构造

　　(1) 柱下条形基础的梁高宜为柱距的 1/8~1/4。翼板厚度不宜小于 200mm。当翼板厚度大于 250mm 时,宜用等厚度翼板;当翼板厚度大于 250mm 时,宜用变厚度翼板,其坡度宜小于或等于 1:3。

　　(2) 一般情况下,条形基础的端部应向外伸出,其长度宜为第一跨距的 0.25 倍。

　　(3) 现浇柱与条形基础梁的交接处,其平面尺寸不应小于图 7-46 的规定。

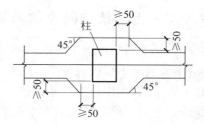

图 7-46　现浇柱与条形基础
交接处平面尺寸

（4）条形基础梁顶面和底面的纵向受力钢筋除应满足计算要求外，顶部钢筋应按计算配筋全部贯通，底部通长钢筋面积不应少于底部受力钢筋截面总面积的1/3。

（5）柱下条形基础的混凝土强度等级不应低于 C20。

7.7.2 基础底面尺寸

柱下条形基础可视为一狭长的矩形基础来进行计算。基础长度可按基础上建筑物两端柱子的距离加上两端出挑宽度进行计算。宽度可按经验取值，或按下式计算其最小值：

$$b_{min} = \frac{\sum F_k}{l(f - \gamma_G D)} \tag{7-59}$$

所取基础宽度应满足下列公式：

$$p_{max} = \frac{\sum F_k + \gamma_G blD}{bl} + \frac{M_k}{W} \leqslant 1.2 f_a \tag{7-60a}$$

$$p_{min} = \frac{\sum F_k + \gamma_G blD}{bl} - \frac{M_k}{W} \geqslant 0 \tag{7-60b}$$

$$p = \frac{\sum F_k + \gamma_G blD}{bl} \leqslant f_a \tag{7-61}$$

式中 p_{max}、p_{min}——基础底面最大、最小净反力；

$\sum F_k$——竖向荷载效应标准组合值总和；

M_k——相应于荷载效应标准组合时，作用于基础底面力矩值；

W——基础截面抵抗矩；

l——柱下条形基础总长度。

基底尺寸确定后，如果有软弱下卧层，要进行软弱下卧层验算，必要时还应验算地基变形及稳定性。

7.7.3 内力计算

柱下条形基础可视为其上作用有若干集中荷载并置于地基上的梁，并受到地基反力作用。梁受力变形，从而产生弯矩和剪力。计算内力的方法有简化计算法、地基上梁计算法及考虑上部结构刚度的计算方法。本书只介绍简化计算法。

简化计算法忽略基础上柱子的不均匀沉降，假定地基反力为直线分布。在地基反力作用下，基础必须满足静力平衡条件。可通过两种方法求解内力：利用各截面静力平衡条件求解内力的方法称为静力平衡法；按连续梁求解内力的方法称为倒梁法。由于采用倒梁法计算较静力平衡法更方便，下面主要介绍倒梁法。

倒梁法假定柱脚为基础的固定铰支座，呈直线分布的地基净反力为荷载。此受力系统便为一倒置的梁。由于此法忽略了各支座的竖直方向位移差，且假定地基净反力为直线分布,故在采用该法进行计算时,应限制相邻柱荷载差不超过 20%;柱间距不宜过大,应尽量使柱距相等。通常要限制基础梁的高度,使其大于 1/6 柱距,以使得基础或上部结构刚度较大,可使采用倒梁法计算的结果比较接近实际情况。

用倒梁法计算基础梁时,一般按多跨连续梁计算法计算,具体步骤如下。

(1)确定计算简图。

(2)计算基底净反力及其分布。按下式计算净反力:

$$p_{\substack{\max \\ \min}} = \frac{\sum F}{bl} \pm \frac{M}{W} \tag{7-62}$$

(3)用弯矩分配法或弯矩系数法计算弯矩和剪力。

(4)调整不平衡力。由于计算假定与实际情况有出入,所以支座处会产生不平衡力。平衡力应通过逐次地进行调整来消除,即将不平衡力均匀分布在支座两侧各 1/3 跨度范围内,形成一新的台阶形的反力分布,再按弯矩分配法或弯矩系数法计算调整后的内力,再次将计算结果进行叠加。如果仍不能满足平衡条件,重复上述步骤,直到达到所需精度为止。一般使支座反力与相应柱荷载的不平衡力不超过荷载的 20%。

(5)将按(4)进行逐次计算结果进行叠加,得到最终内力分布。

由于工程实际中基础存在着不均匀沉降现象,柱脚之间地基差异变形必将导致梁内产生附加应力,从而引起内力重分布。根据地区性设计经验,对上部结构和基础的刚度较小而地基软弱时,可用经验弯矩系数法来考虑因变形引起的附加弯矩。此法一般取下列数值:

支座弯矩:

$$M_{支} = \left(\frac{1}{14} \sim \frac{1}{10} \right) q l^2$$

跨中弯矩:

$$M_{中} = \left(\frac{1}{16} \sim \frac{1}{10} \right) q l^2$$

式中 q——基础底面均布反力;

l——相邻柱间计算跨度平均值。

【例 7-6】 某柱下条形基础,柱子传来轴力标准值如图 7-47 所示。基础埋深为 1.5m,设修正后的地基承载力设计值为 200kPa。确定基础的底面尺寸,求算其内力。

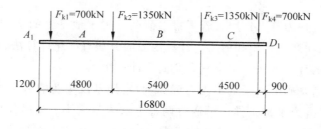

图 7-47   例 7-6 图 1

【解】 1)确定基础宽度

柱子合力为

$$2 \times (700 + 1350) = 4100(\text{kN})$$

柱子合力作用点距 A_1 点距离为

$$\frac{700 \times 1.2 + 1350 \times (1.2 + 4.8) + 1350 \times (1.2 + 4.8 + 5.4) + 700 \times (16.8 - 0.9)}{4100}$$

$$= 8.846(\text{m})$$

条形基础几何形心距 A_1 点距离为

$$16.8/2 = 8.4(\text{m})$$

柱子合力作用点对条形基础几何形心的偏心距为

$$8.846 - 8.4 = 0.446(\text{m})$$

基础应满足地基承载力要求 $p_k \leqslant f_a$，即满足

$$\frac{F_k + G_k}{A} = \frac{4100 + 20bld}{bl} \leqslant f_a$$

由此得

$$b \geqslant \frac{4100}{(f_a - 20d)l} = \frac{4100}{(200 - 20 \times 1.5) \times 16.8} = 1.436(\text{m})$$

基础还应满足地基承载力要求 $p_{k\max} \leqslant 1.2 f_a$，即满足

$$\frac{F_k + G_k}{A} + \frac{M_k}{W} = \frac{4100 + 20bld}{bl} + \frac{4100 \times 0.446}{bl^2/6} \leqslant 1.2 f_a$$

将 $l = 16.8\text{m}$，$f_a = 200\text{kPa}$ 代入上式得

$$b \geqslant 1.347\text{m}$$

同时满足 $p_k \leqslant f_a$ 与 $p_{k\max} \leqslant 1.2 f_a$ 的基础宽度为

$$b \geqslant 1.436\text{m}，取 b = 1.5\text{m}$$

2）求地基净反力

$$p_{j\min}^{j\max} = \frac{F}{A} + \frac{M}{W} = \frac{F}{bl}\left(1 \pm \frac{6e}{l}\right) = \frac{1.35 \times 4100}{1.5 \times 16.8}\left(1 \pm \frac{6 \times 0.446}{16.8}\right) = \frac{254.656}{184.630}\text{kPa}$$

按相似三角形对应边成比例，可求出各点净反力，并取各跨净反力最大值为本跨均布荷载值，计算结果如下表所示。

结点	结点净反力/kPa	梁跨	梁跨均载取值/kPa
A_1	254.656	A_1A	254.656
A	$184.630 + (254.656 - 184.630)(16.8 - 1.2)/16.8 = 249.654$	AB	249.654
B	$184.630 + (254.656 - 184.630)(16.8 - 1.2 - 4.8)/16.8 = 229.647$	BC	229.647
C	$184.630 + (254.656 - 184.630)(16.8 - 1.2 - 4.8 - 5.4)/16.8 = 207.138$	CD	207.138
D	$184.630 + (254.656 - 184.630)(16.8 - 1.2 - 4.8 - 5.4 - 4.5)/16.8 = 188.381$	DD_1	188.381

3）求各杆线刚度

$$i_{AB} = \frac{EI}{4.8} = 0.208EI$$

$$i_{BC} = \frac{EI}{5.4} = 0.185EI$$

$$i_{CD} = \frac{EI}{4.5} = 0.222EI$$

4) 求各支座固端弯矩

$$M_{A,左} = -254.656 \times 1.2^2/2 = -183.352(\text{kN} \cdot \text{m})$$

$$M_{A,右} = -M_{B,左} = 249.654 \times 4.8^2/12 = 479.335(\text{kN} \cdot \text{m})$$

$$M_{B,右} = -M_{C,左} = 229.647 \times 5.4^2/12 = 558.041(\text{kN} \cdot \text{m})$$

$$M_{C,右} = -M_{D,左} = 207.138 \times 4.5^2/12 = 349.546(\text{kN} \cdot \text{m})$$

$$M_{D,右} = 188.381 \times 0.9^2/2 = 76.294(\text{kN} \cdot \text{m})$$

5) 求分配系数

$$\mu_{AB} = \frac{i_{AB}}{0 + i_{AB}} = 1.000$$

$$\mu_{BA} = \frac{i_{AB}}{i_{AB} + i_{BC}} = \frac{0.208EI}{0.208EI + 0.185EI} = 0.529$$

$$\mu_{BC} = \frac{i_{BC}}{i_{BC} + i_{DC}} = \frac{0.185EI}{0.208EI + 0.185EI} = 0.471$$

$$\mu_{CB} = \frac{i_{CB}}{i_{CB} + i_{CD}} = \frac{0.185EI}{0.185EI + 0.222EI} = 0.455$$

$$\mu_{CD} = \frac{i_{CD}}{i_{BC} + i_{CD}} = \frac{0.222}{0.185 + 0.222} = 0.545$$

6) 杆端弯矩及其分配

	A_1	A		B		C		D	D_1
分配系数	0.000	1.000		0.529	0.471	0.455	0.545	1.000	0.000
固端弯矩	-183.352	479.335		-479.335	558.041	-558.041	349.546	-349.546	76.294
		-295.983		-41.668	-37.038	94.771	113.725	273.251	
		-20.834		-147.992	47.385	-18.519	136.626	56.862	
		20.834		53.262	47.344	-53.685	-64.422	-56.862	
		26.631		10.417	-26.842	23.672	-28.431	-32.211	
		-26.631		8.696	7.730	2.163	2.596	32.211	
		4.348		-13.316	1.082	3.865	16.105	1.298	
分配传递		-4.348		6.477	5.757	-9.077	-10.893	-1.298	
		3.238		-2.174	-4.539	2.879	-0.649	-5.446	
		-3.238		3.554	3.159	-1.013	-1.216	5.446	
		1.777		-1.619	-0.507	1.579	2.723	-0.608	
		-1.777		1.125	1.000	-1.956	-2.347	0.608	
		0.563		-0.888	-0.978	0.500	0.304	-1.173	
		-0.563		0.988	0.878	-0.366	-0.439	1.173	
		0.494		-0.281	-0.183	0.439	0.587	-0.219	
		-0.494		0.246	0.218	-0.466	-0.560	0.219	
支座弯矩		183.352		-602.508	602.508	-513.255	513.255	-76.294	

7) 杆端剪力计算

$$V_{AA_1} = 254.656 \times 1.2 = 305.587(\text{kN})$$

$$V_{ik} = -\left(\frac{ql_{ik}}{2} + \frac{M_{ik} + M_{ki}}{l_{ik}}\right), \quad V_{ki} = V_{ik} + q_j l_{ik}$$

$$V_{AB} = -\left(\frac{249.645 \times 4.8}{2} + \frac{183.352 - 602.508}{4.8}\right) = -511.845(\text{kN})$$

$$V_{BA} = -511.845 + 249.654 \times 4.8 = 686.493(\text{kN})$$

$$V_{BC} = -\left(\frac{229.647 \times 5.4}{2} + \frac{602.508 - 513.255}{5.4}\right) = -636.574(\text{kN})$$

$$V_{CB} = -636.574 + 229.647 \times 5.4 = 603.517(\text{kN})$$

$$V_{CD} = -\left(\frac{207.138 \times 4.5}{2} + \frac{513.255 - 76.294}{4.5}\right) = -563.164(\text{kN})$$

$$V_{DC} = -563.164 + 207.138 \times 4.5 = 368.959(\text{kN})$$

$$V_{DD_1} = -188.381 \times 0.9 = -169.543(\text{kN})$$

8）跨中最大弯矩 $M_{ik\max}$

$M_{ik\max}$ 距杆件 ik 的 i 端距离为

$$l_{mik} = \left|\frac{V_{ik}}{q_j}\right|$$

则

$$M_{ik\max} = -\left(\frac{q_{ik}l_{mik}^2}{2} + M_{ik}\right)$$

$M_{ik\max}$ 在杆件隔离体右端（左端为 i 点），顺时针方向为正，即杆件上侧受拉为正（但在弯矩图中上侧受拉为负）。

$$l_{mAB} = \left|\frac{-511.845}{249.654}\right| = 2.050(\text{m})$$

$$M_{\max AB} = -\left(\frac{-249.654 \times 2.050^2}{2} + 183.352\right) = 341.345(\text{kM} \cdot \text{m})$$

同理可求出另外两跨的跨中最大弯矩：

$$l_{mBC} = 2.772\text{m}, \quad M_{\max BC} = 279.774\text{kN} \cdot \text{m}$$

$$l_{mCD} = 2.719\text{m}, \quad M_{\max CD} = 252.304\text{kN} \cdot \text{m}$$

9）支座反力

$$R_A = V_{AA_1} - V_{AB} = 305.587 + 511.845 = 817.432(\text{kN})$$

$$R_B = V_{BA} - V_{BC} = 686.493 + 636.574 = 1323.067(\text{kN})$$

$$R_C = V_{CB} - V_{CD} = 603.518 + 563.164 = 1166.681(\text{kN})$$

$$R_D = V_{DC} - V_{DD_1} = 368.959 + 169.543 = 538.502(\text{kN})$$

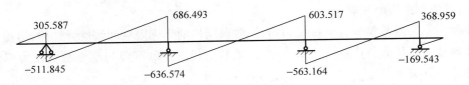

弯矩图(kN·m)

弯力图(kN)

图 7-48　例 7-6 图 2

10）调整不平衡力

由于支座处反力不平衡（如支座 A，荷载为 $1.35 \times 700 = 945$kN，而计算的支座反力 $R_A = 817.432$，两者相差（945－817.432）/ 817.432＝16%），故应调整不平衡力。但一般相差在 20% 内，可不进行调整。

7.7.4   地基模型简介

在进行地基与基础共同工作的分析计算时，重要的是如何分析地基反力与沉降之间的关系，即如何建立某种地基模型，使之既能较好地反映地基特性，又能较准确地模拟不同条件下地基与基础相互作用所表现的主要力学性状。

1. 文克尔地基模型

1867 年捷克工程师文克尔（Winkler）提出，假设地基上任一点的压力 p 只与该点的竖向位移（沉降）s 成正比，即

$$p = ks \tag{7-63}$$

式中 p——土体表面某点单位面积上的压力，kN/m²；

k——地基基床系数，kN/m³；

s——相应于某点的竖向位移，m。

文克尔假设的实质是将地基视为许多侧面无摩擦联系的独立弹簧，每一弹簧的变形仅与作用在其上的竖向荷载有关，并与之成正比，弹簧的刚度即为基床系数。文克尔地基上基底压力的分布与地基沉降具有相同的形式，地基中不存在应力的扩散（见图 7-49）。

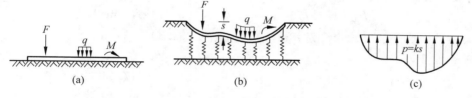

图 7-49   文克尔地基示意图

（a）连续的地基梁；（b）将地基分割成离散的弹簧；（c）基底压力分布与沉降曲线

文克尔地基模型忽略了地基中的剪力，无法考虑地基中的应力扩散；其次，模型考虑的地基变形只发生在基础荷载作用范围以内，这与实际情况不符。另外，试验研究指出，在同一压力作用下，基床系数并不是常数。它不仅与土的性质、类别有关，还与基础底面积的大小、形状以及基础的埋置深度等因素有关。不过，文克尔地基模型比较简便，因此仍可用于地基中剪力很小的情况下，如流态的软土、在荷载作用下土中出现较大范围的塑性区、较大基础下的薄压缩层等。

2. 弹性半空间地基模型

弹性半空间地基模型将地基视为均质、各向同性的半无限空间线性弹性体，运用弹性理论求解地基中的压力与位移的关系。此时，地基上任意点的沉降与整个基底反力以及邻近荷载的分布有关。

最常用的弹性理论解答是布辛涅斯克（Boussinesq）解，在弹性半空间表面上作用一个竖向集中力（见图 7-50(a)）时，半空间表面上离竖向集中力作用点距离为 r 处的地基表面沉

降量 s 可用下式计算：

$$s = \frac{P(1-\mu^2)}{\pi E_0 r} \tag{7-64}$$

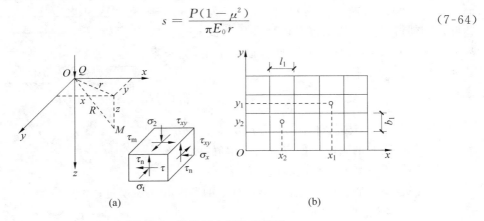

图 7-50 弹性半空间地基模型

(a) 弹性半空间表面上作用一个竖向集中力；(b) 基底网格

如果地基表面作用有任意分布的荷载，可把基底平面划分为 n 个矩形网格(见图 7-50(b))，作用于各网格面积(f_1，f_2，f_3，…，f_n)上的基底压力(p_1，p_2，p_3，…，p_n)可近似地认为是均匀的。作用在面积 f_j 上的均布基底压力为 p_j，其集中基底反力为 $R_j = p_j f_j$。如果以沉降系数 δ_{ij} 表示网格 i 的中点由 R_j 引起的沉降，则根据叠加原理，网格 i 中点的沉降应为 n 个网格上的基底压力分别引起的沉降之总和，即

$$s_i = \delta_{i1} p_1 f_1 + \delta_{i2} p_2 f_2 + \cdots + \delta_{in} p_n f_n = \sum_{j=1}^{n} \delta_{ij} R_j \tag{7-65}$$

基础各点的沉降可用矩阵形式表示如下：

$$\begin{bmatrix} s_1 \\ s_2 \\ \vdots \\ s_n \end{bmatrix} = \begin{bmatrix} \delta_{11} & \delta_{12} & \cdots & \delta_{1n} \\ \delta_{21} & \delta_{22} & \cdots & \delta_{2n} \\ \vdots & \vdots & & \vdots \\ \delta_{n1} & \delta_{n1} & \cdots & \delta_{nn} \end{bmatrix} \begin{bmatrix} R_1 \\ R_2 \\ \vdots \\ R_n \end{bmatrix} \tag{7-66a}$$

或简写为

$$s = \delta R \tag{7-66b}$$

式中　δ——地基柔度矩阵。

弹性半空间地基模型假设地基土体是各向均质的弹性体。这一假设往往导致该模型的扩散能力超过地基的实际情况，计算所得的基础位移和基础内力都偏大。此外，该模型未能考虑到地基的成层性、非均质性以及土体应力应变关系的非线性等重要因素。但是，该模型具有能够扩散应力和变形的优点，求解基底各点的沉降时可以反映邻近荷载的影响，因而它比文克尔地基模型前进了一步。

3. 分层地基模型

前面两种地基计算模型所共有的缺点是不能计算分层地基的沉降量。而分层地基模型却能够解决这一问题。这种模型是把计算沉降的分层总和法应用于地基上梁和板的分析，地基沉降等于沉降计算深度范围内侧限情况下各计算分层压缩量之和。

分层地基模型的表达式与式(7-66b)相同，但式中的柔度矩阵[δ]须按分层总和法计算。

如图 7-51 所示,将基底划分成 n 个矩形网格,并将其下面的地基分割成截面与网格相同的棱柱体,其下端到达硬层顶面或沉降计算深度。各棱柱体依照天然土层界面和计算精度要求分成若干计算层。于是,沉降系数 δ 的计算公式如下:

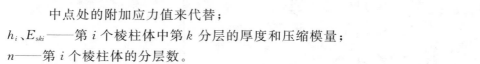
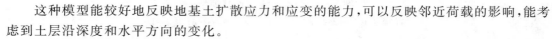

$$\delta_{ij} = \sum_{k=1}^{n} \frac{\sigma_{kij} h_{ki}}{E_{ski}} \qquad (7\text{-}67)$$

图 7-51　分层地基模型

式中　σ_{zi}——第 i 个棱柱体中第 k 分层由 $p_j = 1/f_j = f$
　　　　　引起的竖向附加应力的平均值,可用该层
　　　　　中点处的附加应力值来代替;

　　　h_i、E_{ski}——第 i 个棱柱体中第 k 分层的厚度和压缩模量;

　　　n——第 i 个棱柱体的分层数。

这种模型能较好地反映地基土扩散应力和应变的能力,可以反映邻近荷载的影响,能考虑到土层沿深度和水平方向的变化。

7.8　十字交叉基础

当柱传递下来的荷载较大,所需基础底面积较大;或当柱子荷载分布不均匀,基础双向受力较大、地基土较软弱、存在不均匀分布的压缩层时,为调整不均匀沉降,可考虑采用十字交叉基础。这种基础较柱下条形基础具有更大的刚度和整体性。

进行内力计算时,一般可简化为地基梁计算,纵横向条形基础在交叉点处的连接可视为无扭矩,纵向弯矩由纵向条基承受,横向弯矩由横向弯矩承受,而轴力则在两个方向上进行分配。分配后,两个方向上的内力各自独立进行计算。分配时应满足两个条件,即节点处的静力平衡条件和竖向变形协调条件,即

$$F_i = F_{ix} + F_{iy} \qquad (7\text{-}68)$$

$$W_{ix} = W_{iy} \qquad (7\text{-}69)$$

式中　F_i——节点的柱荷载;

　　　F_{ix}——节点分配给 x 向条基的荷载;

　　　F_{iy}——节点分配给 y 向条基的荷载;

　　　W_{ix}——节点处 x 向条基的挠度;

　　　W_{iy}——节点处 y 向条基的挠度。

下面用基床系数法文克尔模型计算基础梁的挠度:

无限长梁:

$$W_i = \frac{F_i}{2Kbs} \qquad (7\text{-}70)$$

半无限长梁:

$$W_i = \frac{2F_i}{Kbs} \qquad (7\text{-}71)$$

式中　s——系数,$s = 4\sqrt{\dfrac{4E_c I}{Kb}}$,m;

K——基床系数，kN/m^3；

I——基础横截面的惯性矩，m^4；

E_c——混凝土弹性模量，kPa。

节点处竖向力分配公式如下：

1）中柱节点

由式(7-68)及式(7-70)解得

$$F_{ix} = \frac{b_x s_x}{b_x s_x + b_y s_y} F_i \tag{7-72}$$

$$F_{iy} = \frac{b_y s_y}{b_x s_x + b_y s_y} F_i \tag{7-73}$$

2）边柱节点

由式(7-68)及

$$W_i = \frac{F_{ix}}{2Kb_x s_x} = \frac{2F_{iy}}{Kb_y s_y}$$

解得

$$F_{ix} = \frac{4b_x s_x}{4b_x s_x + b_y s_y} F_i \tag{7-74}$$

$$F_{iy} = \frac{b_y s_y}{4b_x s_x + b_y s_y} F_i \tag{7-75}$$

3）角柱节点

由式(7-68)及

$$W_i = \frac{2F_{ix}}{Kb_x s_x} = \frac{F_{iy}}{2Kb_y s_y}$$

解得

$$F_{ix} = \frac{b_x s_x}{b_x s_x + b_y s_y} F_i \tag{7-76}$$

$$F_{iy} = \frac{b_y s_y}{b_x s_x + b_y s_y} F_i \tag{7-77}$$

7.9 片筏基础

片筏基础是地基上整体连续的钢筋混凝土板式基础，实际上是柱下条形基础进一步扩展而形成的整体基础。较之条形基础，片筏基础的承载面积有所增加，整体刚度有所加强，因此能够承担更大的荷载，调整不均匀沉降的能力更强。按上部结构形式，片筏基础又可分为墙下片筏基础和柱下片筏基础，或者为两种情况的组合；按自身构造形式，筏形基础分为平板式和梁板式两种类型。其类型应根据工程地质、上部结构体系、柱距、荷载的大小外部条件等因素确定。

7.9.1 构造要求

应尽量使上下结构不偏心。对于单幢建筑物，在地基土比较均匀的条件下，基底平面形心宜与结构竖向永久荷载重心重合；当不能重合时，在荷载准永久组合作用下，偏心距 e 宜符合下式要求：

$$e \leqslant \frac{0.1W}{A} \tag{7-78}$$

式中 W——与偏心距方向一致的基础底面边缘抵抗矩,m^3;

        A——基础底面积,m^2。

    筏形基础的混凝土强度等级不应低于 C30。当有地下室时,应采用防水混凝土,防水混凝土的抗渗等级应根据地下水的最大水头与防渗混凝土厚度的比值,按现行《地下工程防水技术规范》(GB 50108—2008)选用,但不应小于 0.6MPa,必要时宜设架空排水层。

    采用筏形基础的地下室,地下室钢筋混凝土外墙厚度应小于 250mm,内墙厚度不应小于 200mm。墙的截面设计除应满足承载力要求外,尚应考虑变形、抗裂及防渗等要求。墙体内应设置双面钢筋,竖向和水平钢筋的直径不应小于 12mm,间距不应大于 300mm。

    梁板式筏基底板除应计算正截面抗弯承载力外,其厚度尚应满足受冲切承载力及受剪切承载力的要求。对于 12 层以上建筑的梁板式筏基,其底板厚度与最大双向板格短边净跨之比不应小于 1/14,且板厚度不应小于 400mm。

    地下室底层柱,剪力墙与梁板式筏勘探基础梁边接的构造应符合下列要求:

    (1) 柱、墙的边缘至基础梁边缘的距离不应小于 50mm(见图 7-52)。

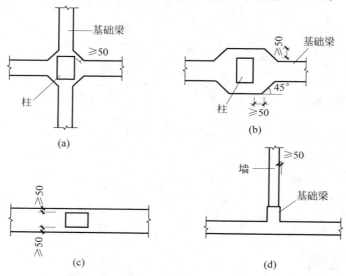

图 7-52   地基底层柱或剪力墙与基础梁连接的构造要求

    (2) 当交叉基础梁的宽度小于柱截面的边长时,交叉基础梁连接处应设置八字角,柱角与八字角之间的净距不宜小于 50mm(见图 7-52(a))。

    (3) 单向基础与柱的连接,可按图 7-52(b)、(c)采用。

    (4) 基础梁与剪力墙的连接可按图 7-52(d)采用。

    (5) 筏板与地下室外墙的接缝以及地下室外沿墙高度外的水平接缝应严格按施工缝要求施工,必要时可设通长止水带。

    (6) 高层建筑筏形基础与裙房基础之间的构造要求如下:①当高层建筑与相连的裙房之间设置沉缝时,高层建筑的基础埋置深度应大于裙房基础埋深至少 2m;当不满足要求时,必须采取有效措施;沉降缝地面以下处应用粗砂填实(见图 7-53);②当高层建筑与相连的裙房之间不设置沉缝时,宜在裙房一侧设置后浇带,后浇带柱的位置宜设在距主楼边柱的第二跨内,后浇带混凝土宜根据实测沉降值并计算后期沉降差能满足设计要求后方可进行浇筑;③当高层建筑与相连的裙房之间不允许设置沉降缝的后浇带时,应进行地基变形验算,验算时须考虑地基与结构变形的相互影响,并采取相应的有效措施。

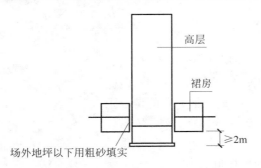

图 7-53　高层建筑与裙房间的沉降缝处理

（7）筏形基础地下室施工完毕后,应及时进行基坑回填工作。回填基坑时,应先清除基坑中的杂物,并应在相对的两侧或四周同时回填并分层夯实。

7.9.2　内力计算

片筏基础底面积大,对地基局部变化的敏感程度较十字交叉基础低,而整体刚度不如箱形基础。所以,不能忽视片筏基础对上部结构的影响和对上部结构刚度的制约作用。设计片筏基础时,应重视结构与地基的相互作用。在设计基础时,关键是计算基础底面反力的大小和分布。基础内力的计算可分为简化计算方法和考虑上部结构或基础与地基相互作用的计算方法。

1. 简化计算方法

当片筏基础较规则,柱距接近相等,相邻荷载差不超过 20% 且地基均匀时,可将片筏基础划分为若干板带,将筏板或肋梁作为地基上板或梁板组合体系,采用简化的刚性板法和按双向板计算的倒楼盖法进行计算。

2. 考虑上部结构或基础与地基相互作用的计算方法

考虑基础与地基相互作用的地基上梁解法,考虑基础与地基相互作用的地基上弹性板解法,有限压缩层地基上弹性板有限元法,链杆法、级数法,以及考虑框架结构和筏基与地基相互作用的计算方法等。

现介绍刚性板法。

刚性板法假定基础的刚度与地基的刚度相比是绝对刚性的,基础承受荷载后基底产生的变形仍保持为一平面;基底反力为线性分布。

可近似按下式确定是否属于刚性板:

$$K_r = \frac{12\pi(1-\mu_b^2)}{1-\mu_s^2}\left(\frac{E_s}{E_b}\right)\left(\frac{l}{h}\right)^2\left(\frac{b}{h}\right) \leqslant \frac{8}{\left(\frac{l}{h}\right)^{\frac{1}{2}}} \tag{7-79}$$

式中　K_r——相对刚度参数;

　　　E_b、μ_b——基础板混凝土弹性模量和泊松比;

　　　E_s、μ_s——地基土变形模量和泊松比;

l、b、h——板的半长、半宽和高度。

满足上式即可作为刚性板处理。

按下式求算基底反力及其分布：

$$p_{(x,y)} = \frac{\sum P}{F} \pm \frac{\sum P e_y}{I_x} y \pm \frac{\sum P e_x}{I_y} x \qquad (7\text{-}80)$$

式中　$\sum P$——刚性板上的总荷载；

　　　F——筏板总面积；

　　　e_x、e_y——荷载合力在 x、y 轴方向的偏心距；

　　　$P(x,y)$——所求点 (x,y) 的地基反力；

　　　I_x、I_y——对 x、y 轴的惯性矩；

　　　x、y——所求点的坐标值。

求出基底反力及其分布后，按互相垂直的两个方向划分板带。板带宽取柱间宽度 l。每条板带可视为独立的单元，按静力平衡法或倒梁法计算内力。如果相邻柱荷载超过 20%，可取

$$p = \frac{\frac{1}{2}(P_1 + P_2) + P_0}{2} \qquad (7\text{-}81)$$

式中　P_1、P_2——相邻的柱荷载，kN；

　　　P_0——计算点柱荷载，kN；将 P_0 分布在整个板带宽度上。

由于计算板带时没有考虑相互间剪力的影响，因此按该方法计算时，梁上荷载与地基反力不能满足平衡条件。可通过调整反力来得到近似解。对于跨中弯矩，弯矩系数取为 $\left(\frac{1}{12} \sim \frac{1}{10}\right) p l^2$；对于柱下支座负弯矩，$l$ 取相邻柱间的平均值。

按弯矩分配法进行计算时，将截面弯矩沿宽度分为三份，柱中间部分为 $1/2$ 宽，两个边缘部分为 $1/4$ 宽。将整个宽度上计算弯矩的 $2/3$ 作用于中间部分，边缘各承担 $1/6$ 弯矩，如图 7-54 所示。

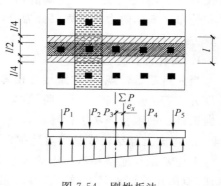

图 7-54　刚性板法

7.9.3　结构承载力计算

各种形式的片筏基础都应进行底板抗冲切、抗剪切和抗弯承载力验算。

1. 柱下平板式片筏基础抗冲切验算

1）平板式片筏基础的板厚

平板式片筏基础应满足受冲切承载力的要求。计算时，应考虑作用在冲切临界面重心上的不平衡弯矩产生的附加剪力。距柱边 $h_0/2$ 处冲切临界截面的最大剪应力 $\tau_{\max}$ 应按式（7-82）、式（7-83）、式（7-84）计算（见图 7-55）。板的最小厚度不应小于 400mm。

$$\tau_{\max} = \frac{F_l}{u_m h_0} + \frac{a_s M_{\text{unb}} c_{AB}}{I_s} \qquad (7\text{-}82)$$

$$\tau_{\max} \leqslant 0.7\left(0.4+\frac{1.2}{\beta_s}\right)\beta_{hp}f_t \qquad (7\text{-}83)$$

$$a_s = 1 - \frac{1}{1+\dfrac{2}{3}\sqrt{(c_1/c_2)}} \qquad (7\text{-}84)$$

式中　F_l——相应于荷载效应基本组合时的集中设计值;对于内柱,取轴力设计值减去筏板冲切破坏锥体内的地基反力设计值;对于边柱的角柱,取轴力设计值减去筏板冲切临界截面范围内的地基反力设计值;地基反力值应扣除底板自重;

u_m——距边柱 $h_0/2$ 处冲切临界截面的周长,按《建筑地基基础设计规范》(GB 50007—2011)附录 P 计算;

h_0——筏板的有效高度;

M_{unb}——作用在冲切临界截面重心上的不平衡弯矩设计值;

c_{AB}——沿弯矩作用方向,冲切临界截面重心至冲切临界截面最大剪应力点的距离,按《建筑地基基础设计规范》(GB 50007—2011)附录 P 计算;

I_s——冲切临界截面对其重心的极惯性矩,按《建筑地基基础设计规范》(GB 50007—2011)附录 P 计算;

β_s——柱截面长边与短边的比值;当 $\beta_s < 2$ 时,β_s 取 2;当 $\beta_s > 4$ 时,β_s 取 4;

c_1——与弯矩作用方向一致的冲切临界截面的边长,按《建筑地基基础设计规范》(GB 50007—2011)附录 P 计算;

c_2——垂直于 c_1 的冲切临界截面的边长,按《建筑地基基础设计规范》(GB 50007—2011)附录 P 计算;

a_s——不平衡弯矩通过冲切临界截面上的偏心剪力传递的分配系数。

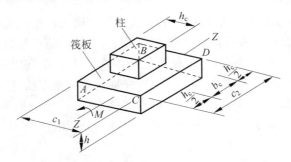

图 7-55　内柱冲切临界截面

当柱荷载较大,等厚度筏板的受冲切承载力不能满足要求时,可在筏板上面增设柱墩,或在筏板下局部增加板厚,或采用抗击冲切箍筋来提高受冲切承载力。

2) 平板式片筏基础内筒下的板抗冲切承载力验算

平板式筏基内筒下的板厚应满足受冲切承载力的要求,其受冲切承载力应按下式计算:

$$\frac{F_l}{u_m h_0} \leqslant 0.7\beta_{hp}\frac{f_t}{\eta} \qquad (7\text{-}85)$$

式中　F_l——相应于荷载效应基本组合时的内筒所承受的轴力设计值减去筏板冲切破坏锥体内的地基反力设计值,地基反力值应扣除板的自重;

h_0——距内筒外表面 $h_0/2$ 处筏板的截面有效高度;

u_m——距内筒外表面 $h_0/2$ 处冲切临界截面的周长(见图 7-56);

η——内筒冲切临界截面周长影响系数,取 1.25。

当须考虑内筒根部弯矩的影响时,距内筒外表面 $h_0/2$ 处冲切临界截面的最大剪应力可按式(7-82)计算,此时 $\tau_{max} \leqslant 0.7\beta_{hp}\dfrac{f_t}{\eta}$。

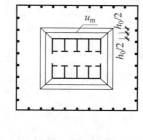

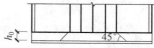

3) 平板式片筏基础抗剪承载力验算

平板式筏板除应满足受冲切承载力外,尚应验算距内筒边缘或柱边缘 h_0 处筏板的受剪承载力。受剪承载力应按下式验算:

$$V_s \leqslant 0.7\beta_{hp}f_t/\eta \qquad (7-86)$$

图 7-56　筏板受内筒冲切的临界截面位置

式中　V_s——荷载效应基本组合下,地基土净反力平均值产生的距内筒或柱边缘 h_0 处筏板单位宽度的剪力设计值;

b_w——筏板计算截面单位宽度;

h_0——距内筒或柱边缘 h_0 处板截面有效高度。

当筏板厚度变化时,尚应验算厚度变化处筏板的受剪承载力。

当筏板的厚度大于 2000mm 时,宜在板厚中间部位设置直径不小于 12mm,间距不大于 300mm 的双向钢筋网。

2. 片筏基础抗弯配筋计算

1) 计算原则

当地基土比较均匀,上部结构刚度较高,梁板式筏基梁的高跨比或平板式筏基板的厚跨比不小于 1/6,且相邻柱荷载及柱间距的变化不超过 20% 时,筏形基础仅须考虑局部弯曲作用。筏形基础的内力可按基底反力直线分布进行计算。计算时,基底反力应扣除板及其上填土的自重。当满足上述要求时,筏基内力应按弹性地基梁板方法进行分析计算。

当有抗震设防要求时,对于无地下室且抗震等级为一、二级的框架结构,基础梁除应满足抗震构造要求外,计算时尚应将柱组合的弯矩设计值分别乘以 1.5 和 1.25 的增大系数。

2) 计算方法

按基底反力直线分布计算的梁板式筏基,其基础梁内力可按连续梁分析,边跨跨中弯矩以及第一内支座的弯矩值乘以系数 1.2。梁板式筏基的底板和基础梁的配筋除满足计算要求外,纵横方向的底部钢筋尚应有 1/3~1/2 贯通全跨,且其配筋率不应小于 0.15%。顶部钢筋按计算配筋全部连通。

按基底反力直线分布计算的平板式筏形基础,可按柱下板带和跨中板带分别进行内力分析。在柱下板带柱宽及其两侧各 0.5 倍板厚且不大于 1/4 板跨的有效宽度范围内,其钢筋配置量不应小于柱下板带钢筋数量的一半,且应能承受部分不平衡弯矩 $a_m M_{unb}$。M_{unb} 为作用在冲切临界截面重心上的不平衡弯矩,$a_m = 1-a$。式中,a_m 为不平衡弯矩通过弯曲来传递的分配系数。

平板式筏形基础柱下板带和跨中板带的底部钢筋应有 1/3~1/2 贯通全跨,且配筋率不应小于 0.15%；顶部钢筋应按计算配筋全部连通。

对于有抗震设防要求的无地下室或单层地下室平板式筏形基础，计算柱下板带截面承载力时，柱的内力应按地震作用不利组合进行计算。

7.10 箱形基础

箱形基础是指由底板、顶板、侧墙及一定数量的内隔墙构成的整体刚度较好的钢筋混凝土箱形结构，简称为箱基。箱基是在工地现场浇筑的钢筋混凝土大型基础，平面尺寸通常与整个建筑平面外形轮廓相同，高度至少超过 3m，超高层建筑的箱基高度超过 10m。箱基在中国高层建筑基础形式中占有相当大的比例。这是因为它整体性好、结构刚度大，能有效地扩散上部结构传给地基的荷载，对地基不均匀沉降有显著的调整、减小作用，并能减少不均匀沉降对上部结构的不利影响等。

箱基可把上部结构各部分连成整体，其宽度和埋深都比一般的独立基础或条形基础大得多，因此对基础宽度和埋深修正后，地基承载力大幅度提高，地基稳定性也得到加强。

箱基为整体现场浇筑的钢筋混凝土结构，底板、顶板与内外墙体厚度都较大，在地震作用下不可能发生滑移或倾覆，自身的变形也不大。因此，箱基是地震区一种良好的具备抗震性能的基础形式。

形成箱基须进行大面积和较深的土方开挖，箱基可能通过挖除土重来减少或抵消上部结构荷载所产生的附加应力（即补偿性基础），从而减小地基沉降，增加地基稳定性。

对箱基的设计可按以下步骤进行：确定埋置深度；确定基础底面尺寸和剖面尺寸；地基变形验算；抗倾覆和抗滑移验算；箱基内力（包括顶板、底板、墙体等）计算和配筋；构造设计。以下对箱基设计的一些要点作简要介绍。

尽量使上部结构竖向静荷载的重心与基底平面的形心重合。必要时，可将箱基的底板向外伸出。如无法做到重合，则要求偏心尽量小。

1）箱基埋深

箱基埋深必须满足地基强度和稳定性的要求，防止建筑物整体倾斜，避免发生倾覆及滑移。一般最小埋深为 3~5m。在地震区，要求箱基埋深不小于高层建筑总高度的 1/15。

2）箱基高度

箱基高度应根据使用要求和基础自身刚度确定，一般设计取值如下：

$$h = \left(\frac{1}{12} \sim \frac{1}{8}\right)H_g \tag{7-87}$$

$$h \geqslant \frac{1}{18}l \tag{7-88}$$

式中　H_g——自天然地面算起的建筑物高度，m；

　　　l——箱基长度，m；l 不包括底板悬挑部分。

3）基础平面尺寸

基础平面尺寸应满足结构承载力要求。

4）地基变形计算

高层建筑箱形基础的地基变形主要考虑竖向沉降量、整体挠曲和倾斜。

5）内力计算

箱形基础顶板和底板在地基反力、水压力及上部荷载作用下,整个箱形基础将发生整体性的弯曲,称为整体弯曲;同时,顶板和底板在楼面荷载和地基反力作用下也将产生弯曲,称为局部弯曲。

箱形基础内力计算,大致按以下三种情况考虑:

当上部荷载为框架时,应同时考虑整体弯曲和局部弯曲的作用;

当上部荷载为现浇框架时,只考虑局部弯曲的作用;

当上部荷载为框架－剪力墙体系时,一般可只考虑局部弯曲的作用。

7.11　减轻不均匀沉降的措施

建筑物基础置于土上,其沉降和不均匀沉降是客观存在的。当沉降较均匀时,对建筑物影响较小;当不均匀沉降过大时,可能造成建筑物不能正常使用、开裂或破坏。因此,有必要从建筑设计、结构设计及施工等方面采取合理的处理措施,来减少建筑物的不均匀沉降。

7.11.1　建筑措施

1. 建筑体型力求简单

建筑体型是指建筑物的平面和立面形式。如果体型复杂,如平面为 L 形、T 形、I 形等形式,或有较多转折和突出部分,则纵横单元交叉处应力叠加,将引起更大沉降。如果立面上高差过大,将使地基应力不均匀,常常在高低连接处或荷载变化处产生较大的沉降差。因此,从减少地基不均匀沉降方面考虑,应尽量使建筑体型简单,如平面呈“一”字形,避免转折、突出、高差过大等。一般在软弱地基上,高差不宜超过 1 层;当地基条件较好时,高差也不宜超过 2 层。

2. 设置沉降缝

沉降缝将建筑物从基础到檐口分成若干个刚度较好的独立单元。

建筑物的下列部位宜设置沉降缝:

(1) 建筑平面的转折部位;

(2) 高度有差异或荷载有差异处;

(3) 长高比过大的砌体承重结构,或钢筋混凝土框架结构的适当部位;

(4) 地基土的压缩性有显著差异处;

(5) 建筑结构或基础类型不同处;

(6) 分期建造房屋的交界处。

沉降缝应有足够的宽度,缝宽可按表 7-16 选用。

表 7-16　房屋沉降缝的宽度

房 屋 层 数	沉降缝宽度/mm
2～3	50～80
4～5	80～120
5 层以上	不小于 120

沉降缝内一般不作填塞。沉降缝可结合伸缩缝、抗震缝进行设置,称为"三缝合一"。

当高度差异较大或荷载差异较大时,可将两者隔开一定距离。当拉开距离后的两单元必须连接时,应采用能自由沉降的连接构造。

3. 相邻建筑物基础间的合理净距

如果相邻建筑物基础相距太近,由于地基应力的扩散作用,将会给对方产生较明显的附加沉降。因此,应控制相邻建筑物基础之间的净距。净距与"影响建筑物"的荷载大小、受荷面积和"被影响建筑物"的刚度与地基的压缩等密切相关。

相邻建筑物基础间的净距可按表 7-17 选用。

表 7-17 相邻建筑物基础间的净距   m

影响建筑的预估平均沉降量 s/mm \ 被影响建筑的长高比	$2.0 \leqslant \dfrac{L}{H_f} < 3.0$	$3.0 \leqslant \dfrac{L}{H_f} < 5.0$
70~150	2~3	3~6
160~250	3~6	6~9
260~400	6~9	9~12
>400	9~12	≥12

注:(1) 表中 L 为建筑物长度或沉降缝分隔的单元长度,m;H_f 为自基础底面标高算起的建筑物高度,m;
(2) 当被影响建筑的长高比为 $1.5 < L/H_f < 2.0$ 时,可适当缩小其间净距。

相邻高耸结构(或对倾斜要求严格的构筑物)的外墙间隔距离,应根据倾斜允许值计算确定。

4. 控制建筑物某些部位标高

基础沉降可能改变建筑物某些部位的标高,严重时可能影响建筑物的使用功能。因此,应采取措施对之进行预先控制。建筑物各组成部分的标高,应根据可能产生的不均匀沉降采取下列措施:

(1) 室内地坪和地下设施的标高,应根据预估沉降量予以提高。建筑物各部分(或设备)之间有联系时,可提高沉降较大者标高;

(2) 建筑物与设备之间应留有足够的净空。当建筑物有管道穿过时,应预留足够尺寸的孔洞,或采用柔性的管道接头等。

7.11.2 结构措施

1. 减小基底附加压力

基底附加压力由上部建筑物荷载形成,这是引起沉降的原因。如果采取措施减小基底附加压力,将会对减小不均匀沉降起到很好作用。可采取以下措施减小基底附加压力:

(1) 选用轻型结构,减轻墙体自重,采用架空地板代替室内厚填土;

(2) 设置地下室或半地下室,采用覆土少、自重轻的基础形式;

(3) 调整各部分的荷载分布、基础宽度或埋置深度;

(4) 对于不均匀沉降要求严格的建筑物,可选用较小的基底压力。

2. 加强结构的刚度和强度

结构的刚度越大,则其调整不均匀沉降的能力越强;强度越高,则其抵抗附加应力的能力越强。可采取以下措施加强上部结构及基础的刚度和强度：

（1）对于建筑体型复杂、荷载差异较大的框架结构，可加强基础整体刚度，如采用箱基、桩基、厚筏等，以减少不均匀沉降。

（2）对于砌体承重结构的房屋，宜采用下列措施增强整体的刚度和强度：①对于 3 层和 3 层以上的房屋，其长高比 L/H_f 宜小于或等于 2.5；当房屋的长高比为 $2.5 < L/H_f \leqslant 3.0$ 时，宜做到纵墙不转折或少转折，其内横墙间距不宜过大，必要时可适当增强基础刚度和强度。当房屋的预估最大沉降量小于或等于 120mm 时，其长高比可不受限制。②墙体内宜设置钢筋混凝土圈梁或钢筋砖圈梁。③在墙体上开洞过大时，宜在开洞部位适当配筋，或采用构造柱及圈梁予以加强。圈梁应按下列要求设置：宜在多层房屋的基础和顶层处各设置一道圈梁，其他各层可隔层设置，必要时也可层层设置圈梁，单层工业厂房、仓库可结合基础梁、联系梁、过梁等酌情设置圈梁；圈梁应设置在外墙、内纵墙和主要内横墙上，并宜在平面内连成封闭系统。④对于厂房和仓库的结构设计，可适当提高柱、墙的抗弯能力，增强房屋的刚度。对于中、小型仓库，宜采用静定结构。

7.11.3　施工措施

如果建筑物高低部分相差较大，或两部分轻重相关较大，应先建筑高、重部分，后建筑低、轻部分。有时甚至要在高、重部分竣工一定时间后再建筑低、轻部分。

在建筑范围内进行具有地面荷载的单层工业厂房、露天车间和单层仓库的设计，应考虑由于地面荷载所产生的地基不均匀变形及其对上部结构的不利影响。地面荷载是指生产堆料、工业设备等地面堆载和天然地面上的大面积填土荷载。

当有条件时，宜利用堆载预压过的建筑场地。地面堆载应力求均衡，避免大量、迅速、集中堆载，并应根据使用要求、堆载特点、结构类型和地质条件确定允许堆载的大小和范围，堆载不宜压在基础上。

大面积的填土宜在基础施工前 3 个月完成。

在淤泥及淤泥质土等地基上开挖基坑时，应尽量对土进行保护，减少扰动。一般在坑底保留 20cm 厚土层，等基础施工时再行挖除。如果发现坑底土已被扰动，可将被扰动土挖去，用砂、碎石等回填夯实到要求标高。

7.12　工程案例：×××办公大楼基础设计

本工程总建筑面积 8000m²，设 1 层地下室作为设备用房和地下水池，地上为 13 层（结构层）框剪结构。建筑高度为 51.7m，地下室设计为半地下室，建筑面积为 741m²，埋深 2.25m，其平面长宽比 $A/B=2.1$，高宽比 $A/B=2.6$。建筑场地位于河流一级冲积阶地上。南侧紧靠连平河。场地土层包括以下类型：①素填土：层厚 1.1～1.5m，灰黄，由碎石砂土组成，碎石含量约 10%，松散；②卵石混粗砂：厚 2.0～3.8m，灰黄，不均质，包括漂石（$d=1～300$），卵石含量为 30%～55%，不等粒砂（$d=0.25～2.0$）呈稍密状，$f_{ak}=280kPa$；③卵石粉质黏土：厚 15.2～17.5m，黄色或灰白色，含卵石（$d=10～100$）25%～35% 和少量中细砂，$f_{ak}=300kPa$。

考虑了以下基础方案：

（1）钻孔灌注桩基础。由于该桩型较难穿越卵石混粗砂层及卵石粉质黏土层，可能出现短桩，且造价高，故不宜采用。

（2）人工挖孔桩基础。由于场地紧靠连平河，地下水位较高，砂层厚度大，较难实施降水措施，故不宜采用。

（3）天然地基筏板基础。由于场地内卵石混粗砂层及卵石粉质黏土层地基强度相对较高，且层位稳定，土层厚度大且埋深较小，故本工程可把筏板基础埋置在卵石混粗砂层上，充分利用山区河床地质卵石地基，大大降低造价。地基承载力特征值 $f_{ak}=280kPa$，考虑到地质钻探的局限性，要求在全面开挖基础后立即进行现场验槽，通过现场载荷压板试验确定地基承载力能否满足设计要求。现场开挖后，为避免地下水软化土层而扰动、破坏地基土，须采取现场降水处理，降水标高为设计底板以下 0.5～0.8m，当开挖到设计标高时，采用 30t 压路机来回碾压地基 10 次后施混凝土垫层封底。

本工程的筏板厚度对经济性及安全性有直接影响。设计时，一方面控制地基承载力满足整座建筑物总重力要求，另一方面决定性的控制是满足柱子对底板的冲切破坏，设计时采取包大柱脚构造来提高冲切破坏锥的上部，直接提高冲切破坏锥的体积，以将底板厚度 h 由 1.5m 减至 1.2m，既减小了底板重量，又降低了基础造价。底板结构形式采用暗梁（梁高 $h=1.2m$）板式设计，由于地下水位较高会产生较大浮力，同时暗梁梁高受到限制，只能采用加大暗梁梁宽的方法来满足强度要求，形成纵横宽度为 2.5～4.0m 的暗梁带，其余中间部分按板来计算配筋。

本章小结

浅基础按构造主要分为独立基础、条形基础、十字交叉基础、筏板基础和箱形基础，刚度依次增大，调整不均匀沉降的能力相应越大；按材料分为无筋扩展基础和扩展基础，前者抗压能力强而抗拉、抗剪能力弱，通常适用于多层结构。这两种基础确定基底尺寸的方法相同（由地基承载力决定），但确定竖向尺寸的方法则相异（前者应满足台阶宽高比要求；对于后者，条形基础应满足抗剪承载力要求，独立基础则由抗冲切承载力控制），后者还须进行配筋以获得足够的抗弯承载力。基础设计应满足承载力、变形及特殊情况下的稳定性要求。

思考题

7-1　基础工程设计必须满足什么基本条件？设计时，如何根据实际情况有区别地去满足这些条件？

7-2　刚性基础、扩展基础的定义是什么？在设计原理上有什么主要区别？

7-3　天然地基浅基础有哪些结构类型？各具有什么特点？

7-4　什么是地基承载力特征值和设计值？怎样确定它们？各适用于哪些情况？

7-5　怎样确定基础的埋深？

7-6　确定基础底面与剖面尺寸的原理是什么？刚性基础与扩展基础尺寸的确定方法有哪些重要的异同？

7-7　为什么要验算软弱下卧层的强度？怎样进行验算？

7-8 基底压力、基底附加压力、基底净反力有什么不同？在基础设计中各用于什么情况？

7-9 怎样减轻地基的不均匀沉降？

习题

7-1 某框架结构的独立基础底面尺寸为 $3.2m \times 3.4m$，基础埋深为 $1.8m$，地基表层为杂填土，层厚 $1.2m$，重度为 $17.6kN/m^3$。第二层是红黏土，重度为 $18.2kN/m^3$，含水比为 0.82，按载荷试验确定该层土地基承载力特征值为 $f_{ak}=210kPa$。此特征值是否须进行修正？如果需要，试进行计算。

7-2 某厂房柱底截面处一组按永久荷载效应控制的基本组合荷载设计值如下：轴力 $2200kN$，单向弯矩 $780kN \cdot m$。基础埋深为 $1.8m$，地基表层为杂填土，层厚 $1.0m$，重度为 $17.5kN/m^3$。以下为粉质黏土，重度为 $18.4kN/m^3$，孔隙比为 0.76，液性指数为 0.8。已知地基承载力特征值为 $f_{ak}=215kPa$。确定基础类型及底面尺寸。

7-3 题 7-2 中，如果荷载值是按正常使用极限状态下荷载效应的标准组合值计算，且是双向受弯，另一方向的弯矩为 $250kN \cdot m$，其他条件不变。确定基础类型及底面尺寸。

7-4 某住宅承重砖墙厚 $240mm$，砖下正常使用极限状态下轴心荷载基本组合值 $F_k=180kN/m$，其他数据如图 7-57 所示。(1)确定基础类型；(2)确定基础埋深；(3)按持力层承载力确定基础底面尺寸；(4)验算软弱下卧层强度。

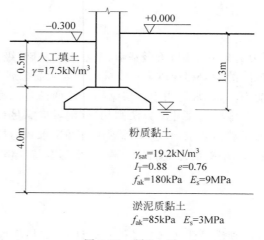

图 7-57 题 7-4 图

7-5 利用题 7-4 所给设计资料，设计毛石基础和混凝土基础，作出基础剖面图。

7-6 利用题 7-4 所给设计资料，设计钢筋混凝土基础(荷载按永久荷载效应控制的基本组合考虑)，作出基础配筋图。

7-7 某截面边长为 $400mm$ 的方柱，在柱底截面处，正常使用极限状态下荷载基本组合值为 $F_k=880kN$，$M_{zk}=230kN \cdot m$。地基土为红黏土，其重度为 $18.5kN/m^3$，含水比为 0.83。基础埋深为 $1.8m$，地基承载力特征值为 $f_{ak}=220kPa$。设计一钢筋混凝土基础(确定基础截面、内力及配筋时，可按荷载永久效应控制的基本组合计算)。

第8章

桩基础及其他深基础

8.1 概述

桩基础是深基础中最常用的一种基础形式。它由设置于土中的多根桩和承接上部结构荷载的承台组成(见图 8-1)。随着大直径桩墩基础的应用,出现了很多不设置承台的一柱一墩(桩)基础(见图 8-2)。

群桩基础是由 2 根以上基桩组成的桩基础。群桩中的单桩称为基桩。

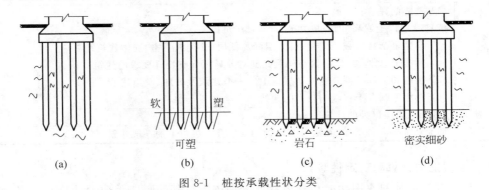

图 8-1 桩按承载性状分类

(a)摩擦桩;(b)端承摩擦桩;(c)端承桩;(d)摩擦端承桩

8.1.1 桩基础的应用

桩基础的应用非常广泛,几乎可应用于各种工程地质条件和类型的工程中,如房屋建筑、桥梁、港口等。桩基具有承载力高、稳定性好、沉降量小而均匀、沉降速率低而收敛快等特性。桩基一般应用于以下几种情况:

(1) 荷重大,要求严格限制沉降的建筑物;

(2) 地面堆载过大的工业厂房及其露天仓库等建筑物;

(3) 相邻建(构)筑物因地基沉降而产生的相互影响问题;

(4) 对倾斜量有特殊限制的建(构)筑物;

(5) 活载占较大比例的建(构)筑物;

(6) 配备重级工作制吊车的单层厂房(特别是冶金厂房);

(7) 作为抗地震液化和处理地区软弱地基的措施。

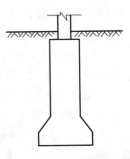

图 8-2 一柱一墩

8.1.2 桩基设计原则

1. 两类极限状态设计

《建筑桩基技术规范》(JGJ 94—2008)(以下简称《桩基规范》)规定,建筑桩基础应按下列两类极限状态进行设计:

(1) 承载能力极限状态:桩基达到最大承载能力、整体失稳,或发生不适于继续承载的变形;

(2) 正常使用极限状态:桩基达到建筑物正常使用所规定的变形限值或耐久性要求的某项限值。

2. 建筑桩基设计等级

根据建筑规模、功能特征、对差异变形的适用性、场地地基和建筑物体型的复杂性以及桩基问题可能造成建筑物破坏或影响正常使用的程度,将桩基设计分为表 8-1 所列的三个设计等级。

表 8-1 建筑桩基设计等级

设计等级	建 筑 类 型
甲级	(1) 重要的建筑; (2) 30 层以上或高度超过 100m 的高层建筑; (3) 体型复杂且层数相差超过 10 层的高低层(含纯地下室)连体建筑; (4) 20 层以上框架-核心筒结构及其他对差异沉降有特殊要求的建筑; (5) 场地和地基条件复杂的 7 层以上的一般建筑及坡地、岸边建筑; (6) 对相邻既有工程影响较大的建筑
乙级	除甲级、丙级以外的建筑
丙级	场地和地基条件简单、荷载分布均匀的 7 层及 7 层以下的一般建筑

3. 承载能力计算和稳定性验算

(1) 应根据桩基的使用功能和受力特征分别进行桩基的竖向承载力计算和水平承载力计算;

(2) 应计算桩身和承台结构的承载力;对于桩侧土不排水抗剪强度小于 10kPa 且长径比大于 50 的桩,应进行桩身压屈验算;对于混凝土预制桩,应按吊装、运输和锤击作用进行桩身承载力验算;对于钢管桩,应进行局部压屈验算;

(3) 当桩端平面以下存在软弱下卧层时,应进行软弱下卧层承载力验算;

(4) 对位于坡地、岸边的桩基应进行整体稳定性验算;

(5) 对于抗浮、抗拔桩基,应进行基桩和群桩的抗拔承载力计算;

(6) 对于抗震设防区的桩基,应进行抗震承载力验算。

4. 沉降计算

应对下列建筑的桩基进行沉降验算,并在其施工过程及使用期间进行系统的沉降观测直至沉降稳定:

(1) 设计等级为甲级的非嵌岩桩和非深厚坚硬持力层的建筑桩基;

(2) 设计等级为乙级的体型复杂、荷载分布显著不均匀或桩端平面以下存在软弱土层的建筑桩基;

（3）软土地基多层建筑减沉复合疏桩基础。

5. 水平位移验算

对于受水平荷载较大，或对水平位移有严格限制的建筑桩基，应计算其水平位移。

6. 抗裂验算

应根据桩基所处的环境类别和相应的裂缝控制等级，验算桩和承台正截面的抗裂能力和裂缝宽度。

7. 荷载效应组合与抗力取值

确定桩数和布桩时，应采用传至承台底面的荷载效应标准组合；相应的抗力应采用基桩或复合基桩承载力特征值。

（1）计算荷载作用下的桩基沉降和水平位移时，应采用荷载效应准永久组合；计算水平地震作用、风载作用下的桩基水平位移时，应采用水平地震作用和风载效应标准组合。

（2）验算坡地、岸边建筑桩基的整体稳定性时，应采用荷载效应标准组合；在抗震设防区，应采用地震作用效应和荷载效应的标准组合。

（3）在计算桩基结构承载力、确定尺寸和配筋时，应采用传至承台顶面的荷载效应基本组合。在进行承台和桩身裂缝控制验算时，应分别采用荷载效应标准组合和荷载效应准永久组合。

（4）桩基结构设计安全等级、结构设计使用年限和结构重要性系数应按现行有关建筑结构规范的规定采用，除临时性建筑外，重要性系数 γ_0 应不小于1.0。

8.2 桩基础的分类和桩身质量检测

8.2.1 桩基础的分类

1. 摩擦型桩
（1）摩擦桩：在极限承载力状态下，桩顶竖向荷载由桩侧摩擦力承受；
（2）端承摩擦桩：在极限承载力状态下，桩顶竖向荷载主要由桩侧摩擦力承受。

2. 端承型桩
（1）端承桩：在极限承载力状态下，桩顶竖向荷载由桩端阻力承受；
（2）摩擦端承桩：在极限承载力状态下，桩顶竖向荷载主要由桩端阻力承受。

3. 按桩材分类
（1）混凝土桩：包括混凝土预制桩和混凝土灌注桩。预制桩在工厂或现场预制成型；灌注桩在现场采用机械或人工成孔，再灌注混凝土。混凝土桩是工程中采用最广泛的桩。

（2）钢桩：包括钢管桩和型钢桩，主要有大直径钢管桩及 H 型桩。钢桩抗压强度高，施工方便，但价格高，易腐蚀。中国目前采用较少。

（3）组合材料桩：用混凝土和钢等不同材料组合而成的桩，如钢管桩内填充混凝土，或上部为钢管桩、下部为混凝土等形式的组合桩。组合桩一般用于特殊条件下。

4. 按桩的使用功能分类
（1）竖向抗压桩：指主要承受向下竖向荷载的桩。大多数建筑桩基础为此种桩。

（2）竖向抗拔桩：指主要承受竖向上拔荷载的桩,如建在山顶的高压输电塔的桩基础。

（3）水平受荷桩：指主要承受水平荷载的桩。如深基坑护坡桩,承受水平方向压力的作用,即为此类桩。

（4）复合受荷桩：指所承受的水平荷载与竖直荷载均较大的桩。

5. 按成桩方法分类

根据形成桩过程的挤土效应,将桩分为下列三类：

（1）非挤土桩：指成桩过程对桩周围的土无挤压作用的桩。施工方法如下：首先将桩位的土清除,然后在桩孔中灌注混凝土成桩。人工挖孔扩底桩即为非挤土桩。

（2）挤土桩：指成桩过程中,桩孔中的土未取出,全部挤压到桩的四周的一类桩。挤土桩包括以下类型：①挤土灌注桩：在沉管过程中,把桩孔部位的土挤压至桩管周围,浇筑混凝土并振捣成桩,如沉管灌注桩。②挤土预制桩：通常的预制桩定位后,将预制桩打入或压入地基土中,原在桩位处的土均被挤压至桩的四周。

（3）部分挤土桩：成桩过程对周围土产生部分挤压作用的桩。部分挤土桩包括以下类型：①部分挤土灌注桩：如钻孔灌注桩。②预钻孔打入式预制桩：通常预钻孔直径小于预制桩的边长,预钻孔时孔中的土被取走,打预制桩时为部分挤土桩。③打入式敞口桩：如打入钢管机时,桩孔部分土进入钢管内部,对钢管桩周围的土而言,该桩为部分挤土桩。

6. 按桩径大小分类

（1）小桩：指桩径 $d \leqslant 250$mm 的桩。沉桩的施工机械、施工场地和施工方法都比较简单。小桩适用于中小型工程和基础加固,如虎丘塔倾斜加固的树根桩。

（2）中等直径桩：指桩径符合 250mm$< d \leqslant 800$mm 的桩。由于具有较大的承载力,中等直径桩在建筑工程基础中应用广泛。

（3）大直径桩：指桩径 $d > 800$mm 的桩。大直径桩单桩承载力很高,常用于高层建筑及重型设备基础,可为一柱一桩的优良结构形式。

7. 按桩的施工方法分类

1）预制桩

预制桩按材料不同分为变通钢筋混凝土桩和预应力钢筋混凝土桩。

预制桩按截面形状分为实心桩和空心桩,有方形、圆形、矩形等。实心方桩是最常见的形式之一（见图 8-3）。其截面边长一般为 $300 \sim 500$mm,现场预制的桩长最大尺寸一般为 25m,场外预制最大尺寸一般为 12m。桩过长则须接桩。常用的接桩方法有钢板角钢焊接法、硫磺胶泥锚固法和法兰盘加螺栓连接法等。预制桩可采用锤击法、振动法、静力压桩法等方法沉桩。

2）灌注桩

较之预制桩,灌注桩桩长可随持力层位置而改变,其配筋率较低,不须接桩。在相同地质条件下,灌注桩配筋造价较低。

灌注桩按成孔工艺和所用机具设备,分为以下几类：

（1）钻孔灌注桩：先用机钻将孔钻好,取出孔中土,再吊入钢筋笼,灌注混凝土而成桩。因钻孔机具不同,桩径可小至 100mm,大至数米。

（2）冲孔灌注桩：将冲击钻头提升到一定高度后使之突然降落,利用冲击功能成孔排除土后,放入钢筋笼,灌注混凝土成桩。孔径与冲击能量有关,一般为 $450 \sim 1200$mm；孔深

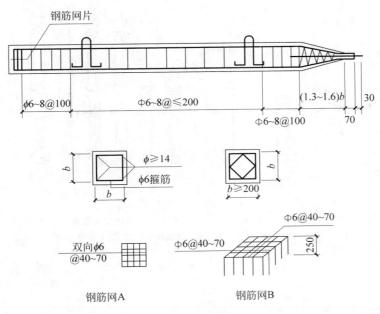

图 8-3　预制桩

除采用冲抓锥施工一般不超过 6m 外,一般可达 50m。

（3）沉管灌注桩:用机械作用力,如锤击、振动、静压等,把下端封闭的钢管挤入土层内,然后在钢管内灌注混凝土,再将钢管从土中拔出,放入钢筋笼,再灌注混凝土成桩。其施工工艺如图 8-4 所示。桩径一般为 300～600mm,桩长通常不超过 25m。

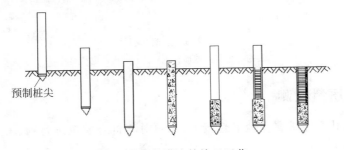

图 8-4　沉管灌注桩施工工艺

（4）夯扩灌注桩是锤击式沉管灌注桩实行扩底的一种新桩型。其成桩工艺如图 8-5 所示。

（5）挖孔桩:采用机械或人工挖掘开孔。这种桩的优点是可直接观察地层情况,桩身质量容易得到保证,施工设备简单,适应性较强,因此得到广泛应用。为增大桩的承载力,往往将桩底部加以扩大,成为扩底桩,如图 8-6 所示。扩底的优点是扩大部分的混凝土用量比桩身混凝土用量并未增加多少,但单桩承载力比等截面桩身的却可成倍提高。施工可采机械成孔机械扩底、机械成孔人工扩底和人工挖孔人工扩底等方法。采用人工挖孔时,桩径一般不小于 1m。

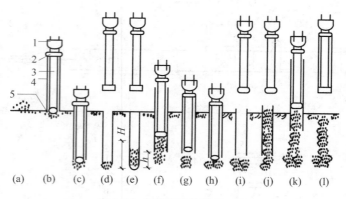

图 8-5 夯扩灌注桩成桩工艺

（a）放干硬性混凝土；（b）放内外管；（c）锤击；（d）抽出内管；（e）灌入部分混凝土；（f）放入内管，稍提外管；
（g）锤击；（h）内外管沉入设计深度；（i）拔出内管；（j）灌满桩身混凝土；（k）上拔外管；（l）拔出外管，成桩

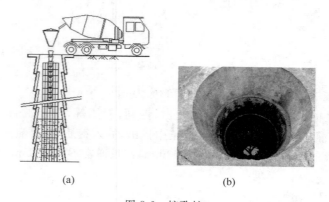

图 8-6 挖孔桩

（a）挖孔桩竖向截面详图；（b）挖孔桩现场照片

8.2.2 桩身质量检测

成孔后的钻孔灌注桩属于地下隐蔽工程，须对其桩身质量进行检验。常用的检验桩身结构的方法有如下几种。

（1）静载试验法：在桩顶部逐级施加竖向压力、竖向上拔力或水平推力，分别观测桩顶部随时间产生的沉降、上拔位移或水平位移，以确定相应的单桩竖向抗压承载力、单桩竖向抗拔承载力或单桩水平承载力。

（2）钻芯法：是用钻机钻取芯样以检测桩长、桩身缺陷、桩底沉渣厚度以及桩身混凝土的强度、密实性和连续性，并判定桩端岩土性状的方法。

（3）低应变法：是采用低能量瞬态或稳态激振方式在桩顶激振，实测桩顶部的速度时程曲线或速度导纳曲线，通过波动理论分析或频域分析，对桩身完整性进行判定的检测方法。

（4）高应变法：是用重锤冲击桩顶，实测桩顶部的速度和力时程曲线，通过波动理论分析，对单桩竖向抗压承载力和桩身完整性进行判定的检测方法。

（5）声波透射法：是在预埋声测管之间发射并接收声波，通过实测声波在混凝土介质中传播的声时、频率和波幅衰减等声学参数的相对变化，对桩身完整性进行检测的方法。

8.3 竖向荷载作用下单桩的工作性能

单桩在荷载作用下的工作性能是分析单桩承载力的理论基础。可以通过对桩与土相互作用的分析，了解桩与土之间传力的途径，掌握单桩承载力的构成及其发展过程，最终确定单桩承载力。

8.3.1 桩的荷载传递

桩顶受竖向荷载后，桩身将产生压缩和向下的位移，桩侧表面受到土向上的摩阻力，使得桩侧土体产生剪切变形，并将荷载向桩周土层传递，从而使桩身轴力与桩身压缩变形随深度递减。

如图 8-7 所示为桩顶在某级荷载 Q 作用下沿桩身截面位移、桩侧摩阻力和轴力的分布曲线。竖直单桩在桩顶轴向力 Q 作用下，桩身任一深度 x 处横截面上所引起的轴力 N_z 使得该截面向下发生了位移 δ_z，桩端下沉了 s_z，导致桩身侧面与桩周土之间发生相对滑移，其大小制约着土对桩侧向上作用的摩阻力 τ_z 的发挥程度。桩竖向荷载传递的影响因素如下：①桩侧摩阻力和桩端阻力的发挥程度与桩土之间的相对位移有关，桩侧摩阻力的发挥先于桩端阻力；②桩侧摩阻力的发挥还与桩径、桩长、土性及成桩方法有关；③桩端阻力的发挥与桩端位移、土性、桩的类型及施工方法有关；④桩侧摩阻力与桩端阻力及桩的入土深度有关。

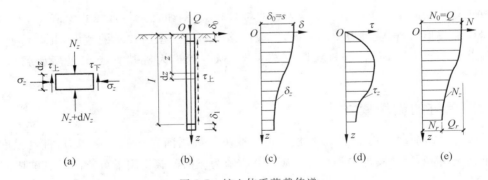

图 8-7 桩土体系荷载传递

（a）微桩段的受力情况；（b）轴向受压的单桩；（c）桩截面位移曲线；（d）摩阻力分布曲线；（e）轴力分布曲线

通过在桩身埋设应力或位移测试元件，即可求得轴力变化曲线（见图 8-8）和桩侧阻力沿桩身变化曲线。

桩侧阻力先于桩端阻力发挥。一般来说，靠近桩身上部土层的桩侧摩阻力先于下部土层发挥，发挥桩端阻力所需的极限位移明显大于发挥桩侧阻力所需的极限位移。表明：充分发挥桩端阻力需要有较大的位移值，在黏性土中约为桩底直径的 25%；在砂性土中为桩底直径的 8%～10%；钻孔桩由于孔底虚土、沉渣压缩的影响，其发挥桩端阻力极限值所需位移更大。故桩侧摩阻力先于桩端阻力发挥出来。试验表明，只要桩与土之间有较小的相

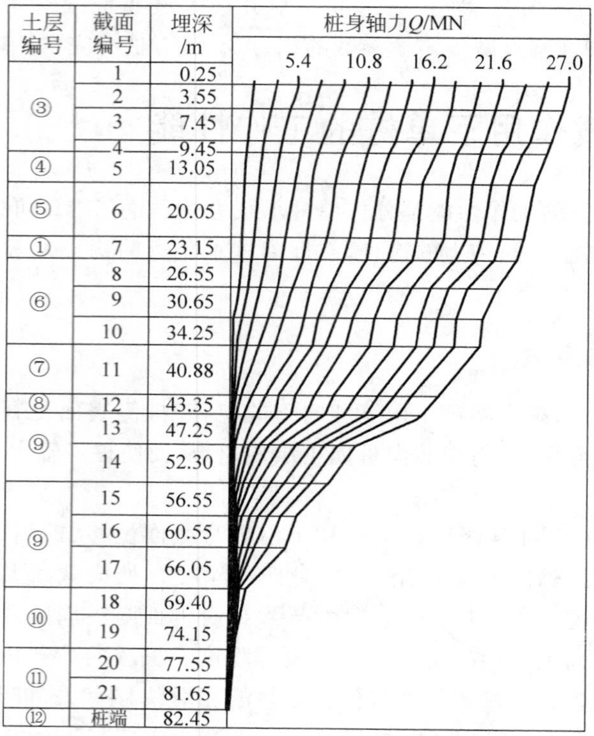

土层编号	截面编号	埋深/m	桩身轴力 Q/MN
③	1	0.25	5.4 10.8 16.2 21.6 27.0
③	2	3.55	
③	3	7.45	
④	4	9.45	
④	5	13.05	
⑤	6	20.05	
①	7	23.15	
⑥	8	26.55	
⑥	9	30.65	
⑥	10	34.25	
⑦	11	40.88	
⑧	12	43.35	
⑨	13	47.25	
⑨	14	52.30	
⑨	15	56.55	
⑨	16	60.55	
⑨	17	66.05	
⑩	18	69.40	
⑩	19	74.15	
⑪	20	77.55	
⑪	21	81.65	
⑫	桩端	82.45	

图 8-8   某工程实测桩截面轴力传递曲线

对位移,桩侧摩阻力就能够得到充分的发挥。

桩长对荷载的传递也有重要的影响。当桩长较大(例如桩长与直径的比值大于 25)时,因桩身压缩变形大,桩端反力尚未发挥,桩顶位移已超过实用所要求的范围,此时传递到桩端的荷载很小。因此,很长的桩实际上总是摩擦桩,用扩大桩端直径来提高承载力是徒劳的。

8.3.2   单桩的破坏模式

单桩在竖向荷载作用下,其破坏模式主要取决于桩周围岩土的支承能力、桩身强度、桩端支承情况、桩的尺寸及桩的类型等。图 8-9 所示为竖向荷载作用下可能的单桩破坏模式。

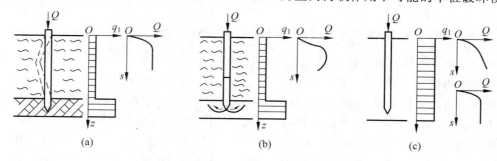

图 8-9   竖向荷载下基桩的破坏模式
(a)压屈破坏;(b)整体剪切破坏;(c)刺入破坏

1. 压屈破坏

如果桩端支承在坚硬的土层或岩层上，此时桩周土层相对非常软弱，桩身在竖向荷载作用下，如同一细长压杆，破坏时将产生压屈破坏，荷载-沉降关系曲线呈现急剧破坏的陡降型，桩身沉降量很小。如图 8-9(a)所示，桩破坏时有明确的破坏荷载，桩的承载力取决于桩身的材料强度。通常情况下，穿越深厚泥质土层中的小直径端承桩或嵌岩桩、细长的木桩等多发生压屈破坏。

2. 整体剪切破坏

如果桩身强度很大，桩周土层抗剪强度较低，且桩的长度不大，由于桩端上部土层不能阻止滑动土楔的形成，在竖向荷载作用下，桩端土体将形成滑动面而出现整体剪切破坏，如图 8-9(b)所示。此时，桩身沉降量较小，难以充分发挥桩侧摩阻力，主要荷载由桩端摩阻力承担，$Q\text{-}s$ 曲线也为陡降型，有明确的破坏荷载，桩的承载力主要取决于桩端土的支承力。通常打入式短桩、钻扩短桩等易发生整体剪切破坏。

3. 刺入破坏

在桩的入土深度较大或桩周土层抗剪强度较均匀的情况下，桩顶荷载主要由桩侧摩阻力承受，桩端阻力相对较小，桩的沉降量较大，此时桩将呈现刺入破坏形态，如图 8-9(c)所示。一般当桩周土质较软弱时，$Q\text{-}s$ 曲线为渐进破坏的缓变型，无明显拐点，难以判断极限荷载，桩的承载力主要由上部结构所能承受的极限沉降确定。当桩周土的抗剪强度较高时，$Q\text{-}s$ 曲线可能为陡降型，有明显拐点，桩的承载力主要取决于桩周土的强度。通常钻孔灌注桩易发生刺入破坏。

8.3.3 单桩竖向承载力的确定

单桩竖向承载力是指单桩在竖向荷载作用下，不丧失稳定性又不产生过大变形时的承载能力。单桩的竖向承载力主要取决于地基土对桩的承载能力和桩身的材料强度。

现行《建筑地基基础设计规范》(GB 50007—2011)(以下简称《地基规范》)与《桩基规范》均采用特征值验算单桩竖向承载力。前者单桩竖向承载力特征值是由载荷试验(见图 8-10、图 8-11)测定的地基土压力变形曲线线性变形段内规定的变形所对应的压力值，其最大值为比例界限值。后者单桩竖向承载力特征值为单桩竖向极限承载力标准值除以安全系数后的承载力值。

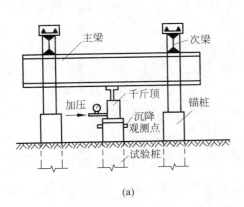

(a)

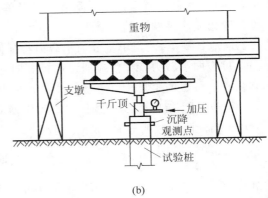

(b)

图 8-10 单桩竖向静载试验装置

(a)锚桩横梁反力装置；(b)压重平台反力装置

图 8-11   单桩静载试验现场照片

1. 按桩身强度确定单桩竖向抗压承载力

按桩身材料强度确定单桩承载力时,桩身混凝土强度应满足桩的承载力设计要求。计算中,应按桩的类型和成桩工艺的不同将混凝土的轴心抗压强度设计值乘以工作条件系数 ψ_c,轴心受压时桩身强度应符合下式要求:

$$Q \leqslant A_p f_c \psi_c \tag{8-1}$$

式中 f_c——混凝土轴心抗压强度设计值,按现行《混凝土结构设计规范》(GB 50010—2010)取值;

Q——相应于荷载效应基本组合时的单桩竖向力设计值;

A_p——桩身横截面面积;

ψ_c——工作条件系数,预制桩取 0.75,灌注桩取 0.6～0.7(采用水下灌注桩或长桩时用低值)。

2. 按土的承载能力确定单桩竖向承载力

现行《地基规范》与《桩基规范》规定,验算单桩竖向承载力时均采用特征值。前者单桩竖向承载力特征值是由载荷试验测定的地基土压力变形曲线线性变形段内规定的变形所对应的压力值,其最大值为比例界限值。后者单桩竖向承载力特征值为单桩竖向极限承载力标准值除以安全系数后的承载力值。

1)《地基规范》确定单桩竖向承载力特征值的方法

单桩竖向承载力特征值应通过单桩竖向静载荷试验确定。在同一条件下的试桩数量,不宜少于总桩数的 1%,且不应少于 3 根。单桩竖向极限承载力应按下列方法确定:

(1) 作荷载-沉降曲线(见图 8-12)和作辅助分析所需的其他曲线;

(2) 当陡降段较明显时,取相应于陡降段起点的荷载值;

(3) 当 $\frac{\Delta s_{n+1}}{\Delta s_n} \geqslant 2$,且经 24h 尚未达到稳定时,取前一级荷载值;其中,Δs_n 为第 n 级荷载的沉降增量;Δs_{n+1} 为第 $(n+1)$ 级荷载的沉降增量;桩底支承在坚硬岩(土)层上,当桩的沉降量很小时,最大加载量不应小于设计荷载的 2 倍;

(4) 荷载-沉降曲线呈缓变型时,取桩顶总沉降量 $s=40\text{mm}$ 所对应的荷载值;当桩长大

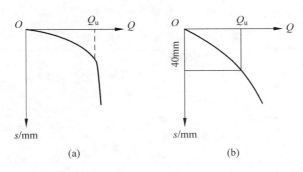

图 8-12 由 $Q\text{-}s$ 曲线确定极限荷载 Q_u

(a) 有明显拐点；(b) 无明显拐点

于 40m 时，宜考虑桩身的弹性压缩；

(5) 按上述方法较难判断时，可结合其他辅助分析方法综合判定单桩竖向承载力；对桩基沉降有特殊要求者，应根据其具体情况选取；

(6) 参加统计的试桩，当满足其极差不超过平均值的 30% 时，可取其平均值为单桩竖向极限承载力；当极差超过平均值的 30% 时，宜增加试桩数量，并分析极差过大的原因，结合工程具体情况确定极限承载力；对于桩数为 3 根及 3 根以下的柱下桩台，应取最小值；

(7) 单桩竖向极限承载力除以安全系数 2，即为单桩竖向承载力特征值 R_a。

当桩端持力层为密实砂卵石或其他承载力类似的土层时，对于单桩竖向承载力很高的大直径端承型桩，可采用深层平板载荷试验确定桩端土的承载力特征值。

2）根据《地基规范》确定地基基础设计等级为丙级的建筑物单桩竖向承载力特征值的方法

地基基础设计等级为丙级的建筑物，其单桩竖向承载力特征值可采用静力触探及标贯试验参数确定 R_a 的值，此处不详述。

3）初步设计时根据《地基规范》确定单桩竖向承载力特征值的方法

初步设计时单桩竖向承载力特征值可按下式估算：

$$R_a = q_{pa}A_p + u_p \sum q_{sia}l_i \tag{8-2}$$

式中 R_a——单桩竖向承载力特征值；

q_{pa}、q_{sia}——桩端阻力和桩侧阻力特征值，由当地静载荷试验结果统计分析算得；

A_p——桩底端横截面面积；

u_p——桩身周边长度；

l_i——第 i 层岩土层的厚度。

4）根据《桩基规范》确定单桩竖向极限承载力标准值的方法

当根据土的物理指标与承载力参数之间的经验关系确定单桩竖向极限承载力标准值时，宜按下式进行估算：

$$Q_{uk} = Q_{sk} + Q_{pk} = u \sum q_{sik}l_i + q_{pk}A_p \tag{8-3}$$

式中 q_{sik}——桩侧第 i 层土的极限侧阻力标准值，如无当地经验时，可按表 8-2 取值；

q_{pk}——极限端阻力标准值,如无当地经验时,可按表 8-3 取值。

表 8-2　桩的极限侧阻力标准值 q_{sik}　　　　　　　　　kPa

土的名称	土的状态		混凝土预制桩	泥浆护壁钻 (冲)孔桩	干作业钻孔桩
填土	—		22～30	20～28	20～28
淤泥	—		14～20	12～18	12～18
淤泥质土	—		22～30	20～28	20～28
黏性土	流塑	$I_L>1$	24～40	21～38	21～38
	软塑	$0.75<I_L\leqslant1$	40～55	38～53	38～53
	可塑	$0.50<I_L\leqslant0.75$	55～70	53～68	53～66
	硬可塑	$0.25<I_L\leqslant0.50$	70～86	68～84	66～82
	硬塑	$0<I_L\leqslant0.25$	86～98	84～96	82～94
	坚硬	$I_L\leqslant0$	98～105	96～102	94～104
红黏土	$0.7<a_w\leqslant1$		13～32	12～30	12～30
	$0.5<a_w\leqslant0.7$		32～74	30～70	30～70
粉土	稍密	$e>0.9$	26～46	24～42	24～42
	中密	$0.75\leqslant e\leqslant0.90$	46～66	42～62	42～62
	密实	$e<0.75$	66～88	62～82	62～82
粉细砂	稍密	$10<N\leqslant15$	24～48	22～46	22～46
	中密	$15<N\leqslant30$	48～66	46～64	46～64
	密实	$N>30$	66～88	64～86	64～86
中砂	中密	$15<N\leqslant30$	54～74	53～72	53～72
	密实	$N>30$	74～95	72～94	72～94
粗砂	中密	$15<N\leqslant30$	74～95	74～95	76～98
	密实	$N>30$	95～116	95～116	98～120
砾砂	稍密	$5<N_{63.5}\leqslant15$	70～110	50～90	60～100
	中密(密实)	$N_{63.5}>15$	116～138	116～130	112～130
圆砾、角砾	中密、密实	$N_{63.5}>10$	160～200	135～150	135～150
碎石、卵石	中密、密实	$N_{63.5}>10$	200～300	140～170	150～170
全风化软质岩	—	$30<N\leqslant50$	100～120	80～100	80～100
全风化硬质岩	—	$30<N\leqslant50$	140～160	120～140	120～150
强风化软质岩	—	$N_{63.5}>10$	160～240	140～200	140～220
强风化硬质岩	—	$N_{63.5}>10$	220～300	160～240	160～260

注:(1) 对于尚未完成自重固结的填土和以生活垃圾为主的杂填土,不计算其侧阻力。

(2) a_w 为含水比,$a_w=\dfrac{w}{w_1}$,w 为土的天然含水量,w_1 为土的液限。

(3) N 为标准贯入击数;$N_{63.5}$ 为重型圆锥动力触探击数。

(4) 全风化、强风化软质岩和全风化、强风化硬质岩系指其母岩分别为 $f_{rk}\leqslant15MPa$、$f_{rk}>30MPa$ 的岩石。

表 8-3　桩的极限端阻力标准值 q_{pk}

kPa

土的名称	土的状态	桩型	混凝土预制桩桩长 l/m				泥浆护壁钻(冲)孔桩桩长 l/m				干作业钻孔桩桩长 l/m		
			l≤9	9<l≤16	16<l≤30	l>30	5≤l<10	10≤l<15	15≤l<30	l≥30	5≤l<10	10≤l<15	l≥15
黏性土	软塑	0.75<I_L≤1	210~850	650~1400	1200~1800	1300~1900	150~250	250~300	300~450	300~450	200~400	400~700	700~950
	可塑	0.50<I_L≤0.75	850~1700	1400~2200	1900~2800	2300~3600	350~450	450~600	600~750	750~800	500~700	800~1100	1000~1600
	硬可塑	0.25<I_L≤0.50	1500~2300	2300~3300	2700~3600	3600~4400	800~900	900~1000	1000~1200	1200~1400	850~1100	1500~1700	1700~1900
	硬塑	0<I_L≤0.25	2500~3800	3800~5500	5500~6000	6000~6800	1100~1200	1200~1400	1400~1600	1600~1800	1600~1800	2200~2400	2600~2800
粉土	中密	0.75≤e≤0.9	950~1700	1400~2100	1900~2700	2500~3400	300~500	500~650	650~750	750~850	800~1200	1200~1400	1400~1600
	密实	e<0.75	1500~2600	2100~3000	2700~3600	3600~4400	650~900	750~950	900~1100	1100~1200	1200~1700	1400~1900	1600~2100
粉砂	稍密	10<N≤15	1000~1600	1500~2300	1900~2700	2100~3000	350~500	450~600	600~700	650~750	500~950	1300~1600	1500~1700
	中密、密实	N>15	1400~2200	2100~3000	3000~4500	3800~5500	600~750	750~900	900~1100	1100~1200	900~1000	1700~1900	1700~1900
细砂	中密、密实	N>15	2500~4000	3600~5000	4400~6000	5300~7000	650~850	900~1200	1200~1500	1500~1800	1200~1600	2000~2400	2400~2700
中砂	中密、密实	N>15	4000~6000	5500~7000	6500~8000	7500~9000	850~1050	1100~1500	1500~1900	1900~2100	1800~2400	2800~3800	3600~4400
粗砂	中密、密实	N>15	5700~7500	7500~8500	8500~10000	9500~11000	1500~1800	2100~2400	2400~2600	2600~2800	2900~3600	4000~4600	4600~5200
砾砂		N>15	6000~9500		9000~10500		1400~2000		2000~3200				3500~5000
角砾、圆砾		$N_{63.5}$>10	7000~10000		9500~11500		1800~2200		2200~3600				4000~5500
碎石、卵石		$N_{63.5}$>10	8000~11000		10500~13000		2000~3000		3000~4000				4500~6500
全风化软质岩		30<N≤50	4000~6000				1000~1600				1200~2000		
全风化硬质岩		30<N≤50	5000~8000				1200~2000				1400~2400		
强风化软质岩		$N_{63.5}$>10	6000~9000				1400~2200				1600~2600		
强风化硬质岩		$N_{63.5}$>10	7000~11000				1800~2800				2000~3000		

注：(1) 砂土和碎石类土中桩的极限端阻力取值,宜综合考虑土的密实度,桩端进入持力层的深径比 h_b/d,土越密实,h_b/d 越大,极限端阻力的值越大。

(2) 预制桩的岩石极限端阻力指桩端支承于中、微风化基岩表面或进入强风化岩、软质岩一定深度条件下的极限端阻力。

(3) 全风化、强风化软质岩和全风化、强风化硬质岩指母岩为 f_{rk}≤15MPa、f_{rk}>30MPa 的岩石。

5）根据《桩基规范》确定大直径桩单桩竖向极限承载力标准值的方法

《桩基规范》根据土的物理指标与承载力参数之间的经验关系，可确定大直径桩单桩极限承载力标准值。单桩竖向极限承载力标准值的计算公式如下：

$$Q_{uk} = Q_{sk} + Q_{pk} = u \sum \psi_{si} q_{sik} l_i + \psi_p q_{pk} A_p \tag{8-4}$$

式中　q_{sik}——桩侧第 i 层土的极限侧阻力标准值，如无当地经验值时，可按表 8-2 选用；扩底桩变截面以上 $2d$ 长度范围不计侧阻力；

　　　q_{pk}——桩径为 800mm 的极限端阻力标准值；对于干作业挖孔（清底干净），可采用深层载荷板试验确定；当不能进行深层载荷板试验时，可按表 8-4 取值；

　　　ψ_{si}、ψ_p——大直径桩侧阻、端阻尺寸效应系数，按表 8-5 取值；

　　　u——桩身周长；当人工挖孔桩桩周护壁为振捣密实的混凝土时，桩身周长可按护壁外直径计算。

表 8-4　干作业挖孔桩（清底干净，$D = 800$mm）极限端阻力标准值 q_{pk}　　　kPa

土 的 名 称		状　　态		
黏性土		$0.25 < I_L \leqslant 0.75$	$0 < I_L \leqslant 0.25$	$I_L \leqslant 0$
		$800 \sim 1800$	$1800 \sim 2400$	$2400 \sim 3000$
粉土		—	$0.75 \leqslant e \leqslant 0.9$	$e < 0.75$
		—	$1000 \sim 1500$	$1500 \sim 2000$
砂土碎石类土		稍密	中密	密实
	粉砂	$500 \sim 700$	$800 \sim 1100$	$1200 \sim 2000$
	细砂	$700 \sim 1100$	$1200 \sim 1800$	$2000 \sim 2500$
	中砂	$1000 \sim 2000$	$2200 \sim 3200$	$3500 \sim 5000$
	粗砂	$1200 \sim 2200$	$2500 \sim 3500$	$4000 \sim 5500$
	砾砂	$1400 \sim 2400$	$2600 \sim 4000$	$5000 \sim 7000$
	圆砾、角砾	$1600 \sim 3000$	$3200 \sim 5000$	$6000 \sim 9000$
	卵石、碎石	$2000 \sim 3000$	$3300 \sim 5000$	$7000 \sim 11000$

注：（1）当桩进入持力层的深度 h_b 分别为 $h_b \leqslant D$，$D < h_b \leqslant 4D$，$h_b > 4D$ 时，q_{pk} 可相应取低、中、高值。

（2）可根据标贯击数判定砂土密实度，$N \leqslant 10$ 为松散，$10 < N \leqslant 15$ 为稍密，$15 < N \leqslant 30$ 为中密，$N > 30$ 为密实。

（3）当桩的长径比 $l/d \leqslant 8$ 时，q_{pk} 宜取较小值。

（4）当对沉降要求不严时，q_{pk} 可取高值。

表 8-5　大直径灌注桩侧阻尺寸效应系数 ψ_{si}、端阻尺寸效应系数 ψ_p

土 的 类 型	黏性土、粉土	砂土、碎石类土
ψ_{si}	$\left(\dfrac{0.8}{d}\right)^{\frac{1}{5}}$	$\left(\dfrac{0.8}{d}\right)^{\frac{1}{3}}$
ψ_p	$\left(\dfrac{0.8}{D}\right)^{\frac{1}{4}}$	$\left(\dfrac{0.8}{D}\right)^{\frac{1}{3}}$

6）根据《桩基规范》确定嵌岩桩单桩竖向极限承载力

对于桩端置于完整或较完整基岩的嵌岩桩，在《桩基规范》中，其单桩竖向极限承载力由桩周土总极限侧阻力和嵌岩段总极限阻力组成。当根据岩石单轴抗压强度确定单桩竖向极限承载力标准值时，可按下列公式计算：

$$Q_{uk} = Q_{sk} + Q_{rk} \tag{8-5}$$

$$Q_{sk} = u \sum q_{sik} l_i \tag{8-6}$$

$$Q_{rk} = \zeta_r f_{rk} A_p \tag{8-7}$$

式中　Q_{sk}、Q_{rk}——土的总极限侧阻力、嵌岩段总极限阻力；

　　　q_{sik}——桩周第 i 层土的极限侧阻力，无当地经验时，可根据成桩工艺按表 8-2 取值；

　　　f_{rk}——岩石饱和单轴抗压强度标准值，对于黏土岩，应取天然湿度单轴抗压强度标准值；

　　　ζ_r——嵌岩段侧阻和端阻综合系数，与嵌岩深径比 h_r/d、岩石软硬程度和成桩工艺有关，可按表 8-6 选用；表中数值适用于泥浆护壁成桩，对于干作业成桩（清底干净）和泥浆护壁成桩后注浆，ζ_r 应取表列数值的 1.2 倍。

表 8-6　嵌岩段侧阻和端阻综合系数 ζ_r

嵌岩深径比 h_r/d	0	0.5	1.0	2.0	3.0	4.0	5.0	6.0	7.0	8.0
极软岩、软岩	0.60	0.80	0.95	1.18	1.35	1.48	1.57	1.63	1.66	1.70
较硬岩、坚硬岩	0.45	0.65	0.81	0.90	1.00	1.04				

注：（1）极软岩、软岩指 $f_{rk} \leqslant 15 \text{MPa}$ 的岩石，较硬岩、坚硬岩指 $f_{rk} > 30 \text{MPa}$ 的岩石，介于二者之间可内插取值。

（2）h_r 为桩身嵌岩深度，当岩面倾斜时，以坡下方嵌岩深度为准；当 h_r/d 为非表列值时，ζ_r 可采用内插法取值。

7）桩的负摩阻力

桩身周围土由于自重固结、自重湿陷、地面附加荷载等原因而产生大于桩身的沉降时，土将对桩侧表面产生向下的摩阻力，此摩阻力即为负摩阻力。它与正摩阻力的方向正好相反。在固结稳定的土层中，桩受到竖直向下荷载作用，桩身相对于土对桩产生向下的位移，于是桩侧土对桩产生向上的摩阻力，称为（正）摩阻力。

在下列情况下应考虑桩侧负摩阻力对桩基承载力的影响：

（1）桩穿越较厚的松散填土、自重湿陷性黄土、欠固结土层进入相对较硬土层；

（2）桩周存在软弱土层，邻近桩的地面承受局部较大的长期荷载，或地面大面积堆载（包括填土）；

（3）由于降低地下水位，桩周土中的有效应力增大，并产生显著压缩沉降。

桩身负摩阻力并不一定发生于整个软弱压缩土层中，而是发生在桩产生下沉的范围内，其大小与桩周土的压缩、固结、桩身压缩及桩底沉降等直接相关。如图 8-13 所示，如果桩周土相对于桩身产生向下位移，桩侧摩阻力为负摩阻力；如果桩身相对于桩周土向下位移，桩侧摩阻力为正摩阻力；如果桩身与桩周土的位移相等，二者没有相对位移，桩侧摩阻力为零，此点称为中性点。

图 8-13（c）、（d）分别为桩侧摩阻力和桩身轴力的分布曲线，负摩阻力引起的桩身最大轴力称为下拉荷载。在中性点处，桩身轴力达到最大值。

可以采取以下工程措施消除或减小负摩阻力：

（1）减少相对位移：对填土建筑场地，填筑时要保证填土的密实度符合要求，软土场地填土前应预设塑料排水板等措施，待填土地基沉降稳定后成桩；当建筑场地有大面积堆载时，成桩前应采取预压措施，以减小堆载时引起的桩侧土沉降；对于湿陷性黄土地基，应先进行强夯、用素土或灰土挤密桩等方法处理，消除或减轻湿陷性；对于欠固结土，宜采取先期排水预压等方法减少相对位移。

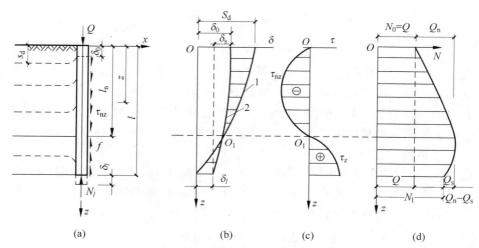

图 8-13 单桩在产生负摩阻力时的荷载传递

（a）单桩；（b）位移曲线；（c）桩侧摩阻力分布曲线；（d）桩身轴力分布曲线

1—土层竖向位移曲线；2—桩的截面位移曲线

（2）减少摩阻力系数：在预制桩中性点以上表面涂一薄层沥青，或者对钢桩再加一层厚度为 3mm 的塑料薄膜（兼作防锈蚀用）；对于灌注桩，在桩与土之间灌注土浆或铺设塑料薄膜等。

8.3.4 桩基竖向承载力

1. 桩基竖向承载力验算

（1）轴心竖向力作用下

$$Q_k = \frac{F_k + G_k}{n} \tag{8-8}$$

式中 F_k——相应于作用标准组合时，作用于桩基承台顶面的竖向力，kN；

G_k——桩基承台自重及承台上土的自重标准值，kN；

Q_k——相应于作用的标准组合时，轴心竖向力作用下任一单桩的竖向力，kN；

n——桩基中的桩数。

（2）偏心竖向力作用下

$$Q_{ik} = \frac{F_k + G_k}{n} \pm \frac{M_{xk} y_i}{\sum y_i^2} \pm \frac{M_{yk} x_i}{\sum x_i^2} \tag{8-9}$$

式中 Q_{ik}——相应于作用的标准组合时，偏心竖向力作用下第 i 根桩的竖向力，kN；

M_{xk}、M_{yk}——相应于作用的标准组合时，作用于承台底面通过桩群形心的 x、y 轴的力矩，kN·m；

x_i、y_i——桩 i 至桩群形心的 y 轴、x 轴的距离，m。

（3）水平荷载作用下

$$H_{ik} = \frac{H_k}{n} \tag{8-10}$$

式中 H_k——相应于作用的标准组合时，作用于承台底面的水平力，kN；

H_{ik}——相应于作用的标准组合时，作用于任一单桩的水平力，kN。

2. 单桩承载力验算

1）轴心竖向力作用下

$$Q_k \leqslant R_a \qquad (8-11)$$

式中 R_a——单桩竖向承载力特征值，kN。

2）偏心竖向力作用下，除应满足式（8-11）外，尚应满足下列要求：

$$Q_{ikmax} \leqslant 1.2R_a \qquad (8-12)$$

3）水平荷载作用下

$$H_{ik} \leqslant R_{Ha} \qquad (8-13)$$

式中 R_{Ha}——单桩水平承载力特征值，kN。

3. 桩基竖向承载力特征值

当单桩不足以承担上部结构荷载时，须采用多根桩来共同承载。由多根单桩组成的群桩，其承载力与桩数、桩距、桩长、桩径、承台、土以及成桩方法等很多因素有关，承载力的确定是一个比较复杂的问题。

群桩基础受竖向荷载后，承台、桩、土的相互作用使基桩侧阻力、桩端阻力、沉降等性状发生变化而与单桩明显不同。例如，对于黏性土地基，群桩承载力小于各单桩承载力之和，但在砂土地基中，打桩时桩周围的土被振密，群桩承载力将不等于各单柱承载力之和。这种效应称为群桩效应。群桩效应受土性、桩距、桩数、桩的长径比、桩长与承台宽度之比、成桩方法等多种因素的影响而变化。其中，桩距是最为重要的影响因素。

《桩基规范》将桩基础中的单桩称为基桩，将单桩及其对应面积的承台下地基土组成的复合承载基桩称为复合基桩。对于端承型桩基或桩数少于 4 根的摩擦型柱下独立桩基，由于地层土性、使用条件等因素不宜考虑承台效应时，基桩竖向承载力特征值应取单桩竖向承载力特征值。对于符合下列条件之一的摩擦型桩基，宜考虑承台效应，确定其复合基桩的竖向承载力特征值：①上部结构整体刚度较好、体型简单的建（构）筑物；②对差异沉降适应性较强的排架结构和柔性构筑物；③按变刚度调平原则设计的桩基刚度相对弱化区；④软土地基的减沉复合疏桩基础。考虑承台效应的复合基桩竖向承载力特征值可按下列公式确定：

不考虑地震作用时：

$$R = R_a + \eta_c f_{ak} A_c \qquad (8-14)$$

考虑地震作用时：

$$R = R_a + \frac{\zeta_a}{1.25} \eta_c f_{ak} A_c \qquad (8-15)$$

$$A_c = \frac{A - nA_{ps}}{n} \qquad (8-16)$$

式中 f_{ak}——承台下 1/2 承台宽度且不超过 5m 深度范围内各层土的地基承载力特征值按厚度加权的平均值；

A_c——计算基桩所对应的承台底净面积；

A_{ps}——桩身截面面积；

A——承台计算区域面积；对于柱下独立桩基，A 为承台总面积；对于桩筏基础，A 为柱、墙筏板的 1/2 跨距和悬臂边 2.5 倍筏板厚度所围成的面积；对于桩集中布置于单片墙下的桩筏基础，取墙两边各 1/2 跨距围成的面积，按条基计算 η_c；

ζ_a——地基抗震承载力调整系数,应按现行国家标准《建筑抗震设计规范》(GB
   50011—2010)采用;

η_c——承台效应系数,可按表 8-7 取值。

当承台底为可液化土、湿陷性土、高灵敏度软土、欠固结土和新填土,沉桩引起超孔隙水
压力和土体隆起时,不考虑承台效应,取 $\eta_c = 0$。

表 8-7   承台效应系数 η_c

$\dfrac{s_a}{d}$ ＼ $\dfrac{B_c}{l}$	3	4	5	6	＞6
≤0.4	0.06～0.08	0.14～0.17	0.22～0.26	0.32～0.38	
0.4～0.8	0.08～0.10	0.17～0.20	0.26～0.30	0.38～0.44	0.50～0.80
＞0.8	0.10～0.12	0.20～0.22	0.30～0.34	0.44～0.50	
单排桩条形承台	0.15～0.18	0.25～0.30	0.38～0.45	0.50～0.60	

注:(1) 表中 $\dfrac{s_a}{d}$ 为桩中心距与桩径之比; $\dfrac{B_c}{l}$ 为承台宽度与桩长之比。当计算基桩为非正方形排列时,$s_a = \sqrt{\dfrac{A}{n}}$;
A 为承台计算域面积,n 为总桩数。

(2) 对于桩布置于墙下的箱、筏承台,η_c 可按单排桩条基取值。

(3) 对于单排桩条形承台,当承台宽度小于 $1.5d$ 时,η_c 按非条形承台取值。

(4) 对于采用后注浆灌注桩的承台,η_c 宜取低值。

(5) 对于饱和黏性土中的挤土桩基、软土地基上的桩基承台,η_c 宜取低值的 0.8 倍。

4. 软弱下卧层验算

当桩端平面以下受力层范围内存在软弱下卧层时,应验算软弱下卧层的承载力。

当桩距 $s_a \leqslant 6d$,桩端持力层下存在承载力低于桩端持力层承载力 1/3 的软弱下卧层时,
可按图 8-14 所示《桩基规范》的假想实体基础验算群桩软弱下卧层顶面承载力:

$$\sigma_z + \gamma_m z \leqslant f_{az} \tag{8-17}$$

$$\sigma_z = \frac{(F_k + G_k) - \dfrac{3}{2}(A_0 + B_0)\sum q_{sik} l_i}{(A_0 + 2t\tan\theta)(B_0 + 2t\tan\theta)} \tag{8-18}$$

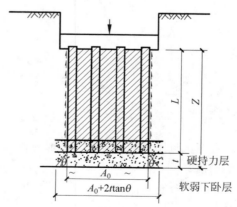

图 8-14   软弱下卧层承载力验算

式中 σ_z——作用于软弱下卧层顶面的附加应力;

γ_m——软弱层顶面以上各土层重度(地下水位以下取浮重度)的厚度加权平均值;

t——硬持力层厚度；

f_{az}——软弱下卧层经深度 z 修正的地基承载力特征值；

A_0、B_0——桩群外缘矩形底面的长、短边边长；

q_{sik}——桩周第 i 层土的极限侧阻力标准值，无当地经验时，可根据成桩工艺按表 8-1 取值；

θ——桩端硬持力层压力扩散角，按表 8-8 取值。

表 8-8 桩端硬持力层压力扩散角 θ

$\dfrac{E_{s1}}{E_{s2}}$	$t=0.25B_0$	$t\geq0.50B_0$
1	4°	12°
3	6°	23°
5	10°	25°
10	20°	30°

注：（1）E_{s1}、E_{s2} 为硬持力层、软弱下卧层的压缩模量。

（2）当 $t<0.25B_0$ 时，取 $\theta=0°$，必要时，宜通过试验确定；当 $0.25B_0<t<0.50B_0$ 时，可内插取值。

5. 桩的负摩阻力验算

负摩阻力的数值与作用在桩侧的有效应力成正比；它的极限值近似地等于土的不排水剪强度。在计算负摩阻力对桩基承载力和沉降量的影响时，如果缺乏可参照的工程经验，可按《桩基规范》中的方法进行验算。

（1）对于摩擦型基桩，可取桩身计算中性点以上侧阻力为零，并可按下式验算基桩承载力：

$$N_k \leqslant R_a \tag{8-19}$$

（2）对于端承型基桩，除应满足上式要求外，尚应考虑负摩阻力引起基桩的下拉荷载 Q_g^n，并可按式（8-20）验算基桩承载力：

$$N_k + Q_g^n \leqslant R_a \tag{8-20}$$

（3）当土层不均匀或建筑物对不均匀沉降较敏感时，尚应将负摩阻力引起的下拉荷载计入附加荷载验算桩基沉降，此时基桩的竖向承载力特征值 R_a 只计中性点以下部分侧阻值及端阻值。下拉荷载等的计算具体见《桩基规范》。

6. 抗拔桩基承载力验算

在某些工程中，会遇到基础承受上拔力的情况，如电视塔等高耸构筑物、承受浮托力为主的地下结构以及建在膨胀土地基上的建筑物等。

承受拔力的桩基，应按下列公式同时验算群桩基础呈整体破坏和非整体破坏时基桩的抗拔承载力：

$$N_k \leqslant \frac{T_{gk}}{2} + G_{gp} \tag{8-21}$$

$$N_k \leqslant \frac{T_{uk}}{2} + G_p \tag{8-22}$$

式中　N_k——按荷载效应标准组合计算的基桩拔力；

T_{gk}——群桩呈整体破坏时基桩的抗拔极限承载力标准值；

T_{uk}——群桩呈非整体破坏时基桩的抗拔极限承载力标准值；

　　G_{gp}——群桩基础所包围体积的桩土总自重除以总桩数,地下水位以下取浮重度;

　　G_p——基桩自重,地下水位以下取浮重度;对于扩底桩,应按《桩基规范》表 8-8 确定桩、土柱体周长,计算桩、土自重。

群桩基础及其基桩的抗拔极限承载力的确定应符合下列规定:

(1) 对于设计等级为甲级和乙级建筑的桩基,基桩的抗拔极限承载力应通过现场单桩上拔静载荷试验确定。单桩上拔静载荷试验及抗拔极限承载力标准值可按现行行业标准《建筑基桩检测技术规范》(JGJ 106)进行取值。

(2) 如无当地经验时,群桩基础及设计等级为丙级建筑的桩基,基桩的抗拔极限载力可按下列规定计算:

群桩呈非整体破坏时,基桩的抗拔极限承载力标准值可按下式计算:

$$T_{uk} = \sum \lambda_i q_{sik} u_i l_i \tag{8-23}$$

式中　T_{uk}——基桩抗拔极限承载力标准值;

　　u_i——桩身周长;对于等直径桩,取 $u=\pi d$;对于扩底桩,按表 8-9 取值;

　　q_{sik}——桩侧表面第 i 层土的抗压极限侧阻力标准值,可按表 8-2 取值;

　　λ_i——抗拔系数,可按表 8-10 取值。

表 8-9　扩底桩破坏表面周长 u_i

自桩底起算的长度 l_i	$\leqslant (4\sim10)d$	$>(4\sim10)d$
u_i	πD	πd

注:l_i 对于软土取低值,对于卵石、砾石取高值;l_i 的值随内摩擦角的增大而增加。

表 8-10　抗拔系数 λ

土类	λ 值
砂土	$0.50\sim0.70$
黏性土、粉土	$0.70\sim0.80$

注:桩长 l 与桩径 d 之比小于 20 时,λ 取小值。

群桩呈整体破坏时,基桩的抗拔极限承载力标准值可按下式计算:

$$T_{gk} = \frac{1}{n}u_1 \sum \lambda_i q_{sik} l_i \tag{8-24}$$

式中　u_1——桩群外围周长。

8.4　桩的水平承载力

在风荷载、地震荷载、机械制动荷载及土压力、水压力等作用下,桩产生变形并挤压桩周土,使桩周土发生相应的变形而产生水平抗力。因此,桩除应满足桩基的竖向承载力要求之外,还应对桩基的水平承载力进行验算。通常情况下,桩的水平承载力远比竖向承载力低。

确定单桩水平承载力的方法,以水平静载荷试验最能反映实际情况;也可采用理论计算,根据桩顶水平位移容许值或材料强度、抗裂度验算等确定;还可参照当地经验加以确定。此处介绍单桩水平静载试验。

8.4.1 试验装置

桩承受水平荷载的试验,在两根桩间施加水平力,如图 8-15 所示。如果要做力矩产生水平位移的试验,可在地面上一定高度给桩施加水平力,必要时还可进行带承台桩的荷载试验。水平位移用大量程百分表测量,对称布置在桩的外侧,并可利用上下百分表的位移差求出地面以上桩轴的转角。

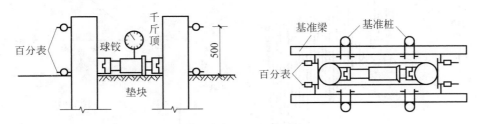

图 8-15 桩的水平静载试验装置

可在两根桩间放置一个千斤顶,采用千斤顶施加水平力,力的作用线应通过工程桩基承台标高处,千斤顶与试桩接触处宜设置一球形铰座,以保证作用力能水平通过桩身轴线。桩的水平位移用大量程百分表量测,对称布置在桩的外侧。若须测定地面以上桩身的转角,应在水平力作用线以上约 500mm 处安装 1～2 只百分表(见图 8-15),可利用上下百分表的位移差求出地面以上桩轴的转角。

8.4.2 加荷方法

对于水平荷载反复作用的桩基,一般采用单向多循环加卸载法,取每级荷载的荷载增量为预估水平极限承载力的 1/10～1/15。对于直径为 300～1000mm 的桩,每级荷载增量可取 2.5～20kN,每级各加卸载 5 次。每级荷载施加 4min 后测读水平位移,然后卸载至零,停 2min 后测读残余水平位移,至此完成一个加卸载循环;如此循环 5 次,再施加下一级荷载。对于长期承受水平荷载的桩基,也可采用慢速连续加载法进行试验,各级荷载的增量如上所述,各级荷载维持 10min 并记录百分表读数后即进行下一级荷载的试验。

8.4.3 终止加荷的条件

当出现下列情况之一时,即可终止试验:

(1) 桩身已断裂;

(2) 桩顶水平位移超过 30～40mm(软土取 40mm);

(3) 桩侧地表出现明显裂缝或隆起。

8.4.4 资料整理

将试验结果整理成水平荷载(H_0)-时间(t)-水平位移(x_0)的曲线、水平荷载 H_0-位移梯度 $\dfrac{\Delta x_0}{\Delta H_0}$ 曲线和水平荷载 H_0-最大弯矩截面钢筋应力 σ_x 曲线,如图 8-16 所示。

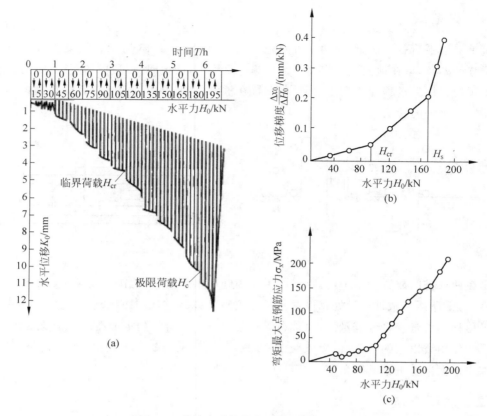

图 8-16   单桩水平静载荷试验成果分析曲线

（a）$H_0\text{-}t\text{-}x_0$ 曲线；（b）$H_0\text{-}\dfrac{\Delta x_0}{\Delta H_0}$曲线；（c）$H_0\text{-}\sigma_x$

8.4.5   水平临界荷载和水平极限荷载的确定

试验资料表明，上述曲线中通常有两个特征点，所对应的桩顶水平荷载称为水平临界荷载 H_{cr} 和极限荷载 H_u。

1. 水平临界荷载 H_{cr}

H_{cr} 是相当于桩身开裂、受拉区混凝土不参加工作时的桩顶水平力，一般可按如下规则取值：

（1）$H_0\text{-}t\text{-}x_0$ 曲线出现突变点时（在相同荷载增量的条件下出现比前一级明显增大的位移增量）的前一级荷载。

（2）取 $H_0\text{-}\dfrac{\Delta x_0}{\Delta H_0}$ 曲线的第一直线段终点所对应的荷载。

（3）取 $H_0\text{-}\sigma_x$ 曲线第一突变点对应的荷载。

2. 水平极限荷载 H_u

H_u 是相当于桩身应力达到极限强度时的桩顶水平力，其值可按下列方法取较小值确定。

（1）取 $H_0\text{-}t\text{-}x_0$ 曲线明显陡降的前一级荷载，或水平位移包络线向下凹曲（见图 8-16）时的前一级荷载。

（2）取 $H_0 - \dfrac{\Delta x_0}{\Delta H_0}$ 曲线的第二直线段终点所对应的荷载。

（3）取桩身断裂或钢筋应力达到极限的前一级荷载。

水平承载力特征值 R_h 可取水平极限荷载 H_0 除以安全系数 2 得到。

8.5　群桩沉降计算

8.5.1　应计算或可以不计算沉降的建筑物

桩基础的沉降一般由三部分组成：①桩身材料的弹性压缩；②桩周土的压缩变形；③桩端以下土层的压缩变形。计算单桩基础沉降时，须考虑第①、③部分的沉降，但在计算群桩基础沉降时，一般只计算第③部分的沉降。

《桩基规范》中规定应计算沉降的建筑物桩基：

（1）设计等级为甲级的非嵌岩桩和非深厚坚硬持力层的建筑桩基；

（2）设计等级为乙级，体型复杂、荷载分布显著不均匀的建筑桩基，或桩端平面以下存在软弱土层的建筑桩基；

（3）软土地基多层建筑减沉复合疏桩基础。

《地基规范》中规定可以不计算沉降的建筑桩基：

（1）嵌岩桩；设计等级为丙级的建筑桩基；吊车工作级别为 A5 及 A5 以下的单层工业厂房桩基（桩端下为密实土层）；

（2）当有可靠地区经验时，对于地质条件不复杂，荷载均匀，对沉降无特殊要求的端承型桩基。

8.5.2　桩基沉降计算方法

桩基的最终沉降量，可按单向压缩分层总和法计算。地基内的应力分布宜采用各向同性均质线性变形体理论，按实体深基础（当桩中心距不大于 $6d$ 时，d 为桩径）和明德林应力公式等方法进行计算。此处介绍等效作用分层总和法。

对于桩中心距不大于 $6d$ 的桩基，其最终沉降量可采用等效作用分层总和法计算。

等效作用分层总和法是考虑了等代实体基础法在计算中的简捷性和实用性，又考虑了群桩桩土共同作用特征的一种沉降计算方法。《桩基规范》推荐的等效作用分层总和法是在明德林解与等代实体基础布辛涅斯克解之间建立关系，采用等效作用分层总和法计算桩基沉降。计算时保留了等代实体法简便的优点，同时引入等效沉降系数以反映明德林解与布辛涅斯克解的相互关系，然后用分层总和法计算桩基沉降。

为了简化计算分析，等效作用分层总和法将等效作用荷载面规定为桩端平面，等效面积为桩承台投影面积；桩自重所产生的附加应力较小（对于非挤土桩、部分挤土桩而言，其附加应力只相当于混凝土与土的重度差），可忽略不计。因此，可近似取承台底平均附加压力。等效作用面以下的应力分布符合各向同性均质直线变形体理论。计算按图 8-17 所示模式进行，桩基任一点最终沉降量可用角点法按下式计算：

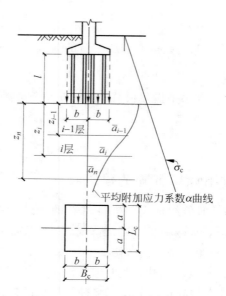

图 8-17　桩基沉降计算示意图

$$s = \psi\psi_e s' = \psi\psi_e \sum_{j=1}^{m} p_{0j} \sum_{i=1}^{n} \frac{z_{ij}\bar{\alpha}_{ij} - z_{(i-1)j}\bar{\alpha}_{(i-1)j}}{E_{si}} \qquad (8\text{-}25)$$

式中　s——桩基最终沉降量,mm;

　　　s'——采用布辛涅斯克解,按实体深基础分层总和法计算出的桩基沉降量,mm;

　　　ψ——桩基沉降计算经验系数;

　　　ψ_e——桩基等效沉降系数;

　　　m——角点法计算点对应的矩形荷载分块数;

　　　p_{0j}——第 j 块矩形底面在荷载效应准永久组合下的附加压力,kPa;

　　　n——桩基沉降计算深度范围内所划分的土层数;

　　　E_{si}——等效作用面以下第 i 层土的压缩模量,MPa;采用地基土在自重压力至自重压力加附加压力作用时的压缩模量;

　　　z_{ij}、$z_{(i-1)j}$——桩端平面第 j 块荷载作用面至第 i 层土、第 $(i-1)$ 层土底面的距离,m;

　　　$\bar{\alpha}_{ij}$、$\bar{\alpha}_{(i-1)j}$——桩端平面第 j 块荷载计算点至第 i 层土、第 $(i-1)$ 层土底面深度范围内的平均附加应力系数,可按《桩基规范》附录 D 选用。

　　计算矩形桩基中点沉降时,桩基沉降量可按下式简化计算:

$$s = \psi\psi_e s' = 4\psi\psi_e p_0 \sum_{i=1}^{n} \frac{z_i\bar{\alpha}_i - z_{i-1}\bar{\alpha}_{i-1}}{E_{si}} \qquad (8\text{-}26)$$

式中　p_0——在荷载效应准永久组合下承台底的平均附加压力;

　　　$\bar{a}_i$、$\bar{a}_{i-1}$——平均附加应力系数,根据矩形长宽比 $\frac{a}{b}$ 及深宽比 $\frac{z_i}{b}=\frac{2z_i}{B_c}$,$\frac{z_{i-1}}{b}=\frac{2z_{i-1}}{B_c}$,可按《桩基规范》附录 D 选用。

　　桩基沉降计算深度 z_n 应按应力比法确定,即计算深度处的附加应力 σ_z 与土的自重应力 σ_c 应符合下列公式要求:

$$\sigma_z \leqslant 0.2\sigma_c \qquad (8\text{-}27)$$

$$\sigma_z = \sum_{j=1}^{m} a_j p_{0j} \tag{8-28}$$

式中　a_j——附加应力系数,可根据角点法划分的矩形长宽比及深宽比按《桩基规范》附录D选用。

桩基等效沉降系数 ψ_e 可按下列公式简化计算:

$$\psi_e = C_0 + \frac{n_b - 1}{C_1(n_b - 1) + C_2} \tag{8-29}$$

$$n_b = \sqrt{\frac{nB_c}{L_c}} \tag{8-30}$$

式中　n_b——矩形布桩时的短边布桩数;当布桩不规则时,可近似按式(8-30)计算,$n_b > 1$;当 $n_b = 1$ 时,可按《桩基规范》中式(5.5.14)计算;

C_0、C_1、C_2——根据群桩距径比 $\frac{s_a}{d}$、长径比 $\frac{l}{d}$ 及基础长宽比 $\frac{L_c}{B_c}$,按《桩基规范》附录E确定;

L_c、B_c、n——矩形承台的长、宽及总桩数。

当无当地可靠经验时,桩基沉降计算经验系数 ψ 可按表8-11选用。对于采用后注浆施工工艺的灌注桩,桩基沉降计算经验系数应根据桩端持力土层类别,乘以0.7(砂石、砾石、卵石)~0.8(黏性土、粉土)的折减系数;饱和土中采用预制桩(不含复打、复压、引孔沉桩)时,应根据桩距、土质、沉桩速率和顺序等因素,乘以1.3~1.8的挤土效应系数;当土的渗透性低,桩距小,桩数多,沉降速率快时,ψ 取较大值。

表 8-11　桩基沉降计算经验系数 ψ

$\bar{E}_s$/MPa	$\leqslant$10	15	20	35	$\geqslant$50
ψ	1.2	0.9	0.65	0.50	0.40

注:(1) $\bar{E}_s$ 为沉降计算深度范围内压缩模量的当量值,可按下式计算:$\bar{E}_s = \sum A_i / \sum \dfrac{A_i}{E_{si}}$。式中,$A_i$ 为第 i 层土附加压力系数沿土层厚度的积分值,可近似按分块面积计算。

(2) ψ 可根据 $\bar{E}_s$ 内插取值。

8.5.3　桩基沉降计算内容

根据不同的建筑类型,桩基础应计算沉降量、沉降差、倾斜和局部倾斜;相应的变形值不得超过建筑物的沉降允许值。

8.6　桩基础的设计与计算

8.6.1　桩基础的设计步骤

桩基础可按下列顺序进行设计:

(1) 收集设计资料,确定桩基持力层;

(2) 确定桩的类型和几何尺寸,初步选择承台底面标高;

(3) 确定单桩承载力设计值;

（4）确定桩数,进行桩的平面布置;

（5）验算桩基的承载力,必要时验算群桩地基强度、变形和稳定性;

（6）进行桩身结构设计和承台设计;

（7）绘制桩基础施工图。

8.6.2　确定桩的类型及其规格尺寸

桩的类型,须根据桩基的规模、所承受荷载的大小、地质条件以及当地施工条件进行确定。例如,如果是低层房屋,可采用摩擦桩;如果是大中型工程,可用端承摩擦桩,长桩穿透软弱层,桩端进入坚实土层。根据当地材料供应、施工机具与技术水平、造价、工期及场地环境等具体情况,选择桩的材料和施工方法。对于中、小型工程,可采用素混凝土灌注桩,以节省投资;对于大型工程,则可采用钢筋混凝土桩,通常用锤击法施工。

桩长一般由桩端持力层所处位置决定。持力层应选择较坚实的土层。桩端全断面进入持力层的深度,对于黏性土、粉土不宜小于 $2d$,砂土不宜小于 $1.5d$,碎石类土不宜小于 d。当存在软弱下卧层时,桩端以下硬持力层厚度不宜小于 $3d$。对于嵌岩桩,嵌岩深度应综合荷载、上覆土层、基岩、桩径、桩长诸因素确定:嵌入倾斜的完整或较完整岩的全断面深度不宜小于 $0.4d$ 且不小于 $0.5m$;对于倾斜度大于 30% 的中风化岩,宜根据倾斜度及岩石完整性适当加大嵌岩深度;对于嵌入平整、完整的坚硬岩或较硬岩,深度不宜小于 $0.2d$,且不应小于 $0.2m$。桩顶应嵌入承台中。根据承台与持力层的距离,便可确定桩长。确定桩长还须考虑施工的可能性,比如预制桩要考虑打桩架的容许高度及钻进的最大深度。

桩的横截面面积须根据桩顶荷载大小、当地施工机具及建筑经验确定。如为钢筋混凝土预制桩,中小工程常用 250mm×250mm 或 300mm×300mm 截面,大工程常用 350mm×350mm 或 400mm×400mm 截面。

8.6.3　桩数及桩的平面布置

1. 桩数估算

桩数可由荷载及承载力进行估算。

轴心受压时:

$$n \geqslant \frac{F_k + G_k}{R_a} \tag{8-31}$$

偏心受压时:

$$n \geqslant \mu \frac{F_k + G_k}{R_a} \tag{8-32}$$

式中　n——桩的数量;

F_k——采用荷载效应标准组合时,上部结构传至桩基础承台顶面的竖向力,kN;

G_k——承台及其上覆土自重标准值,kN;

R_a——单桩竖向承载力特征值,kN;

μ——桩基偏心受压系数,一般取 $1.1\sim1.2$。

2. 桩的平面布置

1）桩的中心距

桩的中心距过小会导致在桩施工时互相挤土,影响桩的质量;过大将会增大承台的体积和用量。桩的中心距宜取为$(3\sim4)d$(d为桩径),如表 8-12 及表 8-13 所示。对于大面积群桩,尤其是挤土桩,桩的最小中心距宜按表 8-12 值适当扩大。对于扩底灌注桩,除应符合表 8-12 的要求外,还应满足表 8-13 的规定。

表 8-12 桩的最小中心距

土类与成桩工艺		不少于 3 排且不少于 9 根桩的摩擦型桩基	其 他 情 况
非挤土灌注桩		$3.0d$	$3.0d$
部分挤土桩		$3.5d$	$3.0d$
挤土桩	非饱和土	$4.0d$	$3.5d$
	饱和黏性土	$4.5d$	$4.0d$
钻、挖孔扩底桩		$2D$ 或 $(D+2.0)$m(当 $D>2$m 时)	$1.5D$ 或 $(D+1.5)$m(当 $D>2$m 时)
沉管夯扩、钻孔挤扩桩	非饱和土	$2.2D$ 且 $4.0d$	$2.0D$ 且 $3.5d$
	饱和黏性土	$2.5D$ 且 $4.5d$	$2.2D$ 且 $4.0d$

注:(1) d 为圆桩直径或方桩边长,D 为扩大端设计直径。

(2) 当纵横向桩距不相等时,其最小中心距应满足"其他情况"一栏的规定。

(3) 当采用端承型桩时,非挤土灌注桩的"其他情况"一栏可减小至 $2.5d$。

表 8-13 灌注桩扩底端最小中心距

成 桩 方 法	最小中心距
钻、挖孔灌注桩	$1.5D$ 或 1.0m(当 $D>2$m 时)
沉管夯扩灌柱桩	$2.0D$

注:D 为扩大端设计直径。

2) 桩的平面布置

进行桩的平面布置时,应注意以下几点:

(1) 尽量不偏心,宜使群桩的承载力合力点与长期荷载重心重合;

(2) 尽量使桩基受水平力和力矩较大的方向有较大的截面模量,即承台的长边与所受弯矩较大的平面取向一致;

(3) 对于同一结构单元,应尽量避免采用不同类型的桩。同一基础相邻桩的桩底标高差,对于非嵌岩端承型桩,不宜超过相邻桩的中心距;对于摩擦型桩,在相同土层中不宜超过桩长的 1/10。

通常独立桩基可采用梅花形或行列式布置,如图 8-18(a)、(b)所示,常采用三桩承台、四柱承台和六桩承台等;条形基础可采用"一"字形一排或多排布置,如图 8-18(c)所示;烟囱、水塔基础常采用圆环形布置,如图 8-18(d)所示。

在纵、横墙交接处,宜布置桩。桩应避免布置在墙体洞口下;必须布置时,应对洞口处的承台梁采取加强措施。对于桩箱基础,宜将桩布置于墙下。对于带梁(肋)桩筏基础,宜将桩布置于梁(肋)下。对于大直径桩,宜为一柱一桩。

承台之间应设置联系梁:对于单桩承台,宜在两个互相垂直的方向上设置联系梁;对于两桩承台,宜在其短向设置联系梁;对于有抗震要求的柱下独立承台,宜在两个主轴方向设置联系梁;联系梁顶面宜与承台位于同一标高。联系梁的宽度不应小于 250mm,梁的高

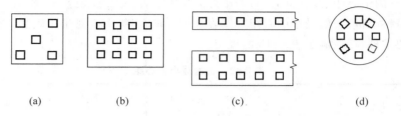

图 8-18　桩的平面布置

（a）梅花式布置；（b）行列式布置；（c）"一"字形一排和多排布置；（d）圆环形布置

度可取承台中心距的 1/15～1/10，且不小于 400mm；联系梁的主筋应按计算要求确定。联系梁内上、下纵向钢筋直径不应小于 12mm 且不应少于 2 根钢筋，并应按受拉要求锚入承台。

8.6.4　桩的设计

1. 单桩受力验算

群桩是由单桩组成的，每一根单桩都应满足承载力要求。

中心受压时：

$$Q_k = \frac{F_k + G_k}{n} \leqslant R_a \qquad (8-33)$$

偏心受压时，除应满足上式外，尚应满足下式：

$$Q_{ik\max} = \frac{F_k + G_k}{n} + \frac{M_{xk} Y_{\max}}{\sum Y_i^2} + \frac{M_{yk} X_{\max}}{\sum X_i^2} \leqslant 1.2 R_a \qquad (8-34)$$

水平荷载作用下应满足下式：

$$H_{ik} \leqslant R_{Ha} \qquad (8-35)$$

式中　F_k——相应于荷载效应标准组合时，作用于桩基承台顶面的竖向力；

　　　G_k——桩基承台自重及承台上土自重标准值；

　　　Q_k——相应于荷载效应标准组合轴心竖向力作用下任一单桩的竖向力；

　　　n——桩基中的桩数；

　　　Q_{ik}——相应于荷载效应标准组合偏心竖向力作用下第 i 根桩的竖向力；

　　　M_{xk}、M_{yk}——相应于荷载效应组合作用于承台底面通过桩群形心的 x 轴、y 轴的力矩；

　　　X_i、Y_i——桩 i 至桩群形心的 y 轴、x 轴线的距离；

　　　H_{ik}——荷载效应标准组合下，作用于第 i 基桩或复合基桩的水平力；

　　　$H_{ik} = \dfrac{H_k}{n}$，式中 H_k 为荷载效应标准组合下，作用于桩基承台底面的水平力；

　　　R_{Ha}——单桩水平承载力特征值。

2. 桩身结构设计

桩身结构设计主要包括桩身构造要求和配筋要求等。

1）桩和桩基的构造要求

（1）扩底灌注桩的扩底直径不应大于桩身直径的 3 倍，摩擦型桩的中心距不宜小于桩身直径的 3 倍。

（2）桩底进入持力层的深度应根据地质条件、荷载及施工工艺确定，宜为桩身直径的

$1\sim3$ 倍。在确定桩底进入持力层深度时,尚应考虑特殊土、岩溶以及震陷液化等因素的影响。嵌岩灌注桩周边嵌入完整和较完整的未风化、微风化、中风化硬质岩体的最小深度,不宜小于 0.5m。

(3) 当设计使用年限不少于 50 年时,非腐蚀环境中预制桩的混凝土强度等级不应低于 C30,预应力桩不应低于 C40,灌注桩的混凝土强度等级不应低于 C25。

2) 桩基的配筋要求

(1) 应经计算确定桩的主筋配置。预制桩的最小配筋率不宜小于 0.8%(锤击沉桩)或 0.6%(静压沉桩),预应力桩的最小配筋率不宜小于 0.5%;灌注桩的最小配筋率不宜小于 0.2%~0.65%(小直径桩取大值)。在桩顶以下 3~5 倍桩身直径范围内,宜适当加强加密箍筋;

(2) 受水平荷载和弯矩较大的桩,应通过计算确定配筋长度;当桩基承台下存在淤泥、淤泥质土或液化土层时,所配钢筋应穿过淤泥、淤泥质土层或液化土层;坡地岸边的桩、8 度及 8 度以上地震区的桩、抗拔桩和嵌岩端承桩应通长配筋;钻孔灌注桩构造钢筋的长度不宜小于桩长的 2/3;当桩施工在基坑开挖前完成时,其钢筋长度不宜小于基坑深度的 1.5 倍;桩顶嵌入承台内的长度不应小于 50mm。主筋伸入承台内的锚固长度不应小于钢筋直径(HPB235)的 30 倍和钢筋直径(HRB335 和 HRB400)的 35 倍。对于大直径灌注桩,当采用一柱一桩时,可设置承台,或直接连接桩和柱。

(3) 灌注桩主筋混凝土保护层厚度不应小于 50mm;预制桩保护层厚度不应小于 45mm,预应力管桩保护层厚度不应小于 35mm;腐蚀环境中的灌注桩保护层厚度不应小于 55mm。

3. 承台设计

在桩顶设置承台,可以把多根桩连接而成为一个共同承受上部荷载的整体,同时把上部结构荷载传给各根桩。

承台按其底面的竖向相对位置,分为高桩承台和低桩承台。底面位于地面以上相当高度的承台称为高桩承台;底面位于地面以下的承台称为低桩承台。通常建筑物基础承重的桩承台都属于低桩承台。

承台按其构造形式可分为柱下独立桩基承台、箱形承台、筏形承台、柱下梁式承台、墙下梁下承台等类型。本节主要介绍柱下独立桩基承台。

1) 承台构造要求

承台的构造,除应满足抗冲切承载力、抗剪切承载力、抗弯承载力和上部结构的要求外,尚应符合下列要求:

(1) 承台构造尺寸:承台的宽度不应小于 500mm,边桩中心至承台边缘的距离不宜小于桩的直径或边长,且桩的外边缘至承台边缘的距离不宜小于 150mm;对于条形承台梁,桩的外边缘至承台梁边缘的距离不宜小于 75mm;承台的最小厚度不应小于 300mm。

(2) 承台的配筋:对于矩形承台,其钢筋应按双向均匀通长布置(见图 8-19(a)),钢筋直径不宜小于 10mm,间距不宜大于 200mm;对于三桩承台,钢筋应按三向板带均匀布置,且最里面的三根钢筋围成的三角形应在柱截面范围内(见图 8-19(b));承台梁的主筋除应满足计算要求外,尚应符合现行《混凝土结构设计规范》(GB 50010—2010)关于最小配筋率的规定,主筋直径不宜小于 12mm,架立筋直径不宜小于 10mm,箍筋直径不宜小于 6mm(见图 8-19(c))。

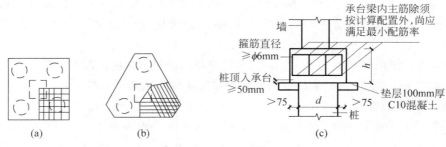

图 8-19　承台配筋示意
(a) 矩形承台配筋；(b) 三桩承台配筋；(c) 墙下承台梁配筋图

(3) 承台混凝土强度等级不应低于 C20。

(4) 纵向钢筋的混凝土保护层厚度不应小于 70mm，当有混凝土垫层时，不应小于 40mm。

(5) 对于大直径桩，桩顶嵌入承台的长度不宜小于 100mm；对于中等直径桩，不宜小于 50mm。桩顶主筋应伸入承台内，其锚固长度不宜小于主筋直径的 30 倍；对于抗拔桩基，则不应小于主筋直径的 40 倍。在确定承台底标高时，对于灌注桩，应注意施工桩顶下约有 50mm 的高度不能利用。

(6) 承台之间的连接宜符合下列要求：①柱下单桩宜在桩顶两个互相垂直的方向上设置联系梁，当桩柱截面面积之比较大（一般大于 2）且柱底剪力和弯矩较小时可不设联系梁；②两桩桩基的承台，宜在其短向设置联系梁，当短向的柱底剪力和弯矩较小时可不设联系梁；③对于有抗震要求的柱下独立桩基承台，其纵横方向宜设置联系梁；④联系梁顶面宜与承台顶位于同一标高，联系梁宽度不宜小于 200mm，其高度可取承台中心距的 $1/15 \sim 1/10$；⑤联系梁配筋应通过计算确定，不宜小于 $4\phi20$；⑥承台埋深不应小于 600mm。在季节性冻土及膨胀土地区，其承台埋深及处理措施应按现行《建筑地基基础设计规范》(GB 50007—2011) 和《膨胀土地区建筑技术规范》(GB 50112—2013) 等有关规定执行。

2) 承台抗冲切计算

(1) 柱对承台的冲切可按下列公式计算（见图 8-20）

$$F_l \leqslant 2[\alpha_{ox}(b_c + \alpha_{oy}) + \alpha_{oy}(h_c + \alpha_{ox})]\beta_{hp} f_t h_0 \qquad (8\text{-}36a)$$

$$F_l = F - \sum N_i \qquad (8\text{-}36b)$$

$$\alpha_{ox} = \frac{0.84}{\lambda_{ox} + 0.2} \qquad (8\text{-}36c)$$

$$\alpha_{oy} = \frac{0.84}{\lambda_{oy} + 0.2} \qquad (8\text{-}36d)$$

式中　F_l——扣除承台及其上填土自重，作用在冲切破坏锥体上相应于作用基本组合时的冲切力设计值，kN；冲切破坏锥体应采用自柱边或承台变阶处至相应桩顶边缘连线构成的锥体，锥体与承台底面的夹角不应小于 45°（见图 8-20）；

　　　　h_0——冲切破坏锥体的有效高度，m；

　　　　β_{hp}——受冲切承载力截面高度影响的系数，其值按本规范第 8.2.8 条的规定取用；

　　　　α_{ox}、α_{oy}——冲切系数；

λ_{ox}、λ_{oy} ——冲跨比，$\lambda_{ox} = \dfrac{\alpha_{ox}}{h_0}$、$\lambda_{oy} = \dfrac{\alpha_{oy}}{h_0}$，$\alpha_{ox}$、$\alpha_{oy}$ 为柱边或变阶处至桩边的水平距离；当

$\alpha_{ox}(\alpha_{oy}) < 0.2h_0$ 时，$\alpha_{ox}(\alpha_{oy}) = 0.2h_0$；当 $\alpha_{ox}(\alpha_{oy}) > h_0$ 时，$\alpha_{ox}(\alpha_{oy}) = h_0$；

F ——柱根部轴力设计值，kN；

$\sum N_i$ ——冲切破坏锥体范围内各桩的净反力设计值之和，kN。

采用同样方法，可推导出柱以承台上阶的冲切算式。

（2）角桩对承台的冲切计算可分为多桩矩形承台、三桩三角形承台及圆柱、圆桩受角桩冲切的承载力计算，如图 8-21 所示。

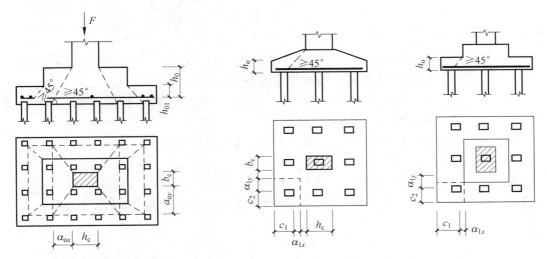

图 8-20　柱对承台冲切计算示意　　　　图 8-21　矩形承台角柱冲切计算示意

多桩矩形承台受角桩冲切的承载力应按下式计算：

$$N_1 \leqslant \left[\alpha_{1x} \left(c_2 + \frac{\alpha_{1y}}{2} \right) + \alpha_{1y} \left(c_1 + \frac{\alpha_{1x}}{2} \right) \right] \beta_{hp} f_t h_0 \tag{8-37a}$$

$$\alpha_{1x} = \frac{0.56}{\lambda_{1x} + 0.2} \tag{8-37b}$$

$$\alpha_{1y} = \frac{0.56}{\lambda_{1y} + 0.2} \tag{8-37c}$$

式中　N_1 ——扣除承台和其上填土自重后，角桩桩顶相应于作用的基本组合时的竖向力设计值，kN；

　　　α_{1x}、α_{1y} ——角桩冲切系数；

　　　λ_{1x}、λ_{1y} ——角桩冲跨比，其值为 $0.2 \sim 1.0$，$\lambda_{1x} = \dfrac{a_{1x}}{h_0}$，$\lambda_{1y} = \dfrac{a_{1y}}{h_0}$；

　　　c_1、c_2 ——角桩内边缘至承台外边缘的距离，m；

　　　α_{1x}、α_{1y} ——从承台底角桩内边缘引 45° 冲切线与承台顶面或承台变阶处相交点至角桩内边缘的水平距离，m；

　　　h_0 ——承台外边缘的有效高度，m。

三桩三角形承台受角桩冲切的承载力应按下式计算（见图 8-22）：

底部角桩：

$$N_1 \leqslant a_{11}(2c_1 + a_{11})\tan\frac{\theta_1}{2}\beta_{hp}f_t h_0 \qquad (8\text{-}38a)$$

$$a_{11} = \frac{0.56}{\lambda_{11} + 0.2} \qquad (8\text{-}38b)$$

顶部角桩：

$$N_1 \leqslant a_{12}(2c_2 + a_{12})\tan\frac{\theta_2}{2}\beta_{hp}f_t h_0 \qquad (8\text{-}39a)$$

$$a_{12} = \frac{0.56}{\lambda_{12} + 0.2} \qquad (8\text{-}39b)$$

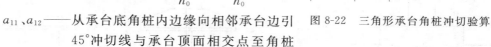

式中　λ_{11}、λ_{12}——角桩冲跨比，$\lambda_{11} = \dfrac{a_{11}}{h_0}$，$\lambda_{12} = \dfrac{a_{12}}{h_0}$；

　　　　a_{11}、a_{12}——从承台底角桩内边缘向相邻承台边引

图 8-22　三角形承台角桩冲切验算

　　　　　　　　45°冲切线与承台顶面相交点至角桩

　　　　　　　　内边缘的水平距离，m；当柱位于该 45°线以内时，则取柱边与桩内边缘

　　　　　　　　连线为冲切锥体的锥线。

对于圆柱及圆桩，可将圆形截面换算成正方形截面进行计算。

3）承台抗剪计算

对于柱下桩基独立承台，应分别对柱边、桩边、变阶处和桩边连线形成的斜截面进行受剪
计算（见图 8-23）。当柱边有多排桩形成多个剪切斜截面时，尚应对每个斜截面进行验算。

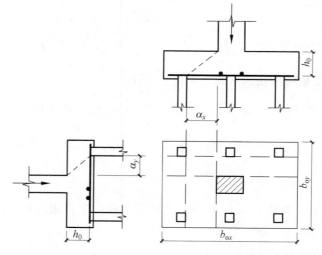

图 8-23　承台斜截面受剪计算示意

斜截面受剪承载力可按下列公式计算：

$$V \leqslant \beta_{hs}\beta f_1 b_0 h_0 \qquad (8\text{-}40a)$$

$$\beta = \frac{1.75}{\lambda + 1.0} \qquad (8\text{-}40b)$$

式中　V——扣除承台及其上填土自重后相应于荷载效应基本组合时斜截面的最大剪力设
　　　　　计值；

b_0——承台计算截面处的计算宽度；

h_0——计算宽度处承台的有效高度；

β——剪切系数；

β_{hs}——受剪切承载力截面高度影响的系数，$\beta_{hs} = \left(\dfrac{800}{h_0}\right)^{1/4}$，$h_0 < 800\,\mathrm{mm}$ 时，取 $h_0 = 800\,\mathrm{mm}$；$h_0 > 2000\,\mathrm{mm}$ 时，取 $h_0 = 2000\,\mathrm{mm}$；

λ——计算截面的剪跨比，$\lambda_x = \dfrac{a_x}{h_0}$，$\lambda_y = \dfrac{a_y}{h_0}$，此处，$a_x$、$a_y$ 为柱边（墙边）或承台变阶处至 y、x 方向计算一排桩桩边的水平距离，当 $\lambda < 0.3$ 时，取 $\lambda = 0.3$；当 $\lambda > 3$ 时，取 $\lambda = 3$。

对于阶梯形承台，应分别在变阶处（A_1—A_1、B_1—B_1）及柱边处（A_2—A_2、B_2—B_2）进行斜截面受剪计算，如图 8-24(a) 所示。

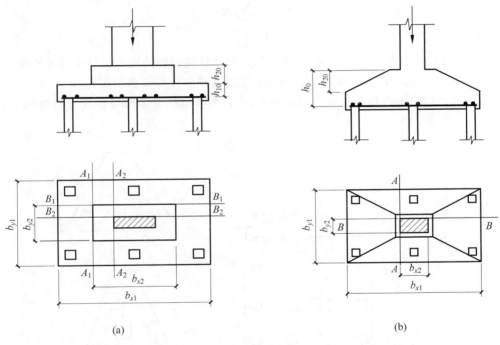

图 8-24   承台受剪计算示意图

(a) 阶梯形承台斜截面受剪计算示意；(b) 锥形承台受剪计算示意

在计算变阶处 A_1—A_1 截面、B_1—B_1 截面的斜截面受剪承载力时，其截面有效高度均为 h_{01}，截面计算宽度分别为 b_{y1} 和 b_{x1}。在计算柱边 A_2—A_2 截面和 B_2—B_2 截面处的斜截面受剪承载力时，其截面有效高度均为 $(h_{01} + h_{02})$，截面计算宽度应按下式计算：

A_2—A_2 截面：

$$b_{y0} = \frac{b_{y1}h_{10} + b_{y2}h_{20}}{h_{10} + h_{20}} \tag{8-41a}$$

B_2—B_2 截面：

$$b_{x0} = \frac{b_{x1}h_{10} + b_{x2}h_{20}}{h_{10} + h_{20}} \tag{8-41b}$$

对于锥形承台,应对 A—A 及 B—B 两个截面进行受剪承载力计算(见图 8-24(b)),截面的计算宽度按下式计算:

A—A 截面:

$$b_{y0} = \left[1 - 0.5 \frac{h_{20}}{h_0}\left(1 - \frac{b_{y2}}{b_{y1}}\right)\right]b_{y1} \tag{8-42a}$$

B—B 截面:

$$b_{x0} = \left[1 - 0.5 \frac{h_{20}}{h_0}\left(1 - \frac{b_{x2}}{b_{x1}}\right)\right]b_{x1} \tag{8-42b}$$

4)承台受弯验算

柱下桩基承台的弯矩可按以下简化计算方法确定:

(1)多桩矩形承台的计算截面取在柱边和承台高度变化处(杯口外侧或台边缘,见图 8-25(a)):

$$M_x = \sum N_i y_i \tag{8-43a}$$

$$M_y = \sum N_i x_i \tag{8-43b}$$

式中　M_x、M_y——分别为垂直于 y 轴和 x 轴方向计算截面处的弯矩设计值,kN·m;

　　　x_i、y_i——垂直于 y 轴和 x 轴方向自桩轴线到相应计算截面的距离,m;

　　　N_i——扣除承台和其上填土自重后相应于作用的基本组合时的第 i 桩竖向力设计值,kN。

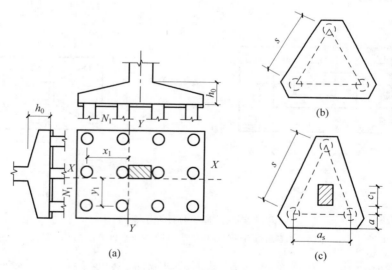

图 8-25　承台弯矩计算示意

(a)多桩矩形承台;(b)等边三桩承台;(c)等腰三桩承台

由此可计算出所需钢筋面积:

$$A_{sx} = \frac{M_x}{0.9 f_y h_0} \tag{8-44a}$$

$$A_{sy} = \frac{M_y}{0.9 f_y h_0} \tag{8-44b}$$

式中　M_x、M_y——垂直于 y 轴和 x 轴方向计算截面处的弯矩设计值；

　　　　x_i，y_i——垂直于 y 轴和 x 轴方向自桩轴线到相应计算截面的距离；

　　　　N_i——扣除承台和其上填土自重后相应于荷载效应基本组合时的第 i 桩竖向力设计值。

由于受力筋双向上下搭设，上面钢筋的有效高度将有所减小。设计时应考虑这一因素。

（2）三桩承台的受弯验算　应分等边三桩承台和等腰三桩承台进行。

等边三桩承台（见图 8-25(b)）：

$$M = \frac{N_{\max}}{3}\left(s - \frac{\sqrt{3}}{4}c\right) \tag{8-45}$$

式中　M——由承台形心至承台边缘距离范围内板带的弯矩设计值，kN·m；

　　　　$N_{\max}$——扣除承台和其上填土自重后的三桩中相应于作用的基本组合时的最大单桩竖向力设计值，kN；

　　　　s——桩距，m；

　　　　c——方柱边长，m；采用圆柱时，$c = 0.886d$（d 为圆柱直径）。

等腰三桩承台（见图 8-25(c)）：

$$M_1 = \frac{N_{\max}}{3}\left(s - \frac{0.75}{\sqrt{4-\alpha^2}}c_1\right) \tag{8-46a}$$

$$M_2 = \frac{N_{\max}}{3}\left(\alpha s - \frac{0.75}{\sqrt{4-\alpha^2}}c_2\right) \tag{8-46b}$$

式中　M_1、M_2——由承台形心到承台两腰和底边的距离范围内板带的弯矩设计值，kN·m；

　　　　s——长向桩距，m；

　　　　α——短向桩距与长向桩距之比，当 $\alpha < 0.5$ 时，应按变截面的二桩承台进行设计；

　　　　c_1、c_2——分别为垂直、平行于承台底边的柱截面边长，m。

5）局部受压验算

当承台的混凝土强度等级低于柱或桩的混凝土强度等级时，尚应验算柱下或桩上承台的局部受压承载力。

【例 8-1】　某工程截面尺寸为 $600\text{mm} \times 400\text{mm}$ 的钢筋混凝土柱，传下由永久荷载控制的基本组合荷载设计值为 $F = 7200\text{kN}$，$M_x = 310\text{kN·m}$，$M_y = 620\text{kN·m}$。地质条件如图 8-26 所示，现场进行了 3 根桩的静载荷试验，经分析得出极限荷载分别是 2600kN、2830kN 和 2950kN。设计柱下桩基础。

【解】　1. 确定桩的类型和尺寸

根据当地的施工条件、上部结构和设计经验，经过比较分析，决定采用边长为 300mm 的预制方桩。由于有较坚实的中砂层，可采用以中砂层为持力层的端承摩擦桩，桩端进入持力层 0.5m（不含桩尖）。

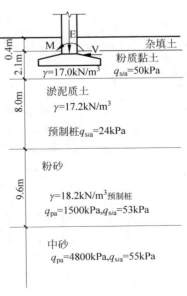

图 8-26　例 8-1 图 1

初取承台埋深为 1.8m,桩顶伸入承台 50mm,则桩长为

$$0.05+(0.4+2.1-1.8)+8+9.6+0.5+0.5(锥形桩尖)=19.35(m)$$

2. 确定单桩竖向承载力

1）按静载试验数据确定

$$极差 \Delta Q_u = 2950-2600 = 350(kN)$$

$$平均值 Q_m = \frac{2600+2830+2950}{3} = 2793(kN)$$

$$\frac{\Delta Q_u}{Q_m} = \frac{350}{2793} = 13\% < 30\%$$

单桩竖向承载力特征值 $R_a = \dfrac{Q_m}{k} = \dfrac{2793}{2} = 1396.5(kN)$

2）按地基勘查报告数据估算

$$R_a = q_{pa}A_p + u_p \sum q_{sia}l_i$$

$$= 4800\times0.3^2 + 4\times0.3\times(50\times0.7+24\times8.0+53\times9.6+55\times0.5) = 1348.0(kN)$$

对上述结果进行对比分析,取 $R_a=1348.0kN$ 作为桩基设计时的竖向承载力特征值。

3. 估算桩的数量及平面布置

1）估算桩数

初取承台底面尺寸为 $b\times l = 2.0m\times3.0m$,则 $G_k = 20\times2\times3\times1.8 = 216(kN)$

$$n \geqslant (1.1\sim1.2)\times\frac{7200/1.35+216}{1348} = 6.06\sim6.16$$

取 $n=6$。

2）确定桩距

$$s = (3\sim4)d = (3\sim4)\times0.3 = (0.8\sim1.2)m$$

取 $s=1.2m$。

边距 $s_1 \geqslant d = 0.3m$,取 $s_1 = 0.3m$。

3）桩的平面布置

平面布置如图 8-27 所示。承台宽较预估稍小,因此预估的 G_k 也较小,并不对已取数值构成影响。

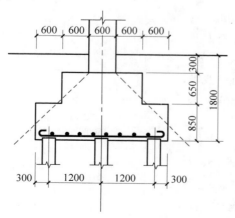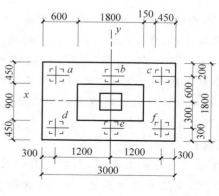

图 8-27 例 8-1 图 2

4. 桩基受力验算

1）单桩受力验算

单桩所受平均作用力

$$Q_a = \frac{F_k + G_k}{n} = \frac{\dfrac{7200}{1.35} + 20 \times 1.8 \times 3.0 \times 1.8}{6} = 921.3(\text{kN}) < R_a = 1348\text{kN}$$

单桩所受最大作用力

$$Q_{amax} = \frac{F_k + G_k}{n} + \frac{M_{xk}Y_{max}}{\sum Y_i^2} + \frac{M_{yk}X_{max}}{\sum X_i^2}$$

$$= 921.3 + \frac{\dfrac{310}{1.35} \times 0.6}{6 \times 0.6^2} + \frac{\dfrac{620}{1.35} \times 1.2}{4 \times 1.2^2}$$

$$= 1048.9(\text{kN}) \leqslant 1.2R_a = 1.2 \times 1348 = 1618(\text{kN})$$

故单桩受力满足要求。

2）群桩沉降

本工程为端承型桩，又无软弱下卧层，对沉降无特殊要求，地质条件不复杂，荷载较均匀，因此不必计算群桩沉降。

5. 桩身结构设计

桩身结构设计应按标准图选用。

6. 承台设计

采用承台材料：混凝土均为 C30($f_t = 1.43\text{MPa}$)，钢筋 HRB335($f_y = 300\text{MPa}$)。

初取承台各部分尺寸如图 8-27 所示。承台有效高度 $h_0 = h - a_x = 1000 - 50 = 950(\text{mm})$。

1）计算各单桩净反力

单桩净反力 $Q_i = \dfrac{F}{n} + \dfrac{M_x Y_i}{\sum Y_i^2} + \dfrac{M_y X_i}{\sum X_i^2}$

则 $Q_a = \dfrac{7200}{6} + \dfrac{310 \times 0.6}{6 \times 0.6^2} + \dfrac{620 \times 1.2}{6 \times 1.2^2} = 1372.2(\text{kN})$

$\quad Q_b = \dfrac{7200}{6} + \dfrac{310 \times 0.6}{6 \times 0.6^2} + 0 = 1286.1(\text{kN})$

$\quad Q_c = \dfrac{7200}{6} + \dfrac{310 \times 0.6}{6 \times 0.6^2} - \dfrac{620 \times 1.2}{6 \times 1.2^2} = 1200(\text{kN})$

$\quad Q_d = \dfrac{7200}{6} - \dfrac{310 \times 0.6}{6 \times 0.6^2} + \dfrac{620 \times 1.2}{6 \times 1.2^2} = 1200(\text{kN})$

$\quad Q_e = \dfrac{7200}{6} - \dfrac{310 \times 0.6}{6 \times 0.6^2} = 1113.9(\text{kN})$

$\quad Q_f = \dfrac{7200}{6} - \dfrac{310 \times 0.6}{6 \times 0.6^2} - \dfrac{620 \times 1.2}{6 \times 1.2^2} = 1027.8(\text{kN})$

2）承台抗冲切计算

（1）柱对承台的冲切

柱边冲切：由图 8-27 可知，所有单桩都在由柱边作出的 45°线冲切破坏锥体内，故可不验算柱对承台的冲切。

变阶处冲切：所有单桩都在由变阶处作出的 45°线冲切破坏锥体内,故可不验算柱对承台的冲切。

（2）角桩对承台的冲切

角桩对柱边的冲切：

$$a_{1x} = 1.2 - 0.15 - 0.3 = 0.75(\mathrm{m})$$

$$a_{1y} = 0.6 - 0.15 - 0.2 = 0.25(\mathrm{m})$$

$$\lambda_{1x} = \frac{a_{1x}}{h_0} = \frac{0.75}{1.45} = 0.52$$

$$\lambda_{1y} = \frac{a_{1y}}{h_0} = \frac{0.25}{1.45} = 0.17$$

$$\beta_{1x} = \frac{0.56}{\lambda_{1x} + 0.2} = \frac{0.56}{0.52 + 0.2} = 0.78$$

$$\beta_{1y} = \frac{0.56}{\lambda_{1y} + 0.2} = \frac{0.56}{0.17 + 0.2} = 1.51$$

$$c_1 = c_2 = 0.45\mathrm{m}$$

$$\beta_{\mathrm{hp}} = 1 + \frac{1 - 0.9}{0.8 - 2} \times (1.5 - 0.8) = 0.94$$

$$\left[\beta_{1x} \left(c_2 + \frac{a_{1y}}{2} \right) + \beta_{1y} \left(c_1 + \frac{a_{1x}}{2} \right) \right] \beta_{\mathrm{hp}} f_t h_0$$

$$= \left[0.78 \times \left(0.45 + \frac{0.25}{2} \right) + 1.51 \times \left(0.45 + \frac{0.75}{2} \right) \right] \times 0.94 \times 1430 \times 1.45$$

$$= 3302.2(\mathrm{kN})$$

$$> N_1 = 1415.3\mathrm{kN}$$

满足要求。

角桩对变阶处的冲切：

$$a_{1x} = 0.6 - 0.15 - 0.3 = 0.15(\mathrm{m})$$

$$a_{1y} = 0$$

$$\lambda_{1x} = \frac{a_{1x}}{h_0} = \frac{0.15}{0.8} = 0.21$$

$$\lambda_{1y} = 0$$

$$\alpha_{1x} = \frac{0.56}{\lambda_{1x} + 0.2} = \frac{0.56}{0.21 + 0.2} = 1.37$$

$$\alpha_{1y} = \frac{0.56}{\lambda_{1y} + 0.2} = \frac{0.56}{0 + 0.2} = 2.80$$

$$c_1 = c_2 = 0.45\mathrm{m}$$

$$\beta_{\mathrm{hp}} = 1.0$$

$$\left[\alpha_{1x} \left(c_2 + \frac{a_{1y}}{2} \right) + \alpha_{1y} \left(c_1 + \frac{a_{1x}}{2} \right) \right] \beta_{\mathrm{hp}} f_t h_0$$

$$= \left[1.37 \times (0.45 + 0) + 2.80 \times \left(0.45 + \frac{0.15}{2} \right) \right] \times 1.0 \times 1430 \times 0.8 = 2387.0(\mathrm{kN})$$

$$> N_1 = 1415.3\mathrm{kN}$$

满足要求。

3）承台抗剪计算

A_1—A_1 截面：

$$a_x = 0.6 - 0.15 - 0.3 = 0.15(\text{m})$$

$$a_y = 0$$

$$\lambda_x = \frac{a_x}{h_0} = \frac{0.15}{0.8} = 0.13$$

$$\lambda_y = 0$$

取 $\lambda_x = \lambda_y = 0.3$

$$\beta_x = \frac{1.75}{\lambda_x + 1.0} = \frac{1.75}{0.3 + 1.0} = 1.35$$

$$\beta_y = \frac{1.75}{\lambda_y + 1.0} = \frac{1.75}{0.3 + 1.0} = 1.35$$

$$c_1 = c_2 = 0.45\text{m}$$

计算 β_{hs} 时，取 $h_0 = 800$，$\beta_{hs} = \left(\dfrac{800}{h_0}\right)^{\frac{1}{4}} = \left(\dfrac{800}{800}\right)^{\frac{1}{4}} = 1.0$，则

$$\beta_{hs}\beta_x f_t b_0 h_0 = 1.0 \times 1.35 \times 1430 \times 1.8 \times 0.8 = 2780.0(\text{kN})$$
$$> V = Q_a + Q_d = 1372.2 + 1200 = 2572.2(\text{kN})$$

满足要求。

A_2—A_2 截面：

$$a_x = 1.2 - 0.15 - 0.3 = 0.75(\text{m})$$

$$a_y = 0.6 - 0.15 - 0.2 = 0.25$$

$$\lambda_x = \frac{a_x}{h_0} = \frac{0.75}{1.45} = 0.52$$

$$\lambda_y = \frac{a_{1y}}{h_0} = \frac{0.25}{1.45} = 0.17$$

取 $\lambda_y = 0.3$

$$\beta_x = \frac{1.75}{\lambda_{1x} + 1.0} = \frac{1.75}{0.52 + 1.0} = 1.15$$

$$\beta_y = \frac{1.75}{\lambda_{1y} + 1.0} = \frac{1.75}{0.3 + 1.0} = 1.35$$

$$\beta_{hs} = \left(\frac{800}{h_0}\right)^{\frac{1}{4}} = \left(\frac{800}{1450}\right)^{\frac{1}{4}} = 0.86$$

$$b_{y0} = \frac{b_{y1}h_{10} + b_{y2}h_{20}}{h_{10} + h_{20}} = \frac{1.8 \times 0.8 + 0.9 \times 0.65}{1.45} = 1.40(\text{m})$$

$$\beta_{hs}\beta_x f_t b_{y0} h_0 = 0.86 \times 1.15 \times 1430 \times 1.4 \times 1.45 = 2870.0(\text{kN}) > V = 2572.2\text{kN}$$

满足要求。

B_1—B_1 截面：

$$\beta_{hs}\beta_y f_t b_0 h_0 = 1.0 \times 1.35 \times 1430 \times 3.0 \times 0.8 = 4633.2(\text{kN})$$
$$> V = Q_a + Q_b + Q_c = 1372 + 1286.1 + 1200 = 3858.3(\text{kN})$$

满足要求。

B_2—B_2 截面：

$$b_{x0} = \frac{b_{x1}h_{10} + b_{x2}h_{20}}{h_{10} + h_{20}} = \frac{3.0 \times 0.8 + 1.8 \times 0.65}{1.45} = 2.46(\text{m})$$

$$\beta_{\text{hs}}\beta_x f_t b_{x0} h_0 = 0.86 \times 1.35 \times 1430 \times 2.46 \times 1.45 = 5922.0(\text{kN}) > V = 3858.3\text{kN}$$

满足要求。

4）承台配筋计算

双向配筋均采用 HRB335 级筋。

Ⅳ—Ⅳ 截面：

$$M_x = \sum N_i y_i = (Q_a + Q_b + Q_c) \times 0.15 = 3858.3 \times 0.15 = 578.8(\text{kN} \cdot \text{m})$$

$$A_{sx\text{Ⅳ}} = \frac{578.8 \times 10^6}{0.9 \times 300 \times 800} = 2679.4(\text{mm}^2)$$

Ⅱ—Ⅱ 截面：

$$M_x = \sum N_i y_i = (Q_a + Q_b + Q_c) \times 0.4 = 3858.3 \times 0.4 = 1543.3(\text{kN} \cdot \text{m})$$

$$A_{sx\text{Ⅱ}} = \frac{2392.6 \times 10^6}{0.9 \times 300 \times 1450} = 3125(\text{mm}^2)$$

Ⅰ—Ⅰ 截面：

$$M_{y\text{Ⅱ}} = \sum N_i x_i = (Q_a + Q_d) \times 0.3 = 2572.2 \times 0.3 = 771.6(\text{kN} \cdot \text{m})$$

$$A_{sx} = \frac{771.6 \times 10^6}{0.9 \times 300 \times 800} = 3572(\text{mm}^2)$$

Ⅲ—Ⅲ 截面：

$$M_y = \sum N_i x_i = (Q_a + Q_d) \times 0.9 = 2572.2 \times 0.9 = 2315.0(\text{kN} \cdot \text{m})$$

$$A_{sx} = \frac{2315.0 \times 10^6}{0.9 \times 300 \times 1450} = 5913.1(\text{mm}^2)$$

平行于承台短边方向须配筋 3942mm^2，实配 16 Φ 18($A_s = 4069\text{mm}^2$)；

平行于承台长边方向须配筋 5913mm^2，实配 19 Φ 20($A_s = 5968\text{mm}^2$)。

承台配筋图如图 8-28 所示。

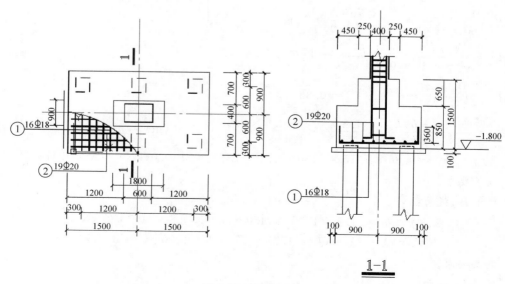

图 8-28　例 8-1 图 3

8.7　桩基础工程案例：某电网调度大楼桩基础设计

1. 工程概况

某电网调度大楼，地面以上主体 35 层，高 129.9m，塔楼 2 层，顶标高 135.5m。地下两层，其中地下一层按六级人防工事（平战结合）设置。抗震设防烈度按 6 度考虑。采用全现浇钢筋混凝土框架-筒体结构体系。总建筑面积 48280m²，其中主楼 37000m²，主、裙楼之间采用沉降缝断开。主楼平面尺寸为 34.2m（宽）×28.8m（深），核心筒平面尺寸为 16.4m（宽）×12m（深）。最大跨度为 8.4m，开间为 8.9m、4.6m 不等。采用电算结果中，最大一根柱的柱底轴力达 37740kN，核心筒部分轴力达 581150kN。柱网布置详见图 8-29。

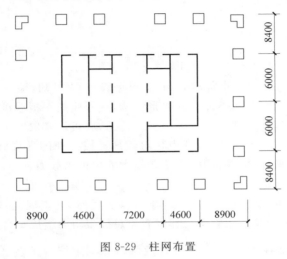

图 8-29　柱网布置

根据岩土工程勘察（详勘阶段）报告，拟建场地属于湖泊平原地貌，地势平坦。经揭露，该场地土层由第四系全新统（Q_4^{ml}）填土层，第四系上更新统（Q_3^{al}）冲积层粉质黏土，中、细砂、砾砂及第二系新余群（E）粉砂岩共由九个土层组成（详见表 8-14）。

表 8-14　地层划分及物理特征

土　　层	岩 性 描 述
① 素填土	平均层厚 2.2m，灰黄、黄褐色，以粉质黏土为主，底部夹有湖泥，松散，可塑～软塑，$\gamma=19.4$kN/m³，$f_{ak}=80$kPa，$q_{sk}=20$kPa
② 粉质黏土	平均层厚 2.4m，黄褐色，棕黄色，稍湿，可塑～硬塑，$\gamma=16.5$kN/m³，$c=40$kPa，$\phi=130$，$f_{ak}=215$kPa，$q_{sk}=65$kPa
③ 细砂	平均层厚 1m，棕黄色，稍湿，稍密～中密，$\gamma=18.5$kN/m³，$\phi=250$，$f_{ak}=160$kPa，$q_{sk}=35$kPa
④ 粉质黏土	平均层厚 2m，棕黄色，稍湿，硬塑，底部偶夹有粉土，$\gamma=19.8$kN/m³，$c=50$kPa，$\phi=150$，$f_{ak}=225$kPa，$q_{sk}=65$kPa
⑤ 中、细砂	平均层厚 3.9m，灰黄色，稍湿～湿，中密，$\gamma=19$kN/m³，$\phi=300$，$f_{ak}=235$kPa，$q_{sk}=50$kPa
⑥ 砾砂	平均层厚 12m，棕黄色，饱和，初见地下水位，中密～密实，底部夹有约 2m 的圆砾层，$\gamma=19.5$kN/m³，$c=380$kPa，$f_{ak}=330$kPa，$q_{sk}=110$kPa，$q_{pk}=2700$kPa

续表

土　　　层	岩性描述
⑦ 强风化粉砂岩	平均层厚 2.2m，紫红色、青灰色，粉砂质结构，泥质，钙质胶结，薄层块状，质较软，$\gamma=22.8\text{kN/m}^3$，$f_{ak}=400\text{kPa}$，$q_{sk}=120\text{kPa}$，$f_{rc}=2.1\text{MPa}$
⑧ 中风化粉砂岩	均层厚 4.4m，紫红色、青灰色，粉砂质结构，泥质，钙质胶结，层理构造，$\gamma=23.3\text{kN/m}^3$，$f_{ak}=1000\text{kPa}$，$f_{rc}=6.9\text{MPa}$
⑨ 微风化粉砂岩	钻孔进入该层 6m，未钻穿，紫红色、青灰色，粉砂质结构泥质，钙质胶结，厚层块状，$\gamma=23.6\text{kN/m}^3$，$f_{ak}=1500\text{kPa}$，$f_{rc}=9\text{MPa}$

2．工程任务、目的和要求

（1）确定桩的类型；

（2）确定持力层、桩径、桩长；

（3）确定单桩极限承载力。

3．工程内容

1）采用反循环泥浆护壁（嵌岩）灌注桩

两层地下室深 7.5m，室内外高差 1.5m。根据表 8-14 可知，地下室底板基本置于砾砂层上。由于地下室横隔墙很少，不能形成箱形结构，底板应按平板式筏形基础进行设计。考虑桩、柱和筒体的冲切以及上部结构较大内力的传递，底板厚度取 2.2m。拟建场地⑧、⑨层岩层埋深较浅，虽属于软质岩层，但承载力相对较高。按当地的常规做法，类似高层一般均采用反循环泥浆护壁（嵌岩）灌注桩基，以获取较大的单桩承载力。

2）暂定持力层及桩长

根据《建筑桩基技术规范》（JGJ 94—2008）（以下简称《桩基规范》），嵌岩桩的单桩竖向极限承载力标准值由土的总极限侧阻力和嵌岩段总极限阻力组成。合理的嵌岩深度一般以 $(2\sim3)d$ 为宜，当嵌岩深径比 $\dfrac{h_r}{d}\geqslant5$ 时，嵌岩段侧阻和端阻综合系数 $\zeta_r=0$。如以微风化层为持力层，平均厚度 4.4m 的中风化层作为嵌岩段，ζ_r 接近零，难以发挥端阻力，故暂定中风化岩为持力层并嵌入 $2d$。扣除承台板厚度，实际桩长（L）约为 17m。

3）单桩极限承载力试算

为了准确地确定桩径、桩长，合理地选取单桩极限承载力，采用 2 组（非工程桩）试桩，每组 2 根，分别以中风化和微风化为持力层，嵌入岩层深度分别为 $2d$ 和 $1d$，桩径为 800mm，混凝土强度等级为 C30。

按《桩基规范》中的公式对 $\phi800$、$\phi1000$ 及 $\phi1200$ 三种桩径的单桩极限承载力进行试算。从试算结果可知，采用 $\phi800$ 或 $\phi1000$ 的桩，仅在核心筒部位就难以满足承载力的要求；如采用 $\phi1200$ 的桩，则布柱间距大，传力不直接，如紧凑布置，又无法满足桩最小中心距的要求。

试桩 S1 和 S2 的桩端持力层为中风化岩，在外加荷载 2000～12000kN 作用下，其桩顶沉降量基本呈线性等量增加，无明显陡降拐点出现。从 $s\text{-}\lg t$ 曲线上反映在外加荷载达 11000kN 时，在 15min 内沉降就已基本稳定。

试桩 S3 和 S4 的桩端持力层为微风化岩，在外加荷载 2000～12000kN 作用下，其桩顶沉降及 $s\text{-}\lg t$ 曲线与 S1 和 S2 基本相似。由于砂袋堆载反力不够，未能继续加载。

4 根试桩的成果分析汇总详见表 9-15。根据 S1～S4 在外加最大荷载作用下其桩顶总沉降变形和卸载回弹资料，可分析出桩的沉降变形主要为弹性变形；根据各桩实测的桩身轴力变化情况,计算各桩在轴向力作用下的弹性压缩,可知各桩的桩顶沉降均以桩身的弹性压缩为主;从各桩身应力分布情况分析,桩身轴力沿桩顶向下逐渐减小,进入基岩后递减速率迅速增大,尤其是进入中风化和微风化岩层后轴向力沿桩长骤减,至桩端处衰减至很小,桩端处基岩承载能力远远未发挥出来。单桩极限承载力并不取决于桩端岩体,而主要来自于覆土层及嵌岩段的侧摩阻力。桩端嵌入中风化基岩 $2d$ 时,侧阻分担荷载比 Q_{sr}/Q_u 达 90%以上;桩端嵌入微风化基岩 $1d$(嵌岩深度$>5d$)时,桩端阻力已微乎其微。

表 8-15 试桩垂直静载荷试验成果汇总表

试桩编号	S1	S2	S3	S4
最大试验荷载/kN	11000	11000	12000	12000
桩顶最大沉降/mm	18.0	16.8	12.82	16.95
桩顶残余沉降/mm	7.0	4.65	3.7	7.52
桩顶回弹量/mm	11.0	12.15	9.12	9.43
柱顶回弹率/%	61	72	71	55.6
残余沉降率/%	39	28	29	44.4

4)确定持力层及桩径、桩长

根据试桩结果,考虑到经济指标及施工便利,最终确定以中风化岩为持力层并嵌入 $2d$,桩径为 800mm。扣除开挖地下室深度范围内的上覆土侧摩阻力,单桩极限承载力取 10000kN,γ_p 取 1.62。

5)桩顶作用效应验算

根据图 8-29 所示底层柱的轴力和弯矩值及桩的最小中心距要求,本工程共布 215 根桩。群桩中基桩的桩顶作用效应按下列公式计算:

偏心竖向力作用下:

$$N_i = \frac{F+G}{n} \pm \frac{M_x y_i}{\sum y_j^2} \pm \frac{M_y x_i}{\sum x_j^2}$$

式中　F——作用于桩基承台顶台的竖向力设计值;

　　　G——桩基承台和承台上土的自重设计值;

　　　n——桩基中的桩数。

考虑地震作用效应组合,经计算满足《桩基规范》公式 $N_{max} \leqslant 1.5R$。

6)桩基检测

桩施工完毕,按规定采用高、低应变对其进行检验。对高应变检测结果进行分析,其单桩极限承载力与静载荷试验结果较为吻合。共布 8 个沉降观测点,大楼施工以来共观察 20 次,最大沉降量仅为 13.1mm,结果十分理想。这充分验证了试桩结果、持力层的选择、单桩极限承载力取值的准确性。

本章小结

本章主要介绍了桩的分类,单桩竖向承载力及水平承载力的确定方法,桩基础设计步骤、方法及设计实例。桩基础设计包括桩身设计和承台设计。桩身设计主要包括桩身构造要求和配筋要求,以及群桩中单桩桩顶竖向承载力的验算。承台设计除构造外,须进行抗弯、抗冲切、抗剪及必要时的局部抗压验算。本章重点内容为单桩竖向承载力的确定及桩基础的设计计算。

思考题

8-1　桩基础有什么特性？桩基础一般应用于哪些情况？

8-2　怎样对桩基础进行分类？

8-3　端承型桩和摩擦型桩有什么区别？

8-4　扩底桩有什么优点？

8-5　确定单桩竖向承载力特征值有哪些方法？

8-6　简述桩基设计步骤。

8-7　桩基承台应验算哪些内容？怎样验算？

习题

8-1　某桩的竖向静载荷试验数据如表 8-16 所示，确定单桩竖向承载力特征值。

表 8-16　题 8-1 表

荷载/kN	50	100	150	200	250	300	350	400	450	500	550	600	650
沉降/mm	0.6	1.1	1.5	2.1	2.6	3.8	4.9	6.3	7.6	9	11	17.3	42.2

8-2　某场地从天然地面起往下的土层分别如下：第 1 层为粉质黏土，厚度 $l_1 = 4\mathrm{m}$，$q_{s1a} = 24\mathrm{kPa}$；第 2 层为粉土，厚度 $l_2 = 5\mathrm{m}$，$q_{s2a} = 20\mathrm{kPa}$；第 3 层为中密的中砂，$q_{s3a} = 28\mathrm{kPa}$，$q_{pa} = 2500\mathrm{kPa}$。采用截面尺寸为 400mm×400mm 的预制桩，承台底面在天然地面以下 1.2m 深处，桩端进入中密中砂的深度为 1.0m。试确定单柱竖向承载力特征值。

8-3　某房屋柱基截面尺寸为 600mm×400mm，传至承台顶面处按永久荷载控制的基本组合设计值为轴力 $F = 2800\mathrm{kN}$，单向弯矩 $M = 350\mathrm{kN \cdot m}$，水平剪力 $V = 80\mathrm{kN}$。经分析比较，决定采用钢筋混凝土预制桩基础，桩尖进入持力层 2.0m，如图 8-30 所示。设计此桩基础。

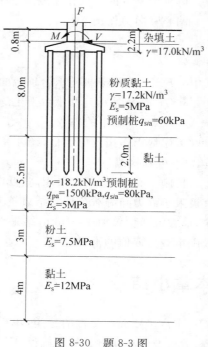

图 8-30　题 8-3 图

第 9 章

基 坑 支 护

9.1 概述

随着城市建设的不断发展,各种地下空间被越来越多地开发利用,如高层建筑地下室、地下停车库、地下铁道、地下商场等。中国高层建筑的大规模发展始于 20 世纪 70 年代末,北京、上海、广州等城市陆续建造了一大批高层建筑。从此以后,地下空间的开发速度加快,规模也越来越大。这使得基坑工程应运而生。

9.1.1 基坑工程的概念及特点

基坑是为进行建(构)筑物地下部分的施工而由地面向下开挖出的空间。基坑支护是为保护地下主体结构施工和基坑周边环境的安全,对基坑采用的临时性支挡、加固、保护及控制地下水的措施。基坑工程是为保证基坑施工和地下结构的安全以及周边环境不受损害而采取的支护、基坑土体加固、地下水控制、开挖等工程的总称,包括勘察、设计、施工、监测、试验等。

基坑支护设计是一个综合性的岩土工程问题,既涉及土力学中的典型强度与稳定问题,又包含了变形问题,还涉及土与支护结构的共同作用以及结构力学等问题。在安全前提下,设计既要合理,又能节约造价、方便施工、缩短工期。要提高基坑工程的设计和施工水平,必须正确选择土压力、计算方法和参数以及合理的支护结构体系,还要有丰富的设计和施工经验教训。

基坑工程有以下特点:

(1) 基坑支护工程大多为临时性支护工程,因此在处理实际问题时,常常得不到建设方应有的重视。

(2) 基坑工程的多环节相互影响。基坑工程包含挡土、支护、防水、降水、挖土等许多紧密联系的环节,其中某一环节的失效将会导致整个工程的失败。

(3) 基坑工程的施工难度往往比较大。为了节约土地,工程建设中须充分利用基地面积,地下建筑物一般占基地面积的 90% 以上,紧靠邻近建筑;还要充分利用地下空间,设置人防、车库、机房、仓库等设施。随着基础深度越来越大,地下基坑的开挖深度由一层发展到若干层。因此,深基坑开挖与支护工程的施工难度往往比较大。

(4) 基坑工程的施工条件通常较差。因主要高层、超高层建筑都集中在市区,市区的建筑密度很大,人口密集,交通拥挤,施工场地狭小,导致其施工的条件往往很差。

(5) 基坑工程常与相邻场地相互影响。相邻场地的基坑施工,打桩、降水、挖土等施工环节都会产生相互影响和制约,增加事故诱发因素。

(6) 深基坑工程施工周期长。从开挖到完成地面以下的全部隐蔽工程,常须经历多次降雨、周边堆载、振动、施工不当等许多不利条件,其安全度的随机性较大,事故的发生往往具有突发性。

(7) 基坑工程事故发生概率较主体结构高。基坑工程造价较高,又是临时性工程,建设方一般不愿投入较多资金。可是,一旦出现事故,处理起来十分困难,造成的经济损失和社会影响往往十分严重。

由于基坑工程存在以上特点及较多不确定因素,很难对其设计与施工定出一套标准模式,或用一套严密的理论计算方法来把握施工过程中可能发生的各种变化。目前的深基坑设计,只能采用理论计算与地区经验相结合的半经验、半理论的方法进行。而施工则要求现场技术人员具有丰富的工程经验和高度的责任感,能够及时处理由于意外变化所产生的不利情况,以期最有效地防止或减少基坑工程事故的发生。

深基坑支护虽为施工中一种临时性辅助结构物,但对保证工程顺利进行以及邻近地基和已有建(构)筑物的安全影响极大。支护结构并不是越大、越厚,埋置越深、越牢靠越好。要弄清楚所选择支护的特点、施工方法及须注意的问题,施工前应进行多方案技术、经济比较,最后选择最优支护方案加以实施,做到技术上先进可行,经济上适用、合理,使用上安全可靠;还应做到因地、因工程制宜,就地取材,保护环境,节约资源,施工简便、快速,保证质量。

9.1.2　支护结构的类型及适用条件

1. 挡土灌注排桩和地下连续墙

挡土灌注排桩(见图 9-1)是以现场灌注桩,按队列式布置组成的支护结构;地下连续墙是用机械施工方法成槽浇灌钢筋混凝土形成的地下墙体。这两种支护结构的特点如下:刚度大,抗弯强度高,变形小,适应性强,所需工作场地不大,振动小,噪声低,但排桩墙不能止水;连续墙施工需较多机具设备。这两种支护结构适用于安全等级为一、二、三级的基坑侧壁、逆作法施工;它们用做悬臂式结构时,在软土场地中不宜大于 5m;当地下水位高于基坑底面时,宜采用降水、排桩与水泥土桩组成截水帷幕或采用地下连续墙;变形较大边坑可选用双排桩。

图 9-1　挡土灌注排桩

2. 排桩土层锚杆支护

排桩土层锚杆支护是在稳定土层钻孔,用水泥浆或水泥砂浆将钢筋与土体黏结在一起拉结排桩挡土。其特点如下：与土体结合后能承受很大拉力,变形小,适应性强,不需大型机械,需要工作场地;适用于安全等级为一、二、三级的基坑侧壁及难以采用支承的大面积深基坑,不宜用于地下水大、含有化学腐蚀物的基坑。

3. 排桩内支承支护

排桩内支承支护是在排桩内侧设置钢或钢筋混凝土水平支承,用以支挡基坑侧壁进行挡土。其特点如下：受力合理,易于控制变形,安全可靠,但需要大量支承材料,基坑内施工不便;适用于安全等级为一、二、三级的基坑侧壁、各种不易设置锚杆的较松软土层及软土地基。当地下水位高于基坑底面时,宜采用降水措施或止水结构。

4. 水泥土墙支护

水泥土墙支护是由水泥土桩相互搭接形成的格栅状、壁状等形式的连续重力式挡土止水墙体。其特点如下：具有挡土、截水的双重功能,施工机具设备相对较简单,成墙速度快,使用材料单一,造价较低;适用于安全等级为二、三级的基坑侧壁;水泥土墙施工范围内地基承载力不宜大于 150kPa,基坑深度不宜大于 6m,基坑周围应具备水泥土墙施工所需宽度。

5. 土钉墙或喷锚支护

土钉墙或喷锚支护是用土钉或预应力锚杆加固的基坑侧壁土体与喷射钢筋混凝土护面组成的支护结构。其特点如下：结构简单,承载力较高,可阻水,变形小,安全可靠,适应性强,施工机具简单,施工灵活,污染小,噪声低,对周边环境影响小,支护费用低。土钉墙适用于基坑侧壁安全等级为二、三级的非软土场地、基坑深度不宜大于 12m 的情况;喷锚支护适于无流沙、含水量不高、不是淤泥等流塑土层的基坑开挖深度不大于 18m 的情况。当地下水位高于基坑底面时,应采取降水或截水措施。

6. 逆作拱墙支护

逆作拱墙支护是在平面上将支护墙体或排桩做成闭合拱形支护结构。其特点如下：结构主要承受压应力,可充分发钢材料特性,结构截面小,底部不用嵌固,可减小埋深,受力安全可靠,变形小,外形简单,施工方便、快速,易保证质量,费用低等。逆作拱墙支护适用于基坑侧壁安全等级为二、三级的情况;不宜用于淤泥和淤泥质土场地;这种支护适用的基坑平面尺寸近似方形或圆形,基坑施工场地适合拱圈布置;拱墙轴线的矢跨比不宜小于 1/8;基坑深度不宜大于 12m;地下水位高于基坑底面时,应采取降水或截水措施。

7. 钢板桩

钢板桩是采用特制的型钢板桩,借机械打入地下构成一道连续的板墙作为挡土截水围护结构。其特点如下：强度高,刚度大,整体性好,锁口紧密,水密性强,能适应各种平面形状的土壤,打设方便,施工快速,可回收使用,但需大量钢材,一次性投资较高。钢板桩适用于基坑侧壁安全等级为二、三级的情况;基坑深度不宜大于 10m;当地下水位高于基坑底面时,应采用降水或截水措施。

8. 放坡开挖

对于土质较好、地下水位低、场地开阔的基坑,应采取规范允许的坡度放坡开挖,或仅在坡脚叠袋护脚,坡面作适当保护。放坡开挖的特点如下：不用支承支护,采用人工修坡时,须加强边坡稳定监测,土方量大,须外运;适用于基坑侧壁安全等级为三级的情况。基坑周围场地应满足放坡条件,土质较好;可独立或与上述其他结构结合使用。当地下水位高于坡脚时,应采取降水措施。

9.1.3　支护结构的选型与布置

　　支护结构选型包括支护结构所用材料和形式的选择及布置方式。应根据工程规模、主体工程特点、场地条件、环境保护要求、岩土工程勘察资料、土方开挖方法、施工作业设备条件、安全等级、工期要求、技术经济效果以及地区工程经验等因素,经过综合分析比较,在确保安全可靠的前提下,选择切实可行、经济合理的方案。可以选择应用其中一种,亦可以2～3 种支护结合使用,应特别注意的是选择透水性支护还是止水性支护。对于地下水位较高地区,因降水而有可能导致固结沉降的软弱地基、细砂层或黏土层组成的软弱互层地基以及含水层丰富的砂砾地层,宜优先选用止水性支护,其他地层可采用透水性支护。

　　进行支护结构选型时,应综合考虑以下因素:基坑深度、土的性状及地下水条件;基坑周边环境对基坑变形的承受能力及支护结构一旦失效可能产生的后果;主体地下结构及其基础形式、基坑平面尺寸及形状;支护结构施工工艺的可行性;施工场地条件及施工季节;经济指标、环保性能和施工工期等,如表 9-1 所示。

表 9-1　各类支护结构的适用条件

结 构 类 型		安全等级	适用条件	
			基坑深度、环境条件、土类和地下水条件	
支挡式结构	锚拉式结构	一级、二级、三级	适用于较深的基坑	排桩适用于可采用降水或截水帷幕的基坑;地下连续墙宜同时用作主体地下结构外墙,可同时用于截水;锚杆不宜用在软土层和高水位的碎石土、砂土层中;当邻近基坑有建筑物地下室、地下构筑物等,锚杆的有效锚固长度不足时,不应采用锚杆;当锚杆施工会造成基坑周边建(构)筑物的损害,或违反城市地下空间规划等规定时,不应采用锚杆
	支承式结构		适用于较深的基坑	
	悬臂式结构		适用于较浅的基坑	
	双排桩		当锚拉式、支承式和悬臂式结构不适用时,可考虑采用双排桩	
	支护结构与主体结构结合的逆作法		适用于基坑周边环境条件很复杂的深基坑	
土钉墙	单一土钉墙	二级、三级	适用于地下水位以上或经降水的非软土基坑,且基坑深度不宜大于 12m	当基坑潜在滑动面内有建筑物、重要地下管线时,不宜采用土钉墙
	预应力锚杆复合土钉墙		适用于地下水位以上或经降水的非软土基坑,且基坑深度不宜大于 15m	
	水泥土桩垂直复合土钉墙		用于非软土基坑时,基坑深度不宜大于 12m;用于淤泥质土基坑时,基坑深度不宜大于 6m;不宜用在高水位的碎石土、砂土、粉土层中	
	微型桩垂直复合土钉墙		适用于地下水位以上或经降水的基坑,用于非软土基坑时,基坑深度不宜大于 12m;用于淤泥质土基坑时,基坑深度不宜大于 6m	

续表

结构类型	适用条件	
	安全等级	基坑深度、环境条件、土类和地下水条件
重力式水泥土墙	二级、三级	适用于淤泥质土、淤泥基坑,且基坑深度不宜大于7m
放坡	三级	施工场地应满足放坡条件;可与上述支护结构形式相结合

注:(1)当基坑不同部位的周边环境条件、土层性状、基坑深度等不同时,可分别在不同部位采用不同的支护形式。

(2)支护结构可采用上、下部以不同结构类型组合的形式。

支护结构的布置应遵循以下原则:

(1)一般情况下基坑支护结构的构件(包括围护墙、隔水帷幕和锚杆)不应超出工程用地范围,否则应事先征得政府主管部门或相邻地块业主的同意;

(2)基坑支护结构构件不能影响主体工程结构构件的正常施工;

(3)有条件时,基坑平面形状应尽可能采用受力性能较好的圆形、正多边形和矩形。

9.1.4 基坑工程设计原则和设计内容

对于基坑工程支护结构,与其他建筑结构设计一样,要求在规定的时间内和规定的条件下完成各项预定功能,即能承受在正常施工和正常使用时可能出现的各种荷载;在正常情况下,具有良好的工作性能;在偶然的不利因素发生时和发生后,支护结构仍能保持整体稳定。

基坑支护应保证基坑周边建(构)筑物、地下管线、道路的安全和正常使用,保证主体地下结构的施工空间。

基坑支护结构按表 9-2 划分了三个级别的侧壁安全等级及重要性系数。

表 9-2　基坑侧壁安全等级及重要性系数

安全等级	破坏后果	γ_0
一级	支护结构破坏、土体失稳或过大变形对基坑周边环境及地下结构施工影响很严重	1.10
二级	支护结构破坏、土体失稳或过大变形对基坑周边环境及地下结构施工影响一般	1.00
三级	支护结构破坏、土体失稳或过大变形对基坑周边环境及地下结构施工影响不严重	0.90

基坑支护结构应采用以分项系数表示的极限状态设计表达式进行设计。

承载能力极限状态对应于支护结构达到最大承载能力或土体失稳、过大变形导致支护结构或基坑周边环境破坏;正常使用极限状态对应于支护结构的变形已妨碍地下结构施工或影响基坑周边环境的正常使用功能。

1. 基坑支护结构承载能力极限状态下的计算内容

达到承载能力极限状态时,支护结构构件或连接因超过材料强度而破坏,或因过度变形而不适于继续承受荷载,或出现压屈、局部失稳,其计算内容如下:

(1)支护结构及土体整体滑动;

(2)坑底土体隆起而丧失稳定;

(3)对于支挡式结构,坑底土体丧失嵌固能力而使支护结构推移或倾覆;

(4)对于锚拉式支挡结构或土钉墙,土体丧失对锚杆或土钉的锚固能力;

(5) 重力式水泥土墙整体倾覆或滑移；

(6) 重力式水泥土墙、支挡式结构因其持力土层丧失承载能力而破坏；

(7) 地下水渗流引起的土体渗透破坏。

2. 基坑支护结构正常使用极限状态下的计算内容

(1) 造成基坑周边建(构)筑物、地下管线、道路等损坏，以及影响其正常使用的支护结构位移；

(2) 因地下水位下降、地下水渗流或施工因素而造成基坑周边建(构)筑物、地下管线、道路等损坏，以及影响其正常使用的土体变形；

(3) 影响主体地下结构正常施工的支护结构位移；

(4) 影响主体地下结构正常施工的地下水渗流。

9.1.5　支护结构的计算和验算

《建筑边坡工程技术规范》(JGJ 79—2012)对支护结构荷载组合作了如下规定：

1. 承载能力极限状态

(1) 进行因支护结构构件或连接超过材料强度或过度变形的承载能力极限状态设计时，作用效应基本组合的效应(轴力、弯矩等)设计值应不大于抗力($\gamma_0 S_d \leq R_d$)；对于临时性支护结构，作用基本组合的效应设计值为作用基本组合的综合分项系数 γ_F 与作用标准组合的效应之积($S_d = \gamma_F S_k$)。作用基本组合的综合分项系数 γ_F 不应小于 1.25。

(2) 坑体滑动、坑底隆起、挡土构件嵌固段推移、锚杆与土钉拔动、支护结构倾覆与滑移、基坑土的渗透变形等稳定性计算和验算，均应符合 $\dfrac{R_k}{S_k} \geq K$ 的要求。此处，R_k 为抗滑力、抗滑力矩、抗倾覆力矩、锚杆和土钉的极限抗拔承载力等土的抗力标准值；S_k 为滑动力、滑动力矩、倾覆力矩、锚杆和土钉的拉力等作用标准值的效应；K 为稳定性安全系数。

2. 正常使用极限状态

(1) 由支护结构的位移、基坑周边建筑物和地面的沉降等控制的正常使用极限状态设计，应符合 $S_d \leq C$ 的要求。此处，S_d 为作用标准组合的效应(位移、沉降等)设计值；C 为支护结构的位移、基坑周边建筑物和地面沉降的限值。

(2) 内力设计值(弯矩 M，剪力 V，轴力 N)分别为其按作用标准组合计算的弯矩值与 $\gamma_0 \gamma_F$ 之积($M = \gamma_0 \gamma_F M_k$，$V = \gamma_0 \gamma_F V_k$，$N = \gamma_0 \gamma_F N_k$)。

9.2　桩(墙)式支护结构

桩(墙)式支护结构设计计算一般包括以下内容：

(1) 支护桩(墙)插入深度的确定；

(2) 支护结构体系的内力分析和结构强度设计；

(3) 基坑内外土体的稳定性验算；

(4) 基坑降水设计和渗流稳定验算；

(5) 基坑周围地面变形的控制措施；

(6) 施工监测设计。

9.2.1 悬臂式支护

悬臂式支护主要是依靠嵌入基坑底面以下的土中部分结构来抵抗基坑侧壁土压力、水压力和上部荷载。悬臂式支护较上部分向基坑内侧发生偏移,因此在基坑侧壁,桩(墙)受到主动土压力作用;基坑底部以下的土同时受到主动土压力和被动土压力作用(见图9-2~图9-4)。

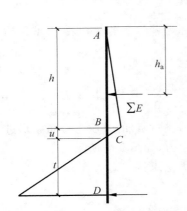

图 9-2　布鲁姆简化法计算简图

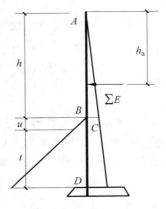

图 9-3　悬臂桩(墙)土压力图

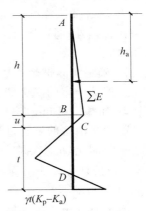

图 9-4　静力平衡法计算简图

悬臂式支护插入深度的确定是设计中比较关键的问题。

1. 静力平衡法

静力平衡法是沿桩(墙)深度某些位置建立静力平衡式,从而求得相应的距离或土压力强度。

1)计算基坑底面处悬臂式桩(墙)的主动土压力强度

$$p_a = \gamma h K_a - 2c\sqrt{K_a} \tag{9-1}$$

2)求基坑底面到土压力强度为零点的距离 u

主动土压力强度　　$p_a = \gamma(h+u)K_a - 2c\sqrt{K_a}$ 　　(9-2)

被动土压力强度　　$p_p = \gamma u K_p + 2c\sqrt{K_p}$ 　　(9-3)

假设在 C 点,主动土压力强度与被动土压力强度平衡,即

$$\gamma(h+u)K_a - 2c\sqrt{K_a} = \gamma u K_p + 2c\sqrt{K_p}$$

由此可求得 u。

3)求算深度 z 处净土压力强度

$$\Delta p_C = \gamma z K_p + 2c\sqrt{K_p} - \left[\gamma(z+h)K_a - 2c\sqrt{K_a}\right] \tag{9-4}$$

4)求算桩端处土压力强度

$$\Delta p_D = \gamma(h+t)K_p + 2c\sqrt{K_p} - (\gamma t K_a - 2c\sqrt{K_a}) \tag{9-5}$$

图 9-2~图 9-4 及式(9-1)~式(9-5)中各元素的物理意义如下:

h——基坑开挖深度;

t——桩(墙)的有效嵌固深度,m;

h_a——$\sum E$ 作用点到地面的距离,m;

u——净土压力为零点到基坑底面距离,m;

$\sum E$—— 桩(墙)后侧 AC 段上的净土压力、水压力,kN/m;

K_a、K_p——主动土压力系数、被动土压力系数;

γ——土体重度,kN/m³;

c——土体黏聚力,kN/m²。

5)求算插入深度 t

在桩端处,通过所有水平力代数和为零和所有弯矩代数和为零两个平衡关系,可求出插入深度 t。

6)确定实际桩长

为保证一定的安全储备,桩长的取值通常比计算值更大一些,可取 $L=h+u+1.2t$。

2. 布鲁姆(Blum)法

静力平衡法的解答过程中须解四次方程。布鲁姆对悬臂式桩(墙)的土压力分布图形进行了一定简化,把作用在桩(墙)底部一侧的土压力简化为集中力,如图 9-4 所示。

u 值的计算方法与静力平衡法相同。插入深度 t 按下面方法求得:

1)桩(墙)长度

对 D 点取矩,由 $\sum M_D = 0$,可得

$$(h+u+t-h_a)\sum P - \frac{1}{2}\gamma(K_p-K_a)t^2 \cdot \frac{t}{3} = 0$$

即

$$t^3 - \frac{6\sum E}{\gamma(K_p-K_a)}t - \frac{6(h+u-h_a)\sum E}{\gamma(K_p-K_a)} = 0$$

考虑安全储备,取桩(墙)长度 $L=h+u+(1.1\sim1.4)t$。

2)最大弯矩

最大弯矩发生在剪力为零处。设最大弯矩处为 C 点下距离为 z 处,取 $\sum Q = 0$,得

$$\sum E - \frac{1}{2}\gamma(K_p-K_a)z^2 = 0$$

由上式求得

$$z = \sqrt{\frac{2\sum E}{\gamma(K_p-K_a)}} \tag{9-6}$$

最大弯矩

$$M_{max} = (h+u+z-h_a)\sum E - \frac{1}{6}\gamma z^3(K_p-K_a) \tag{9-7}$$

【例 9-1】 某基坑工程开挖深度 $h=6$m,地面超载 $q_0=20$kN/m²,土为砂土,$c=0$,重度 $\gamma=20$kN/m³,内摩擦角 $\phi=34°$。采用悬臂式排桩支护,试确定桩的最小长度和最大弯矩。

【解】 沿板桩长度方向取 1 延米计算。

(1)求土压力强度为零点离基坑底的距离 u

$$K_a = \tan^2\left(45° - \frac{\varphi}{2}\right) = \tan^2\left(45° - \frac{34}{2}\right) = 0.28$$

$$K_p = \tan^2\left(45° + \frac{\varphi}{2}\right) = \tan^2\left(45° + \frac{34}{2}\right) = 3.54$$

地面处的主动土压力强度 $p_a = qK_a - 2c\sqrt{K_a} = 20 \times (0.28-0) = 5.60(\text{kPa})$

基坑底面处的主动土压力强度

$$p_a = (q+\gamma h)K_a - 0 = (20+20\times6)\times0.28 = 39.20(\text{kPa})$$

由 $(q+\gamma u)K_a - 2c\sqrt{K_a} = \gamma uK_p - 0$，求得

$$u = \frac{(q+\gamma h)K_a - 0}{\gamma(K_p - K_a)} = \frac{(20+20\times6)\times0.28}{20\times(3.54-0.28)} = 0.60(\text{m})$$

（2）求土压力及合力位置

由地面超载引起的侧压力 $E_{a1} = qhK_a = 20\times6\times0.28 = 33.60(\text{kN/m})$

坑底以上板桩后侧土压力 $E_{a2} = \frac{1}{2}\gamma h^2 K_a = \frac{1}{2}\times20\times6^2\times0.28 = 100.80(\text{kN/m})$

坑底到土压力为零点净土压力 $E_{a3} = \frac{1}{2}\times39.2\times0.6 = 11.76(\text{kN/m})$

土压力为零点以上土压力合力

$$\sum E = E_{a1} + E_{a2} + E_{a3} = 33.6+100.8+11.76 = 146.16(\text{kN/m})$$

$\sum E$ 作用点离地面距离

$$h_a = \frac{E_{a1}h_{a1} + E_{a2}h_{a2} + E_{a3}h_{a3}}{\sum E}$$

$$= \frac{33.60\times\frac{1}{2}\times6 + 100.80\times\frac{2}{3}\times6 + 11.76\times\left(\frac{1}{3}\times0.6+6\right)}{146.16}$$

$$= 3.95(\text{m})$$

（3）求 t

将以上数值代入下式：

$$t^3 - \frac{6\times146.16}{20\times(3.54-0.28)}t - \frac{6\times(6+0.6-3.95)\times146.16}{20\times(3.54-0.28)} = 0$$

解得 $t = 4.60\text{m}$。

板桩最小长度 $L_{min} = h+u+1.2t = 6+0.6+1.2\times4.6 = 12.12(\text{m})$。

（4）求最大弯矩

最大弯矩处距离

$$z = \sqrt{\frac{2\sum E}{\gamma(K_p - K_a)}} = \sqrt{\frac{2\times146.16}{18.8\times(3.54-0.28)}} = 2.18(\text{m})$$

最大弯矩

$$M_{max} = (6+0.6+2.18-3.95)\times146.16 - \frac{1}{6}\times18.8\times2.18^2\times(3.54-0.28)$$

$$= 657.41(\text{kN}\cdot\text{m})$$

9.2.2 单层支锚支护

当基坑深度较大，不宜采用悬臂式桩（墙）时，可考虑采用单层支锚桩（墙）。当桩（墙）被一个锚锭（或支承）约束时，锚定点相对于未被约束的其他部分来说，其位移很小，可认为不

产生位移,其他部分在土压力作用下产生挠曲变形。试验表明,墙后土压力呈 R 形分布(见图 9-5)。

1) 桩(墙)入土较浅时

单支点桩(墙)入土较浅时,其底端在坑壁主动土压力作用下,可能有少许向前移动的情况。桩(墙)前侧被动土压力全部发挥作用,可视底端为自由端。支锚点可视为铰支。

取单位长度桩(墙)进行分析,由支锚点 A 前后两侧土压力对支锚点弯矩达到平衡,可得(见图 9-6):

$$E_{a1}(h_a - h_0) + E_{a2} \cdot \frac{2}{3}(h + t - h_0) - E_p\left(h + \frac{2}{3}t - h_0\right) = 0$$

或

$$qK_a(h_a - h_0) + \frac{1}{2}\gamma(h+t)^2 K_a \cdot \frac{2}{3}(h+t-h_0) - \frac{1}{2}\gamma t^2 K_p\left(h + \frac{2}{3}t - h_0\right) = 0$$

由上式可解出 t。根据经验,实际设计中 t 值要比计算值大一些。

由支锚点 A 处水平力相平衡,得

$$R = qK_a + \frac{1}{2}\gamma(h+t)^2 K_a - \frac{1}{2}\gamma t^2 K_p \tag{9-8}$$

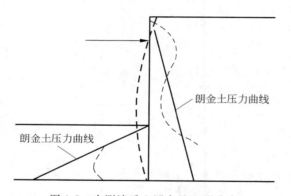

图 9-5　实测墙后土压力呈 R 形分布

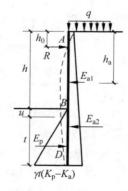

图 9-6　作用在桩(墙)上的力

2) 桩(墙)入土较深时

桩(墙)入土较深时,桩(墙)底面处土体未达到极限平衡状态,桩(墙)底面处无位移,且其转动受到土体限制,该桩处于弹性嵌固状态,相当于上端为可动铰支、下端为固定铰支座的超静定梁。工程中常用等值梁法进行内力计算。

对于图 9-7(a)中的超静定梁,注意到 d 点是反弯点,则此点以左部分只受三个约束,是简支梁,可按静力平衡方法求得内力。这样求出的简支梁与按整段梁计算的相应部位弯矩图是相吻合的,因此简支段 ad 称为按整梁计算中相应段的等值梁。

桩(墙)入土较深时,如果知道反弯点的位置,则反弯点以上部分亦为一简支梁。于是,求解超静定结构问题就变成了求解静定结构问题。

用等值梁法计算单层支锚桩(墙),可按以下步骤进行:

(1) 求土压力为零点 C 的位置 u。由 C 点以上所有主动土压力与被动土压力之和为零这一关系,可求得 u。

(2) 确定反弯点位置。对于确定反弯点位置,目前尚无严密的理论。一种方法是取经

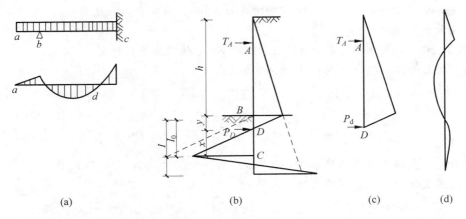

图 9-7 等值梁计算图示

(a) 等值梁原理;(b) 桩上土压力分布;(c) 等值梁示意图;(d) 弯矩示意图

验数据,另一种方法是参考实测数据确定。大量实测数据表明,反弯点位置与土压力为零点 C(见图 9-8)很接近。因此按后一种方法确定时,为简化计算,可视 C 点为反弯点。

(3) 计算等值梁内力。由等值梁 AC 按静力平衡方程计算支锚点 A 的反力 R 及 C 点剪力 Q_C:

$$R = \frac{(h - h_a + u)\sum E}{h - h_0 + u} \qquad (9-9)$$

$$Q_C = \frac{(h_a - h_0)\sum E}{h - h_0 + u} \qquad (9-10)$$

(4) 确定嵌固深度

对结构底部 D 点取 $\sum M_D = 0$,当计算单元宽度为 a 时,得

$$Q_C t - \frac{1}{2}\gamma(K_p - K_a)t^2 \cdot \frac{1}{3}ta = 0$$

解得

$$t = \sqrt{\frac{6Q_C}{\gamma(K_p - K_a)a}} \qquad (9-11)$$

则实际嵌固深度取为 $t_c = 1.2t$。

(5) 求最大弯矩

当已求出内力后,即可采用截面法求得剪力为零的位置,从而求出最大弯矩。设剪力为零点与地面的距离为 h_q,则有 $R - qK_a a - \frac{1}{2}\gamma h_q^2 K_a a = 0$,由此得 $h_q = \sqrt{\frac{2R - qK_a a}{\gamma K_a a}}$,故最大弯矩

$$M_{max} = R(h_q - h_0) - \frac{1}{2}qK_a h_q^2 a - \frac{1}{6}\gamma h_q^2 K_a a \qquad (9-12)$$

图 9-8 用等值梁法计算单层支锚桩(墙)

【例 9-2】 某深基坑工程,支护结构设计为上部有一锚定拉杆,下端按固定支承的板桩挡土墙设计。已知土的重度为 $\gamma = 18.6\text{kN/m}^3$,内摩擦角 $\varphi = 30°$,黏聚力 $c = 0$,地面超载 $q=$

20kN/m^2。锚杆距地面1m,锚杆间水平距离为2.5m。基坑开挖深度为8m。求板桩最小入土深度及最大弯矩。

【解】 取锚杆间水平距离2m为计算单元,按等值梁法进行计算。

(1) 求土压力强度为零点C(反弯点)的位置 u

$$K_\text{a} = \tan^2\left(45° - \frac{\varphi}{2}\right) = \tan^2\left(45° - \frac{30}{2}\right) = 0.333$$

$$K_\text{p} = \tan^2\left(45° + \frac{\varphi}{2}\right) = \tan^2\left(45° + \frac{30}{2}\right) = 3.0$$

地面处的主动土压力强度 $p_\text{a} = qK_\text{a} - 2c\sqrt{K_\text{a}} = 20 \times 0.33 = 6.60(\text{kPa})$

基坑底面处的主动土压力强度

$$p_\text{a} = (q + \gamma h)K_\text{a} - 2c\sqrt{K_\text{a}} = (20 + 18.6 \times 8) \times 0.33 = 55.70(\text{kPa})$$

由 $(q + \gamma h + \gamma u)K_\text{a} - 2c\sqrt{K_\text{a}} = \gamma u K_\text{p}$,求得

$$u = \frac{(q + \gamma h)K_\text{a} - 2c\sqrt{K_\text{a}}}{\gamma(K_\text{p} - K_\text{a})} = \frac{(20 + 18.6 \times 8) \times 0.33}{18.6 \times (3.00 - 0.33)} = 1.12(\text{m})$$

(2) 计算等值梁内力

C 点以上作用在墙上的土压力

$$\sum E = \frac{1}{2} \times (6.60 + 55.7) \times 8 \times 2.5 + \frac{1}{2} \times 55.7 \times 1.12 \times 2.5 = 700.98(\text{kN})$$

$\sum E$ 作用点距地面距离

$$h_\text{a} = \frac{1}{700.98} \times \left(6.6 \times 8 \times \frac{1}{2} \times 8 \times 2.5 + \frac{1}{2} \times (55.7 - 6.6) \times 8 \times \frac{2}{3} \times 8 \times 2.5\right.$$

$$\left. + \frac{1}{2} \times 55.7 \times 1.12 \times \left(\frac{1}{3} \times 1.12 + 8\right) \times 2.5\right)$$

$$= 6.35(\text{m})$$

求支锚点 A 的反力 R 及 C 点剪力 Q_C:

$$R = \frac{(h - h_\text{a} + u)\sum E}{h - h_0 + u} = \frac{(8 - 6.35 + 1.12) \times 700.98}{8 - 1 + 1.12} = 330.22(\text{kN})$$

$$Q_C = \frac{(h_\text{a} - h_0)\sum E}{h - h_0 + u} = \frac{(6.35 - 1) \times 700.98}{8 - 1 + 1.12} = 461.85(\text{kN})$$

(3) 确定板桩最小入土深度

对结构底部 D 点取 $\sum M_D = 0$,得

$$Q_C t - \frac{1}{2}\gamma(K_\text{p} - K_\text{a})t^2 \cdot \frac{1}{3}ta = 0$$

解得

$$t = \sqrt{\frac{6Q_C}{\gamma(K_\text{p} - K_\text{a})a}} = \sqrt{\frac{6 \times 461.85}{18.6 \times (3 - 3.33) \times 2.5}} = 4.72(\text{m})$$

板桩最小入土深度 $l = h + u + 1.2t = 8 + 1.12 + 1.2 \times 4.72 = 14.78(\text{m})$

(4) 确定板桩最大弯矩

设剪力为零点距地面距离

$$h_q = \sqrt{\frac{2R - qK_a a}{\gamma K_a a}} = \sqrt{\frac{2 \times 330.22 - 20 \times 0.33 \times 2.5}{18.6 \times 0.33 \times 2.5}} = 6.48(m)$$

$$M_{max} = R(h_q - h_0) - \frac{1}{2}qK_a h_q^2 a - \frac{1}{6}\gamma h_q^2 K_a a$$

$$= 330.22 \times (6.48 - 1) - \frac{1}{2} \times 20 \times 0.33 \times 6.48^2 \times 2.5$$

$$- \frac{1}{6} \times 18.6 \times 6.48^2 \times 0.33 \times 2.5$$

$$= 1355.79(kN \cdot m)$$

9.2.3 多层支锚桩(墙)

当基坑深度较大,土质较差,不宜采用单层支锚桩(墙)时,可考虑采用多层支锚桩(墙)(见图 9-9),以减少桩(墙)的弯矩。支承或锚杆的层数和位置应根据土质、开挖深度、桩(墙)的直径或厚度、支护的材料强度以及施工要求等因素确定。计算方法一般有等值梁法、连续梁法、支承 1/2 荷载承担法、弹性支点法及有限单元法等。

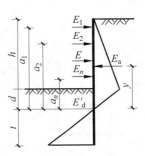

图 9-9 多层支锚桩(墙)受力分析

多层支锚桩(墙)的等值梁法与单层支锚桩(墙)的计算原理相同,即在每一施工阶段,在每层支锚计算时将土压力为零点(近似的反弯点)截断,把该点以上梁段当作连续梁进行计算,建立相应的静力平衡体系。

如图 9-10 所示,按各个施工阶段对桩(墙)进行计算:

(1) 在设置支锚 A 以前的开挖阶段(见图 9-10(a)),按桩(墙)为一嵌固在土中的悬臂桩(墙)计算;

(2) 在设置支锚 B 以前的开挖阶段(见图 9-10(b)),按桩(墙)为两个支点(A 点及土压力为零点)的静定梁计算;

(3) 在设置支锚 C 以前的开挖阶段(见图 9-10(c)),按桩(墙)为三个支点(A 点、B 点及土压力为零点)的静定梁计算;

(4) 在浇筑底板以前的开挖阶段(见图 9-10(d)),按桩(墙)为四个支点(A 点、B 点、C 点及土压力为零点)的静定梁计算。

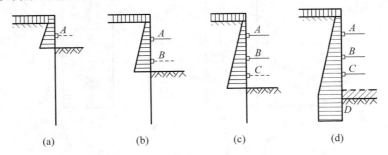

图 9-10 各工况计算简图
(a) 1 个支锚;(b) 2 个支锚;(c) 3 个支锚;(d) 4 个支锚

支承荷载 1/2 承担法的计算步骤如下：多层支锚桩(墙)通常是先打好板桩(墙)，再挖土和支承(或锚固)，这样施工常常会使得桩(墙)下端较易向基坑内倾斜(见图 9-11)，这时桩(墙)后土体还达不到主动极限平衡状态，土压力不能用朗金或库仑土压力理论计算。

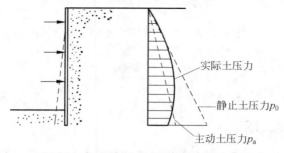

图 9-11   多支承板桩墙位移及土压力分布

太沙基和佩克根据实测及模型试验结果，提出桩(墙)后土压力分布的经验图形，如图 9-12 所示。图中系数 m_1 通常取为 1；若基坑底存在软弱土层时，取 m_1 为 0.4。

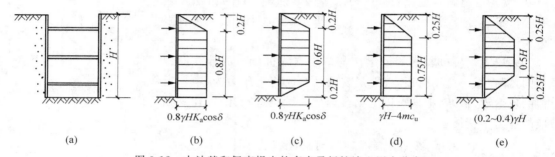

图 9-12   太沙基和佩克提出的多支承板桩墙土压力分布
(a) 板桩支承；(b) 松砂；(c) 密砂；(d) 黏土 $\gamma H > 6c_u$；(e) 黏土 $\gamma H < 4c_u$

当 $4c < \gamma_H < 6c_u$ 时，可认为每道支锚所受的力相当于相邻两个半跨的土压力荷载值，视整个桩(墙)为连续梁(见图 9-13)。假设土压力强度用 q 表示，则作用在桩(墙)上的最大支座弯矩可按 $\dfrac{ql^2}{10}$ 计算，最大跨中弯矩可按 $\dfrac{ql^2}{20}$ 计算。

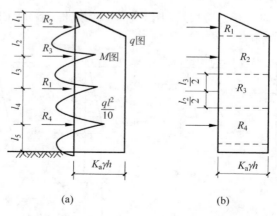

图 9-13   支承荷载的 $\dfrac{1}{2}$ 分担法

多层支锚桩(墙)的嵌固深度可采用圆弧滑动稳定条分法确定,要求入土段以上土体应满足整体滑动稳定要求(见图 9-14)。

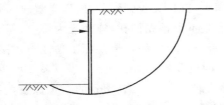

图 9-14 多支点支护结构嵌固深度计算简图

9.3 土钉墙

9.3.1 概述

土钉墙(见图 9-15)是一种原位岩土加筋结构,它由设置在土体中的土钉、基坑侧壁土体和混凝土护面组成。

图 9-15 土钉墙施工

土钉加固技术是在土体内放置一定长度和分布密度的土钉体,与土共同作用,全长度与土黏结,并在坡面上铺设混凝土,从而形成土体加固区带,其结构类似于重力式挡墙。土钉(soil nailing)是在现场施作的钻孔中插入的细长杆件,如钢筋、钢管等。钻孔后,将钻孔用水泥浆或砂浆灌注充填,而将其中的细长受力杆件和地层黏结为一个完整的部分,众多的土钉在地层中形成加筋体(见图 9-15)。土钉加固技术不仅提高了土体整体刚度,而且弥补了土体的抗拉强度和抗剪强度低的弱点,通过相互作用,土体自身结构强度的潜力得到充分发挥,还改变了边坡变形和破坏性状,显著提高了整个边坡的整体稳定性。

根据施工方法,土钉可分为三种类型:射入型土钉、打入型土钉和钻孔注浆型土钉。

射入型土钉是利用空压机产生高压气体,用高压气体作为动力驱动射钉机将光直钢杆射入土中。其特点是施工速度快,经济,但其长度仅有 3m 和 6m 两种,因此施工时土钉长度受到限制,适用于一些小型边坡支护。

击入型土钉是通过击入机械,如用振动冲击钻或液压锤,将土钉直接打入土中。一般用角钢(L50×50×5 或 L60×60×6)、圆钢或钢管作土钉,土钉长度一般不超过 6m。击入土钉不注浆,与土体的接触面积小,钉长又受到限制,所以布置较密,每平方米竖向投影面积内可达 2~4 根。这种土钉优点是不须预先钻孔,施工极为快速,但不适用于砾石土、硬胶结土和松散砂土。击入式土钉在密实砂土中的效果要优于黏性土。该方法的缺点是难以保证长期耐腐蚀性能,故通常用于临时性支挡工程。

钻孔注浆型土钉是先钻直径为 100~200mm 的一定深度的孔,插入钢筋、钢杆或钢绞索等小直径拉筋,然后进行注浆,形成与周围土体紧密黏合的土钉锚固体,最后在坡面上设置与土钉端部相连接的构件,一般为钢筋网片,并喷射混凝土组成土钉墙面,与土体构成一个具有自撑能力和支挡能力的挡土墙。钉体材料一般采用直径为 16~32mm 的热轧变形钢筋和 $\phi48mm×3.5mm$ 钢管以及自钻式锚杆等材料制成;注浆体材料为砂浆或纯水泥浆;钻孔孔径为 75~150mm。与其他类型的土钉相比,钻孔注浆型土钉在砾石土、硬胶结黏土和松散砂土地层施工时具有独特的优越性。这是目前在基坑支护中最常应用的一种土钉,可用于永久性或临时性的支挡工程。

面层是土钉墙必不可少的一部分,通常采用喷射混凝土。面层使得表层土体长久地保持整体性;而且面层的刚度使得土体拥有较大的刚度,使土体或土钉在变形时能保持整体性。

土钉端部必须与面层有效连接,应设置承压板或加强钢筋等构造措施,承压板或加强钢筋应与土钉螺栓连接,或与钢筋焊接连接。

当地下水位高于基坑底面时,应采取降水或截水措施;土钉墙墙顶应采用砂浆或混凝土护面,坡顶和坡脚应设排水措施,坡面上可根据具体情况设置泄水孔。

一般的土钉墙工程设计内容如下:

(1) 确定土钉墙的平面和剖面尺寸及分段施工高度;

(2) 确定土钉的布置方式和间距;

(3) 确定土钉的直径、长度、倾角及其在空间的方位;

(4) 确定土钉钢筋的类型、直径和构造;

(5) 设计注浆配比和注浆方式;

(6) 设计喷射混凝土面板及坡顶防护;

(7) 进行土钉抗拔力验算;

(8) 进行内部和外部稳定分析;

(9) 进行预测和可靠性分析;

(10) 设计及其说明;

(11) 现场监测和质量控制设计。

土钉墙结构参数如下:

(1) 土钉材料:一般用角钢(L50×50×5 或 L60×60×6)、圆钢(直径为 16~32mm)的热轧变形钢筋或钢管($\phi48mm×3.5mm$);

(2) 土钉长度:沿支护高度上下分布的土钉,在使用状态时内力相差较大,一般为中间大,上部和下部偏小,所以中部的土钉所起的作用较大。但是顶部土钉对于限制地表开裂和水平位移非常重要;底部的土钉对抵抗基底滑动和失稳也起着重要作用,也不宜过短。故原则上土钉长度应大体相等。按施工方法取值,注浆式土钉长度一般为$(0.5~1.2)H$,打入式土钉一般为$(0.5\sim0.6)H$,不同的土质视各自需要而确定土钉长度。按土类取值,在非饱和黏性土中,土钉长度宜为开挖深度的 $0.5\sim1.2$ 倍,密实砂土及干硬性黏土中取较小值。在饱和黏性土中,土钉长度宜为开挖深度的 1 倍以上。

(3) 土钉间距:临时性土钉支护的面层通常采用 $50\sim100$mm 厚的喷射混凝土做成,一般用 1 层钢筋网,钢筋直径为 $6\sim8$mm,网格为正方形,边长为 $150\sim300$mm。永久性土钉支护的面层通常喷射混凝土的厚度为 $150\sim250$mm,设两层钢筋网,分二次喷成。

(4) 土钉密度:为了使土钉与原位土体很好地黏合在一起,充分地发挥原位土体的强度,土钉的间距不能过大,土钉的水平和竖向间距不宜大于 1.22m,在饱和黏土中可取为 1m,在干硬黏性土中可超过 2m。土钉的竖向间距应与每步开挖深度相对应。沿面层布置的土钉密度不宜低于每 6m^2 内一根。

(5) 面层:临时性面层宜配置钢筋网,钢筋直径宜为 $6\sim10$mm,间距宜为 $50\sim150$mm;喷射混凝土强度等级不宜低于 C20,面层厚度不宜小于 80mm。永久性面层厚度宜为 $150\sim300$mm,通常设两层钢筋网,分两层喷成。

(6) 土钉端部与面层的连接:一种方法是设置承压垫板,即在土钉伸出孔口的端部与面层的连接处,通过螺母将土钉与垫板相连,待注浆硬结后用扳手拧紧螺母;另一种方法是设置加强钢筋,即在土钉端部对称焊上短段钢筋,与土钉钢筋相垂直焊上 4 根组成井字形的短钢筋。

(7) 土钉倾角:通常情况下取 $5°\sim20°$,当使用压力注浆而且排水措施较好时,尽量水平钻孔;当土质条件不好时,宜加大向下倾斜的程度,使之尽可能地深入持力较好的土层中。

(8) 注浆材料与压力:注浆材料宜采用水泥浆或水泥砂浆,其强度等级不宜低于 M10;注浆应力宜为 0.5MPa。

(9) 坡高:土钉墙一般用于高度 H 在 15m 以下的基坑和边坡,常用高度为 $6\sim12$m,斜面坡度一般为 $70°\sim90°$。

9.3.2　土钉墙设计

1. 单根土钉抗拉承载力

土钉墙与面层连接在一起,从而与面层共同承担主动土压力所产生的荷载。但面层刚度小,无法与土钉一起形成具有协同作用的体系,因此主动土压力可能引起局部失稳,面层与土钉脱离,或土钉被拉断。土钉的抗拉能力可以在一定程度上平衡作用在面层上的主动土压力。单根土钉抗拉承载力不足,可能是由于抗拔承载力不足,也可能由于杆体的受拉承载力不足。因此,两种情况都应进行计算。

1) 单根土钉抗拉承载力

单根土钉抗拉承载力应满足下式要求:

$$\frac{R_{k,j}}{N_{k,j}} \geqslant K_t \tag{9-13}$$

式中　K_t——土钉抗拔安全系数;安全等级为二级、三级的土钉墙,K_t 分别不应小于 1.6、1.4;

$N_{k,j}$——第 j 层土钉的轴向拉力标准值(kN),应按下式确定:

$$N_{k,j} = \frac{1}{\cos\alpha_j}\zeta\eta_j p_{ak,j} s_{xj} s_{zj}$$

α_j——第 j 层土钉的倾角,(°);

ζ——墙面倾斜时的主动土压力折减系数,可按下式确定:

$$\zeta = \tan\frac{\beta-\varphi_m}{2}\left[\frac{1}{\tan\dfrac{\beta+\varphi_m}{2}}-\frac{1}{\tan\beta}\right]\Bigg/\tan^2\left(45°-\frac{\varphi_m}{2}\right) \qquad (9\text{-}14)$$

β——土钉墙坡面与水平面的夹角,(°);

φ_m——基坑底面以上各土层按土层厚度加权的内摩擦角平均值,(°)。

η_j——第 j 层土钉轴向拉力调整系数,可按下式计算:

$$\eta_j = \eta_a - (\eta_a - \eta_b)\frac{z_j}{h} \qquad (9\text{-}15)$$

$$\eta_a = \frac{\displaystyle\sum_{i=1}^{n}(h-\eta_b z_j)\Delta E_{aj}}{\displaystyle\sum_{i=1}^{n}(h-z_j)\Delta E_{aj}} \qquad (9\text{-}16)$$

z_j——第 j 层土钉至基坑顶面的垂直距离,m;

h——基坑深度,m;

ΔE_{aj}——作用在以 s_{xj}、s_{zj} 为边长的面积内的主动土压力标准值,kN;

η_a——计算系数;

η_b——经验系数,可取 $0.6\sim1.0$;

n——土钉层数;

$p_{ak,j}$——第 j 层土钉处的主动土压力强度标准值,kPa;

s_{xj}——土钉的水平间距,m;

s_{zj}——土钉的垂直间距,m。

$R_{k,j}$——第 j 层土钉的极限抗拔承载力标准值(kN),应按下式确定:

$$R_{k,j} = \pi d_j \sum q_{sik} l_i \qquad (9\text{-}17)$$

d_j——第 j 层土钉的锚固体直径,m;对于成孔注浆的土钉,按成孔直径计算;对于打入钢管的土钉,按钢管直径计算;

l_i——第 j 层土钉在滑动面外第 i 土层中的长度,m;计算单根土钉极限抗拔承载力时,取图 9-16 所示的直线滑动面,直线滑动面与水平面的夹角取 $\dfrac{\beta+\varphi_m}{2}$。

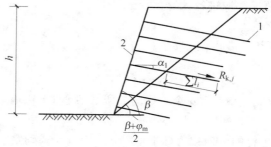

图 9-16　土钉抗拔承载力计算

1—土钉;2—喷射混凝土面层

q_{sik}——第 j 层土钉在第 i 层土的极限黏结强度标准值,kPa;应由土钉抗拔试验确定;无试验数据时,可根据工程经验并结合表 9-3 取值。

表 9-3 土钉的极限黏结强度标准值

土的名称	土的状态	q_{sik}/kPa	
		成孔注浆土钉	打入钢管土钉
素填土	—	15～30	20～35
淤泥质土	—	10～20	15～25
黏性土	$0.75 < I_L \leqslant 1$	20～30	20～40
	$0.25 < I_L \leqslant 0.75$	30～45	40～55
	$0 < I_L \leqslant 0.25$	45～60	55～70
	$I_L \leqslant 0$	60～70	70～80
粉土	—	40～80	50～90
砂土	松散	35～50	50～65
	稍密	50～65	65～80
	中密	65～80	80～100
	密实	80～100	100～120

2)土钉杆体的受拉承载力

土钉杆体的受拉承载力应符合下式要求:

$$N_j \leqslant f_y A_s \tag{9-18}$$

式中 N_j——第 j 层土钉的轴向拉力设计值,kN;

f_y——土钉杆体的抗拉强度设计值,kPa;

A_s——土钉杆体的截面面积,m^2。

2. 土钉墙整体稳定性分析

土钉墙发生整体失稳的原因可能是整个土钉支护沿基坑底面滑移,或者整个土钉支护绕基坑底角倾覆,也可能是整个土钉支护连同外部土体一起沿基坑以下某深处的弧线滑裂失稳。《建筑基坑支护技术规程》(JGJ 120—2012)规定,土钉墙应对基坑开挖的各工况进行整体滑动稳定性验算,具体可采用圆弧滑动条分法进行验算(见图 9-17):

$$\min\{K_{s,1}, K_{s,2}, \cdots, K_{s,i}, \cdots\} \geqslant K_s \tag{9-19a}$$

$$K_{s,i} = \frac{\sum[c_j l_j + (q_j b_j + \Delta G_j)\cos\theta_j \tan\varphi_j] + \dfrac{\sum R'_{k,k}[\cos(\theta_k + \alpha_k) + \psi_v]}{s_{x,k}}}{\sum(q_j l_j + \Delta G_j)\sin\theta_j} \tag{9-19b}$$

式中 K_s——圆弧滑动整体稳定安全系数;安全等级为二级、三级的土钉墙,K_s 分别不应小于 1.3、1.25;

$K_{s,i}$——第 i 个滑动圆弧的抗滑力矩与滑动力矩的比值;抗滑力矩与滑动力矩之比的最小值宜通过搜索不同圆心及半径的所有潜在滑动圆弧确定;

c_j、φ_j——第 j 个土条滑弧面处土的黏聚力(kPa)、内摩擦角(°),按上述规程第 3.1.14 条的规定取值;

b_j——第 j 个土条的宽度,m;

q_j——作用在第 j 土条上的附加分布荷载标准值,kPa;

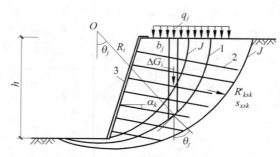

图 9-17　土钉墙整体稳定性验算

1—滑动面；2—土钉或锚杆；3—喷射混凝土面层；4—水泥土桩或微型桩

ΔG_j——第 j 个土条的自重（kN），按天然重度计算，kN；

θ_j——第 j 个土条滑弧面中点处的法线与垂直面的夹角，（°）；

$R'_{k,k}$——第 k 层土钉或锚杆对圆弧滑动体的极限拉力值，kN；应取土钉或锚杆在滑动面以外的锚固体极限抗拔承载力标准值与杆体受拉承载力标准值（$f_{yk}A_s$ 或 $f_{ptk}A_p$）的较小值；锚固体的极限抗拔承载力应按上述规程第 5.2.5 条和第 4.7.4 条的规定计算，但锚固段应取圆弧滑动面以外的长度；

α_k——第 k 层土钉或锚杆的倾角，（°）；

θ_k——滑弧面在第 k 层土钉或锚杆处的法线与垂直面的夹角，（°）；

$s_{x,k}$——第 k 层土钉或锚杆的水平间距，m；

ψ_v——计算系数；可取 $\psi_v=0.5\sin(\theta_k+\alpha_k)\tan\varphi$；此处，$\varphi$ 为第 k 层土钉或锚杆与滑弧交点处土的内摩擦角。

9.4　工程案例：某深基坑设计方案比选

9.4.1　工程概况

1. 工程简介

本工程位于上海市外滩历史文化风貌保护区的核心地块，是外滩"万国建筑博览"的北端起点，工程设计以"重现风貌、重塑功能"为宗旨，通过对地块内众多保护建筑、历史保留建筑的修缮和保护，以及新建筑和历史建筑的整合，形成和谐的有机体，再现外滩风貌。本次新建 4 号楼为 21 层商业和办公楼（总高 60m），是在保留已有美丰洋行靠北京东路和圆明园路两侧外墙基础上改建而成。本工程 ±0.000 相当于绝对标高 +2.450m，自然地面标高为 +3.000m，基坑周长 102m，面积为 600m²，基坑开挖深度为 8.55m。

2. 施工现场周边环境

基坑北侧西半部分紧邻已建 3 号地下室（挖深 13.3m），基坑须开挖到 3 号外墙外边线。北侧东半部分基坑内边线距离安培洋行（已采用锚杆静压桩加固）最近距离约 3.58m；基坑东侧内边线距离该侧保护外墙最近距离为 4.1m，距外墙保护钢架最近距离为 2.3m；基坑南侧内边线与该侧保护外墙最近距离为 4.4m，与外墙保护钢架最近距离为 2.6m。基坑西侧内边线与中实大楼最近距离约为 2.46m，围护桩外侧几乎紧贴中实大楼已有工程桩。

基坑周围各建筑物所在方位如图 9-18 所示，基坑周边建筑物信息如表 9-4 所示。

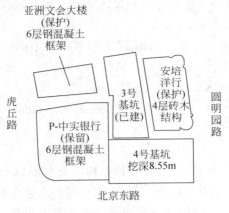

图 9-18 基坑周围环境

表 9-4 基坑周围建筑物综合信息表

建筑物名称	级别	地上层数	结构类型	基础形式	距离 4 号坑/m
亚洲文会大楼	保护建筑	6	钢筋混凝土框架	条形基础梁，木桩长 24.4m，共 105 根	50
安培洋行	保护建筑	4	砖木结构	大放脚砖砌条形基础	3.58
中实银行	历史保留建筑	6	钢筋混凝土框架	柱下独立承台桩基础，方桩桩长 9.15m，尺寸为 305mm×305mm	2.46

3. 工程地质条件

根据岩土工程勘察报告，本工程场地属于典型的滨海平原相地貌，地层形态单一。第①层填土为近期人工堆填，上部以杂填土为主，局部含有混凝土地基、碎石、碎砖等杂物，土性不均匀，该层土最大厚度达到 3.70m。第②层为灰黄色粉质黏土，土质不均匀。第③层灰色黏质粉土，夹薄层黏性土，局部夹砂质粉土，该层土渗透系数较大，比贯入阻力平均值为 2.24MPa，最大值为 3.13MPa，围护结构在该层中施工时应注意采取合理措施确保施工质量，如合理控制水泥掺量及提升钻头的搅拌速度等，避免降水及土方开挖过程中出现渗漏、流沙等现象，对周边环境产生不利影响。第④层为灰色淤泥质黏土，夹少量薄层粉砂。基坑底部位于该层，该层土灵敏度较高，具有触变性和流变性，坑底容易产生回弹和隆起变形，对基坑变形控制较为不利，应采取坑内加固、增加垫层厚度、及时浇筑垫层等技术措施减小对坑底土的扰动。第⑤₁层为灰色粉质黏土。第⑤₃层灰色粉质黏土夹粉砂。第⑤₄层灰绿-深灰色粉质黏土，该层较薄，仅局部分布。第⑦层为灰色砂质粉土，局部夹薄层黏质粉土、粉砂及黏性土，土质不均匀。

本场地浅部地下水属于潜水类型，主要补给来源为大气降水和地表径流。进行基坑围护设计时，地下水位按地面下 0.5m 考虑。

9.4.2 基坑支护设计分析

1. 工程难点分析

（1）工程位于市区，施工场地狭小，围护结构选型须考虑周边已有保护建筑物、两片保留外墙、外墙保护钢架以及地下室与保护外墙之间的工程桩,围护结构允许占用的工作面紧凑,围护方案的选型受到极大限制。

（2）基坑平面尺寸不大,长33.2m,宽17.9m,较小的平面尺寸有利于控制变形。

（3）周边有两栋保护建筑、一栋保留建筑和一栋局部外墙保留建筑,上述建筑物对基坑围护施工引起的变形控制要求较高。

（4）上海属于软土地区,本工程基坑开挖深度内均以软弱的黏性土为主,变形控制难度大,基坑围护成本较高。

2. 围护形式选型

本基坑周围的环境条件极其复杂,对围护结构自身变形以及周边环境产生的附加变形控制要求较高,同时本工程地下空间较为紧凑,基坑围护结构在确保工程安全的前提下须尽量少占用空间。为确保基坑围护结构及周边各保护建筑物的安全,必须选择一种能确保安全、有成熟设计与施工经验的基坑围护结构方案。

由于本工程施工场地狭小,须考虑施工设备与外墙保护钢架之间的施工净距限制,主要空间因素如下：东侧基坑内边线与保护钢架净距为2300mm；南侧基坑内边线与保护钢架净距为2596mm,西侧基坑内边线与中实大楼净距为2460mm。所选择的围护方案须同时满足上述三个方向的施工可行性。

以下对可供选择的围护形式逐一进行比较分析,以便确定较为合理的围护形式。

1）咬合桩

根据施工单位考察情况,咬合桩最小施工直径为1000mm,施工操作面最小需要1800mm（东、西侧）～2200mm（南侧,桩中心至外墙保护钢架,考虑转角桩施工,两边操作面有所区别）,则机械施工空间加上围护结构宽度为2300～2700mm,基坑东、西两侧均满足施工距离要求,南侧施工距离（主要为基坑转角处）不满足要求。此外,由于地下构筑物的存在,采用其他施工工艺须进行专项清障,考虑到清障难度大、与保护钢架距离近,有一定风险,采用咬合桩方案可不进行专项清障。

因此,考虑东侧以及西侧地下构筑物区域采用咬合桩方案。由于场地狭小,每天只能施工1根咬合桩,若全部采用咬合桩,除转角部位无法解决外,工期也无法满足要求。

2）双排三轴水泥土搅拌桩套打灌注桩

灌注桩直径采用850mm,双排3ϕ850@1200三轴水泥土搅拌桩,宽度为1500mm。三轴搅拌桩外缘与外墙保护钢架净距控制在700mm以内,则机械施工空间＋围护结构宽度＝700＋1500＝2200（mm）,此方案技术上总体可行。但是对于基坑转角区域,部分三轴搅拌桩无法施工,须采用高压旋喷桩代替。

因此,三轴水泥土搅拌桩套打灌注桩方案总体可行。

3）钻孔灌注桩挡土＋三轴搅拌桩止水

灌注桩直径采用850mm,止水采用3ϕ850@1200三轴水泥土搅拌桩,灌注桩与搅拌桩净距控制在150mm以内,三轴搅拌桩外缘与外墙保护钢架净距控制在700mm以内,则机械施工空间＋围护结构宽度＝700＋（850＋150＋850）＝2550（mm）。基坑东、西两侧不满足施工距离要求。

因此,钻孔灌注桩挡土＋三轴搅拌桩止水方案不满足要求。

4）SMW工法

采用3 Φ 850@1200三轴水泥土搅拌桩内插H700×300型钢，考虑到型钢起吊因素，三轴搅拌桩外缘与外墙保护钢架净距应控制在1500mm以内，则机械施工空间＋围护结构宽度＝1500＋850＝2350（mm）。但是采用该方案时，4号基坑场地内无法设置型钢堆放地，而且无法拔除型钢，围护体刚度较钻孔灌注桩小，且无经济性优势。

因此，不建议采用SMW工法桩方案。

5）地下连续墙

采用600mm厚地墙（两墙合一）方案，内外侧采用350@900三轴搅拌桩作为槽壁加固兼止水帷幕。三轴搅拌桩外缘与外墙保护钢架净距控制在700mm以内，则机械施工空间＋围护结构宽度＝700＋650＋600＝1950（mm），施工距离可以满足要求。此外，如考虑采用地下连续墙方案，4号基坑场地内部不具备钢筋笼加工条件，须借用3号基坑北侧场地进行钢筋笼加工后通过3号基坑顶板运至4号基坑，须考虑以下几方面因素：

（1）施工单位吊运钢筋笼需配备150t塔吊，3号基坑上部的逃生通道、泄爆口必须拆除，须重新翻排所有管线，经过协调，拆除逃生通道和泄爆口无法通过审批。

（2）为保护3号地下室，须在其顶板顶部另设施工栈桥。

（3）为确保塔吊运行，3号和4号基坑场地不能有高差，地面标高须按现有场地的最高标高（3号基坑顶板顶部的施工栈桥）进行控制，从而导致4号基坑导墙须高出现有地面，施工方认为高导墙方案有一定的风险。可见，在本工程中，地下连续墙方案不可行。

经综合考虑，本工程拟采用如下围护方案：双排850三轴水泥土搅拌桩套打钻孔灌注桩＋咬合桩方案（局部利用已建3号基坑地下连续墙）＋1道混凝土支撑＋1道型钢支撑。

3．围护方案介绍

本围护方案的具体围护形式如下：

1）挡土体系

围护体系一般区域采用双排3＋850@1200水泥土搅拌桩套打钻孔灌注桩，搅拌桩长度为18m，钻孔灌注桩一般区域采用6850@1050，长度为20m，基坑东侧及西侧局部区域考虑到地下构筑物清障问题，采用61000@800咬合桩，长度为20m。具体平面布置如图9-19所示。

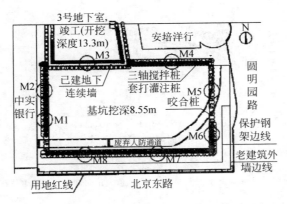

图9-19 基坑平面布置图

2）止水帷幕

采用双排 3 φ 850@1200 三轴水泥土搅拌桩兼做止水帷幕，局部转角区域三轴水泥土搅拌桩无法施工，采用高压旋喷桩代替，东侧及西侧局部区域咬合桩兼做止水帷幕。

3）支承体系

本工程设置两道水平支承，支承杆件设计参数如表 9-5 所示。

表 9-5　支承体系截面尺寸一览表　　　　　　　　　　mm

支承	围檩	主撑	联系杆
第一道	1200×800	800×800	700×800
第二道	1300×800	φ609×16 钢管	500×200 型钢

支承系统混凝土强度等级为 C30，栈桥平面布置见第一道支承平面图，如图 9-20 所示。立柱共 4 根，直径为 850mm，长度为 20m，坑底以上采用 4L140×140×13×21 钢格构柱，断面尺寸为 480mm×480mm，长度为 9m，格构柱插入桩顶下 2.5m。

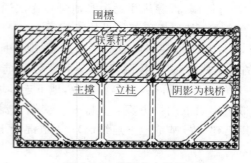

图 9-20　监测点布置图

9.4.3　基坑监测

本基坑处于市中心，施工场地狭小，周边条件复杂，在基坑开挖过程中，采取信息化施工，对坑边围护桩顶进行了监测，监测点布置如图 9-20 所示，监测结果如图 9-21 所示。

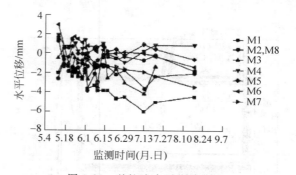

图 9-21　基坑边水平位移曲线

注：负值表示向基坑内侧发生位移，正值表示向基坑外侧发生位移。

监测数据表明，基坑围护结构水平位移均在预警值（15mm）之内。在基坑施工过程中，还进行了周边建筑物的监测工作，监测数据也满足相关规范要求。

9.4.4 结语

在保护建筑众多的老城区中心进行深基坑开挖,基坑周边邻近既有保护建筑及相关重要管线,这对基坑围护的设计和施工等参建单位带来了挑战。实践表明,本案采取双排850三轴水泥土搅拌桩套打钻孔灌注桩结合咬合桩的围护形式,在精心组织的施工条件下,有效地控制了基坑位移,确保了周边建筑物的安全。

本章小结

基坑支护类型较多,本章重点介绍悬臂式支护、单层支锚式支护和土钉墙支护。为进行支护设计,首先须计算土压力,接着悬臂式支护和单层支点支护均须确定支护的插入深度及内力最大值。悬臂式支护可采用静力平衡法和布鲁姆法计算;单层支锚支护在支护入土较浅时可采用静力平衡法进行计算,入土较深时用采用等值梁法进行计算。土钉墙要进行单根土钉抗拉承载力分析和土钉墙整体稳定性分析,其设计参数包括土钉的长度、直径、间距、倾角以及支护面层厚度等。基坑支护还要进行各种情况下的稳定性分析。

思考题

9-1 什么是建筑基坑?为什么说基坑支护是岩土工程的一个综合性难题?

9-2 支护结构有哪些类型?各适用于什么条件?

9-3 设计支护结构时应怎样进行荷载组合?

9-4 什么是布鲁姆法?什么是等值梁法?

9-5 什么是基坑隆起?如何验算基坑底部抗隆起稳定性?

9-6 如何布置土钉墙和选用土钉材料?

习题

9-1 某基坑开挖深度 4.5m,安全等级二级,用悬臂桩支护,桩长 7.5m。地质资料如下:第一层为填土,厚度 3m,$\gamma_1=17.3kN/m^3$,$\varphi_1=9.1°$,$c_1=9.6kPa$;第二层为粉质黏土,厚度为 9m,$\gamma_2=18.9kN/m^3$,$\varphi_2=15.1°$,$c_2=13.2kPa$。计算水平抗力。

9-2 某深 5m 的基坑,采用悬臂式灌注桩支护,$\gamma=18.5kN/m^3$,内摩擦角 $\varphi=18°$,$c=11kPa$。地面施工荷载 $q_0=20kN/m^2$,不计地下水影响,试计算支护桩入土深度、桩身最大弯矩及最大弯矩点位置。

9-3 某基坑开挖深度为 8m,采用钢筋混凝土地下连续墙围护结构,墙体厚度为 600mm。墙体深度为 18m,在地面下 2m 处设有钢管支承,水平间距为 3m。地层为黏性土,土的天然重度 $\gamma=18.5kN/m^3$,内摩擦角 $\varphi=13°$,$c=12kPa$,无地下水影响,不考虑超载作用。用等值梁法求地下连续墙单根支承力及地下连续墙的最大弯矩。

软弱地基及其处理

10.1　概述

随着社会主义现代化建设事业的发展,规模宏大的工业及民用建筑、水利工程、环境工程、港口工程、高速铁路、高速公路、机场跑道、大型油罐群等不断兴建。有些建筑物不可避免地建在不良的地基上,因此对地基的要求越来越严格,不但要求地基能够承受较大而复杂的荷载,而且对沉降和变形的要求也越来越高,使得原来可作为天然地基的场地也须进行相应的处理,只是复杂程度不同而已。工程实践证明,地基处理是关系到工程设计方案的合理性、工程技术困难程度、工程造价及工程进度,并影响工程成败的一项关键性工作。地基处理已成为设计、施工及研究中必须重视的问题,也是工程技术人员必须掌握的一门工程基础理论。

10.1.1　地基处理的目的与意义

地基处理的目的是选择合理的地基处理方法,对不能满足直接使用的天然地基进行有针对性的处理,以解决不良地基所存在的承载力、变形、液化及渗透等问题,从而满足工程建设的要求。

地基处理的主要目的与内容包括以下几点:

(1) 提高地基土的抗剪强度,满足设计对地基承载力和稳定性的要求;

(2) 改善地基的变形性质,防止建筑物产生过大的沉降、不均匀沉降以及侧向变形等;

(3) 改善地基的渗透性,防止渗流过大和渗透破坏等;

(4) 提高地基土的抗震性能,防止液化。

10.1.2　地基处理的对象

地基处理的内容和方法来自工程实践,与各类工程对地基的工程性能要求、地基土层的分布及土类性质有关,即针对工程在实际土类中出现的地基问题,提出相应的地基处理方案。因此,在讨论地基处理内容和方法时,应先了解被处理土类的基本性质,以期有的放矢。工程中常须处理的土类主要有淤泥及淤泥质土、粉质黏土、细粉砂土和沙砾石类土等。

1. 淤泥及淤泥质土

淤泥及淤泥质土的特点是天然含水量高、孔隙比大、抗剪强度低、压缩系数高及渗透系数小。当天然孔隙比 $e>1.5$ 时,为淤泥;天然孔隙比为 $1.0\sim1.5$ 时为淤泥质土。

这类土组成的地基承载力低,基础沉降变形大,容易产生较大的不均匀沉降,沉降稳定历时比较长,是工程建设中遇到最多的软弱地基。它广泛地分布在中国沿海地区、内陆平原及山区,如天津、连云港、上海、杭州、宁波、温州、福州、厦门、湛江、广州等沿海地区,以及昆明、武汉、南京等内陆地区。

2. 充填土

充填土是在治理和疏通江河航道时,用挖泥船通过泥浆泵将泥沙夹大量水分吹填到江河两岸而形成的沉积土。长江、黄浦江和珠江两岸均分布着不同性质的充填土。充填土的物质成分比较复杂,若以黏性土为主,由于土中含有大量水分,且难以排出,土体在形成初期处于流动状态,要经过一定的固结时间才能逐渐提高强度。因而,这类土属于强度低、压缩性较高的欠固结土。主要以砂或其他粗颗粒土所组成的充填土就不属于软弱土。充填土的工程性质主要取决于颗粒组成、均匀性和排水固结条件。与自然沉积的同类土相比,充填土强度低、压缩性高,常产生触变现象。

3. 杂填土

杂填土是人类活动所形成的无规则堆积物,由大量建筑垃圾、工业废料或生活垃圾组成,其成分复杂,性质也不相同,且无规律性。在大多数情况下,杂填土比较疏松和不均匀,在同一场地不同位置,地基承载力和压缩性也可能有较大的差异。杂填土的性质随着堆填龄期而变化。其承载力随着时间增长而提高。

杂填土的主要特点是强度低、压缩性高和均匀性差,一般来说,未经处理不宜作为持力层。某些杂填土含有腐殖质及亲水和水溶性物质,会给地基带来更大的沉降及浸水湿陷性。

4. 其他高压缩性土

饱和松散粉细砂及部分粉土,虽然在静载作用下具有较高的强度,但在机械振动、车辆荷载、波浪或地震的反复作用下,有可能发生液化或震陷变形。地基会因液化而丧失承载力,开挖基坑时易产生管涌现象。该地基属于软弱地基的范畴。

另外,湿陷性黄土、膨胀土和季节性冻土等特殊性土的不良地基现象,都属于须进行地基处理的软弱地基范畴。

对软弱地基进行勘察时,应查明软弱土层的均匀性、组成、分布范围和土质情况。对于充填土,尚应了解其排水固结条件。

对软弱地基进行设计时,应考虑上部结构和地基的共同作用,对建筑体型、荷载情况、结构类型和地质条件进行综合分析,以确定合理的建筑措施和地基处理方法。

10.1.3 地基处理方法的分类

当软弱地基或不良地基不能满足沉降或稳定的要求,且采用桩基础等深基础在技术或经济上不可取时,往往进行地基处理。

地基处理的方法很多,并且新的地基处理方法还在不断地出现和发展。虽然从地基处理加固原理、目的、性质、时效、动机等不同的角度均可对地基处理方法进行分类,但要对各种地基处理方法进行精确的分类非常困难。通常按地基处理的加固原理,将地基处理方法分为以下几类。

1. 排水固结法

排水固结法是指土体在一定荷载作用下固结,孔隙比减小,强度提高,达到提高地基承载力,减少施工后沉降的目的。它主要包括加载预压法、超载预压法、砂井法(包括普通砂井、袋装砂井和塑料板排水法)、真空预压法、联合法、降低地下水位法和电渗法等。

2. 振密挤密法

振密挤密法是采用振动或挤密的方法使未饱和土密实,以达到提高地基承载力和减少沉降的目的。它主要包括压实法、强夯法、振冲挤密法、挤密砂桩法、爆破挤密法和灰土桩法。

3. 置换及拌入法

置换及拌入法是以砂、碎石等材料置换软弱地基中部分软弱土体,形成复合地基,或在软弱地基中部分土体内渗入水泥、水泥砂浆等物质形成加固体,与未加固部分形成复合地基,达到提高地基承载力、减少压缩量的目的。它主要包括垫层法、换土垫层法、振冲置换法(又称为碎石桩法)、高压喷射注浆法、深层搅拌法、石灰桩法、褥垫法和 EPS 超轻质料填土法等。

4. 灌浆法

灌浆法是用气压、液压或电化学方法把某些能固化的浆液注入各种介质的裂缝或孔隙中,以达到地基处理的目的。该方法可用于防渗、堵漏、加固和纠正结构物偏斜,适用于砂及砂砾石地基以及湿陷性黄土地基等。它主要包括渗入性灌浆法、劈裂灌浆法、压密灌浆法和电动化学灌浆法等。

5. 加筋法

加筋法是通过在土层中设置强度较高的土工格栅和织物、拉筋、钢筋混凝土等达到提高地基承载力、减小承载的目的。它主要包括加筋土法、土钉墙法、锚固法、树根桩法、低强度混凝土桩复合地基和钢筋混凝土桩复合地基法等。

6. 冷热处理法

冷热处理法是通过冻结土体或焙烧、加热地基土体改变土体的物理力学性质以达到地基处理的目的。它主要包括冻结法和烧结法。

7. 托换技术

托换技术是指对原有建筑物地基和基础进行处理和加固。它主要包括基础加宽法、墩式托换法、桩式托换法、地基加固法以及综合加固法等。

8. 纠偏

纠偏是指对由于沉降不均匀造成倾斜的建筑物进行矫正的手段。它主要包括加载纠偏法、掏土纠偏法、顶升纠偏法和综合纠偏法等。

地基处理大多是隐蔽工程,在施工前现场人员必须了解所采用的地基处理方法的原理、技术指标、质量要求和施工方法等。在施工过程中,应经常检验施工质量和地基处理效果,同时做好监测工作;施工结束后,应尽量采用可能的手段来检验处理的效果,并继续做好监测工作,从而保证施工质量。

10.1.4 地基处理方法的选用原则

选用地基处理方法的原则是力求技术先进、经济合理、因地制宜、安全适用及确保质量。具体选用时,要根据场地的工程地质条件、地基加固的目的要求以及拟采用处理方案的适用性、技术经济指标、工期等多方面因素综合考虑,最后选择其中一种较合理的地基处理措施,或将两种以上地基处理方法进行组合的综合治理方案。

在确定地基处理方案时,还应注意节约能源和保护环境,避免因地基处理对地面水和地下水产生污染,以及震动噪声对周围环境产生不良影响等。

10.2 换填法

换填法是将基地以下一定深度范围内的软弱土层挖除,换填无侵蚀性的低压缩散体材料垫层(如中砂、粗砂、砾石、碎石、卵石、矿渣、灰土及素土等),并分层夯实作为基础的持力层。为了增强垫层的水平抗拉断性能和整体结构性能,还可以在填料内增设水平抗拉材料,如竹片、柳条、筋笆、金属板条和近年来广泛应用的土工格栅、土工网垫及高强度土工编织布等可组成加筋土垫层。

当软弱土地基承载力、稳定性和变形不能满足建筑物的要求,而软弱土层的厚度又不很大时,采用换填法能取得较好的效果。

10.2.1 换填法的处理原理及适用范围

采用换填法主要是依靠垫层起如下作用。

1)提高地基承载力

由于挖去软弱土,换填抗剪强度较高的砂及其他建筑材料,必然可提高地基承载力。

2)减少垫层下天然土层的压力(减少沉降量)

垫层的应力扩散作用,减少了垫层下软弱土层的附加应力,也减少了软弱土层的沉降量。

3)排水加速软土固结

由于垫层材料透水性大,软弱土层受压后,垫层可作为良好的排水面,使基础下面软弱土层中的孔隙水压力迅速消散,从而加速垫层下软弱土层的固结,并提高其强度,避免地基土发生塑性破坏。

4)防止冻胀

因为粗颗粒垫层材料孔隙大,可切断毛细管,所以可防止寒冷地区土中冬季结冰所造成的冻胀。这时,垫层的底面应满足当地冻结深度的要求。

5)消除膨胀土的膨胀作用或黄土的湿陷性

挖除基础地面以下的膨胀土或黄土,换填砂或其他材料的垫层,可消除膨胀土的胀缩作用;换填不透水材料的垫层,可消除或部分消除黄土的湿陷性。

因此,换填法适用于淤泥、淤泥质土、湿陷性黄土、素填土、杂填土地基及暗沟、暗塘等的浅层地基处理,常用于轻型建筑、地坪、堆料场和道路等的地基处理。

10.2.2 砂垫层的设计

垫层设计的主要内容是确定垫层厚度 z 和垫层宽度 b'(见图 10-1)。其校核条件是必须满足下卧层承载力的要求。

1. 确定垫层的厚度

垫层的厚度应根据垫层底部软弱土层的承载力确定,即作用在垫层底面处土的自重压

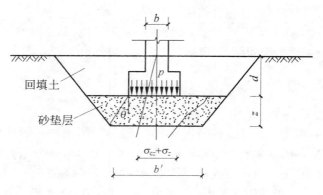

图 10-1　砂垫层示意图

力值与附加压力值之和不应大于软弱土层经深宽修正后的地基承载力特征值,并应符合下式要求:

$$p_z + p_{cz} \leqslant f_{az} \tag{10-1}$$

式中　f_{az}——下卧层地基经深宽修正后的承载力设计值,kPa;

　　　　p_{cz}——下卧层顶面的自重压力,kPa;

　　　　p_z——下卧层顶面的附加压力(kPa),P_z 可按下式简化计算:

条形基础:
$$p_z = \frac{b(p - p_c)}{b + 2z\tan\theta} \tag{10-2}$$

矩形基础:
$$p_z = \frac{bl(p - p_c)}{(b + 2z\tan\theta)(l + 2z\tan\theta)} \tag{10-3}$$

式中　b——矩形基础或条形基础底面的宽度,m;

　　　　l——矩形基础底面的长度,m;

　　　　p_c——基础底面处土的自重压力标准值,kPa;

　　　　z——基础底面下垫层的厚度,m;

　　　　θ——垫层的压力扩散角,(°),可按表 10-1 选用。

表 10-1　压力扩散角 θ 　　　　　　　　　　　(°)

z/b	换 填 材 料		灰土
	中砂、粗砂、砾砂、圆砾、石屑、角砾、卵石、碎石、矿渣	粉质黏土和粉煤灰($8 < I_P < 14$)	
0.25	20	6	28
$\geqslant 0.50$	30	23	

注:(1) 当 $\frac{z}{b} < 0.25$ 时,除灰土取 $\theta = 28°$ 外,其余材料均取 $\theta = 0$,必要时宜由实验确定 θ 的值。

(2) 当 $0.25 < \frac{z}{b} < 0.50$ 时,θ 的值可由内插法求得。

(3) 灰土的 θ 值应按一定要求的 3∶7 或 2∶8 的灰土 28d 强度考虑。

2. 垫层宽度的确定

垫层的宽度应满足基础底面应力扩散的要求,根据垫层侧面土的承载力,防止垫层向两侧挤出。垫层顶面每边超出基础底边长度不应小于 300mm,或应从垫层底面两侧向上,按当地开挖基坑经验的要求放坡。垫层底面的宽度 b' 应按下式计算,或根据当地经验确定。

$$b' \geqslant b + 2z\tan\theta \tag{10-4}$$

式中　　b'——垫层底面宽度,m;

　　　　θ——垫层的压力扩散角(°),可按表 10-1 选用。

当 $\dfrac{z}{b} > 0.5$ 时,垫层的宽度也可根据当地经验及基础下应力等值线的分布,按倒梯形剖面确定。垫层的承载力宜通过现场试验确定,并应验算下卧层的承载力。对于重要建筑或存在较弱下卧层的建筑,应进行地基变形计算。

10.2.3　砂垫层的施工

1. 垫层材料选择

(1) 砂石:宜选用中砂、粗砂和砾砂,也可用碎石(粒径小于 2mm 的部分不应超过总质量的 45%),级配良好,不含植物残体、垃圾等杂质,含泥量的质量分数不宜超过 3%。当使用粉细砂或石粉(粒径小于 0.075mm 的部分不超过总质量的 9%)时,应掺入质量分数不少于 30% 的碎石或卵石。砂石的最大粒径不宜大于 20mm。对于湿性黄土地基,不得选用砂石等透水材料。

(2) 黏土(均质土):土料中有机质的质量分数不得超过 5%,也不得含有冻土或膨胀土。当含有碎石时,其粒径不宜大于 50mm。黏土(均质土)用于湿陷性黄土或膨胀土地基的垫层,土料中不得夹有砖、瓦和石块等。

(3) 灰土:体积配合比宜为 2∶8 或 3∶7。土料宜用黏性土及塑性指数大于 4 的粉土,不得含有松软土质,并应过筛,其颗粒不得大于 15mm。灰土宜用新鲜消石灰,土料中不得夹有砖、瓦和石块等。

(4) 粉煤灰:可分为湿排灰和调湿灰,可用于道路、堆场和中、小型建筑以及构筑物换填垫层。粉煤灰垫层上宜覆土 0.3~0.5m。

(5) 矿渣:垫层使用的矿渣是指高炉重矿渣,可分为分级矿渣、混合矿渣及原状矿渣。矿渣垫层主要用于堆场、道路和地坪,也可用于中、小型建筑物和构筑物地基。

(6) 其他工业废渣在有可靠实验结果或成功工程经验时,质地坚硬、性能稳定的工业废渣均可用于换填垫层。

(7) 土工合成材料加筋垫层是分层铺设土工合成材料及地基土的换填垫层,用于垫层的土工合成材料包括机织土工织物、土工格栅、土工垫、土工格室等。其选型应根据工程特性,土质条件以及土工合成材料的原材料类型,物理、力学性质,耐久性及抗腐蚀性等确定。

(8) 土工合成材料在垫层中受力时,其伸长率不宜大于 4%~5%,且不应当被拔出。当铺设多层土工合成材料时,层间应填以中砂、粗砂和砾砂,也可填细粒碎石类土等能增加垫层内摩阻力的材料。在软土地基上使用加筋垫层时,应保证建筑物的稳定性,满足建筑物允许变形的要求。

(9) 对于工程量较大的换填垫层,应根据选用的施工机械、换填材料及场地的天然土质条件进行现场试验,再确定压实效果。所选择的垫层材料必须满足无污染、无侵蚀性及无放射性等要求。

2. 垫层施工及注意事项

垫层施工应根据不同的换填材料选择施工机械。素填土、灰土宜采用平碾、振动碾和羊足碾;中、小型工程可采用蛙式夯和柴油夯;砂石土宜用振动碾和振动压实机;粉煤灰宜采用平碾、振动碾、平板振动器和蛙式夯;矿渣宜采用平板振动器和平碾,也可采用振动碾。

　　垫层的施工方法、分层铺设厚度和每层压实次数等宜通过实验确定。除接触下卧软土层的垫层底层应具有足够的厚度外,一般情况下,垫层的分层铺设厚度可取 200~300mm。为保证分层压实质量,应控制机械碾压速度。素土和灰土垫层土料的施工含水量宜控制在 $(1\pm2\%)w_{op}$ 的范围内,粉煤灰垫层的施工含水量应控制在 $(1\pm4\%)w_{op}$ 的范围内。当垫层底部存在古井、古墓、洞穴、旧基础、暗塘等软硬不均的部位时,应根据建筑对不均匀沉降的要求予以处理,并经检验合格后,方可铺填垫层。

　　开挖基坑时,应避免扰动坑底土层,可保留约 200mm 厚的土层暂不挖,待铺填垫层前,再挖至设计标高。严禁扰动垫层下的淤泥或淤泥质土层,防止其被踩踏、受冻或受浸泡。在碎石或卵石垫层底部,宜设置 150~300mm 厚的砂垫层,以防止淤泥或淤泥质土层表面发生局部破坏,同时必须防止基坑边坡坍土混入垫层。

　　对于淤泥或淤泥质土层厚度较小,在碾压或强夯下抛石能挤入该层底面的工程,可采用抛石挤淤处理。先在软弱土面下堆填块石、片石等,然后将其碾压或夯入土层以置换和挤出软弱土。在滨、河、海开阔地带,可利用爆破挤淤,即先在淤泥面堆块石,在其侧边下部淤泥中按设计量放入炸药,通过爆炸挤出淤泥,使块石沉落于底部坚实土层之上。换填垫层施工时,要注意基坑排水,必要时应采用降低地下水位的措施,严禁水下换填。垫层底面宜设在同一标高上,如深度不同,基坑底土面应挖成阶梯或斜坡搭接,并按“先深后浅”的顺序进行垫层施工,搭接处应碾压密实。素土及灰土垫层分段施工时,不得在柱基、墙角及承重窗下接缝。上、下两层的缝距不得小于 500mm。接缝处应夯击密实。灰土应拌和均匀,并应铺填夯实。灰土夯实后 3d 内不得受水浸泡。粉煤灰垫层铺填后,宜于当天压实,每层验收后,应及时铺填上层或封层,防止干燥后松散起尘发生污染,同时应禁止车辆碾压通行。垫层竣工后,应及时进行基础施工和基坑回填。

　　铺设土工合成材料时,下卧层顶面应均匀平整,防止土工合成材料被刺穿顶破。铺设时,应固定端头,如回拆锚固,应避免长时间暴晒或暴露,其边沿宜用搭接法,即缝接法和胶接法。缝接法的搭接长度宜为 300~1000mm,基底较软者应选取较大的搭接长度;当采用胶接法时,搭接长度不应小于 100mm,并保证主要受力方向的连接强度不低于所采用材料的抗拉强度。

　　当碾压或夯击振动对邻近既有或正在施工中的建筑产生有害影响时,必须采取有效预防措施。

3. 砂垫层施工质量检验

　　对于素土、灰土、粉煤灰和砂垫层,可用贯入仪、轻型动力触探或标准贯入试验检验;对于砂和粉煤灰垫层,可用钢筋检验;对于砂石、矿渣垫层,可用重型动力触探检测,均应通过现场试验以控制压实系数所对应的贯入度为合格标准。可采用环刀法、灌水法或其他方法检验压实系数。

　　对垫层的质量检验必须分层进行,每夯实完一层,应检验该层的平均压实系数。当压实系数满足设计要求后,才能铺填上层。当采用贯入仪、钢筋或动力触探检验垫层的质量时,每分层检验点的间距应小于 4m。当取样检验垫层的质量时,对于大基坑,每 50~100m² 不应少于 1 个检验点;对于基槽,每 10~20m 不应少于 1 个检验点;对于每个单独柱基,不应少于 1 个检验点。对换填垫层的总体质量验收,可通过载荷试验进行检验;当有本工程对应合格压实系数的贯入指标时,也可采用静力触探、动力触探或标准贯入试验进行检验。

10.3 强夯法

强夯法又称为动力固结法,是用大吨位的起重机把很重的锤(一般为 100~600kN)从高处自由落下(落距为 6~40m)给地基以冲击和振动。巨大的冲击能量可在地基中产生很大的冲击波和动应力,引起地基土的压缩和振动,从而提高地基土的强度,并降低其压缩性,还可以改善地基土抵抗振动液化能力和消除湿陷性黄土的湿陷性等作用。实践证明,强夯的效果非常显著,经过强夯,地基承载力可提高 2~5 倍,压缩性可降低 200%~500%,影响深度达 10m 以上。这一方法施工简单,工期短,造价低,效果显著,已应用在许多工程中,并取得良好的效果。

10.3.1 强夯法作用机理

强夯法是利用强大的夯击能给地基以冲击力,并在地基中产生冲击波;在冲击力作用下,夯锤对上部土体进行冲切,破坏土体结构,形成夯坑,并对周围土进行动力挤压。

目前,强夯法加固地基有三种不同的加固机理,分别是动力密实、动力固结和动力置换,它取决于地基土的类别和强夯施工工艺。

1. 动力密实

基于动力密实的机理,采用强夯加固多孔隙、粗颗粒、非饱和土是用冲击型动力荷载,使土体中的孔隙减小,土体变得密实,从而提高地基土强度。非饱和土的夯实过程,就是土中的气相(空气)被挤出的过程,其夯实变形主要是由土颗粒的相对位移引起。实际工程表明,在冲击动能作用下,地面会立即产生沉降,一般夯击一遍后,其夯坑深度可达 0.6~1.0m,夯坑底部形成一层超压密硬壳层,地基承载力可比夯前提高 2~3 倍。非饱和土在中等夯击能量(1000~2000kN·m)的作用下,主要是产生冲切变形,在加固深度范围内气相体积大大减小,甚至可减小 60%。

2. 动力固结

用强夯法处理细颗粒饱和土,则是借助动力固结的理论,即巨大的冲击能量在土中产生很大的应力波,破坏了土体原有的结构,使土体局部发生液化并产生许多裂隙,增加了排水通道,使孔隙水顺利逸出,待超孔隙水压力消散后,土体固结。由于软土的触变性,其强度得到提高。动力固结理论可概述如下:

1) 饱和土的压缩性

Menard 教授认为,由于土中有机物的分解,大多数第四纪土中都含有以微气泡形式出现的气体,其含气量为 1%~4%。进行强夯时,气体体积压缩,孔隙水压力增大,随后气体有所膨胀,孔隙水排出的同时,孔隙水压力减小。这样每夯击一遍,液相气体和气相气体都有所减少。根据实验,每夯击一遍,气体体积可减小 40%。

2) 局部产生液化

在重复夯击作用下,施加在土体的夯击能量使气体逐渐受到压缩。因此,土体的沉降量与夯击能成正比。当气体按体积百分比接近零时,土体便变得不可压缩。相应于孔隙水压力上升到与覆盖压力相等的能量级,土体即产生液化。孔隙水压力与液化压力之比称为液化度,而液化压力即为覆盖压力。当液化度为100%时,达到土体产生液化的临界状态,而该能量级称为"饱和能"。此时,吸附水变成自由水,土的强度下降到最小值。一旦达到"饱和能",继续施加能量时,除了使土重塑的破坏作用,继续施加的能量纯属浪费。

3)渗透性变化

在很大夯击能作用下,地基土体中出现冲击波和动应力。当所出现的超孔隙水压力大于颗粒间的侧向压力时,土颗粒间会出现裂隙,形成排水通道。此时,土的渗透系数骤增,孔隙水得以顺利排出。在以规则网格布置夯点的现场,通过积聚的夯击能量,夯坑四周会形成规则的垂直裂缝,夯坑附近会出现涌水现象。

当孔隙水压力消散到小于颗粒间的侧向压力时,裂隙即自行闭合,土中水的运动重新恢复常态。据国外相关文献记载,夯击时出现的冲击波,会将土颗粒间的吸附水转化为自由水,因而可促进毛细管通道横断面的增大。

4)触变恢复

在重复夯击作用下,土体的强度逐渐减低,当土体出现液化或接近液化时,土的强度达到最低值。此时土体产生裂隙,而土中部分吸附水变成自由水,随着孔隙水压力的消散,土的抗剪强度和变形模量都有大幅度的增长。这时,自由水重新被土颗粒所吸附而变成了吸附水,这也是触变性土的特性。

鉴于以上采用强夯法加固的机理,Menard针对强夯中出现的现象,提出一个新的弹簧活塞模型,对动力固结的机理作出了解释。

静力固结理论与动力固结理论模型间的区别主要表现为以下四个主要特性,如表10-2所示。

表 10-2 静力固结理论和动力固结理论的对比

静力固结理论	动力固结理论
不可压缩的液体	含有少量气泡的可压缩液体
固结时液体排出所通过的小孔孔径不变	固结时液体排出所通过的小孔孔径是变化的
弹簧刚度是常数	弹簧刚度为变数
活塞无摩阻力	活塞有摩阻力

3. 动力置换

动力置换可分为整式置换和桩式置换。整式置换是采用强夯法将碎石整体挤入淤泥中,其作用机理类似于换土垫层。桩式置换是通过强夯将碎石填筑在土体中,部分碎石桩(或墩)被间隔地夯入软土中,形成桩式(或墩式)的碎石桩(或墩)。其作用机理类似于采用振冲法等形成的碎石桩,主要是靠碎石内摩擦角和墩间土的侧限来维持桩体的平衡,并与墩间土起复合地基的作用。

10.3.2 强夯法设计要求

1. 有效加固深度

有效加固深度既是选择地基处理方法的重要依据,又是反映处理效果的重要参数。一

一般可按下列公式估算有效加固深度,或按照表 10-3 估值:

$$H = \alpha \sqrt{Mh} \tag{10-5}$$

式中　H——有效加固深度,m;

　　　M——夯锤重,t;

　　　h——落距,m;

　　　α——系数,根据所处理地基土的性质而定,对软土可取 0.5,对黄土可取 0.34~0.5。

表 10-3　强夯的有效加固深度　　　　　　　　　　　m

单击夯击能/(kN·m)	碎石土、砂土等粗颗粒土	粉土、黏性土、湿陷性黄土等细颗粒土
1000	5.0~6.0	4.0~5.0
2000	6.0~7.0	5.0~6.0
3000	7.0~8.0	6.0~7.0
4000	8.0~9.0	7.0~8.0
5000	9.0~9.5	8.0~8.5
6000	9.5~10.0	8.5~9.0
8000	10.0~10.5	9.0~9.5

注:强夯的有效加固深度应从最初起夯面算起。

2. 夯锤和落距

单击夯击能为夯锤重 $\Delta\sigma$ 与落距 h 的乘积。一般来说,夯击时锤重和落距大,则单击能量大,则加固效果和技术经济较好。整个加固场地的总夯击能量(即锤重×落距×总夯击数)与加固面积之比称为单位夯击能。强夯的单位夯击能应根据地基土类别、结构类型、荷载大小和要求处理的深度等综合考虑,并可通过试验确定。一般情况下,对粗颗粒土可取单位夯击能为 1000~3000kN·m/m²,对细颗粒土可取单位夯击能为 1500~4000kN·m/m²。

但饱和黏性土所需的能量不能一次施加,否则土体会侧向挤出,强度反而有所降低,且难以恢复。可根据需要分几遍施加,两遍间可间歇一段时间,这样可逐步增加土的强度,改善土的压缩性。

在设计中,可根据须加固的深度初步确定采用的单击夯击能,再根据机具条件因地制宜地确定锤重和落距。

一般国内夯锤可取 10~25t。夯锤材质最好为铸钢,也可用以钢板为外壳、内灌混凝土的锤。夯锤的平面一般为圆形,夯锤中设置若干个上下贯通的气孔,孔径可取 250~300mm。这些孔可减小起吊夯锤时的吸力(上海金山石油化工厂的试验工程中测出,夯锤的吸力达 3 倍锤重),又可减少夯锤着地前瞬时气垫的上托力。锤底面积宜按土的性质确定,锤底静压力值可取 25~40kPa。对于砂性土和碎石填土,锤底面积一般为 2~4m²;对于一般第四纪黏性土,建议锤底面积为 3~4m²;对于淤泥质土,建议锤底面积为 4~6m²;对于黄土,建议锤底面积为 4.5~5.5m²。同时,应控制夯锤的高宽比,以防止产生偏锤现象,如黄土的高宽比可采用 1∶2.8~1∶2.5。

确定夯锤后,根据要求的单点夯击能量,就能确定夯锤的落距。国内通常采用的落距是8~25m。对于相同的夯击能量,常选用大落距的施工方案,这是因为增大落距可获得较大的接地速度,能将大部分能量有效地传到地下深处,增加深层夯实效果,减少消耗在地表土层塑性变形的能量。

3. 夯击点布置及间距

1）夯击点布置

夯击点一般布置为三角形或正方形。强夯处理的范围应大于建筑物基础范围，具体的放大范围取决于建筑物的类型及其重要性等因素。对于一般建筑物，每边超出基础外缘的宽度宜为设计处理深度的 1/2～2/3，并不宜小于 3m。

2）夯击点间距

夯击点间距（夯距）一般应根据地基土的性质和要求处理的深度来确定。第一遍夯击点间距可取夯锤直径的 2.5～3.5 倍，第二遍夯击点应位于第一遍夯击点之间，以后各遍夯击点间距可适当减小，以保证使夯击能量传递到深处和保护夯坑周围所产生的辐射向裂隙为基本原则。

3）夯击击数与遍数

（1）夯击击数。每遍每夯点的夯击击数应按现场试夯得到的夯击击数和夯沉量关系曲线确定，且应同时满足下列条件：①当单击夯击能小于 4000kN·m 时，最后两击的夯沉量不宜大于 50mm；当单击夯击能为 4000～6000kN·m 时，最后两击的夯沉量不宜大于 100mm；当单击夯击能大于 6000kN·m 时，最后两击的夯沉量不宜大于 200mm；②夯坑周围地面不应发生过大隆起；③不因夯坑过深而发生起锤困难。总之，各夯击点的夯击数，应使土体竖向压缩最大而侧向位移最小为原则，一般为 4～10 击。

（2）夯击遍数。夯击遍数应根据地基土的性质和平均夯击能确定。可采用点夯 2～3 遍，对于渗透性较差的细颗粒土，必要时可适当增加夯击遍数。最后，以低能量满夯 2 遍，满夯可采用轻锤或低落距锤多次夯击，锤印彼此搭接。

4）铺设垫层

强夯前要求拟加固的场地必须具有一层稍硬的表层，使其能支承起重设备，并便于扩散所施加的“夯击能”，也可加大地下水位与地表面的距离，因此有时必须铺设垫层。对于场地地下水位在 -2m 以下的砂砾石土层，可直接施行强夯，无须铺设垫层；对于地下水位较高的饱和黏性土和易液化流动的饱和砂土，都须铺设砂、砂砾或碎石垫层才能进行强夯，否则土体会发生流动。垫层厚度随场地的土质条件、夯锤重量及其形状等条件而定。当场地土质条件好，夯锤小或形状构造合理，起吊时吸力小者，可减小垫层厚度。垫层厚度一般为 0.5～2.0m。铺设的垫层中不能含有黏土。

5）间歇时间

各夯击点的间歇时间取决于加固土层中孔隙水压力消散所需要的时间。对于砂性土，孔隙水压力的峰值出现在夯击完成后的瞬间，消散时间只有 2～4min，故对于渗透性较大的砂性土，两遍夯间的间歇时间很短，亦即可连续夯击。对于黏性土，由于孔隙水压力消散较慢，故当夯击能逐渐增加时，孔隙水压力亦相应地叠加，其间歇时间取决于孔隙水压力的消散情况，一般为 3～4 周。目前国内有的工程在黏性土地基的现场埋设了袋装砂井（或塑料排水带），以便加速孔隙水压力的消散，缩短间歇时间。有时根据施工先后顺序，两遍间也能达到连续夯击的目的。

4. 强夯法的现场测试

1) 地面及深层变形

研究地面变形的目的如下：①了解地表隆起的影响范围及垫层密实度的变化；②研究夯击能与夯沉量的关系，以确定单点最佳夯击能量；③确定场地平均沉降和搭夯的沉降量，用以研究强夯的加固效果。

研究变形的方法主要有地面沉降观测、深层沉降观测和水平位移观测。

地面变形的测试是对夯击后土体的变形进行研究。每夯击一次，应及时测量夯击坑及其周围的沉降量、隆起量和挤出量。

2) 孔隙水压力

一般可在试验现场沿夯击点等距离的不同深度以及等深度的不同距离埋设双管封闭式孔隙水压力仪或钢弦式孔隙水压力仪，在夯击作用下，对孔隙水压力沿深度和水平距离增长和消散的分布规律进行研究，从而确定两个夯击点间的夯距、夯击的影响范围、间歇时间以及饱和夯击能等参数。

3) 侧向挤压力

将带有钢弦式土压力盒的钢板桩埋入土中，在强夯加固前，各土压力盒沿深度分布的土压力规律应与静止土压力相似。在夯击作用下，可测试每夯击一次的压力增量沿深度的分布规律。

4) 振动加速度

可通过测试地面振动加速度来了解强夯振动的影响范围。通常将地表最大振动加速度为 0.98m/s^2 处（即认为是相当于七度地震设计烈度）作为设计中振动影响的安全距离。但由于强夯振动的周期比地震短得多，强夯产生振动作用的范围远小于地震的作用范围。所以，强夯施工对附近已有建筑物和正在施工建筑物的影响肯定比地震的影响小。为了减小强夯振动的影响，常在夯区周围设置隔振沟。

10.3.3 强夯法机具设备与施工方法

西欧国家所用的起重设备大多为大吨位的履带式起重机，稳定性好，行走方便；近年来日本采用轮胎式起重机进行强夯作业，亦取得了满意结果。国外除使用现成的履带吊外，还制造了常用的三足架和轮胎式强夯机，用于起吊 40t 夯锤，落距可达 40m。国外所用履带吊都是大吨位的吊机，吨位通常在 100t 以上。由于 100t 吊机的卷扬机能力只有 20t 左右，如果夯击工艺采用单缆锤击法，则 100t 吊机最大只能起吊 20t 的夯锤。中国绝大多数强夯工程只具备小吨位起重机的施工条件，所以只能使用滑轮组起吊夯锤，利用自动脱钩的装置，使锤作自由落体运动。拉动脱钩器的钢丝绳，其一端拴在桩架的盘上，以钢丝绳的长短控制夯锤的落距，夯锤挂在脱钩器的钩上，当吊钩提升到所要求的高度时，张紧的钢丝绳将脱钩器的伸臂拉转一个角度，致使夯锤突然下落。有时为防止起重臂在较大的仰角下突然释重而有可能发生后倾，可在履带起重机的臂杆端部设置辅助门架，或采取其他安全措施，防止落锤时机架发生倾覆。自动脱钩装置应具有足够的强度，且要求能灵活施工。图 10-2 为强夯机具现场作业图。

图 10-2   强夯机具

10.4   预压法

预压法,又称为排水固结法,是对天然地基,或先在地基中设置砂井(袋装砂井或塑料排水带)等竖向排水体,然后利用建筑物本身重量分级逐渐加载;或在建筑物建造前先在场地进行加载预压,使土体中的孔隙水排出,逐渐固结,地基发生沉降,同时逐步提高土体强度的方法。该方法常用于解决软黏土地基的沉降和稳定问题,可使地基的沉降在加载预压期间基本完成或大部分完成,使建筑物在使用期间不致产生过大的沉降和沉降差。同时,可增加地基土的抗剪强度,从而提高地基的承载力和稳定性。

实际上,预压是由排水系统和加压系统共同组合而成。

排水系统是一种手段,如没有加压系统,就没有压力差,孔隙中的水就不会自然排出,地基也就得不到加固。如果只增加固结压力,不缩短土层的排水距离,则不能在预压期间尽快完成设计所要求的沉降量,不能及时提高强度,也不能顺利进行加载。所以在设计时,上述两个系统总是联系起来考虑的。

预压法适用于处理各类淤泥、淤泥质土及冲填土等饱和黏性土地基。砂井法特别适用于存在连续薄砂层的地基。但砂井只能加速主固结而不能减少次固结,对于有机质土和泥炭等次固结土,不宜只采用砂井法。可利用超载的方法克服次固结。真空预压法适用于能在加固区形成稳定负压边界条件(包括采取措施后形成)的软土地基。由于降低地下水位法、真空预压法和电渗法不增加剪应力,地基不会产生剪切破坏,所以它们适用于很软弱的黏土地基。

10.4.1 预压法的处理原理及应用

1. 堆载预压加固机理

预压法是在建造建筑物以前,在建筑场地进行加载预压,使地基的固结沉降基本完成并提高地基土强度的方法。

在饱和软土地基上施加荷载后,孔隙水被缓慢排出,孔隙体积随之逐渐减少,地基发生固结变形。同时,随着超静水压力逐渐消散,有效应力逐渐提高,地基土强度逐渐增长。

在荷载作用下,土层的固结过程就是超静孔隙水压力(简称孔隙水压力)消散和有效应力增加的过程。如地基内某点的总应力增量为 $\Delta\sigma$,有效应力增量为 $\Delta\sigma'$,孔隙水压力增量为 Δu,则三者满足以下关系: $\Delta\sigma' = \Delta\sigma - \Delta u$。用填土等外加荷载对地基进行预压,是通过增加总应力 $\Delta\sigma$ 并使孔隙水压力 Δu 消散而增加有效应力 $\Delta\sigma'$ 的方法。堆载预压是在地基中形成超静水压力的条件下进行排水固结,称为正压固结。

地基土层的排水固结效果与其排水边界有关。根据固结理论,当达到同一固结度时,固结所需时间与排水距离的平方成正比。软黏土层越厚,一维固结所需的时间越长。如果淤泥质土层厚度大于 $10\sim20\mathrm{m}$,要达到较大固结度($U>80\%$),所需的时间为几年至几十年之久。为了加速固结,最有效的方法是在天然土层中增加排水途径,缩短排水距离,在天然地基中设置垂向排水体。这时,土层中的孔隙水主要通过砂井从竖向排出。所以,砂井(袋装砂井或塑料排水带)的作用就是增加排水条件。由此,可缩短预压工程的预压期,在短期内达到较好的固结效果,提前完成沉降;并加速地基土强度的增长,使地基承载力增长的速率始终大于施工荷载增长的速率,以保证地基的稳定性,这一点在理论和实践上都已得到证实。

2. 真空预压加固机理

真空预压法是先在须加固的软土地基表面铺设砂垫层,再埋设垂直排水管道,然后用不透气的封闭膜使其与大气隔绝,把薄膜四周埋入土中,通过砂垫层内埋设的吸水管道,用真空装置进行抽气,使其形成真空,增加地基的有效应力。

当抽真空时,可先后在地表砂垫层及竖向排水通道内逐步形成负压,使土体内部与排水通道和垫层之间形成压力差。在此压力差的作用下,土体中的孔隙水不断由排水通道排出,从而使土体固结。

真空预压的原理主要反映在以下几个方面:①薄膜上承受等于薄膜内外压差的荷载;②地下水位降低,相应增加附加应力;③封闭气泡排出,土的渗透性加大。

真空预压是通过对覆盖于地面的密封膜下抽真空,使膜内外形成气压差,使黏土层产生固结压力,也就是在总应力不变的情况下,通过减小孔隙水压力来增加有效应力的方法。真空预压和降水预压都是在负超静水压力下进行排水固结,称为负压固结。

10.4.2 排水固结法设计

排水固结法的设计,实质上就是进行排水系统和加压系统的设计,使地基在受压过程中排水固结、相应增加强度,以满足逐渐加荷条件下地基稳定性的要求,并加速地基的固结沉降,缩短预压的时间。

1. 瞬时加荷条件下固结度的计算

根据前述固结度的基本计算理论,不同条件下平均固结度的计算公式见表 10-4。

表 10-4　不同条件下 α,β 值及固结度计算公式

序号	条　件	α	β	平均固结度计算公式
1	竖向排水固结($\overline{U}_z > 30\%$)	$\dfrac{8}{\pi^2}$	$\dfrac{\pi^2 c_v}{4H^2}$	$\overline{U}_z = 1 - \dfrac{8}{\pi^2}\mathrm{e}^{-\frac{\pi^2}{4}\times\frac{c_v}{H^3}}$
2	内径向排水固结	1	$\dfrac{8c_h}{F_n d_e^2}$	$\overline{U}_r = 1 - \mathrm{e}^{-\frac{8}{F_n}\times\frac{c_h}{d_e^2}}$
3	竖向和内径向排水固结(砂井地基平均固结度)	$\dfrac{8}{\pi^2}$	$\dfrac{8c_h}{F_n d_e^2} + \dfrac{\pi^2 c_v}{4H^2}$	$\overline{U}_z = 1 - \dfrac{8}{\pi^2}\mathrm{e}^{-\left(\frac{8c_h}{F_n d_e^2}+\frac{\pi^2 c_v}{4H^2}\right)t}$
4	砂井未贯穿受压土层的平均固结度	$\dfrac{8}{\pi^2}$	$\dfrac{8c_h}{F_n d_e^2}$	$\overline{U}_z = 1 - \dfrac{8\lambda}{\pi^2}\mathrm{e}^{-\frac{8}{F_n}\times\frac{c_h}{d_e^2}t}$
5	向外径向排水固结($\overline{U}_z > 60\%$)	0.692	$\dfrac{5.78c_h}{R^2}$	$\overline{U}_z = 1 - 0.692\mathrm{e}^{-\frac{5.78c_h}{R^2}t}$

表中　c_v——竖向固结系数,$c_v = \dfrac{k_v(1+e)}{a\gamma_w}$;

c_h——径向固结系数(或称水平向固结系数),$c_h = \dfrac{k_h(1+e)}{a\gamma_w}$;

d_e——每一个砂井有效影响范围的直径;

d_w——砂井直径;

$F_n = \dfrac{n^2}{n^2-1}\ln n - \dfrac{3n^2-1}{4n^2}$;

n——井径比,$n = \dfrac{d_e}{d_w}$;

$\lambda = \dfrac{H_1}{H_1 + H_2}$;

H_1——砂井长度;

H_2——砂井以下压缩土层厚度;

R——上柱体半径;

α,β——改进的高木俊介法计算参数。

2. 逐渐加荷条件下地基固结度的计算

以上计算固结度的理论公式都假设荷载是一次瞬间加足的。实际工程中,荷载总是分级逐渐施加的。因此,根据上述理论方法求得的固结-时间关系或沉降-时间关系都必须加以修正。修正的方法有改进的太沙基法和改进的高木俊介法。

1) 改进的太沙基法

对于分级加荷的情况,太沙基的修正方法作出如下假定:①每一级荷载增量 P_i 所引起的固结过程是单独进行的,与上一级荷载增量所引起的固结度完全无关;②总固结度等于各级荷载增量作用下固结度的叠加;③每一级荷载增量 P_i 在等速加荷经过时间 t 的固结度与在 $t/2$ 时的瞬时加荷的固结度相同,即计算固结的时间为 $t/2$。④在加荷停止以后,恒载

作用期间的固结度，即时间 t 大于 T_i（此处 T_i 为 P_i 的加载期）时的固结度和在 $T_i/2$ 时瞬时加荷 P_i 后经过时间 $\left(t-\dfrac{T_i}{2}\right)$ 的固结度相同；⑤所算得的固结度仅是对本级荷载而言，对于总荷载，还应按荷载的比例进行修正。

对多级等速加荷，修正通式为

$$\overline{U}'_t = \sum_1^n \overline{U}_{rz}\left(t - \frac{T_{n-1}+T_n}{2}\right)\cdot \frac{\Delta p_n}{\sum \Delta p} \tag{10-6}$$

式中　$\overline{U}'_t$——多级等速加荷，t 时刻修正后的平均固结度；

　　　$\overline{U}_{rz}$——瞬时加荷条件的平均固结度；

　　　T_{n-1}、T_n——每级等速加荷的起点和终点时间（从时间零点起算）。当计算某一级加荷期间 t 的固结度时，则将 T_n 改为 t；

　　　Δp_n——第 n 级荷载增量，如计算加荷过程中某一时刻 t 的固结度，则用该时刻相对应的荷载增量。

2）改进的高木俊介法

该法是根据巴伦理论，考虑变速加荷使砂井地基在辐射向和垂直向排水条件下推导出砂井地基平均固结度，其特点是不需要求得瞬时加荷条件下地基的固结度，而是可直接求得修正后的平均固结度。修正后的平均固结度为

$$\overline{U}'_t = \sum_1^n \frac{qn_n}{\sum \Delta p}\left[(T_n - T_{n-1}) - \frac{\alpha}{\beta}\mathrm{e}^{\beta\cdot t}(\mathrm{e}^{\beta T_n} - \mathrm{e}^{\beta T_{n-1}})\right] \tag{10-7}$$

式中　$\overline{U}'_t$——t 时多级荷载等速加荷修正后的平均固结度，%；

　　　$\sum \Delta p$——各级荷载的累计值；

　　　q'_n——第 n 级荷载的平均加速度率，kPa/d；

　　　T_{n-1}、T_n——各级等速加荷的起点和终点时间（从零点起算），当计算某一级等速加荷过程中时间 t 的固结度时，则 T_n 改为 t；

α、β 的值见表 10-4。

3. 地基土抗剪强度增长的预估

在预压荷载作用下，随着排水固结的进程，地基土的抗剪强度随着时间而增长；另一方面，剪应力随着荷载的增加而加大，而且剪应力在某种条件（剪切蠕动）下，还能导致强度的衰减。因此，地基中某一点在某一时刻的抗剪强度 τ_f 可表示为

$$\tau_f = \tau_{f0} + \Delta\tau_{fc} - \Delta\tau_{f\tau} \tag{10-8}$$

式中　τ_{f0}——地基中某点在加荷之前的天然地基抗剪强度。用十字板或无侧限抗压强度试验、三轴不排水剪切试验测定；

　　　$\Delta\tau_{fc}$——由于固结而增长的抗剪强度增量；

　　　$\Delta\tau_{f\tau}$——由于剪切蠕动而引起的抗剪强度衰减量。

考虑到由于剪切蠕动所引起强度衰减部分 $\Delta\tau_{fc}$ 目前尚难提出合适的计算方法，故该式为

$$\tau_f = \eta(\tau_{f0} + \Delta\tau_{fc}) \tag{10-9}$$

式中　η——考虑剪切蠕变及其他因素对强度影响的综合性的折减系数。η 值与地基土在附加剪应力作用下可能产生的强度衰减作用有关，根据国内有些地区实测反算的结

果，η 值为 $0.8 \sim 0.85$。如判断地基土没有强度衰减可能时，则 $\eta = 1.0$。

$$\Delta \tau_{\text{fc}} = k \Delta \sigma_1 \left(1 - \frac{\Delta u}{\Delta \sigma_1}\right) = k \Delta \sigma_1 U_t \tag{10-10}$$

10.4.3 预压荷载大小和堆载速率

堆载预压法设计包括加压系统和排水系统的设计。加压系统主要指堆载预压计划以及堆载材料的选用；排水系统包括竖向排水体的材料、排水体长度、断面、平面布置的确定。

堆载预压根据土质情况分为单级加荷和多级加荷；根据堆载材料分为自重预压、加荷预压和加水预压。

一般用填土、砂石等散粒材料进行堆载预压；对于油罐，通常利用充水灌体对地基进行预压。对于堤坝等以稳定为控制因素的工程，则以其本身的重量有控制地分级逐渐加载，直至设计标高。

由于软黏土地基的抗剪强度较低，无论直接建造建筑物还是进行堆载预压，往往都不可能快速加载，而必须分级逐渐加荷，待前期荷载作用下地基拥有足够强度时，方可加下一级荷载。其计算步骤是，首先用简便方法确定一个初步的加荷计划，然后校核这一加荷计划下地基的稳定性和沉降，具体计算步骤如下：

（1）利用地基的天然地基土抗剪强度计算第一级容许施加的荷载 P_1。对于长条梯形填土，可根据 Fellenius 公式进行估算：

$$p_1 = \frac{5.52 c_{\text{u}}}{K} \tag{10-11}$$

式中　K——安全系数，建议采用 $1.1 \sim 1.5$；

　　　　c_{u}——天然地基土的不排水抗剪强度，kPa；c_{u} 由无侧限抗压强度试验、三轴不排水剪切试验或原位十字板剪切试验测定。

（2）计算第一级荷载下地基强度增长值。在荷载 P_1 作用下，经过一段时间，预压地基强度会提高，提高以后的地基强度为 $c_{\text{u}1}$，其计算公式如下：

$$c_{\text{u}1} = \eta(c_{\text{u}} + \Delta c'_{\text{u}}) \tag{10-12}$$

式中　$\Delta c'_{\text{u}}$——p_1 作用下地基因固结而增长的强度，与土层的固结度有关，一般可先假定一个固结度，通常可假定为 70%，然后求出强度增量 $\Delta c'_{\text{u}}$；

　　　　η——考虑剪切蠕动的强度折减系数。

（3）计算 p_1 作用下达到所确定固结度与所需要的时间。

（4）可根据第二步所得到的地基强度 $c_{\text{u}1}$ 计算第二级所施加的荷载 p_2。

$$p_2 = \frac{5.52 c_{\text{u}1}}{K} \tag{10-13}$$

按以上步骤确定的加荷计划进行每一级荷载下地基的稳定性验算。如稳定性不满足要求，则应调整加荷计划。

10.4.4 砂井设计

1. 竖向排水体材料选择

竖向排水体可采用普通砂井、袋装砂井和塑料排水带。若所需设置竖向排水体长度超过 20m，建议采用普通砂井。

2. 竖向排水体深度设计

竖向排水体深度主要根据土层的分布、地基中附加应力大小、施工期限和施工条件以及地基稳定性等因素确定。

(1) 当软土层不厚、底部有透水层时,排水体应尽可能穿透软土层。

(2) 当深厚的高压缩性土层间有砂层或砂透镜体时,排水体应尽可能打至砂层或砂透镜体。而采用真空预压时,应尽量避免排水体与砂层相连接,以免影响真空效果。

(3) 对于无砂层的深厚地基,则可根据其稳定性及建筑物在地基中造成的附加应力与自重应力之比值确定竖向排水体深度,一般为 0.1~0.2。

(4) 按稳定性控制的工程,如路堤、土坝、岸坡、堆料等,应通过稳定分析确定排水体深度,排水体长度应大于最危险滑动面的深度。

(5) 按沉降控制的工程,可从压载后的沉降量满足上部建筑物容许的沉降量来确定排水体长度。竖向排水体长度一般为 10~25m。

3. 竖向排水体平面布置设计

普通砂井直径一般为 200~500mm,井径比为 6~8。

袋装砂井直径一般为 70~100mm,井径比为 15~30。

塑料排水带常用当量直径表示,塑料排水带宽度为 b,厚度为 δ,则换算直径可按下式计算:

$$d_{\mathrm{p}} = \frac{2(b+\delta)}{\pi}$$

式中　d_{p}——塑料排水带当量换算直径;

　　　b——塑料排水带宽度,mm;

　　　δ——塑料排水带厚度,mm。

塑料排水带尺寸一般为 100mm×4mm,井径比为 15~30。

竖向排水体直径和间距主要取决于土的固结性质和施工期限的要求。排水体截面尺寸能及时排水固结即可,由于软土的渗透性比砂性土小,所以排水体的理论直径可很小。但直径过小导致施工困难,直径过大则对增加固结速率并不显著。从原则上讲,为达到同样的固结度,缩短排水体间距比增加排水体直径效果要好,即井距和井间距关系是"细而密"比"粗而稀"为佳。

竖向排水体在平面上可布置成正三角形(梅花形)或正方形,以正三角形排列较为紧凑和有效,如图 10-3 所示。

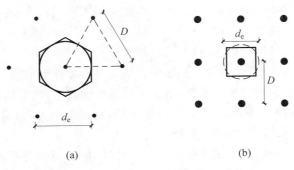

图 10-3　竖向排水体的布置

(a) 正三角形排列;(b) 正方形排列

正方形排列的每个砂井,其影响范围为一个正方形;正三角形排列的每个砂井,其影响范围则为一个正六边形。在实际进行固结计算时,由于多边形作为边界条件求解很困难,为简化起见,巴伦建议每个砂井的影响范围由多边形改为由面积与多边形面积相等的圆来求解。

正方形排列时:
$$d_e = \sqrt{\frac{4}{\pi}} \cdot l = 1.13l \tag{10-15}$$

正三角形排列时:
$$d_e = \sqrt{\frac{2\sqrt{3}}{\pi}} \cdot l = 1.05l \tag{10-16}$$

式中 d_e——每一个砂井有效影响范围的直径;

l——砂井间距。

一般来说,竖向排水体的布置范围比建筑物基础范围稍大为好。扩大的范围可由基础的轮廓线向外增大 2~4m。

1) 砂料设计

宜用中粗砂制作砂井,砂的粒径必须能保证砂井具有良好的透水性。砂井粒度不能被黏土颗粒堵塞。砂应是洁净的,不应有草根等杂物,其含泥量不能超过 3%。

2) 地表排水砂垫层设计

为了使砂井有良好的排水通道,砂井顶部应铺设砂垫层,以连通各砂井,从而将水排到工程场地以外。砂垫层应采用中粗砂,含泥量应小于 3%。

砂垫层应形成一个连续的、有一定厚度的排水层,以免地基沉降时被切断而使排水通道堵塞。陆上施工时,砂垫层厚度一般取 0.5m 左右;水下施工时,一般为 1m 左右。砂垫层的宽度应大于堆载宽度或建筑物的底宽,伸出砂井区外边线长度宜为砂井直径的 2 倍。在砂料贫乏地区,可采用连通砂井的纵、横砂沟代替整片砂垫层。

10.5 挤密法及振冲法

在砂土中,可通过机械振动挤压或加水振动使土密实。挤密法和振冲法就是利用这个原理发展起来的地基加固方法。

10.5.1 挤密法

挤密法是以振动或冲击的方法成孔,然后在孔中填入砂、石、土、石灰、灰土或其他材料,并加以捣实成为桩体。按其填入材料的不同,桩体可分为砂桩、砂石桩、石灰桩和灰土桩等。挤密法一般采用各种打桩机械施工,也可通过爆破成孔。

挤密砂桩适用于处理松砂、杂填土和黏粒含量不多的黏性土地基,砂桩能有效防止砂土地基振动液化。但对于饱和黏性土地基,由于土的渗透性较小,抗剪强度低,灵敏度大,夯击沉管过程中土内产生的超孔隙水压力不能迅速消散,挤密效果差,且将土的天然结构破坏,使土的抗剪强度降低,故施工时须慎重对待。

挤密砂桩和排水砂桩虽然都在地基中形成砂柱体,但两者的作用不同。砂桩的作用是加固地基,桩径大而间距小;砂井的作用是排水固结,桩径小而桩距大。

挤密桩的施工可采用振动式或冲击式,还可以采用爆破成孔的方法。施工应从外围或两侧向中间进行。设置砂桩时,基坑应在设计标高以上预留 3 倍桩径覆土,打桩时坑底发生隆起,施工结束后挖除覆土。

制作砂桩宜采用中砂和粗砂,泥的质量分数不应大于 5%,含水量依土质及施工器具确定。砂桩的灌砂量应按井孔体积和砂在中密状态时的干重度计算,实际灌砂量不应低于计算灌砂量的 95%。桩身及桩与桩之间挤密土的质量,均可采用标准或轻便触探检验,也可用锤击法检查密实度,必要时须进行荷载试验。

10.5.2　振冲法

振冲法的主要设备为振冲器,由潜水电动机、偏心块和通水管三部分组成。振冲器内的偏心块在电动机带动下高速旋转而产生高频振动,在高压水流的联合作用下,可使振冲器贯入土中;当达到设计深度后,关闭下喷水口,打开上喷水口,然后向振冲形成的孔中填以粗砂、砾石或碎石。振冲器振一段上提一段,最后在地基中形成一根密实的砂、砾石或碎石桩体。

振冲法加固黏性土的机理与加固砂土的机理不尽相同。

加固砂土地基时,通过振冲与水冲使振冲器周围一定范围内的砂土产生振动液化。液化后的砂土颗粒在重力、上覆土压力及填料挤压作用下重新排列而密实。其加固过程利用了砂土液化的原理。振冲后的砂土地基不但承载力与变形模量有所提高,而且预先经历了人工振动液化,提高了防震能力。而砂(碎石)桩的存在又提供了良好的排水通道,降低了地震时的超孔隙水压力,进而再次提高了抗震能力。

加固黏性土地基时,尤其是饱和黏性土地基,在振动力作用下,土的渗透性小,土中水不易排出,填入的碎石在土中形成较大直径的桩体,与周围土共同作用组成复合地基。大部分荷载由碎石桩承担,被挤密的黏性土也可承担一部分荷载。这种加固机理主要是置换作用。

振冲法按照作用机理分为振冲置换法和振冲挤密法。振冲挤密法根据使用材料不同又分为土或灰土挤密桩法、砂石挤密桩法等,下面分别简单介绍其设计要点:

1) 振冲置换法设计要点

处理范围应大于基底面积;对于一般地基,宜在基础外缘扩大 1~2 排桩;对于可液化地基,应在基础外缘扩大 2~4 排桩。桩位布置,对于大面积满堂处理,宜采用等边三角形布置;对于独立基础或条形基础,宜采用正方形、矩形或等腰三角形布置。桩的间距,应根据荷载大或原土强度低时,宜取较小的间距。对桩端未达相对硬层且埋藏深度较大时,应按《建筑地基基础设计规范》(GB 50007—2011)中建筑物地基的变形允许值确定。桩长不宜短于 4m。在可液化的地基中,桩长应按要求的抗震处理深度进行确定。桩的直径可按每根桩所用的填料计算,一般为 0.8~1.2m。桩体可采用含泥量不大的碎石、卵石、角砾、圆砾等硬质材料。材料的最大粒径不宜大于 80mm,常用的碎石粒径为 20~50mm。桩顶部应铺设一层 200~500mm 厚的碎石垫层。振冲置换后,复合地基的承载力特征值应按现场复合地基载荷实验确定。

2) 振冲挤密法设计要点

振冲挤密法加固处理地基的范围应大于建筑物基础范围,在建筑物基础外缘每边放宽不得小于 5m。当可液化土层不厚时,振冲深度应穿透整个可液化土层;当可液化土层较厚时,振冲深度应按要求的抗震处理深度确定。振冲点宜按正三角形或正方形布置,其间距与土的颗粒组成、要求达到的密实程度、地下水位、振冲器功率及水量等有关,应通过现场试验确定。试验时,可取桩距为 $1.8 \sim 2.5\text{m}$,每一振冲点需要的填料量随地基土要求达到的振冲点间距而定,应通过现场试验确定。填料宜用碎石、卵石、角砾、圆砾、砾砂、粗砂等。复合地基承载力和变形计算与振冲置换法的计算方法相同,只不过有些设计参数取值不同而已,可参阅相关规范。

10.6　复合地基的变形模量和地基承载力

复合地基是指天然地基在地基处理过程中部分土体得到增强,或被置换,或在天然地基中设置加筋材料。加固区是由基体(天然地基土体)和增强体两部分组成的人工地基。复合地基与桩基都是以桩的形式处理地基,故二者有相似之处,但复合地基属于地基范畴,而桩基属于基础范畴,所以二者又有本质区别。复合地基中桩体与基础往往不直接相连,它们之间通过垫层(碎石或砂石垫层)来过渡;而桩基中桩体与基础直接相连,两者形成一个整体。因此,它们的受力特性也存在明显差异,即复合地基的主要受力层在加固体内,而桩基的主要受力层是在桩尖以下一定范围内。复合地基理论的最基本假定为桩与桩周土可协调变形。为此,从理论而言,复合地基中也不存在类似桩基中的群桩效应。

10.6.1　复合地基分类

根据地基中增强体的方向,可将复合地基分为水平向增强体复合地基和竖向增强体复合地基。水平向增强体复合地基主要包括由各种加筋材料,如土工聚合物、金属材料格栅等形成的复合地基。竖向增强体复合地基通常称为桩体复合地基。

在桩体复合地基中,桩的作用是主要的,而地基处理中桩的类型较多,性能变化较大。为此,复合地基应按桩的类型进行划分。此外,桩又可根据成桩所采用的材料以及成桩后桩体的强度(或刚度)进行分类。

桩体按成桩所采用的材料可分为散体土类桩(如碎石桩、砂桩等)、水泥土类桩(如水泥土搅拌桩、旋喷桩等)和混凝土类桩(如树根桩、CFG 桩等)。

桩体按成桩后的强度(或刚度)可分为柔性桩(如散体土类桩)、半刚性桩(如水泥土类桩)和刚性桩(如混凝土类桩)。

半刚性桩中水泥掺入量的大小将直接影响桩体的强度。当掺入量较小时,桩体的特性类似于柔性桩;而当掺入量较大时,桩体的特性又类似于刚性桩。为此,半刚性桩具有双重特性。

由柔性桩和桩间土所组成的复合地基称为柔性桩复合地基,其他依次为半刚性桩复合地基、刚性桩复合地基。

10.6.2　复合地基承载力的计算

1. 竖向增强体复合地基承载力的计算

复合地基的极限承载力 p_{cf} 可用下式表示:

$$p_{\text{cf}} = k_1 \lambda_1 m p_{\text{pf}} + k_2 \lambda_2 (1 - m) p_{\text{sf}} \tag{10-17}$$

式中　p_{pf}——桩体极限承载力,kPa;

　　　p_{sf}——天然地基极限承载力,kPa;

k_1——反映复合地基中桩体实际极限承载力的修正系数,与地基土质情况、成桩方法等因素有关,一般大于 1.0;

k_2——反映复合地基中桩间土实际极限承载力的修正系数,其值与地基土质情况、成桩方法等因素有关,可能大于 1.0,也可能小于 1.0;

λ_1——复合地基破坏时,桩体发挥其极限强度的比例,也称为桩体极限强度发挥度;

λ_2——复合地基破坏时,桩间土发挥其极限强度的比例,也称为桩间土极限强度发挥度;

m——复合地基置换率,$m=\dfrac{A_{\mathrm{p}}}{A}$,其中 A_{p} 为桩体面积,A 为对应的加固面积。

对于刚性桩复合地基和柔性桩复合地基,桩体极限承载力可采用类似摩擦桩极限承载力的计算式进行计算,其表达式如下:

$$p_{\mathrm{pf}} = \frac{1}{A_{\mathrm{p}}} \sum f S_{\mathrm{a}} L_i + R \tag{10-18}$$

式中　f——桩周摩阻力极限值;

S_{a}——桩身周边长度;

A_{p}——桩身截面面积;

R——桩端土的极限承载力;

L_i——按土层划分的各段桩长;对于柔性桩,当桩长大于临界桩长时,计算桩长应取临界桩长值。

除按式(10-17)计算桩体极限承载力外,尚须计算桩身材料强度允许的单桩极限承载力,即

$$p_{\mathrm{pf}} = q \tag{10-19}$$

式中　q——桩体极限抗压强度。

式(10-17)和式(10-19)的计算结果较小值即为桩的极限承载力。

2. 复合地基沉降计算

在各类复合地基沉降实用计算方法中,通常把沉降量分为两部分,即加固区土体压缩量 s_1 和加固区下卧层土体压缩量 s_2,而复合地基总沉降 s 的表达式如下:

$$s = s_1 + s_2 \tag{10-20}$$

1) 加固区土体压缩量 s_1 的计算

s_1 的计算方法一般有以下三种:

(1) 复合模量法:将复合地基加固区中增强体和基体视为一复合土体,采用复合压缩模量 E_{cs} 来评价复合土体的压缩性。采用分层总和法计算 s_1 的表达式为

$$s_1 = \sum_{i=1}^{n} \frac{\Delta p_i}{E_{\mathrm{cs}i}} H_i \tag{10-21}$$

式中　Δp_i——第 i 层复合土上附加应力增量;

H_i——第 i 层复合土层的厚度。

$E_{\mathrm{cs}i}$ 的值可通过面积加权法计算,或使用弹性理论表达式计算,也可通过室内试验进行测定。面积加权表达式如下:

$$E_{\mathrm{cs}} = mE_{\mathrm{p}} + (1-m)E_{\mathrm{s}} \tag{10-22}$$

式中　m——复合地基面积置换率；

E_p——桩体压缩模量；

E_s——土体压缩模量。

（2）应力修正法：根据桩间土承担的荷载 p_s，按照桩间土的压缩模量 E_s，忽略增强体的存在，采用分层总和法计算加固区土层的压缩量 s_1。

$$s_1 = \sum_{i=1}^{n} \frac{\Delta p_{si}}{E_{si}} H_1 = \mu_\text{s} \sum_{i=1}^{n} \frac{\Delta p_i}{E_\text{s}} H_1 = \mu_\text{s} s_{ls} \tag{10-23}$$

式中　μ_s——应力修正系数，$\mu_\text{s} = \dfrac{1}{1+m(n-1)}$；

n——桩土应力比；

Δp_i——复合地基在荷载 p 作用下第 i 层桩间土的附加应力增量，相当于未加固地基在荷载 p_s 作用下第 i 层土上的附加应力增量；

s_{ls}——未加固地基在荷载 p 作用下相应厚度内的压缩量。

（3）桩身压缩量法：在荷载作用下，桩身压缩量

$$s_\text{p} = \frac{(\mu_\text{p} p - p_\text{bo}) l}{2E_\text{p}} \tag{10-24}$$

式中　μ_p——应力集中系数，$\mu_\text{p} = \dfrac{n}{1+m(n-1)}$；

l——桩身长度，即等于加固区厚度 h；

E_p——桩身材料变形模量；

p_bo——桩底端承力密度。

2）加固区下卧层土体压缩量 s_2 的计算

复合地基加固区下卧层土层压缩量 s_2 通常采用分层总和法计算。采用分层总和法计算时，难以精确计算作用在下卧层土体上的荷载或土体中的附加压力。目前在工程应用中，常采用下述三种方法进行计算。

（1）应力扩散法

采用应力扩散法计算加固区下卧层上附加压力示意图如图 10-4（a）所示。如复合地基上的荷载分布为 p，作用宽度为 B，长度为 D，加固区厚度为 h，压力扩散角为 β，则作用在下卧层上的附加应力 p_b 为

$$p_\text{b} = \frac{DBp}{(B+2h\tan\beta)(D+2h\tan\beta)} \tag{10-25}$$

对于条形基础，仅考虑向宽度方向扩散，则上式可改写为

$$p_\text{b} = \frac{Bp}{B+2h\tan\beta} \tag{10-26}$$

采用应力扩散法计算的关键是合理选用压力扩散角。

（2）等效实体法

采用等效实体法计算加固区下卧层上附加应力示意图如图 10-4（b）所示。复合地基上荷载的密度为 p，作用面长度为 D，宽度为 B，加固区厚度为 h，等效实体侧摩阻力密度为 f，则作用在下卧层上的附加应力

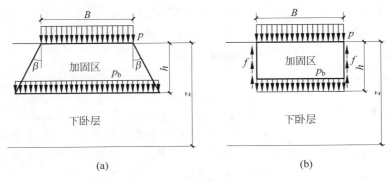

图 10-4　下卧层附加应力计算

(a) 应力扩散法；(b) 等效实体法

$$p_b = \frac{BDp - (2B + 2D)hf}{BD} \tag{10-27}$$

对于条形基础，上式可改写为

$$p_b = p - \frac{2hf}{B} \tag{10-28}$$

采用等效实体法计算的关键是侧摩阻力的计算。

（3）改进的 Geddes 法

黄绍铭建议采用下述方法计算下卧层土层中的应力。复合地基总荷载为 p，桩体承担 p_p，桩间土承担 $p_s = p - p_p$。桩间土承担的荷载 p_s 在地基中所产生的竖向应力 σ_{z,p_s}，其计算方法与天然地基中应力的计算方法相同。桩体承担的荷载 p_p 在地基中所产生的竖向应力采用 Geddes 法进行计算。叠加两部分应力可得到地基中总的竖向应力。

1996 年 S. D. Geddes 将长度为 L 的单桩在荷载 Q 作用下对地基土产生的作用力，近似地视作图 10-5 所示的桩端集中力 Q_p、桩侧均匀分布的摩阻力 Q_r 和桩侧随深度线性增长的分布摩阻力 Q_t 等三种形式荷载的组合。S. D. Geddes 根据弹性理论半无限体中作用一集中力的 Mindlin 应力求解积分，导出了单桩在上述三种形式荷载作用下地基中产生的应力计算公式。地基中的竖向应力 $\sigma_{z,Q}$ 可按下式计算：

$$\sigma_{z,Q} = \sigma_{z,Q_p} + \sigma_{z,Q_r} + \sigma_{z,Q_t} = \frac{Q_p K_p}{L^2} + \frac{Q_r K_r}{L^2} + \frac{Q_t K_t}{L^2} \tag{10-29}$$

式中，　K_p、K_r、K_t——竖向应力系数。

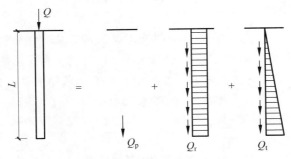

图 10-5　单桩荷载的组合

对于由 n 根桩组成的桩群,可对这 n 根桩逐根采用上式计算并叠加后求得地基中竖向应力。

10.7　化学加固法

化学加固法是把化学溶液或胶结剂灌入土中,把土粒胶结起来,以提高地基处理强度、减小沉降量的一种加固方法。目前采用的化学浆液有以下几种:①水泥浆液:用高标号的硅酸盐水泥和速凝剂组成的浆液;②硅酸盐(水玻璃)为主的浆液:常用水玻璃和氯化钙溶液;③丙烯酸铵为主的浆液;④纸浆为主的浆液。

化学加固法的施工方法有高压喷射注浆法、深层搅拌法、水泥压力灌注法和硅化法等。

10.7.1　高压喷射注浆法

高压喷射注浆法是用钻机钻孔至所需深度后,用高压泵通过安装在钻杆底端的喷嘴向四周喷射化学浆液,同时旋转提升钻杆,高压射流使土体结构破坏,并与化学浆液混合、胶结硬化后形成圆柱体状的旋喷桩。

高压喷射注浆法的特点是能够比较均匀地加固透水性很小的细粒土,浆液不会从地下流失,能在室内或洞内净空很小的条件下对土层深部进行加固施工。

高压喷射注浆法适用于砂土、黏性土、湿陷性黄土以及人工填土等地基的加固。其用途较广,可以提高地基的承载力,做成连续墙可防止渗水,可防止基坑开挖对相邻结构物的影响,增加边坡的稳定性,防止板、桩、墙渗水或涌砂,也可应用于托换工程的事故处理。

高压喷射注浆法的旋喷管分为单管、二重管、三重管三种。单管法只喷射水泥浆液,一般形成直径为 $0.3\sim0.8\text{m}$ 的旋喷柱。二重管法先从外管喷射水,然后两管同时喷射,外管喷射瞬时固化剂材料,内管喷射胶凝时间较长的渗透性材料,形成直径为 1m 的旋喷桩。三重管法为三根同心管子,外管喷射高压水,内管通水泥浆,中管通 $20\sim25\text{MPa}$ 的高压水和压缩空气。施工时先用钻机成孔,然后把三重旋喷管吊放到孔底,随即打开高压水和压缩空气阀门,通过三重旋喷管底端侧壁上直径为 $1.3\sim1.6\text{m}$ 的坚硬桩柱。

采用高压喷射注浆法加固后的地基承载力,一般可按复合地基或桩基考虑,由于加固后的桩柱直径上下不一致,且强度不均匀。若单纯按桩基考虑,则不够安全。在条件许可的情况下,应尽可能做现场载荷试验来确定地基承载力。

10.7.2　深层搅拌法

水泥土搅拌法是一种用于加固饱和黏性土地基的新方法。它是利用水泥(或石灰)等材料作为固化剂,通过特制的搅拌机械,在地基深处就地将软土和固化剂(浆液或粉体)强制搅拌,由固化剂和软土间产生一系列物理、化学反应,使软土硬结成具有整体性、水稳定性和一定强度的水泥加固土,从而提高地基强度、增大变形模量。根据施工方法的不同,水泥土搅拌法分为水泥浆搅拌和粉体喷射搅拌两种。前者是用水泥浆与地基土搅拌,后者是用水泥粉或石灰粉与地基土搅拌。

水泥土搅拌法分为深层搅拌法(以下简称"湿法")和粉体喷搅法(以下简称"干法")。水泥土搅拌法适用于处理正常固结的淤泥、淤泥质土、粉土、饱和黄土、素填土、黏性土以及无流动地下水的饱和松散砂土等地基。当地基土的天然含水量小于 30%（黄土含水量小于 25%）或大于 70%，或地下水的 pH 值小于 4 时，不宜采用干法。冬期施工时，应注意负温对处理效果的影响。湿法的加固深度不宜大于 20m，干法的加固深度不宜大于 15m。水泥土搅拌桩的桩径不应小于 500mm，如图 10-6 所示。

图 10-6　水泥土搅拌桩

　　水泥加固土的室内试验表明，有些软土的加固效果较好，而有的不够理想。一般认为含有高岭石、多水高岭石、蒙脱石等黏土矿物的软土加固效果较好，而含有伊利石、氯化物和水铝英石等矿物的黏性土以及有机质含量高、酸碱度（pH 值）较低的黏性土的加固效果较差。

1. 加固机理

　　水泥加固土的物理、化学反应过程与混凝土的硬化机理不同，混凝土的硬化主要是在粗填充料（比表面积不大、活性很弱的介质）中进行水解和水化作用，所以凝结速度较快。而在水泥加固土中，由于水泥掺量很小，水泥的水解和水化反应完全是在具有一定活性的介质——土的围绕下进行，所以水泥加固土的强度增长过程比混凝土缓慢。

　　1) 水泥的水解和水化反应

　　普通硅酸盐水泥主要是由氧化钙、二氧化硅、三氧化二铝、三氧化二铁及三氧化硫等组成，这些氧化物分别组成了不同的水泥矿物，如硅酸三钙、硅酸二钙、铝酸三钙、铁铝酸四钙、硫酸钙等。用水泥加固软土时，水泥颗粒表面的矿物很快与软土中的水发生水解和水化反应，生成氢氧化钙、含水硅酸钙、含水铝酸钙及含水铁酸钙等化合物。所生成的氢氧化钙、含水硅酸钙能迅速溶于水中，使水泥颗粒表面重新暴露出来，再与水发生反应，这样周围的水溶液就逐渐达到饱和。当溶液达到饱和后，虽然水分子继续深入颗粒内部，但新生成物已不能再溶解，只能以细分散状态的胶体析出，悬浮于溶液中，形成胶体。

　　2) 土颗粒与水泥水化物的作用

　　当水泥的各种水化物生成后，有的自身继续硬化，形成水泥石骨架；有的则与其周围具有一定活性的黏土颗粒发生反应。

　　3) 离子交换和团粒化作用

　　黏土与水结合时可表现出一种胶体特征，如土中含量最多的二氧化硅遇水后，形成硅酸胶体微粒，其表面带有 Na^+ 或 K^+，它们能与水泥水化生成的氢氧化钙中钙离子 Ca^{2+} 进行当量吸附交换，使较小的土颗粒形成较大的土团粒，从而提高土体强度。

水泥水化生成的凝胶粒子的比表面积约为原水泥颗粒的 1000 倍,因而可产生很大的表面能,有强烈的吸附活性,能使较大的土团粒进一步结合起来,形成水泥土的团粒结构,并封闭各土团的空隙,形成坚固的联结。从宏观上看,也就使水泥土的强度大大提高。

4）硬凝反应

随着水泥水化反应的深入,溶液中析出大量的钙离子,当其数量超过离子交换所需要的量后,在碱性环境中,能使组成黏土矿物的二氧化硅及三氧化二铝的一部分或大部分与钙离子进行化学反应,逐渐生成不溶于水的稳定结晶化合物,增大了水泥土的强度。在使用电子显微镜观察时可见,拌入水泥 7d 时,土颗粒周围充满水泥凝胶体,并有少量水泥水化物结晶的萌芽。1 个月后水泥土中生成大量纤维状结晶,并不断延伸、充填到颗粒间的孔隙中,形成网状构造。到 5 个月时,纤维状结晶辐射向外伸展,产生分叉,并相互联结形成空间网状结构,已不能分辨水泥和土颗粒的形状。

5）碳酸化作用

水泥水化物中游离的氢氧化钙能吸收水和空气中的二氧化碳而发生碳酸化反应,生成不溶于水的碳酸钙,这种反应也能使水泥土增加强度,但增长的速度较慢,幅度也较小。

从水泥土的加固机理分析,由于搅拌机械的切削搅拌作用,实际上不可避免地会留下一些未被粉碎的大、小土团。拌入水泥后,将出现水泥浆包裹土团的现象,而土团间的大孔隙基本上已被水泥颗粒填满。所以,加固后的水泥土中形成一些水泥较多的微区,而大小土团内部则没有水泥。只有经过较长的时间,土团内的土颗粒在水泥水解产物的渗透作用下,才逐渐改变其性质。因此,水泥土中不可避免地会产生强度较大、水稳性较好的水泥石区和强度较低的土块区。两者在空间相互交替,从而形成一种独特的水泥土结构。可见,搅拌越充分,土块被粉碎得越小,水泥在土中的分布越均匀,则水泥土结构强度的离散性越小,其宏观的总体强度也越高。

2. 水泥土的物理性质

（1）水泥掺入比

$$\alpha_{\mathrm{w}} = \frac{掺加的水泥质量}{被加固软土的质量} \times 100\% \qquad (10\text{-}30)$$

或

$$水泥掺量\ \alpha = \frac{掺加的水泥质量}{被加固土的体积} \qquad (10\text{-}31)$$

（2）含水量：水泥土在硬凝过程中,水泥水化等反应使部分自由水以结晶水的形式固定下来,故水泥土的含水量略低于原土样的含水量,水泥土含水量比原土样含水量减少 0.5%～7.0%,且随着水泥掺入比的增加而减小。

（3）重度：由于拌入软土中的水泥浆的重度与软土的重度相近,所以水泥土的重度仅比天然软土重度增加 0.5%～3.0%。采用水泥土搅拌法加固厚层软土地基时,其加固部分对于下部未加固部分不致产生过大的附加荷重,也不会产生较大的附加沉降。

（4）比重：由于水泥的比重为 3.1,比一般软土的比重（2.65～2.75）大,故水泥土的比重比天然软土的比重稍大。水泥土的比重比天然软土的比重增加 0.7%～2.5%。

（5）渗透系数：水泥土的渗透系数随水泥掺入比的增大和养护龄期的增长而减小,一般可达 $10^{-8} \sim 10^{-5}$ cm/s 数量级。对于上海地区的淤泥质黏土,垂直向渗透系数也能达到 10^{-8} cm/s 数量级,但这层土常局部夹有薄层粉砂,水平向渗透系数往往高于垂直向渗透系数,一般为 10^{-4}cm/s 数量级。因此,水泥加固淤泥质黏土能减小原天然土层的水平向渗透系数,而对垂直向渗透性的改善效果则不显著。水泥土可减小天然软土的水平向渗透性,这对深基坑施工是有利的,可将它用作防渗帷幕。

3. 水泥土的力学性质

1) 无侧限抗压强度及其影响因素

水泥土的无侧限抗压强度一般为 $300\sim4000$kPa,即比天然软土大几十倍至数百倍。其变形特征随强度不同而介于脆性体与弹塑体之间。

影响水泥土无侧限抗压强度的因素有水泥掺入比、水泥标号、龄期、含水量、有机质含量、外掺剂、养护条件及土性等。下面根据试验结果来分析影响水泥土抗压强度的一些主要因素。

(1) 水泥掺入比 a_w 对强度的影响

水泥土的强度随着水泥掺入比的增加而增大。当 $a_w<5\%$ 时,由于水泥与土的反应过弱,水泥土固化程度低,强度离散性也较大,故在水泥土搅拌法的实际施工中,选用的水泥掺入比必须大于 7%。

分析试验结果可以发现,当其他条件相同时,某水泥掺入比 a_w 的强度 f_{cuc} 与水泥掺入比 $a_w=12\%$ 的强度 f_{cu12} 的比值 $\dfrac{f_{cuc}}{f_{cu12}}$ 与水泥掺入比 a_w 的关系有较好的归一化性质。由回归分析可得 $\dfrac{f_{cuc}}{f_{cu12}}$ 与 a_w 呈幂函数关系,其关系式如下:

$$\frac{f_{cuc}}{f_{cu12}} = 41.582 a_w^{1.7695} \tag{10-32}$$

(相关系数 $R=0.999$,剩余标准差 $S=0.022$,子样数 $n=7$)

上式适用的条件是 $a_w=5\%\sim16\%$。

在其他条件相同时,两个不同水泥掺入比水泥土的无侧限抗压强度的比值随水泥掺入比之比的增大而增大。经回归分析可知两者呈幂函数关系,其经验方程式如下:

$$\frac{f_{cu1}}{f_{cu2}} = \left(\frac{a_{w1}}{a_{w2}}\right)^{1.7736} \tag{10-33}$$

$$(R=0.997,\ S=0.015,\ n=14)$$

式中　f_{cu1}——水泥掺入比为 a_{w1} 的无侧限抗压强度;

　　　f_{cu2}——水泥掺入比为 a_{w2} 的无侧限抗压强度。

上式适用的条件是 $a_w=5\%\sim20\%$,且 $\dfrac{a_{w1}}{a_{w2}}=0.33\sim3.00$。

(2) 龄期对强度的影响

水泥土的强度随着龄期的增长而提高,一般在龄期超过 28d 后仍有明显增长,由试验结果的回归分析可知,在其他条件相同时,不同龄期水泥土的无侧限抗压强度大致呈线性关系,这些关系式如下:

$$f_{cu7} = (0.47\sim0.63)f_{cu28}, \quad f_{cu14} = (0.62\sim0.80)f_{cu28}$$

$$f_{cu60} = (1.15\sim1.46)f_{cu28}, \quad f_{cu90} = (1.43\sim1.80)f_{cu28}$$

$$f_{cu90} = (2.37\sim3.73)f_{cu7}, \quad f_{cu90} = (1.73\sim2.82)f_{cu14}$$

式中　f_{cu7}、f_{cu14}、f_{cu28}、f_{cu60}、f_{cu90}——7d、14d、28d、60d 和 90d 龄期相应的水泥土无侧限抗压强度。

当龄期超过 3 个月后,水泥土的强度增长减缓。同样,据电子显微镜观察,水泥和土的硬凝反应约需 3 个月才能充分完成。因此,选用 3 个月龄期强度作为水泥土的标准强度较为适宜。一般情况下,龄期少于 3d 的水泥土强度与标准强度间关系的线性较差,离散性较大。

（3）水泥标号对强度的影响

水泥土的强度随水泥标号的提高而增加。水泥标号提高 100 号,水泥土的强度 f_{cu} 增大 50%～90%,此时可降低水泥掺入比 2%～3%。

（4）土样含水量对强度的影响

水泥土的无侧限抗压强度 f_{cu} 随着土样含水量的降低而增大,当土的含水量从 157% 降至 47% 时,无侧限抗压强度从 260kPa 增加到 2320kPa。一般情况下,土样含水量每降低 10%,其强度可增加 10%～50%。

（5）土样中有机质含量对强度的影响

有机质含量少的水泥土强度比有机质含量高的水泥土强度大得多。有机质可使土体具有较大的水溶性、塑性、膨胀性和低渗透性,并使土具有酸性,这些因素都阻碍水泥水化反应的进行。因此,有机质含量高的软土,单纯用水泥加固的效果较差。

（6）外掺剂对强度的影响

不同的外掺剂对水泥土强度有不同的影响。如木质素磺酸钙对水泥土强度的增长影响不大,主要起减水作用。石膏、三乙醇胺对水泥土强度有增强作用,而其增强效果对不同土样和不同水泥掺入比又有所不同。所以,选择合适的外掺剂可提高水泥土强度,节约水泥用量。

一般可选用三乙醇胺、氯化钙、碳酸钠或水玻璃等材料作为早强剂,其掺入量宜分别取水泥质量的 0.05%、0.2%、0.5% 和 2%;可选用木质素磺酸钙作为减水剂,其掺入量宜取水泥质量的 0.2%;石膏兼有缓凝和早强的双重作用,其掺入量宜取水泥质量的 2%。

掺加粉煤灰的水泥土,其强度一般都比不掺粉煤灰的水泥土有所增长。不同水泥掺入比的水泥土,当掺入与水泥等量的粉煤灰后,其强度均比不掺粉煤灰的水泥土提高 10%,故在加固软土时掺入粉煤灰,不仅可消耗工业废料,还可略微提高水泥土的强度。

（7）养护方法

养护方法对水泥土强度的影响主要表现在养护环境的湿度和温度。

国内外试验资料都说明,养护方法对短龄期水泥土强度的影响很大,随着时间的增长,不同养护方法下的水泥土无侧限抗压强度趋于一致,说明养护方法对水泥土后期强度的影响较小。

2) 抗拉强度

水泥土的抗拉强度 σ_t 随无侧限抗压强度 f_{cu} 的增长而提高。当水泥土的抗压强度 f_{cu} 为 0.5～4.0MPa 时,其抗拉强度 σ_t 为 0.05～0.7MPa,即 $\sigma_t = (0.06～0.30)f_{cu}$。

抗压强度与抗拉强度有密切关系,根据试验结果的回归分析,可得到水泥土抗拉强度 σ_t 与其无侧限抗压强度 f_{cu} 有幂函数关系,即

$$\sigma_t = 0.0787 f_{cu}^{0.8111}$$

(10-34)

相关系数 $= 0.991$,剩余标准差 $= 0.006$,子样数 $= 12$

上式成立的条件是 $f_{cu} = 0.5～3.5MPa$。

3）抗剪强度

水泥土的抗剪强度随抗压强度的增加而提高。当 f_{cu} 为 $0.3\sim4.0$MPa 时，其黏聚力 c 为 $0.1\sim1.0$MPa，一般为 f_{cu} 的 $20\%\sim30\%$，其内摩擦角为 $20°\sim30°$。

水泥土在三轴剪切试验中受剪破坏时，试件有清楚而平整的剪切面，剪切面与最大主应力面的夹角约为 $60°$。

4）变形模量

当垂直应力达到无侧限抗压强度的 50% 时，水泥土的应力与应变的比值称为水泥土的变形模量 E_{50}。当 f_{cu} 为 $0.1\sim3.5$MPa 时，其变形模量 E_{50} 为 $10\sim550$MPa，即 $E_{50}=(80\sim150)f_{cu}$。

5）压缩系数和压缩模量

水泥土的压缩系数为 $(2.0\sim3.5)\times10^{-5}$kPa^{-1}，其相应的压缩模量 E_s 为 $60\sim100$MPa。

6）水泥土的抗冻性能

水泥土试件在自然负温下进行的抗冻试验表明，其外观无显著变化，仅少数试块表面出现裂缝，并有局部微膨胀，或出现片状剥落及边角脱落，但深度及面积均不大，可见自然冰冻不会造成水泥土深部结构的破坏。

4. 设计计算

1）单桩竖向承载力的设计计算

单桩竖向承载力特征值应通过现场载荷试验确定。计算时，应使由桩身材料强度确定的单桩承载力大于（或等于）由桩周土和桩端土的抗力所提供的单桩承载力：

$$R_a = u_p \sum_{i=1}^{n} q_{si}l_i + \alpha q_p A_p \qquad (10\text{-}35)$$

$$R_a = \eta f_{cu} A_p \qquad (10\text{-}36)$$

式中 f_{cu}——与搅拌桩桩身水泥土配比相同的室内加固土试块（采用边长为 70.7mm 的立方体，也可采用边长为 50mm 的立方体）在标准养护条件下 90d 龄期的立方体抗压强度平均值，kPa；

η——桩身强度折减系数，干法可取 $0.20\sim0.30$，湿法可取 $0.25\sim0.33$；

u_p——桩的周长，m；

n——桩长范围内所划分的土层数；

q_{si}——桩周第 i 层土的侧阻力特征值，对淤泥可取 $4\sim7$kPa，对淤泥质土可取 $6\sim12$kPa，对软塑状态的黏性土可取 $10\sim15$kPa，对可塑状态的黏性土可以取 $12\sim18$kPa；

l_i——桩长范围内第 i 层土的厚度，m；

q_p——桩端地基土未经修正的承载力特征值（kPa），可按《建筑地基基础设计规范》（GB 50007—2011）的有关规定确定；

α——桩端天然地基土的承载力折减系数，可取 $0.4\sim0.6$，承载力高时取低值。

2）复合地基的设计计算

加固后搅拌桩复合地基承载力的特征值应通过现场复合地基载荷试验确定，也可按下式计算：

$$f_{spk} = m \cdot \frac{R_a}{A_p} + \beta(1 - m) f_{sk} \tag{10-37}$$

式中 f_{spk}——复合地基承载力特征值,kPa;

m——面积置换率;

A_p——桩的截面面积,m^2;

f_{sk}——桩间天然地基土承载力的特征值(kPa),可取为天然地基承载力特征值;

β——桩间土承载力折减系数,当桩端土未经修正的承载力特征值大于桩周土承载力特征值的平均值时,可取 0.1~0.4,差值大时取低值;当桩端土未经修正的承载力特征值小于或等于桩周土的承载力特征值的平均值时,可取 0.5~0.9,差值大或设置褥垫层时均取高值;

R_a——单桩竖向承载力特征值,kN。

可根据设计要求的单桩竖向承载力特征值 R_a 和复合地基承载力特征值 f_{spk} 计算搅拌桩的置换率 m 和总桩数 n':

$$m = \frac{f_{spk} - \beta f_{sk}}{\dfrac{R_a}{A_p} - \beta f_{sk}} \tag{10-38}$$

$$n' = \frac{mA}{A_p} \tag{10-39}$$

式中 A——地基加固的面积,m^2。

竖向承载搅拌桩复合地基应在基础和桩之间设置褥垫层。褥垫层厚度可取 200~300mm,其材料可选用中砂、粗砂、级配砂石等,最大粒径不宜大于 20mm。

当搅拌桩处理范围以下存在软弱下卧层时,应按《建筑地基基础设计规范》(GB 50007—2011)的有关规定进行下卧层承载力验算。

3)水泥土搅拌桩沉降验算

竖向承载搅拌桩复合地基的变形包括搅拌桩复合土层的平均压缩变形 s_1 和桩端下未加固土层的压缩变形 s_2。

搅拌桩复合土层的压缩变形 s_1 可按下式计算:

$$s_1 = \frac{(p_z + p_{zl})l}{2E_{sp}} \tag{10-40}$$

式中 p_z——搅拌桩复合土层顶面的附加压力值,kPa;

p_{zl}——搅拌桩复合土层底面的附加压力值,kPa;

E_{sp}——搅拌桩复合土层的压缩模量,kPa。

桩端以下未加固土层的压缩变形 s_2 可按《建筑地基基础设计规范》(GB 50007—2011)的有关规定进行计算。

5. 施工工艺

水泥土搅拌法施工步骤由于湿法和干法的施工设备不同而略有差异。其主要步骤为:

(1)搅拌机械就位、调平;

(2)预搅下沉至设计加固深度;

(3)边喷浆(粉)、边搅拌提升直至预定的停浆(灰)面;

(4)重复搅拌下沉至设计加固深度;

（5）根据设计要求，喷浆（粉）或仅搅拌提升直至预定的停浆（灰）面；

（6）关闭搅拌机械，在预（复）搅下沉时，也可采用喷浆（粉）的施工工艺，但必须确保全桩长上下至少再重复搅拌一次。

1）水泥浆搅拌法施工注意事项

（1）现场场地应予平整，必须清除地上和地下一切障碍物。遇有明浜、暗塘及场地低洼时，应抽水和清淤，分层夯实回填黏性土料，不得回填杂填土或生活垃圾。开机前必须调试，检查桩机运转情况和输浆管是否畅通。

（2）根据实际施工经验，水泥土搅拌法在施工到顶端 $0.3\sim0.5m$ 范围时，因上覆压力较小，搅拌质量较差。因此，其场地整平标高应比设计确定的基底标高再高出 $0.3\sim0.5m$，制作桩时仍施工到地面；待开挖基坑时，再将上部 $0.3\sim0.5m$ 桩身质量较差的桩段挖去。当基础埋深较大时，取下限；反之，则取上限。

（3）搅拌桩垂直度偏差不得超过 1%，桩位布置偏差不得大于 $50mm$，桩径偏差不得大于 4%。

（4）施工前应确定搅拌机械的灰浆泵输浆量、灰浆经输浆管到达搅拌机喷浆口的时间以及起吊设备提升速度等施工参数；并根据设计要求通过成桩试验，确定搅拌桩的配比等参数和施工工艺。宜用流量泵控制输浆速度，使注浆泵出口压力保持在 $0.4\sim0.6MPa$，并应使搅拌提升速度与输浆速度同步。

（5）制备好的浆液不得离析，泵送必须连续。拌制浆液的罐数、固化剂和外掺剂的用量以及泵送浆液的时间等应有专人记录。

（6）为保证桩端施工质量，当浆液到达出浆口后，应喷浆座底 $30s$，使浆液完全到达桩端。特别是设计中考虑桩端承载力时，该点尤为重要。

（7）预搅下沉时不宜冲水，当遇到较硬土层下沉太慢时，方可适量冲水，但应考虑冲水成桩对桩身强度的影响。

（8）可通过复喷的方法达到桩身强度为变参数的目的。搅拌次数以 1 次喷浆 2 次搅拌或 2 次喷浆 3 次搅拌为宜，且最后 1 次宜采用慢速提升搅拌。当喷浆口到达桩顶标高时，宜停止提升，搅拌数秒，以保证桩头的均匀密实。

（9）施工时因故停浆，宜将搅拌机下沉至停浆点以下 $0.5m$，待恢复供浆时再喷浆提升。若停机超过 $3h$，为防止浆液硬结堵管，宜先拆卸输浆管路，妥为清洗。

（10）对壁状进行加固时，桩与桩的搭接时间不应大于 $24h$，如因特殊原因超过上述时间，应先对最后一根桩进行空钻，留出榫头以待下一批桩搭接；如间歇时间太长（如停电等），与第二根无法搭接时，应在设计单位和建设单位认可后，采取局部补桩或注浆措施。

（11）搅拌机凝浆提升的速度和次数必须符合施工工艺的要求，应有专人记录搅拌机每米下沉和提升的时间。深度记录误差不得大于 $100mm$，时间记录误差不得大于 $5s$。

（12）现场实践表明，当水泥土搅拌桩作为承重桩进行基坑开挖时，桩顶和桩身已有一定的强度。若用机械开挖基坑，往往容易碰撞、损坏桩顶，因此基底标高以上 $0.3m$ 宜采用人工开挖，以保护桩头质量。这点对保证处理效果尤为重要，应引起足够的重视。

2）粉体喷射搅拌法施工中须注意的事项

（1）喷粉施工前，应仔细检查搅拌机械、供粉泵、送气（粉）管路、接头和阀门的密封性和可靠性。送气（粉）管路的长度不宜大于 $60m$。

（2）喷粉施工机械必须配置经国家计量部门确认的具有能瞬时检测并记录出粉量的粉体计量装置及搅拌深度自动记录仪。

（3）搅拌头每旋转 1 周，其提升高度不得超过 16mm。

（4）施工机械、电气设备、仪表仪器及机具等，须在确认完好后方准使用。

（5）在建筑物旧址或回填地区施工时，应预先进行桩位探测，并清除已探明的障碍物。

（6）在桩体施工过程中，若发现钻机发生不正常的振动、晃动、倾斜、移位等现象，应立即停钻检查，必要时应提钻重打。

（7）施工中应随时注意喷粉机、空压机的运转情况，压力表的变化情况以及送灰情况。如在送灰过程中出现压力连续上升，发送器负载过大，送灰管或阀门在轴具提升中途堵塞等异常情况，应立即判明原因，停止提升，原地搅拌。为保证成桩质量，必要时应予复打。堵管的原因除漏气外，主要是水泥结块。施工时，不允许用已结块的水泥，并要求管道系统保持干燥状态。

（8）在送灰过程中，如发生压力突然下降、灰罐加不上压力等异常情况，应停止提升，原地搅拌，及时判明原因。若由于灰罐内水泥粉体已喷完或容器、管道漏气所致，应将钻具下沉到一定深度后，重新加灰复打，以保证成桩质量。有经验的施工、监理人员往往能根据高压送粉胶管的颤动情况来判明送粉是否正常。检查故障时，应尽可能不停止送风。

（9）设计中要求搭接的桩体须连续施工，一般相邻桩的施工间隔时间不应超过 8h。若因停电、机械故障而超过允许时间，应征得设计部门同意，采取适宜的补救措施。

（10）在 SP-1 型粉体发送器中有一个气水分离器，用于收集因压缩空气膨胀而降温所产生的凝结水。施工时，应经常排除气水分离器中的积水，防止因水分进入钻杆而堵塞送粉通道。

（11）喷粉时，灰罐内的气压应比管道内的气压高 0.02～0.05MPa，以确保正常送粉。

（12）对于地下水位较深、基底标高较高的场地，或喷灰量较大、停灰面较高的场地，施工时应加水或及时在施工区地面加水，以使桩头部分水泥充分发生水解、水化反应，以防桩头呈疏松状态。

6. 质量检验

水泥土搅拌桩的质量控制应贯穿在施工的全过程，并应坚持全程的施工监理。在施工过程中，必须随时检查施工记录和计量记录，并对照规定的施工工艺对每根桩进行质量评定。检查重点是水泥用量、桩长、搅拌头转数和提升速度、复搅次数和复搅深度以及停浆处理方法等。

可采用以下方法对水泥土搅拌桩的施工质量进行检验：

（1）成桩 7d 后，采用浅部开挖桩头（深度宜超过停浆（灰）面下 0.5m），目测搅拌的均匀性，量测成桩直径。检查量为总桩数的 5%。

（2）成桩后 3d 内，可用轻型动力触探检查每米桩身的均匀性。检验数量为施工总桩数的 1%，且不少于 3 根。

竖向承载水泥土搅拌桩地基竣工验收时，应采用复合地基载荷试验和单桩载荷试验检验其承载力。

必须在桩身强度满足试验荷载条件，并宜在成桩 28d 后进行载荷试验。检验数量为桩总数的 0.5%～1%，且每项单体工程不应少于 3 点。

经触探和载荷试验检验后,对桩身质量有怀疑时,应在成桩 28d 后,用双管单动取样器钻取芯样做抗压强度检验,检验数量为施工总桩数的 0.5%,且不少于 3 根。

对相邻桩搭接要求严格的工程,应在成桩 15d 后,选取数根桩进行开挖,检查搭接情况。

开挖基槽后,应检验桩位、桩数和桩顶质量,如不符合设计要求,应采取有效补强措施。

10.8 托换法

既有建(构)筑物地基加固与基础托换主要从三方面考虑:一是通过将原基础加宽,减小作用在地基土上的接触压力。虽然地基土强度和压缩性没有改变,但单位面积上荷载减小,地基土中附加应力水平减小,可使原地基满足建筑物对地基承载力和变形的要求。或者通过基础加深,虽未改变作用在地基土上的接触应力,但由于基础埋深加大,一者使基础置入较深的好土层,再者加大埋深,地基承载力通过深度修正也有所增加。二是通过地基处理改良地基土体或改良部分地基土体,提高地基土体抗剪强度、改善压缩性,以满足建筑物对地基承载力和变形的要求,常用如高压喷射注浆、压力注浆以及化学加固、排水固结、压密、挤密等技术。三是在地基中设置墩基础或桩基础等竖向增强体,通过复合地基作用来满足建筑物对地基承载力和变形的要求,常用锚杆静压桩、树根桩或高压旋喷注浆等加固技术。有时可将上述几种技术综合应用。

10.8.1 桩式托换法

桩式托换是所有采用桩的形式进行托换的方法的总称,因而内容十分广泛,下面主要介绍坑式静压桩和预压桩。

1. 坑式静压桩

坑式静压桩亦称为压入桩或顶承静压桩,是在已开挖的基础下托换坑内,利用建筑物上部结构自重作为支承反力,用千斤顶将预制好的钢管桩或钢筋混凝土桩段接长后逐段压入土中的托换方法。坑式静压桩亦是将千斤顶的顶升原理与静压桩技术融为一体的新托换技术。

坑式静压桩适用于淤泥、淤泥质土、黏性土、粉土、湿陷性土和人工填土,以及埋深较浅的硬持力层。当地基土中含有较多的大块石、坚硬黏性土或密实的砂土夹层时,由于桩压入时难度较大,则应根据现场试验确定坑式静压桩是否适用。

坑式静压桩的施工步骤如下:

(1)先在贴近被托换既有建筑物的一侧,开挖一个长宽尺寸约为 1.5m×1.0m 的竖向导坑,一直挖到原有基础底面下 1.5m 处;

(2)再将竖向导坑朝横向扩展到基础梁、承台梁或基础板下,垂直开挖长×宽×深约为 0.8m×0.5m×1.8m 的托换坑;

(3)用千斤顶将桩逐节压入土中,直至桩端到达设计深度,或桩阻力满足设计要求为止;

(4)通过封顶和回填,将桩与既有基础梁浇筑在一起,形成整体连接以承受荷载。对于采用钢筋混凝土的静压桩,封顶和回填应同时进行,或先回填后封顶,即从坑底每层回填夯实至一定深度后,再在桩周围支模、浇筑混凝土。对于钢管桩,一般不须在桩顶包混凝土,只需用素土或灰土回填夯实到顶;回填时,通常在封顶混凝土里掺加膨胀剂,或采用预留空隙后填实的方法,即在离原有基础底面 80mm 处停止浇筑,待养护 1d 后,再将 1∶1 的干硬水泥砂浆塞进 80mm 的空隙内,用铁锤锤击短木,使在填塞位置的砂浆得到充分捣实而成为密实的填充层。

2. 预压桩

预压桩的设计思路是针对坑式静压桩施工存在的局限而予以改进,亦即预压桩能阻止在坑式静压桩施工中撤出千斤顶时压入桩的回弹。阻止压入桩回弹的方法是在撤出千斤顶之前,在被顶压的桩顶与基础底面之间放进一个楔紧的工字钢。

采用预压桩施工时,其前阶段施工与坑式静压桩完全相同,即当钢管桩(或预制钢筋混凝土桩)达到要求的设计深度时,如果钢管桩管内要灌注混凝土,则须待混凝土结硬后才能进行预压工作。一般要将两个并排设置的液压千斤顶放在基础底和钢管桩顶面间。两个千斤顶间要有足够的空位,以便将来安放楔紧的工字钢钢柱,两个液压千斤顶可由小液压泵手摇驱动。荷载应施加到桩设计荷载的 150%。在荷载保持不变的情况下(1h 内沉降不增加才被认为是稳定的),截取一段工字钢竖放在两个千斤顶之间,再将铁锤打紧钢楔。实践经验证明,只要转移 10%～15% 的荷载,就可有效地对桩进行预压,并阻止压入桩的回弹,此时千斤顶已停止工作,并可将其撤出。然后用干填法或用较小压力将混凝土灌注到基础底面,最后将桩顶与工字钢柱用混凝土包起来,此时预压桩施工才告结束。

10.8.2　灌浆托换法

1. 加固机理

灌浆法是指利用液压、气压或电化学原理,通过注浆管把浆液均匀地注入地层中,浆液以填充、渗透和挤密等方式赶走土颗粒间或岩石裂隙中的水分和空气后占据其位置,经人工控制一定时间后,浆液将原来松散的土粒或裂隙胶结成一个整体,形成一个结构新、强度大、防水性能好且化学稳定性良好的"结石体"。

灌浆法广泛应用在中国煤炭、冶金、水电、建筑、交通和铁道等行业,并取得了良好的效果。其加固性能表现在以下几方面:①增加地基土的不透水性,防止流沙、钢板桩渗水、坝基漏水和开挖隧道时涌水,以及改善地下工程的开挖条件;②防止桥墩和边坡护岸的冲刷;③整治坍方滑坡,处理路基病害;④提高地基土的承载力,减少地基的沉降和不均匀沉降;⑤进行托换技术,对古建筑的地基进行加固。

1) 浆液材料

灌浆加固离不开浆材,而浆材品种和性能的好坏又直接关系着灌浆工程的成败、质量和造价,因而灌浆工程界历来对灌浆材料的研究和发展极为重视。现在可用的浆材越来越多,尤其在中国,浆材性能和应用问题的研究比较系统和深入。有些浆材,通过改性使其缺点消除后,正朝理想浆材的方向发展。

灌浆工程中所用的浆液由主剂(原材料)、溶剂(水或其他溶剂)及各种外加剂混合而成。通常所说的灌浆材料是指浆液中所用的主剂。根据在浆液中所起的作用,外加剂分为固化剂、催化剂、速凝剂、缓凝剂和悬浮剂等。

（1）浆液材料分类

浆液材料的分类方法很多。按浆液所处状态,可分为真溶液、悬浮液和乳化液;按工艺性质,可分为单浆液和双浆液;按主剂性质,可分为无机系和有机系等。

（2）浆液性质

灌浆材料的主要性质包括分散度、沉淀析水性、凝结性、热学性、收缩性、结石强度、渗透性和耐久性。

（3）材料的分散度

分散度是影响可灌性的主要因素,一般分散度越高,可灌性就越好。分散度还将影响浆液的一系列物理、力学性质。

（4）沉淀析水性

在浆液搅拌过程中,水泥颗粒处于分散和悬浮于水中的状态。但当制成浆液和停止搅拌时,除非浆液极为浓稠,否则水泥颗粒将在重力作用下沉淀,并使水向浆液顶端上升。

沉淀析水性是影响灌浆质量的有害因素。浆液水灰比是影响析水性的主要因素,研究证明,当水灰比为 1.0 时,水泥浆的最终析水率可高达 20%。

（5）凝结性

浆液的凝结过程可分为两个阶段。初期阶段,浆液的流动性减少到不可泵送的程度;第二阶段,凝结后的浆液随时间增长而逐渐硬化。研究证明,水泥浆的初凝时间一般为 2～4h,黏土水泥浆则更慢。由于水泥微粒内核的水化过程非常缓慢,故水泥结石强度的增长将延续几十年。

（6）热学性

水化热引起的浆液温度主要取决于水泥类型、细度、水泥含量、灌注温度和绝热条件等因素。例如,当水泥的比表面积由 $250m^2/kg$ 增至 $400m^2/kg$ 时,水化热的发展速度将提高约 60%。

当大体积灌浆工程须控制浆液温度时,可采用低热水泥、低水泥含量及降低拌和水温度等措施。当采用黏土水泥浆灌注时,一般不存在水化热问题。

（7）收缩性

浆液及结石的收缩性主要受环境条件的影响。对于潮湿养护的浆液,只要长期维持其潮湿条件,不仅不会收缩,还可能随时间而略有膨胀。反之,干燥养护的浆液或潮湿养护后又使其处于干燥环境中,就可能发生收缩。一旦发生收缩,就将在灌浆体中形成微细裂隙,使浆液效果降低,因而在灌浆设计中应采取相应防御措施。

（8）结石强度

影响结石强度的因素主要包括浆液的起始水灰比、结石的孔隙率、水泥的品种及掺合料等,其中以浆液浓度最为重要。

（9）渗透性

与结石的强度一样,结石的渗透性也与浆液起始水灰比、水泥含量及养护龄期等一系列因素有关。不论纯水泥浆还是黏土水泥浆,其渗透性都很小。

（10）耐久性

水泥结石在正常条件下比较耐久,但若灌浆体长期受水压力作用,则可能使结石破坏。

2）浆液材料的选择要求

（1）浆液应是真溶液而不是悬浊液。浆液黏度低，流动性好，才能进入细小裂隙。

（2）浆液的凝胶时间可在几秒至几小时内随意调节，并能进行准确控制。浆液一经发生凝胶，就在瞬间完成。

（3）浆液的稳定性要好。在常温常压下，长期存放浆液不改变性质，也不发生任何化学反应。

（4）浆液应无毒无臭，不污染环境，对人体无害，属于非易爆物品。

（5）浆液应对注浆设备、管路、混凝土结构物、橡胶制品等无腐蚀性，并容易清洗。

（6）浆液固化时无收缩现象，固化后与岩石、混凝土等有一定黏接性。

（7）浆液结石体有一定抗压强度和抗拉强度，不龟裂，抗渗性能和防冲刷性能好。

（8）结石体耐老化性能好，能长期耐酸、碱、盐、生物细菌等的腐蚀，且不受温度和湿度的影响。

（9）浆液材料来源丰富、价格低廉。

（10）浆液配制方便，容易操作。

现有灌浆材料不可能同时满足上述要求，一种灌浆材料往往只能符合其中几项要求。因此，施工中要根据具体情况选用某一种较为合适的灌浆材料。

3）灌浆分类

根据灌浆机理，灌浆法可分为下述几类：

（1）渗透灌浆

渗透灌浆是指在压力作用下，浆液充填土的孔隙和岩石的裂隙，排挤出孔隙中存在的自由水和气体，而基本上不改变原状土的结构和体积（砂性土灌浆的结构原理），所用灌浆压力相对较小。这类灌浆一般只适用于中砂以上的砂性土和有裂隙的岩石。代表性的渗透灌浆理论有球形扩散理论、柱形扩散理论和袖套管法理论。

（2）劈裂灌浆

劈裂灌浆是指在压力作用下，浆液克服地层的初始应力和抗拉强度，引起岩石和土体结构的破坏和扰动，使其沿垂直于小主应力的平面上发生劈裂，使地层中原有的裂隙或孔隙张开，形成新的裂隙或孔隙，浆液的可灌性和扩散距离增大，而所用的灌浆压力相对较高。

对于岩石地基，目前常用的灌浆压力尚不能使新鲜岩体产生劈裂，主要是使原有的隐裂隙或微裂隙产生扩张。

对于砂砾石地基，其透水性较大，掺入浆液将引起超静水压力，到一定程度后将引起砂、砾石层的剪切破坏，土体产生劈裂。

对于黏性土地基，在较高灌浆压力的作用下，土体可能沿垂直于小主应力的平面产生劈裂，浆液沿劈裂面扩散，并使劈裂面延伸。在荷载作用下，地基中各点小主应力的方向是变化的，而且应力水平不同。在劈裂灌浆中，较难估计劈裂缝的发展走向。

（3）挤密灌浆

挤密灌浆是指通过钻孔在土中灌入极浓的浆液，使土体在注浆点挤密，在注浆管端部附近形成"浆泡"。当浆泡的直径较小时，灌浆压力基本上沿钻孔的径向扩展。随着浆泡尺寸逐渐增大，便产生较大的上抬力而使地面上升。经研究证明，向外扩张的浆泡将在土体中引起复杂的径向和切向应力体系。紧靠浆泡处的土体将遭受严重破坏和剪切，并形成塑性变形区,此区内土体的密度可能因扰动而减小;离浆泡较远的土则基本上发生弹性变形,因而土的密度有明显的增加。浆泡的形状一般为球形或圆柱形。在均匀土中,浆泡的形状相当规则,而在非均质土中则很不规则。浆泡的最后尺寸取决于很多因素,如土的密度、湿度、力学性质、地表约束条件、灌浆压力和注浆速率等。有时浆泡的横截面直径可达1m或更大,实践证明,离浆泡界面0.3～2.0m内的土体都能发生明显的加密。

挤密灌浆常用于中砂地基,若黏土地基中有适宜的排水条件时,也可采用挤密灌浆。如遇排水困难而可能在土体中引起高孔隙水压力时,就必须采用较低的注浆速率。挤密灌浆可用于非饱和的土体,以调整不均匀沉降进行托换技术,以及在大开挖或开挖隧道时对邻近土进行加固。

(4) 电动化学灌浆

电动化学灌浆是指施工时将带孔的注浆管作为阳极,把滤水管作为阴极,将溶液由阳极压入土中,并通以直流电(两电极间电压梯度一般采用0.3～1.0V/cm);在电渗作用下,孔隙水由阳极流向阴极,促使通电区域中土的含水量降低,并形成渗浆通路,化学浆液也随之流入土的孔隙中,并在土中硬结。因而,电动化学灌浆是在电渗排水和灌浆法的基础上发展起来的一种加固方法。但电渗排水作用,可能会引起邻近既有建筑物基础的附加下沉,应慎重注意这一情况。

2. 设计计算

1) 方案选择

灌浆方案的选择一般应遵循下述原则:

(1) 如灌浆目的为提高地基强度和变形模量,一般可选用以水泥为基本材料的水泥浆、水泥砂浆和水泥水玻璃浆等,或采用高强度化学浆材,如环氧树脂、聚氨酯以及以有机物为固化剂的硅酸盐浆材等。

(2) 如灌浆目的为防渗堵漏时,可采用黏土水泥浆、黏土水玻璃浆、水泥粉煤灰混合物、丙凝、AC-MS、铬木素以及无机试剂为固化剂的硅酸盐浆液等。

(3) 在裂隙岩层中灌浆,一般采用纯水泥浆或在水泥浆(水泥砂浆)中掺入少量膨润土,在砂砾石层中或溶洞中可采用黏土水泥浆,在砂层中一般只采用化学浆液,在黄土中采用单液硅化法或碱液法。

(4) 对于孔隙较大的砂砾石层或裂隙岩层,应采用渗入性注浆法。在砂层灌注粒状浆材时,宜采用水力劈裂法;黏性土层中应采用水力劈裂法或电动硅化法;矫正建筑物的不均匀沉降,则应采用挤密灌浆法。

2) 灌浆标准

灌浆标准是指设计者要求地基灌浆后应达到的质量指标。所用灌浆标准的高低,关系到工程量、进度、造价和建筑物的安全。

灌浆设计标准涉及的内容较多,而且工程性质和地基条件千差万别,灌浆的目的和要求也不尽相同,因而很难规定一个比较具体和统一的准则,而只能根据具体情况作出具体的规定。灌浆标准一般有防渗标准、强度和变形标准和施工控制标准等。

3) 浆材及配方设计原则

地基灌浆工程对浆液的技术要求较多,可根据土质和灌浆目的进行选择。一般应优先考虑水泥系浆材,或通过灌浆试验确定。

4）浆液扩散半径的确定

浆液扩散半径（$Q=1000KVn$），是一个重要的参数，它对灌浆工程量及造价具有重要的影响。Q 值应通过现场灌浆试验来确定。在没有试验资料时，可按土的渗透系数参照表 10-5 确定。

表 10-5　按渗透系数选择浆液扩散半径

砂土（双液硅化法）		粉砂（单液硅化法）		黄土（单液硅化法）	
渗透系数/(m/d)	加固半径/m	渗透系数/(m/d)	加固半径/m	渗透系数/(m/d)	加固半径/m
2～10	0.3～0.4	0.3～0.5	0.3～0.4	0.1～0.3	0.3～0.4
10～20	0.4～0.6	0.5～1.0	0.4～0.6	0.3～0.5	0.4～0.6
20～50	0.6～0.8	1.0～2.0	0.6～0.8	0.5～1.0	0.6～0.9
50～80	0.8～1.0	2.0～5.0	0.8～1.0	1.0～2.0	0.9～1.0

5）孔位布置

注浆孔应根据浆液的注浆有效范围进行布置，且应相互重叠，使被加固土体在平面和深度范围内连成一个整体。

6）灌浆压力的确定

灌浆压力是指在不会使地表面产生变化，且不会使邻近建筑物受到影响的前提下，可能采用的最大压力。

由于浆液的扩散能力与灌浆压力的大小密切相关，有人倾向于采用较高的灌浆压力，在保证灌浆质量的前提下，尽可能减少钻孔数。高灌浆压力还能使一些细微孔隙张开，有助于提高可灌性。当孔隙被某种软弱材料充填时，高灌浆压力能在充填物中造成劈裂灌注，使软弱材料的密度、强度和不透水性等得到改善。此外，高灌浆压力还有助于挤出浆液中的多余水分，使浆液结石的强度提高。

但是，当灌浆压力超过地层的压重和强度时，将有可能导致地基及其上部结构的破坏，因此，一般都以不使地层结构破坏，或仅发生局部和少量的破坏，作为确定地基容许灌浆压力的基本原则。

灌浆压力值与地层土的密度、强度、初始应力、钻孔深度、位置及灌浆次序等因素有关，而这些因素又难以准确地预知，因而宜通过现场灌浆试验来确定灌浆压力。

上海市标准《地基处理技术规范》（DBJ 08—40—1994）中规定：对于劈裂注浆，在浆液注浆的范围内应尽量减小注浆压力。灌浆压力的选用应根据土层的性质及其埋深确定。在砂土中的经验数值是 0.2～0.5MPa；在黏性土中的经验数值是 0.2～0.3MPa。灌浆压力因地基条件、环境条件和注浆目的等不同而不能确定时，可参考类似条件下的成功工程实例决定。一般情况下，当埋深浅于 10m 时，可取较小的注浆压力值。对于压密注浆，注浆压力主要取决于浆液材料的稠度。如采用水泥-砂浆的浆液，坍落度一般为 25～75mm，注浆压力应选定在 1～7MPa 范围内；坍落度较小时，注浆压力可取上限值，如采用水泥-水玻璃双液快凝浆液，则注浆压力应小于 1MPa。

7）其他计算内容

（1）灌浆量

灌注所需的浆液总用量 Q 可参照下式计算：

$$Q = 1000KVn \tag{10-41}$$

式中　Q——浆液总用量,L;

　　　V——注浆对象的土量,m³;

　　　n——土的孔隙率;

　　　K——经验系数,对于软土、黏性土、细砂,$K=0.3\sim0.5$;对于中砂、粗砂,$K=0.5\sim$
　　　　　0.7;对于砾砂,$K=0.7\sim1.0$;对于湿陷性黄土,$K=0.5\sim0.8$。

一般情况下,黏性土地基中的浆液注入率为$15\%\sim20\%$。

(2) 注浆顺序

注浆必须采用适合于地基条件、现场环境及注浆目的的方法进行,一般不宜采用自注浆地带某一端单向推进压注方式,应按跳孔间隔注浆方式进行,以防止串浆,并提高注浆孔内浆液的强度。对于有地下动水流的特殊情况,应考虑浆液在动水流下的迁移效应,应从水头高的一端开始注浆。

对于加固渗透系数相同的土层,首先应完成最上层封顶注浆,再按由下而上的原则进行注浆,以防浆液上冒。如土层的渗透系数随深度而增大,则应自下而上进行注浆。

注浆时,应采用"先外围、后内部"的注浆顺序。若注浆范围以外有边界约束条件(能阻挡浆液流动的障碍物)时,也可采用自内侧开始顺次往外侧注浆的方法。

10.8.3　基础加固法

许多既有建筑物或改建增层工程,常因基础底面积不足而使地基承载力或变形不满足规范要求,从而导致既有建筑物开裂或倾斜。或由于基础材料老化、浸水、地震或施工质量等因素的影响,原有地基基础已显然不再适应,一般常用基础加宽托换的方法,以增大基础支承面积,加强基础刚度,增大基础的埋置深度等。通常采用混凝土套或钢筋混凝土套进行加固。

当采用混凝土套或钢筋混凝土套时,应注意以下几点施工要求:

(1) 基础加大后,刚性基础应满足混凝土刚性角要求,柔性基础应满足抗弯要求。

(2) 为使新旧基础牢固连接,在灌注混凝土前,应将原基础凿毛并刷洗干净,再涂一层高标号水泥砂浆,应沿基础高度每隔一定距离设置锚固钢筋;也可在墙脚或圈梁钻孔穿钢筋,再用环氧树脂填满,穿孔钢筋须与加固筋焊牢。

(3) 对于加套的混凝土或钢筋混凝土的加宽部分,其地基上铺设的垫料及其厚度,应与原基础垫层的材料及厚度相同,使加套后的基础与原基础的基底标高和应力扩散条件相同,且能协调变形。

(4) 对于条形基础,应按$1.5\sim2m$划分成许多单独区段,分别进行分批、分段、间隔施工,决不能在基础全长挖成连续的坑槽,或使全长上地基土暴露过久,以免导致地基土浸泡软化,使基础随之产生很大的不均匀沉降。

(5) 当原基础承受中心荷载时,可采用双面加宽;当原基础承受偏心荷载,受相邻建筑基础条件限制,为沉降缝处的基础,或为了不影响室内正常使用时,可在单面加宽原基础,亦可将柔性基础改为刚性基础,或将条形基础扩大成片筏基础。

根据验算,原地基承载力和变形不能满足规范要求时,除了可采用基础加宽的托换方法,尚可采用将基础落在较好新持力层上的坑式托换加固方法,也称为墩式托换。

坑式托换基础施工步骤如下：①在贴近被托换的基础侧面，由人工开挖一个尺寸为1.2m×0.9m的竖向导坑，并挖到比原有基础底面下再深1.5m处；②再将导坑横向扩展到直接的基础下面，并继续在基础下面开挖到所要求的持力层标高；③采用现浇混凝土浇筑基础下已被开挖出来的挖坑，并形成墩子。但在离原有基础底面8cm处停止浇筑，养护1d后，再将1∶1干硬性水泥砂浆放进8cm的空隙内，充分捣实成填充层；④用同样步骤，再分段分批地挖坑和修筑墩子，直至全部托换基础的工作完成为止。

1. 锚杆静压桩技术

锚杆静压桩是将锚杆和静力压桩两项技术巧妙结合而形成的一种桩基施工新工艺，它是按设计在须进行地基基础加固的既有建筑物基础上开凿压桩孔和锚杆孔，用黏结剂埋好锚杆，然后安装压桩架，使之与建筑物基础连为一体，并利用既有建筑物自重作反力，用千斤顶将预制桩段压入土中，桩段间用硫黄胶泥或焊接连接。当压桩力或压入深度达到设计要求后，将桩与基础用微膨胀混凝土浇筑在一起，桩即可受力，从而达到提高地基承载力和控制沉降的目的。

锚杆静压桩施工机具简单，施工作业面小，施工方便灵活，技术可靠，效果明显，施工时无振动，无污染，对原有建筑物中的生活和生产秩序影响小。因而，锚杆静压桩可适用于黏性土、淤泥质土、杂填土、粉土、黄土等地基。

锚杆静压桩技术除应用于已有建筑物地基加固外，也可应用于新建建（构）筑物基础工程。在闹市区旧城改造中，限于周围交通条件难以运进打桩设备，或施工场所很窄，打桩施工工作面不够时，可采用锚杆静压桩技术进行桩基施工。在施工设备短缺地区，无打桩设备时，也可用锚杆静压桩技术进行桩基施工。对于新建建筑物，在基础施工时，可按设计预留压桩孔，预埋锚杆，待上部结构施工至3～4层时，再利用建筑物自重作为压桩反力开始压桩。

锚杆静压桩的压桩施工应遵循下述要点：

（1）应根据压桩力大小选定压桩设备及锚杆直径。对于触变性土（黏性土），压桩力可取单桩容许承载力的1.3～1.5倍；对于非触变性土（砂土），压桩力可取单桩容许承载力的2倍。

（2）压桩架应保持垂直，应均衡拧紧锚固螺栓的螺帽。在压桩施工过程中，应随时拧紧松动的螺帽。

（3）桩段就位时必须保持垂直，不得偏压。当压桩力较大时，桩顶应垫3～4cm厚的麻袋，其上垫钢板再进行压桩，防止压碎桩顶。

（4）压桩施工时，不宜使数台压桩机同时在一个独立柱基上施工。在施工期间，压桩力总和不得超过既有建筑物的自重，以防止基础上抬造成结构破坏。

（5）压桩施工不得中途停顿，应一次到位。如不得已必须中途停顿时，桩尖应停留在软弱土层中，且停歇时间不宜超过24h。

（6）采用硫黄胶泥接桩时，上节桩就位后应将插筋插入插筋孔内，检查重合无误、间隙均匀后，将上节桩吊起10cm，装上硫黄胶泥夹箍，浇筑硫黄胶泥，并立即将上节桩保持垂直放下，接头侧面应平整光滑，上下桩面应充分黏结，待接桩中的硫黄胶泥固化后（一般气温下，硫磺胶泥经5min即可固化），才能继续进行压桩施工。当环境温度低于5℃时，应对插筋和插筋孔做表面加温处理。

（7）熬制硫磺胶泥的温度应严格控制为140～145℃，浇筑时温度不得低于140℃。

（8）采用焊接接桩时，应清除表面铁锈，进行满焊，确保质量。

（9）桩与基础的连接（即封桩）是整个压桩施工的关键工序之一，必须认真进行。

（10）压桩施工的控制标准，应以设计最终压桩力为主、桩入土深度为辅加以控制。

2. 树根桩技术

树根桩是一种小直径钻孔灌注桩，其直径通常为 100～250mm，有时也可采用直径为 300mm 的树根桩。先利用钻机钻孔，待满足设计要求后，放入钢筋或钢筋笼，同时放入注浆管，用压力注入水泥浆或水泥砂浆而成桩，亦可放入钢筋笼后再灌入碎石，然后注入水泥浆或水泥砂浆而成桩。小直径钻孔灌注桩也可称为微型桩，可以竖向、斜向设置，网状布置如树根状，故称为树根桩。

树根桩技术的特点是机具简单，施工场地小；施工时振动和噪声小，施工方便；因桩孔很小，施工时对墙身和地基土都不产生任何次应力，所以托换加固时对墙身没有危险；也不扰动地基土，或干扰建筑物的正常工作情况。树根桩适用于碎石土、砂土、粉土、黏性土、湿陷性黄土和岩石等各类地基土，不仅可承受竖向荷载，还可承受水平向荷载。压力注浆使桩的外侧与土体紧密结合，使桩具有较大的承载力。

树根桩加固地基的设计计算内容与树根桩在地基加固中的作用有关，应视工程情况区别对待。

树根桩一般为摩擦桩，与地基土体共同承担荷载，可视为刚性桩复合地基。对于网状树根桩，可视为修筑在土体中的三维结构，设计时以桩和土间的相互作用为基础，由桩和土组成复合土体的共同作用，将桩与土围起来的部分视为一个整体结构，其受力犹如一个重力式挡土结构。

树根桩与桩间土共同承担荷载，其承载力的发挥还取决于建筑物所能容许的最大沉降值。容许的最大沉降值越大，树根桩承载力的发挥度越高。容许的最大沉降值越小，树根桩承载力的发挥度越低。对于承担同样的荷载，当树根桩承载力发挥度低时，则要求设置较多的树根桩数。

如树根桩施工时不下套管，会出现缩颈或塌孔现象，应将套管下到产生缩颈或塌孔的土层深度以下。注浆时，注浆管应埋设在离孔底标高 200mm 处。从开始注浆起，对注浆管要进行不定时的上下松动，在注浆结束后要立即拔出注浆管，每拔 1m 必须补浆一次，直至拔出为止。注浆施工时，应防止出现穿孔和浆液沿砂层大量流失的现象，可采用跳孔施工、间歇施工或增加速凝剂掺量等措施来防范。额定注浆量不应超过按桩身体积计算量的 3 倍；当注浆量达到额定注浆量时，应停止注浆。注浆后，由于水泥浆收缩较大，故在控制桩顶标高时，应根据桩截面和桩长的大小，采用高于设计标高 5%～10% 的施工标高。

10.9　工程案例：宝鸡第二发电厂4座冷却水塔及附属工程Ⅳ级自重湿陷性地基处理

1. 工程概况及地质条件

宝鸡第二发电厂位于陕西省宝鸡市凤翔县石头坡，是国家重点建设工程，总投资 60 亿元，是由 4 台 30 万 kW 汽轮发电机组组成的国家大型发电厂。该电厂建于千河左岸Ⅳ级自重湿陷性黄土地基上，湿陷厚度为 20m，属于大厚度湿陷性黄土。由于冷却水塔对地基要求较严，该自重湿陷性黄土远不能满足设计要求，须对冷却水塔下 20m 内的自重湿陷性黄土地基进行处理。

设计单位和建设单位经过对多种地基处理方案在技术、质量、工期和造价等方面的比较后,决定采用孔内深层强夯技术(DDC)对该地基进行处理。

1996 年开始施工,4 座冷却水塔及附属建筑共成桩 4 万多根(图 10-7)。

图 10-7　宝鸡第二发电厂 4 座冷却水塔及附属工程

2. 地基处理的目的和要求

(1) 全部消除Ⅳ级自重湿陷性;

(2) 处理后地基承载力 $f_k \geqslant 250\text{kPa}$。

3. 地基处理方法

(1) 采用孔内深层强夯(DDC)灰土桩;

(2) 成孔直径为 400mm,平均成桩直径为 600mm,桩深 20m;

(3) 桩体填料为灰土(白灰+施工现场废弃土)。

4. 处理效果

经建设单位委托,第三方国家级检测单位进行检测,检测结论为:Ⅳ级自重湿陷性全部消除,复合地基承载力 $f_k \geqslant 250\text{kPa}$,满足设计要求。

5. 结论

专家们认为:宝鸡第二发电厂的Ⅳ级自重湿陷性地基在中国西部大面积湿陷性黄土地基中极具有代表性,如此厚度(20m)的自重湿陷性黄土全部消除湿陷,该地基处理技术在质量、技术、工期及造价方面是其他地基处理技术无法比拟的。

本章小结

本章主要介绍了地基处理的目的和意义、软弱的类型和工程特性,常用地基处理方法的适用范围和特点。着重讲解了换土垫层法、强夯法、预压法的机理与设计方法以及复合地基的地基承载能力,介绍了化学加固法、托换法、挤密法及振冲法的相关知识。

思考题

10-1　换土垫层的作用是什么? 如何确定砂垫层的厚度和底面积? 如何检验砂垫层的施工质量?

10-2　强夯法的适用条件和加固机理是怎样的？

10-3　堆载预压法和真空预压法加固软黏土地基的机理有什么不同？

10-4　什么是高压喷射注浆法？如何分类？什么是水泥土搅拌桩？

10-5　什么是桩式拖换？什么是树根桩？有什么特点？适用于什么情况？

10-6　简述灌浆拖换的定义、分类和适用范围？

习题

10-1　如图 10-8 所示，某砖混结构条形基础，作用在基础顶面的竖向荷载 $F_k=130\mathrm{kN/m}$，土层分布如下：0～1.3m 为填土，$r=17.5\mathrm{kN/m^3}$，厚 1.3～7.8m。淤泥质土，$w=47.5\%$，$r=17.8\mathrm{kN/m^3}$。$f_{ak}=76\mathrm{kPa}$，地下水位为 0.8m，设砂垫层厚 0.8m，压实系数 $\lambda_c=0.95$，承载力特征值 $f_a=150\mathrm{kPa}$，试采用换填垫层法设计地基。

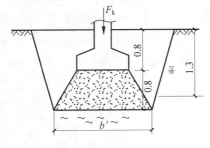

图 10-8　题 10-1 图

10-2　某工程采用振冲法地基处理，填料为砂土，桩径为 0.6m，等边三角形布桩，桩间距为 1.5m，处理后桩间土地基承载力特征值 $f_{ak}=120\mathrm{kPa}$，试求复合地基承载力特征值。

10-3　某新建大型企业，经过岩土工程勘察，地表为耕植土，层厚 0.8m；第二层为粉砂，松散，层厚为 6.5m；第三层为卵石，层厚 5.8m，地下水位埋深为 2m。考虑用强夯法加固地基，请设计锤重和落距，以进行现场试验。

第11章

>>>

特殊土地基

　　特殊土是指与一般土工程性质有显著差异的土类。由于生成时不同的地理环境、气候条件、地质成因、物质成分以及次生变化等原因，一些土类具有特殊的成分、结构和工程性质。特殊土的种类很多，大部分都具有地区特点，故又有区域性特殊土之称。中国主要区域性特殊土包括软土、湿陷性黄土、红黏土、膨胀土、冻土等，还包括工程中存在的地震液化土。特殊土地基对工程有很大的危害，如软土地基强度低，地基沉降量大且不均匀；湿陷性黄土地基遇水土体崩解，结构破坏，强度下降；膨胀土吸水膨胀、失水收缩，建筑物随季节性变化而反复不均匀升降等。因此，在工程建设中，须加强对特殊土地基的认识，采取适当措施，保证建筑的质量和安全。

11.1　红黏土地基

1. 红黏土的定义

　　红黏土是指在亚热带湿热气候条件下，碳酸盐类岩石及其间夹杂的其他岩石，经红土化作用形成的高塑性黏土。红黏土一般呈褐色或棕红色，液限大于50%。如果已经形成的红黏土经流水再搬运后仍能保留其基本特性，液限大于45%，则可称之为次生红黏土。在中国，红黏土主要分布在云南、贵州、广西、安徽、四川东部等省区。

　　红黏土的黏粒组分含量较高，一般可达55%～70%，黏土颗粒主要以高岭石和伊利石类黏土矿物为主，粒度较均匀，分散性较高，常呈蜂窝状结构，有很多裂隙（网状裂隙）、结核和土洞。

2. 红黏土的工程特性与工程分类

1) 红黏土的工程特性

　　红黏土的工程特性包括红黏土的高塑性、高孔隙比、土层厚度不均匀性、土体结构的裂隙性及其胀缩性。

　　(1) 高塑性和高孔隙比。红黏土系碳酸盐类及其他类岩石的风化后期产物，其矿物成分除含有一定数量的石类颗粒外，大量的黏土颗粒主要由多水高岭石、水云母类、胶体SiO_2、赤铁矿及三水铝土矿等组成，不含或极少含有有机质。红黏土的一般特点是天然含水量高，一般为40%～60%，最高达90%；密度小，天然孔隙比一般为1.4～1.7，最高为2.0，具有大孔性；高塑性，塑限一般为40%～60%，最高达90%，塑性指数一般为20～50；一般呈现较高的强度和较低的压缩性；不具有湿陷性。由于塑性很高，所以尽管红黏土天然含水量高，一般仍处于坚硬或硬可塑状态，甚至饱水的红黏土也处于坚硬状态。

（2）土层厚度不均匀性。母岩的特性和成分，决定了红黏土的厚度不大，一般为 1～5m。同时，由于其中碳酸盐的岩溶发育，在地下水和地表水单独或联合作用下，由于水冲蚀等作用，红黏土中可能会出现土洞，在自重或外荷载作用下，可能会发生地表塌陷。

（3）土体结构的裂隙性。自然状态下的红黏土呈致密状态，表面受大气影响后呈坚硬、硬塑状态。当失水后，土体发生收缩，土体中出现裂隙。由于裂隙的存在，土体整体性遭到破坏，总体强度大大削弱。

（4）胀缩性。红黏土具有以收缩为主的胀缩性，天然状态下的膨胀量仅为 1‰～3‰，但收缩量却达到 10％～20％。其膨胀能力主要表现在失水收缩后复浸水的过程中。

2）红黏土的工程分类

红黏土可按照湿度状态、土体结构、复浸水特性及地基均匀性进行分类。

（1）按湿度状态分类。根据液性指数 I_L、含水比 α_w，可将红黏土划分为坚硬、硬塑、可塑、软塑和流塑，如表 11-1 所示。

表 11-1　红黏土湿度状态分类标准

状态	状态指标	
	$\alpha_w = \dfrac{w}{w_L}$	I_L
坚硬	≤0.55	≤0
硬塑	0.55～0.70	0～0.33
可塑	0.70～0.85	0.33～0.67
软塑	0.85～1.00	0.67～1.00
流塑	>1.00	>1.0

（2）按土体结构分类。天然状态的红黏土为整体致密状，当土中形成网状裂隙，使土体变成由不同延伸方向、宽度和长度的裂隙面分割所构成的土块。致密状、少裂隙的土体与富裂隙的土体的工程性质有明显差异。根据土中裂隙特征、天然状态与扰动状态土样无侧限抗压强度之比 S_t，可将地基土分为致密状、巨块状和碎块状三类，如表 11-2 所示。

表 11-2　红黏土土体结构分类标准

土体结构	外观特征	S_t
致密状	偶见裂隙，少于 1 条/m	>1.2
巨块状	较多裂隙，1～5 条/m	1.2～1.8
碎块状	富裂隙，多于 5 条/m	<0.8

（3）根据红黏土收缩后复浸水是否能恢复到原位，可将红黏土分成两类（见表 11-3）：

表 11-3　红黏土的复浸水特性分类

类别	I_r 与 I_r' 的关系	复浸水特性
Ⅰ	$I_r \geqslant I_r'$	收缩后复浸水膨胀，能恢复到原位
Ⅱ	$I_r < I_r'$	收缩后复浸水膨胀，不能恢复到原位

注：$I_r = \dfrac{w_L}{w_p}$，$I_r' = 1.4 + 0.0066 w_L$。

3）对红黏土地基的工程评价

一般而言，较均匀的红黏土有较高的强度和较低的压缩性，故其天然地基承载力较高，是建筑物良好的地基。但遇到非均质地基时，则应综合其他因素加以评价。通常须考虑以下因素：

（1）土体结构和裂隙对承载力的影响；

（2）土体湿度状态受季节性变化的影响；

（3）地表水体下渗的影响；

（4）开挖面长时间暴露，复浸水对土体的影响；

（5）下伏岩溶、土洞对地基的影响。

4）红黏土的稳定性评价

由于红黏土具有裂隙性、膨胀性（特别是其失水收缩性），以及常与岩溶、土洞并生的特性，应从以下几方面注意其稳定性：

（1）当基础浅埋，有较大水平荷载，外侧倾斜或有临空面时，应进行地基稳定性验算；

（2）开挖红黏土边坡时，应考虑因土体干缩导致裂隙发展及重复浸水，而使土质发生不利影响的稳定性；

（3）下伏有岩溶、土洞时，必须考虑其对上覆地基稳定性的影响。

3. 红黏土的地基处理技术

以红黏土为地基，须根据红黏土地基的不同类型，分别进行考虑。

（1）对均匀性红黏土地基，应充分利用上层红黏土强度高、压缩性低的特点，尽量浅埋基础。

（2）对于岩土混合的非均匀性地基，常用的处理方法可概括为两类：一类是改造压缩性较高的地基，使它与压缩性较低的地基相适应，多采用桩基、局部深挖、换土及梁、板、拱跨越的处理方法，；另一类是改造压缩性较低的地基，使它与压缩性高的地基相适应，如采用 30～50cm 厚的炉渣、中砂和粗砂、土夹石、黏性土作为垫层；

（3）对于裂隙性红黏土地基，可通过铺垫砂垫层、增加基础埋深、加大室外散水宽度等方法对地基土进行保湿，进而防止房屋开裂；

（4）对于有下伏岩层、土洞的红黏土地基，在基础持力层内的土洞，应采用挖除洞体进行灌填或用梁板支承等方法；

（5）当天然地基无法满足要求时，可选择使用桩基或沉井。

11.2　膨胀土地基

膨胀土是指含有大量强亲水性黏土矿物成分，具有显著的吸水膨胀和失水收缩，且胀缩变形往复可逆的高塑形黏土。膨胀土多分布于Ⅱ级以上的河谷阶地或山前丘陵地区，个别处于Ⅰ级阶地，呈黄、黄褐、灰白、花斑（杂色）和棕红等色，多由高分散的黏土颗粒组成，常有铁锰质及钙质结核的零星包含物。膨胀土结构致密细腻，一般呈坚硬至硬塑状态，但雨天浸水剧烈变软。膨胀土近地表部位常有不规则的网状裂隙，裂隙表面光滑，呈蜡状或油脂光泽，时有擦痕和水迹，并填充有灰白色黏土（主要为蒙脱石或伊利石矿物），在地表部位常因失水而张开，雨季又会因浸水而重新闭合。

　　膨胀土黏粒含量多达 35%～85%。其中粒径小于 0.002mm 的胶粒含量一般占 30%～40%。其塑性指数多为 22～35,天然含水量接近或略小于塑限,常年不同季节变化幅度为 3%～6%,故一般呈现坚硬或硬塑状态。膨胀土的天然孔隙比小,通常为 0.50～0.80,同时,其天然孔隙比随土体湿度的增减而变化,强度较高,压缩性较低。土体增湿膨胀,孔隙比变大。土体失水收缩,孔隙比变小。自由膨胀量一般超过 40%,有的甚至超过 100%。

　　据现有的资料可知,广西、云南、湖北、安徽、四川、河南、山东等 20 多个省、市自治区均有膨胀土。

1. 影响膨胀土胀缩特性的主要因素

　　1) 内在机制

　　内在机制主要是指矿物成分及微观结构两方面。实验证明,膨胀土含有大量的活性黏土矿物,如蒙脱石和伊利石,尤其是蒙脱石,比表面积大,在低含水量时对水有巨大的吸力,土中蒙脱石含量的多少直接决定着土的胀缩性质的大小。同时,膨胀土的胀缩变形不仅取决于膨胀土的矿物成分,还取决于这些矿物在空间分布上的结构特征。由于膨胀土中普遍存在片状黏土矿物,颗粒彼此叠聚呈微集聚体,膨胀土的基本结构是集聚体之间面与面接触形成的分散结构,这种结构具有很强的吸水膨胀、失水收缩的能力。

　　2) 外界因素

　　外界因素主要是指水对膨胀土的作用,更确切地说是水分的迁移产生作用。只有土中存在着可能产生水分迁移的梯度和途径,才有可能引起土的膨胀或收缩。自然或人为发生的较明显的水量变化,如雨雪天气、管道破裂等,都可能引起土体的胀缩变化。

2. 膨胀土的判别

　　如表 11-4 所示,膨胀土大致可以通过三类指标来判别:第一类是根据膨胀土的潜在胀缩来衡量,如膨胀性指标、压实指标、吸水指标等;第二类是根据土的表现胀缩率来评价,如自由线胀率、自由体积膨胀率、有荷膨胀率、线收缩率、体收缩率等;第三类是矿物成分及含量间接性指标,如活动性指标、缩限和缩性指数。

表 11-4　膨胀土的判别标准

编号	指标名称	计算公式	临界值	
			国外	国内
1	膨胀性指标	$K_e = \dfrac{e_L - e}{1+e}$	>0.4	0.2 或 0.4
2	压实指标	$K_d = \dfrac{e_L - e}{e_L - e_p}$	≥1.0	≥0.5 或 0.8
3	活动性指标	$K_A = \dfrac{I_P}{A}$	>1.25	≥0.6 或 ≥1.0
4	吸水指标	$K_w = \dfrac{w_L - w_{sr}}{w_{sr}}$	>0.4	≥0.4 或 ≥1.0
5	自由线膨胀率	$\delta_e = \dfrac{h_t - h_0}{h_0} \times 100\%$	>0.5%	>1.0%
6	缩限	w_s	<12%	<12%
7	缩性指数	$I_s = w_L - w_s$	>20%	—

续表

编号	指标名称	计算公式	临界值 国外	临界值 国内
8	线收缩率	$\delta_{si} = \dfrac{h_s - h_0}{h_0} \times 100\%$	>5%	—
9	有荷膨胀率	$\delta_{ep} = \dfrac{h_p - h_0}{h_0} \times 100\%$	>1%	—
10	自由胀缩率	$\delta_{ef} = \dfrac{v_{we} - v_0}{v_0} \times 100\%$	—	≥40%

3. 膨胀土地基的工程措施及处理技术

如在膨胀土地基上修建建筑物,应采取积极的预防措施,如场地选择、建筑措施、结构措施等,以减少因地基膨胀而使建筑物发生破坏。

对膨胀土地基的处理,应从上部结构和地基基础两方面着手,认真分析膨胀土胀缩这一重要因素,根据当地的气候条件、土质特性和胀缩等级、场地的工程地质和水文地质情况及建筑物结构类型等,结合当地工程经验和施工条件,通过综合技术和经济比较,来确定适宜的地基处理方法,尽可能做到技术先进,经济合理。

1)建筑场地的选择

根据工程地质和水文地质条件,建筑物应尽量避免布置在不良地质条件地段。最好选择在胀缩性较小和土质较均匀的地区布置建筑物,可根据工程地质报告和现场调查来确定地基所在地段。建筑场地要设计好地表排水,建筑物周围宜种植草皮等,并防止管线渗漏。

2)建筑措施

建筑物的体型应力求简单,尽量避免产生凹凸、转角,并不宜过长,必要时可增设沉降缝。尽量少用低层民用建筑,做宽散水,并增加覆盖面。室内地坪宜采用混凝土预制块,做砂、碎石或炉渣垫层。

3)结构措施

尽量避免使用对地基变形敏感的结构类型。设计时,应考虑地基的胀缩变形对轻型结构建筑物的损坏作用。为了加强建筑物的整体刚度,可适当设置钢筋混凝土圈梁和钢筋砖腰箍。可采取增加基础附加荷载等措施以减少土的胀缩变形。另外,还要辅以防水处理。必要时,可在建筑物的角端和内、外墙的连接处增设水平钢筋。

4)地基处理

对建筑和结构采取措施的同时,应根据当地的气候条件、土质特性与胀缩等级、场地的工程地质及水文地质情况等采取适当的地基处理方法。常用的地基处理技术有换土法、土性改良法、预浸水法和桩基础等。

(1)换土法:即将全部或部分膨胀土挖除,换填非膨胀黏性土、砂土或灰土,以减少或消除地基的膨胀变形。该方法可用于较强或强膨胀性土层较浅或较薄的场地。

(2)土性改良法:在膨胀土中掺入其他材料,使其物理、力学特性得到改善,克服其不良的湿热敏感性。可以掺入非膨胀性固体材料(如砂砾石、粉煤灰、矿渣、风积土),来改变膨胀土原有的颗粒组成或级配,进而减弱膨胀土的胀缩能力;也可以掺入石灰、水泥、有机或无机化学浆液,通过其与土中黏粒颗粒发生化学反应,从根本上改变土的性质,减小或消除膨胀。

（3）预浸水法：通过人工方法增加地基土的含水量，使全部或部分膨胀土膨胀，并维持高含水量，从而消除或减少膨胀变形量。运用此方法的条件是基底压力不大，且能保持地基土中含水量不变，因此，该方法在国内的运用受到一定的限制，一般只用于在蓄水池、冷却塔等建筑或构筑物。

（4）桩基础法：常用于大气影响变化剧烈，或基础埋深较大，选用普通基础施工有困难或不经济时。选用桩基础时，应注意考虑膨胀土胀、缩两方面对桩承载力的不同影响。

11.3　湿陷性黄土地基

1. 湿陷性黄土的定义和分布

黄土是在干旱和半干旱气候条件下形成的一种特殊沉积物，颜色多呈黄色、淡灰黄色或黄褐色，颗粒组成以粉土粒（其中尤以粗粉土粒，粒径为 0.05～0.01mm）为主，占 60%～70%，粒度大小均匀，黏粒含量较少，一般仅占 10%～20%。黄土含水量一般仅占 8%～20%；孔隙比大，一般为 1.0 左右，且具有肉眼可见的大孔隙。黄土具有垂直节理，常呈现直立的天然边坡。黄土按成因可分为原生黄土和次生黄土。

天然黄土在天然含水量时一般呈坚硬或硬塑状态，具有较高的强度和低或中等偏低的压缩性，但受水浸湿后，土的结构迅速破坏，发生显著的沉陷变形（称为湿陷性），强度也随之降低。然而，并不是所有黄土都发生湿陷。原生黄土一般较稳定，没有湿陷性，土的承载力较高，对工程建筑的影响较小；次生黄土广泛覆盖在老黄土之上，一般都具有湿陷性，与工程建筑关系密切，须引起格外重视。凡在上覆土的自重压力作用下，或在上覆土的自重压力与附加压力共同作用下，受水浸湿后，土的结构迅速而显著下沉的天然黄土，称为湿陷性黄土，否则即为非湿陷性黄土。

湿陷性黄土分为自重湿陷性和非自重湿陷性两种。受水浸湿后，在上覆土层自重应力作用下发生湿陷的黄土称为自重湿陷性黄土；若在自重应力作用下不发生湿陷，而须在自重和外荷载共同作用下才发生湿陷的黄土称为非自重湿陷性黄土。

2. 黄土的成分与结构

黄土中含有 60 多种矿物，以碎屑矿物为主，并含有部分黏土矿物。碎屑矿物主要成分为石英、长石和碳酸岩；黏土矿物则多为水云母，并有少量蒙脱石和高岭石等。黄土中易溶盐、中溶盐和有机物的含量较少。

构成黄土的结构体系是骨架颗粒。湿陷性黄土一般都形成粒状架空点接触或半胶结形式，湿陷程度与骨架颗粒的强度、排列紧密情况、接触面积以及胶结物的性质和分布情况有关。黄土在形成时非常松散，季节性的短期雨水把松散干燥的粉粒黏聚起来，而长期的干旱使土中水分不断蒸发，当水分逐渐蒸发后，体积有所收缩，胶体、盐分和结合水集中在较细颗粒周围，可溶盐逐渐浓缩、沉淀而成为胶结物。随着含水量的减小，土粒彼此靠近，颗粒间的分子引力以及结合水和毛细水的联结力也逐渐加大，增强了土粒之间抵抗滑移的能力，阻止了土体的自重压密，于是形成了以粗粉粒为主体骨架的较松散的多孔隙结构形式。

3. 湿陷的原因及机制

黄土发生湿陷性的原因可分为外因和内因两方面。其中，外因主要与水有关，内因则与黄土的成分及其结构有关。水渗透进黄土后,引发黄土内部结构及矿物组成的变化,导致湿陷。

(1) 管道(或水池)漏水、灌溉渠和水库的渗漏,或降水、地面积水、生产和生活用水等渗入地下,或地下水位上升等,都可能导致黄土发生湿陷性沉降。但受水浸湿只是发生湿陷所必需的外界条件,并不必然导致湿陷。

(2) 黄土受水浸湿后,结合水膜增厚而楔入颗粒之间。于是,结合水联结消失,盐类溶于水中,骨架强度随之降低,土体在上覆土层的自重应力或在附加应力与自重应力综合作用下,其结构迅速破坏,土粒滑向大孔,粒间孔隙减少。这就是黄土湿陷现象的内在过程。

此外,黄土的湿陷性还与孔隙比、含水量以及所受压力的大小有关。天然孔隙比越大,或天然含水量越小,则湿陷性越强。在天然孔隙比和含水量不变的情况下,随着压力的增大,黄土的湿陷量增加;但当压力超过某一数值后,再增加压力,湿陷量反而减少。

4. 湿陷性黄土的工程特性指标

湿陷性黄土的工程特性指标包括湿陷系数 δ_s、自重湿陷系数 δ_{zs}、湿陷起始压力 p_{sh}、湿陷终止压力 p_{sh} 及湿陷起始含水量 w_{sh}。

(1) 湿陷系数 δ_s 是单位厚度的土层由于浸水在规定压力下产生的湿陷变形。δ_s 可通过室内浸水压缩试验测定。把保持天然含水量和结构的黄土土样装入侧限压缩仪内,逐级加压,达到规定试验压力。待土样压缩稳定后,进行浸水,使含水量接近饱和。待土样又迅速下沉,再次达到稳定,得到浸水后土样高度 h'_p。可由下式求得土的湿陷系数 δ_s。

$$\delta_s = \frac{h_p - h'_p}{h_0} \tag{11-1}$$

式中 h_0——试样的原始高度,mm;

h_p——保持天然湿度和结构的试样,加压到一定压力时,压缩稳定后的高度,mm;

h'_p——上述加压稳定后的试样,在饱和浸水作用下附加下沉、稳定后的高度,mm。

(2) 自重湿陷系数 δ_{zs} 是指单位厚度的土样在该试样深度处上覆土层的饱和自重压力作用下所产生的湿陷变形。它是计算自重湿陷量,及判定场地湿陷类型为自重或非自重湿陷的指标。其试验过程与测量湿陷系数的试验过程相同,区别主要在于施加压力的大小,可按下式计算:

$$\delta_{zs} = \frac{h_z - h'_z}{h_0} \tag{11-2}$$

式中 h_0——试样的原始高度,mm;

h_z——保持天然湿度和结构的试样,加压至该试样上覆土的饱和自重压力时,下沉稳定后的高度,mm;

h'_z——上述加压稳定后的试样,在饱和浸水作用下附加下沉稳定后的高度,mm。

(3) 湿陷起始压力 p_{sh} 是湿陷性黄土的湿陷系数达到 0.015 时的最小湿陷压力。湿陷起始压力随着土的最初含水量的增大而增大。在非自重湿陷性黄土场地上,当地基内各土层的湿陷起始压力大于其附加压力与上覆土的饱和自重压力之和时,可仅考虑土体的压缩变形,而不会产生湿陷变形。

(4) 湿陷终止压力 p_{sh} 是湿陷性黄土的湿陷系数大于或等于 0.015 时的最大湿陷压力。

(5) 湿陷起始含水量 w_{sh} 是湿陷性黄土在一定压力作用下,受水浸湿后,开始出现湿陷时的最低含水量。它与土的性质和作用压力有关。一般随压力的增大而减小。

5．湿陷性黄土地基的处理

当湿陷性黄土地基的湿陷变形、压缩变形或承载力不能满足设计要求时,应针对不同土质条件和建筑物类别,在地基压缩层或湿陷性黄土层内采取相应的地基处理技术。其目的是改善土的性质和结构,减少土的渗水性、压缩性,部分或全部消除它的湿陷性。处理湿陷性黄土地基的常用方法有如下几种:

1）垫层法

在湿陷性黄土地基上设置土垫层,是国内常用的一种传统地基处理方法。垫层法是将处理范围内的湿陷性黄土挖去,用素土(多用原开挖黄土)或灰土(灰土比一般为 3∶7 或 2∶8)在最优含水量状态下分层回填(压)实。该方法常用于轻型建筑、地坪、堆料场和道路的地基处理。

采用土垫层或灰土垫层处理湿陷性黄土地基,可用于消除基础底面 1～3m 土层的湿陷性,(目前也有 6m 以上换填,主要做法是下部用素土换填,分层碾压,上部采用灰土垫层),减少地基的压缩性,提高地基的承载力,降低土的渗透性(或起隔水作用),往往以消除湿陷作为地基处理的目的。另外,在灰土挤密桩或深层孔内使用夯扩法处理湿陷性黄土地基时,往往在上部采用灰土垫层。

2）强夯法

强夯法,又称为动力固结法或动力压密法。它通常采用夯锤自由下落产生的强大冲击能量,对地基进行强力夯实,一般采用 100～400kN 的重锤,落距为 10～40m,夯实能量通常为 100～8000kN·m。强夯法主要针对黄土结构较松散的特点,通过高能量的夯击产生冲击波和动应力及其在土中的传播,使颗粒破碎,或使颗粒瞬间产生相对剧烈运动,从而使孔隙中气体迅速排出或压缩,减小孔隙体积,形成较密实的结构,达到减少或消除湿陷的目的。

3）土或灰土挤密桩法

该方法是用打入桩、冲钻或爆扩等方法在土中成孔,然后用石灰土或将石灰与粉煤灰混合分层夯填桩孔而成(少数也用素土),用挤密的方法破坏黄土地基的松散、大孔结构,以消除或减轻地基的湿陷性。

土和灰土挤密桩法适用于处理地下水位以上的湿陷性黄土。处理深度宜为 5～15m。当以消除地基的湿陷性为主要目的时,宜选用土挤密桩法;当以提高地基的承载力为主要目的时,宜选用灰土挤密桩法。当土的含水量大于 23％且饱和度大于 0.65 时,不仅桩间土挤密效果差,桩孔也因缩径而难以成型,往往无法夯填成桩,故此时不宜选用土桩或灰土桩挤密法。

4）预浸水处理

可利用自重湿陷性黄土地基自重湿陷的特性,在修筑建筑物前,先将地基充分浸水,使其在自重作用下发生湿陷,然后再修筑。该方法宜用于处理厚度大于 10m 的湿陷性黄土层,以及自重湿陷量的计算值不小于 500mm 的场地。施工时,要注意处理场地与周边环境的协调,防止浸水对周边建筑造成影响。

11.4　地震区地基及动力机器基础

11.4.1　动力机器基础设计原理

机器在运行时,其运动质量会对基础形成动荷载,从而使其产生振动。当基础的振动超过一定限度时,会危害机器本身的正常运行,或者会对邻近的人员、设备和建筑产生不利影响。

很多机器的动力作用并不强烈,比如一般金属切削机床、小型电动机等对基础的作用可以考虑按静荷载计算,只需做适当的构造处理。但对于精密机床、重型机械、冲击类机械等,则须加强对基础的设计。

1. 动力机器及基础的分类

1）动力机器荷载的类型

（1）冲击作用：由较大的集中质量做直线加速运动,与加工件碰撞而产生脉冲荷载。两次脉冲之间有一定的时间间隔,造成机器和基础间歇性地振动。这类机器有锻锤和落锤等。

（2）旋转作用：如果能对机器做好平衡调整,使机器能精确地绕质心旋转,并不会产生对基础的动荷载。但由于制造工艺等问题,旋转中心和质量中心之间存在一定的偏差,当机器高速旋转时,这种偏差就会引起动荷载。发电机和汽轮压缩机等常出现这类作用。

（3）往复作用：以活塞为主要运动体的机器,活塞的往复直线运动与活塞缸之间的摩擦产生往复作用。

2）动力机器基础分类

动力机器基础的结构形式主要有大块式、框架式和墙式。当机器的管道或附属设备较少时,一般采用大块式；汽轮发电机等大型基础有多而复杂的附属设备和管道,在主机工作面以下需要较大空间,基础多采用由底板、立柱和顶面纵、横梁组成的框架结构；由底板和纵、横墙组成的墙式基础常用来支承破碎机、磨机和低速电机等。

2. 动力机器基础的设计要求

1）设计原则

动力机器基础的设计应满足下列要求：

（1）应满足机器在安装、使用和维修方面的要求,基础顶面和上部结构的外形、尺寸、预留孔洞、沟槽等应按照设备厂家的安装图纸进行设计；

（2）应将基础振动限制在容许的范围内,以保证机器的正常使用和操作人员的正常工作条件,并保证不对附近的精密设备、仪表以及相邻建筑物和管线等产生有害影响；

（3）基础的沉降和倾斜应控制在较严格的范围内,以保证机器、附属设备和连接管线的正常使用；

（4）基础结构应具有足够的强度、刚度和耐久性。

2）不同类型动力机器基础设计

（1）锻锤类基础的设计。这类基础造成的动荷载属于冲击作用。锻锤一般分为锤头、砧座及机架三部分。多数锻锤由锤头直接煅打加工件,机架和砧座分开安装在基础上,砧座和基础之间设有垫层以吸收能量。基础设计时,应尽可能用"对心"的办法来减小摇摆振动,要求锤头准确冲击锻模中心。因此,必须将砧座与机座连成刚性整体,然后通过垫层固定于基础。锻锤基础通常采用大块式,吨位不大或土质较好时采用天然地基,否则宜采用桩基础。大块式锻锤基础的设计计算主要针对基础和砧座的振动。

(2)活塞式压缩机基础的设计。活塞式压缩机可分为立式、卧式、对称平衡式、角度式等多种类型。立式活塞产生竖向往复扰动力;卧式活塞产生水平摇摆扰动力,机器难以平衡;对称平衡式和角度式一般都有两个或两个以上连杆,只要汽缸夹角和活塞质量配制得当,一般可以产生动力平衡。

(3)旋转式机器基础的设计。多数旋转式机器的基础不须单独设计,但涉及汽轮发电机组、汽轮压缩机组、汽轮鼓风机、电动发电机和调相机等带有高速旋转质量较大部件的基础时,则须单独进行计算。由于旋转式机器尺寸较大,且带有辅助设备和管线等,其基础常采用框架式或墙式。对这类基础计算时,要考虑基础的自振频率和振幅。

3)动力机器基础的减振与隔振

动力机器基础振动设计计算的根本目的是减小基础本身、机器以及周围环境的振动。为此可以从两方面着手,一方面可以通过选择合适的方式把基础或基础与机器的整体在一定的扰动力作用下的振动控制在合理范围内,即减振方案;另一方面通过一定的方式截断振动能量在地基中的传播,即隔振方案。减振方案可以通过加大基础质量、提高地基刚度及加大振动体系阻尼等方式实现。隔振方案可以通过设置隔振沟、设置板桩墙等方式实现。

11.4.2　地基基础抗震设计

1. 抗震设防

1)概念

抗震设防烈度是指按国家规定的权限批准作为一个地区抗震设防依据的地震烈度。

抗震设防标准是衡量抗震设防要求高低的尺度,由抗震设防烈度或设计地震动参数及建筑抗震设防类别确定。

地震作用是指由地震动引起的结构动态作用,包括水平地震作用和竖向地震作用。

2)抗震设防目标

中国属于发展中国家。目前中国建筑物抗震设防目标是"小震不坏、中震可修、大震不倒"。即当建筑物遭受低于本地区抗震设防烈度的多遇地震影响时,应保证建筑物主体结构不受损坏或不须修理仍可以继续使用;当遭受相当于本地区抗震设防烈度的地震影响时,建筑物可能有一定的损坏,经一般修理或不修理仍可以继续使用;当遭受高于本地区抗震设防烈度的罕遇地震影响时,建筑物不致倒塌或发生危及生命的严重破坏。

地震设防的三个水准烈度为众值烈度、基本烈度和罕遇烈度。基本烈度是一个地区进行抗震设防的依据。按地震基本烈度的差异划分的不同区域,称为地震区划。

3)建筑物的设防分类

按使用功能的重要性,建筑物的抗震设防烈度分类如下:

甲类建筑——属于重大建筑工程或地震时可能发生次生灾害的建筑。次生灾害如产生放射性物质污染、剧毒气体扩散、大爆炸等。

乙类建筑——属于地震时使用功能不能中断或须尽快恢复的建筑。即城市生命线工程建筑物和地震救灾需要的建筑,如救护、医疗、广播、通信、交通枢纽、供电、供气、消防等。

丙类建筑——甲、乙、丁以外的一般工业与民用建筑。

丁类建筑——属于抗震次要建筑。

2. 场地与地基

建筑物遭受地震的影响与其与震中的距离、建筑物所处的地基情况等多种因素有关,因此做出建设建筑物的决策时,须考虑场地环境和建筑物所处地基的情况。

1) 建筑场地选择

选择建筑物场地时,应根据工程需要,掌握地震活动情况、工程地质和地震地质有关资料,对抗震有利、不利或危险地段做出综合评价。对于不利地段,应提出避让要求;当无法避开时,应采取有效措施;不应在危险地段建造甲、乙、丙类建筑。其中,有利地段包括稳定基岩,开阔坚硬土,平坦、密实、均匀的中硬土;不利地段包括软弱土、液化土,条状突出的山嘴,高耸孤立的山丘,非岩质的陡坡,河岸和边坡的边缘,平面分布上成因、岩性、状态明显不均匀的土层等;危险地段包括地震时可能发生滑坡、崩塌、地陷、地裂、泥石流等危害,及地震断裂带上可能发生地表错位的部位。

2) 地基与基础的设计

当已确定在某个场地进行建设,无法调整或变化时,应加强对场地内地基情况的研究,确保地基具有足够的强度和稳定性。通常地基应尽量保持均质,避免同一结构的基础设置范围内出现差异,尤其是性质截然不同的土。在同一建筑物下,避免出现部分使用天然地基上的浅基础,部分使用桩基础,以防止强度和刚度出现差异。地基为软弱黏性土、液化土、新近堆填土或严重不均匀时,应充分估计地震时地基的不均匀沉降或其他不利影响,并采取相应措施。

3. 地震效应

在地震影响范围内,地壳表面出现的各种震害及破坏现象称为地震效应。不同场地条件、地质条件、土质结构等所产生的震害及破坏是不同的。地震时,在强震作用下可能导致的地震效应包括共振、震陷、液化、滑坡、崩塌、地裂等。

1) 共振破坏

地震时,地震波以地基土作为中介,将震动能量从震源传给建筑物。当建筑物的自振周期与地基的固有周期相等或相近时,二者就会产生共振,导致建筑物破坏。

2) 震陷

地震时地基产生的竖向永久变形即为震陷。发生震陷的原因有土体振密导致体积缩小,地基土流失引起变形,及土体强度降低引起变形。

3) 液化

液化是指饱和的松砂和粉土在地震作用下,由于荷载的突然作用,孔隙水来不及排出,孔隙水应力迅速升高,有效应力减小,土的抗剪强度下降,使砂土丧失承载能力而呈液体类状态的现象。由于土内压力升高,液化过程中常伴随喷砂冒水。

4) 滑坡和崩塌

对陡坎、斜坡和倾斜层面及平坦场地下倾斜或软弱的地层,由于存在临空面、倾斜面或软弱面,在强烈地震作用下,土体受动荷载作用向临空面滑出,或沿倾斜面滑动,从而造成滑移、陷落、崩塌、滚石等;或软弱面土体抗剪强度降低,使地基失效,产生滑移,使处于其上部的建筑物破坏。山区、丘陵的震害以岩石崩塌、滚石和滑坡为主。特别是陡峻山区,地震滑坡比较突然、规模巨大,往往造成严重的灾害。

5) 地裂

地裂即地震时地面产生裂缝。地裂分为构造性地裂和重力性地裂。在强烈地震作用下,地面可能出现以水平错位为主的构造性断裂。由于地基土液化、滑移,地下水位下降造成地面沉降等,地面形成沿重力方向产生的无水平错位的张性地裂即为重力性地裂。

4. 液化地基的判别及防治措施

1) 砂土液化的机理

松散的砂土或粉土受到震动时有变得更紧密的趋势,但由于饱和砂土中的孔隙被水填充,因此这种趋于紧密的作用导致孔隙水压力突然上升。而在地震过程的短暂时间内,突然上升的孔隙水压力来不及消散,使得原来由砂砾通过接触点所传递的有效压力减小。当有效压力完全消散时,砂层会完全丧失抗剪强度和承载能力,变成类似于液体的状态,即通常所说的砂土液化现象。由于粉土黏粒含量少,液性指数低,黏聚力小,在地震力的作用下容易发生液化。

砂土在受到振动时,土颗粒受到反复的地震震动作用,由于砂土颗粒间没有黏聚力或黏聚力很小,颗粒始终处于动态调整的状态,故较深的位置压力大,靠近地表压力小,产生水头差,孔隙水则自下而上运动。

2) 砂土液化的影响因素

影响液化的最主要因素包括土颗粒粒径、形状和级配,还有黏粒含量、砂土密度、上覆土层厚度、地面震动强度、地面震动的持续时间及地下水的埋藏深度等。

(1) 土颗粒粒径、形状、级配。地基液化时,孔隙水压力使土颗粒发生悬浮或运动,因此土颗粒越小,不均匀系数越小,圆粒形砂砾越多,土颗粒就越容易发生运动,也就越容易液化。

(2) 黏性颗粒含量越少,越容易发生液化。黏土颗粒之间的联结包括颗粒间的内摩阻力和黏土的黏聚力,而砂土颗粒之间的联结力只包括内摩阻力。当液化时,砂土颗粒之间的联结脱离。因此,黏性颗粒含量越少,地基越容易液化。

(3) 砂土密度。砂土密度越大,孔隙含量越少,含水量就越小,地震时发生液化的可能性就越小。

(4) 渗透性及排水条件。地基液化主要通过孔隙水产生,当土的渗透性强时,孔隙水较容易沿孔隙渗透出去,地基土不容易液化。而当土的渗透性弱时,则较容易液化。另一方面,土的排水条件好,比如向外渗流路径短、周边土渗透性好等,孔隙水压力更容易消散,液化的可能性低。

(5) 上覆土层厚度。液化时,土受到浮力和向上的冲力。上覆土层越厚,土的上覆有效压力越大,土越不容易液化。

(6) 地面震动条件。当地震震动强度大、持续时间长,地基土受到反复振动的幅度变大、次数增多和时间更长,则孔隙水压力更大且持续时间更长,发生液化的可能性越大。

3) 地基液化的判别

(1) 液化的现场判别。当观察到地面发生喷砂冒水,同时伴有建筑物发生巨大的沉陷或明显倾斜,埋藏于地下的构筑物上浮,地面有明显变形时,一般能初步判定地基发生了液化。有时海边、河边等滨水岸边的倾斜部位发生具有"流动"特性的滑坡,或虽没有滑坡但出现大裂缝,也可初步判断为液化。

（2）液化的试验判断。现场判断一般只能对已经发生的液化做出判定,而对可能发生的液化,或在选择建筑场地时须考虑液化的可能性时,应通过试验方法确定是否会发生液化,一般有标准贯入试验法、静力触探试验法、抗液化剪应力法等。

4）地基液化的防治措施

对于地震中可能发生液化的地基,除建筑物选址应做到恰当外,还应根据具体情况采取抗震加固措施。

（1）对建筑物选址时,首先应避免选择中等液化或严重液化的场地,如河滨、海滨等。在无法避免时,应进行抗滑动验算,并采取抗滑措施。

（2）针对地基液化的原因,可从换土和加密两个方面考虑采取一定的措施加固地基土。换土法适用于表层处理。当可液化土层或软弱土层厚度不大,且距地面较浅时,可将全部或部分土层挖除,回填人工压密的材料,如粗砂、碎石、黏性土或其他性能稳定的材料。加密法的目的是改变原砂土的特性,通过提高密度,减少孔隙和含水量,以此减小液化的可能性和发生的程度。加密方法有振冲法、振动挤密法、挤密碎石桩、强夯等。

（3）用板桩或混凝土连续墙将可能液化或产生大量震陷的地基土层围封起来,可以限制被围封土体振动、剪切变形的发展,从而减轻液化的可能性。

（4）可用桩基础或深基础穿透可液化土层或软弱土层,把建筑物的荷载直接传递到下部稳定的土层中。这种方法虽不能减小或降低液化的可能性,但由于直接将建筑物支承于稳定土层中,地基液化所产生的土体流失、承载力降低的后果对建筑物影响较小。

（5）当不具备加强地基土的条件,或加固地基的成本太高时,可通过加强基础和上部结构刚度的办法来处理。虽不能用这种方法减轻液化,但提高刚度可抵抗由液化带来的建筑危害。加强的措施包括以下几点:①选择合适的基础埋置深度;②调整基础底面积,减少基础偏心;③加强基础的整体性和刚度,如采用箱型基础、筏型基础或十字交叉基础,应加设基础圈梁;④减轻荷载,增强上部结构的整体刚度和均匀对称性,合理设置沉降缝,避免采用对不均匀沉降敏感的结构形式;⑤管道穿过建筑物时,应预留足够的尺寸,或采用柔性接头。

11.5　工程案例：某新机场地基处理

某新机场位于浑水塘火车站附近,在某市东北方向,距市中心直线距离约 24.5km。该新机场项目总投资 230 余亿元,机场工程总概算为 188.35 亿元。规划目标为近期满足 2020 年旅客吞吐量 3800 万人次、货邮吞吐量 95 万吨、飞机起降 30.3 万架次,远期满足 2040 年旅客吞吐量 6500 万人次、货邮吞吐量 230 万吨、飞机起降 45.6 万架次。远期规划控制用地约 22.97km²。工程建设规模为飞行区按照 4F 标准规划、本期按照 4E 标准设计,远期规划为 4 条跑道。该新机场场地的工程地质条件和水文地质条件复杂,大部分区域为岩溶区,基岩之上广泛分布着红黏土和次生红黏土等松软土,场地地面起伏大,岩土工程问题突出,技术复杂,难度大。对红黏土进行地基处理是必须解决的主要岩土工程问题。

在处理该工程地基的过程中,采用了多种处理方式,如碎石桩法、冲压地基处理和强夯处理等。

1. 碎石桩法

试验采用了 3 种不同的桩,桩长为 16.7～21.3m,桩距为 1.5～2.0m,桩径均为 500mm。试验后,用钻探、标准贯入试验、室内土工试验、桩间土荷载试验等手段检测、对比处理前后地基的各种参数。通过对沉降观测数据的分析,发现用该方法处理的地基强度有明显提高,标准贯入平均击数增加 20%～36%,处理前地基的极限荷载为 300～320kPa,平均为 313kPa;地基承载力特征值为 180～200kPa,平均为 187kPa;变形模量为 6.96～12.46MPa,平均为 10.2MPa。采用碎石桩法处理后,桩身的极限荷载为 880～960kPa,平均为 933kPa;承载力特征值为 480～540kPa,平均为 515kPa;变形模量为 12.44～13.93MPa,平均为 13.0MPa。处理后,桩间土的极限荷载为 720～880kPa,平均为 800kPa;地基承载力特征值为 382～400kPa,平均为 391kPa;变形模量为 10.33～17.78MPa,平均为 14.42MPa。处理后,复合地基的承载力特征值约提高 114%。

2. 强夯法

经勘测,场地红黏土(可塑至硬塑)的锥尖阻力为 0.60～2.92MPa,按照钻孔土层分布厚度的锥尖阻力加权平均值为 2.25MPa(以下与此相同),侧摩阻力为 32～126kPa,侧摩阻力加权平均值为 100.8kPa。场地红黏土(软塑至可塑)的锥尖阻力为 0.55～1.49MPa,锥尖阻力加权平均值为 0.84MPa;侧摩阻力为 22～53kPa,侧摩阻力加权平均值为 31.0kPa。粉质黏土(可塑至硬塑)的锥尖阻力为 1.95～4.80MPa,锥尖阻力加权平均值为 3.81MPa;侧摩阻力为 79～160kPa,侧摩阻力加权平均值为 136.1kPa。

静力触探结果显示,场地内红黏土具有明显的上硬下软特征。因此,施工中机场出现边坡时,局部选择采取强夯处理。夯击能采用点夯 300kN·m,满夯 1000kN·m,夯点间距 4.0m,单点夯击数选择点夯 8～12,满夯 3 击,夯锤点夯采用 20.3t,满夯 17.6t。

经处理,该场地地基承载力特征值达到 210kPa,强夯面平均沉降量为 30cm,变形模量为 1.74～2.14MPa。

3. 冲压法

该工程还采用了冲压法,即在红黏土上冲击碾压,冲碾中配合推平、洒水等。冲击式压路机的压实轮为三角形,牵引能量为 260kW,设备总重 27t,压实组件重 12t,作业速度为 12～15km/h。冲碾 15 遍以后采取了洒水措施,静置一夜后,第二天进行 15～30 遍的冲压。冲压 30 遍后,平均沉降量为 7.71cm,最大沉降量为 19.2cm,最小沉降量为 0.3cm,差异沉降量为 18.9cm。经试验,昆明机场红黏土原土基可通过冲击碾压的压实度大于 93%;地基承载力达 256kPa。冲击压实方法提高地基承载力的深度为 1～2m,提高土的密度的影响深度为 3～4m。

本章小结

工程实践中常常遇到红黏土、膨胀土、湿陷性黄土及地震区地基等特殊土地基。本章分别从工程特性、分类、工程评价及地基处理方法等方面对各类特殊土做了一定的了解。在进行地基处理前,首先应能了解、区分土的工程特性,对地基土的状态作出恰当的评价,才能有针对性地选择经济、合理的地基处理方法。最后通过一个实际案例,帮助大家对特殊土地基的处理有比较感性的认识。

学完本章内容后,应能对特殊土地基有基本的感性认识,掌握并能初步应用相关方法对特殊土进行处理,为工程建设服务。

思考题

11-1   红黏土有哪些特性?有哪些工程分类?

11-2   红黏土地基有哪些处理方法?

11-3   膨胀土的成因有哪些?影响膨胀土胀缩特性的内在因素是什么?

11-4   膨胀土地区有哪些工程处理措施?

11-5   什么是湿陷性黄土、自重湿陷性黄土和非自重湿陷性黄土?

11-6   黄土湿陷的机理是什么?

11-7   湿陷性黄土地基有哪些处理措施?

习题

11-1   对某膨胀土样进行自由膨胀率试验,已知土样原始体积为 15mL,膨胀稳定后测得土样体积为 22.6mL,求该土的自由膨胀率。

11-2   对某黄土样进行压缩试验,试样的初始高度为 20mm,土样浸水前后的压缩变形量见表 11-5。已知黄土的比重 $d_s=2.7$,干容重 $\gamma_d=14.1\text{kN/m}^3$。请绘制浸水前后压力与孔隙比的关系曲线,并计算 $p_s=200\text{kPa}$ 时土的湿陷系数 δ_s。

表 11-5   题 11-2 中土样浸水前后压缩结果

浸水情况	天然含水量					浸水饱和			
压力/kPa	0	50	100	150	200	200	250	300	400
变形量/mm	0	0.20	0.40	0.43	0.45	2.61	2.66	2.72	2.82

参 考 文 献

[1] 中华人民共和国国家标准.建筑地基基础设计规范(GB 50007—2011)[S].北京:中国建筑工业出版社,2011.

[2] 中华人民共和国行业标准.建筑桩基技术规范(JGJ 94—2008)[S].北京:中国建筑工业出版社,2008.

[3] 中华人民共和国行业标准.建筑基坑支护技术规程(JGJ 120—2012)[S].北京:中国建筑工业出版社,2012.

[4] 中华人民共和国行业标准.建筑地基处理技术规范(JGJ 79—2012)[S].北京:中国建筑工业出版社,2012.

[5] 中华人民共和国国家标准.混凝土结构设计规范(GB 50010—2010)[S].北京:中国建筑工业出版社,2010.

[6] 中华人民共和国国家标准.建筑结构荷载规范(GB 50009—2012)[S].北京:中国建筑工业出版社,2012.

[7] 中华人民共和国国家标准.建筑抗震设计规范(GB 50011—2010)[S].北京:中国建筑工业出版社,2010.

[8] 中华人民共和国国家标准.砌体结构设计规范(GB 50003—2011)[S].北京:中国建筑工业出版社,2011.

[9] 陈仲颐,叶书麟.基础工程学[M].北京:中国建筑工业出版社,1991.

[10] 唐一清.土力学与基础工程[M].北京:中国铁道出版社,1989.

[11] 陈希哲.土力学地基基础[M].5版.北京:清华大学出版社,2013.

[12] 赵明华.土力学与基础工程[M].4版.武汉:武汉理工大学出版社,2014.

[13] 肖昭然.土力学[M].郑州:郑州大学出版社,2007.

[14] 冯志焱,刘丽萍.土力学与基础工程[M].北京:冶金工业出版社,2012.

[15] 李飞,王贵君.土力学与基础工程(精编本)[M].2版.武汉:武汉理工大学出版社,2014.

[16] 曹云.基础工程[M].北京:北京大学出版社,2012.

[17] 华南理工大学.地基及基础[M].北京:中国建筑工业出版社,2000.

[18] 顾晓鲁,钱鸿缙,刘惠珊,等.地基与基础[M].3版.北京:中国建筑工业出版社,2003.

[19] 高大钊.土力学与基础工程[M].北京:中国建筑工业出版社,1998.

[20] 龚晓南.土力学[M].北京:中国建筑工业出版社,2009.

[21] 张力霆.土力学与地基基础[M].2版.北京:高等教育出版社,2008.

[22] 袁聚云,钱建固,张宏鸣,等.土质学与土力学[M].4版.北京:人民交通出版社,2009.

[23] 崔秀琴,华四良.土力学与地基基础[M].2版.武汉:华中科技大学出版社,2013.

[24] 侯兆霞,刘中欣,武春龙.特殊土地基[M].北京:中国建材工业出版社,2007.

[25] 葛忻声.区域性特殊土的地基处理技术[M].北京:中国水利水电出版社,2011.

[26] 康景文,甘鹰,张仕忠,等.昆明新机场红黏土冲压地基处理实验研究[J].岩土工程学报,2010(S2):496-500.

[27] 谭峰屹,任佳丽,姜志全.昆明新机场红黏土边坡地基处理试验研究[J].路基工程,2011(4):65-68.

[28] 文松霖,任佳丽,姜志全,等.碎石桩红黏土复合地基的实例分析[J].岩土工程学报,2010(S2):302-305.

[29] 郭伟佳.山区地基基础设计实例分析[J].广东土木与建筑,2004(8):25-26.

[30] 王可,黄志广.江西电网调度大楼嵌岩桩设计与检验[J].有色冶金设计与研究,2005,26(2):41-46.

[31] 黄维佳.福建煤矿边坡与重力式挡土墙设计探析[J].亚热带水土保持,2009(4):20-23.

[32] 孙海忠.复杂周边环境下的深基坑设计方案比选[J].山西建筑,2012(28):56-58.

［33］　廖红建,赵树德.岩土工程测试[M].北京:机械工业出版社,2012.

［34］　唐贤强.地基工程原位测试技术[M].北京:中国铁道出版社,1996.

［35］　王钟琦,孙广忠,刘双光.岩土工程测试技术[M].北京:中国建筑工业出版社,1986.

［36］　林宗元.岩土工程试验监测手册[M].北京:中国建筑工业出版社,2005.

［37］　叶书麟,叶观宝.地基处理与托换技术[M].3版.北京:中国建筑工业出版社,2005.

［38］　代国忠.土力学与基础工程[M].北京:机械工业出版社,2008.

［39］　《地基处理手册》编委会.地基处理手册[M].3版.北京:中国建筑工业出版社,2008.

［40］　龚晓南.复合地基理论及工程应用[M].2版.北京:中国建筑工业出版社,2007.

［41］　陈兰云.土力学及地基基础[M].2版.北京:机械工业出版社,2013.

［42］　刘景政.地基处理与实例分析[M].北京:中国建筑工业出版社,1998.